**"十一五"国家重点图书**

高等学校化工类专业规划教材

# 化工过程开发

DEVELOPMENT OF CHEMICAL TECHNOLOGICAL PROCESS

于遵宏等／编　著

华东理工大学出版社
EAST CHINA UNIVERSITY OF SCIENCE AND TECHNOLOGY PRESS

## 内 容 提 要

本书讲述化工过程开发方法,含概念、化工前沿、开发方法、小型工艺试验、大型冷模试验、中间试验、过程分析与合成、经济评价、概念设计与基础设计内容共九章。

本书可作为化工工艺类与相关专业教材,也可供从事化工过程研究与开发工作的工程技术人员参考。

**图书在版编目(CIP)数据**

化工过程开发/于遵宏编著. —上海:华东理工大学出版社,1996.12(2023.7重印)

ISBN 978-7-5628-0752-0

Ⅰ. 化… Ⅱ. 于… Ⅲ. 化工过程 Ⅳ.TQ02

中国版本图书馆 CIP 数据核字(2012)第 169791 号

**化工过程开发**

于遵宏 等 编著

华东理工大学出版社出版发行

上海市梅陇路 130 号

邮政编码 200237 电话 64104306

新华书店上海发行所发行经销

上海展强印刷有限公司印刷

开本 850×1168 1/32 印张 13.75 字数 368 千字

1996 年 12 月第 1 版 2023 年 7 月第 11 次印刷

ISBN 978-7-5628-0752-0/TQ·59 定价 38.00 元

# 前　言

　　化工过程开发是指由实验室研究成果(新工艺、新产品等)到实现工业化的科学技术活动。按照化工部新技术开发条例,其研究内容主要包括过程研究(含小型工艺试验、大型冷模试验、中间试验)与工程研究(含概念设计、经济评价、基础设计)共六个环节。化工过程开发的主要理论基础是化学工程与科学方法论,它是工艺、工程、设备、控制、经济、环保等多种学科与技术的交汇点。

　　化学工业具有原料、产品、工艺、技术多方案性的基本特征,即不同原料经过不同的加工工艺可以得到相同产品;同一原料经过不同加工工艺可以得到不同产品;同一原料经过不同加工工艺可以得到相同产品。这种多方案性源于科学技术,深刻地蕴含着经济的盈亏、社会效益的大小与环境保护的优劣,从而使化学工业成为国民经济中最为活跃、竞争性最强的部门之一。因而研究与开发是技术进步的源泉与必由之路,是化学工业昌盛之本。

　　国内外化工界积累了诸多化工过程开发方法,有代表性的是逐级经验放大方法,例如本世纪初德国哈柏(Haber)、波施(Bosch)开发合成氨技术采用的方法;数学模型方法,例如60年代美国福年轮胎与橡胶(Good year Tire & Rubber)公司加尔梦(Garmon)、莫路(Morrow)和安豪恩(Anhorn)开发丙烯二聚,未经中试直接放大17 000倍;1981年化工部科技局制订科技开发条例时,吴金城提出了化工过程开发工作框图;华东理工大学陈敏恒、袁渭康倡导的在反应工程理论与科学方法论指导下进行工业反应过程开发方法等等。

　　为了提高学生综合质量,培养其运用知识的能力,掌握方法论的基本内容,华东理工大学自1987年起在化工工艺类及相关专业中开设《化工过程分析与开发》课程,作为必修、限选、选修内容之一。本书就是在此基础上写成的,参加编写工作的还有龚欣、于建国、王辅臣、吴韬、于广锁、潘天舒、曹恩洪。由于水平所限,时间仓促,错误和片面性在所难免,敬请读者批评指正。

于遵宏

# 目　录

# 1 概　　论

为了阐明研究与开发在人类认识客观世界过程中和在积累的知识体系中的位置，也为了说明化工过程研究与开发在化工中的地位，本章着重叙述科学与技术、研究与开发以及有关化工的基本概念、化工在国民经济中的地位、资源的化学加工、化学工业的基本特征等，从而衬托出研究与开发在化工中的必要性和重要性。

## 1.1　相关术语概念

### 1.1.1　科学与技术[1]

科学迄今尚无公认的定义，基本概念是人对客观世界的认识，是反映客观世界和规律的知识和知识体系，是一项与上述内容相关活动的事业。

技术迄今也无公认的定义，其基本内涵也是一种知识体系，包含硬件（工具、设备等）和软件（工艺、方法、规则、制度等）两个方面，并通过社会协作完成既定的目标。

科学与技术是辩证的统一体，科学中有技术，科学又产生技术，同样，技术也产生科学。科学回答"是什么？"，"为什么？"；技术回答"做什么？"，"怎么做？"。科学提供物化的可能，技术提供物化的现实；科学是发现，技术是发明；科学是创造知识的研究，技术是综合利用知识于需要的研究，科学是认识、改造世界的原动力，技术是改造世界的手段。

### 1.1.2　科学研究的概念

科学研究的英文是"Research"，含义是"反复探索"；开发的英文是"Development"，含义是"出现、发展"。世界各国习惯于用研究与开发(R & D)表示科学研究的概念；日本直接用研究开发(RD)表示科学研究。科学研究的基本概念是创造和应用知识的探索工作。

按过程科学研究分为：基础研究、应用研究和技术开发研究。

A　基础研究(BR 或 FR)[2]

没有特定的商业目的，以创新探索知识为目标的研究，称为基础研究。其核心是在高水平上创新。如果有特定目标，运用基础研究的方法进行的基础研究，称为应用基础研究或目标基础研究。

在化工领域中，我国目前鼓励研究的领域有：

（1）化工热力学：化工基础数据的估算及新实验方法的开发，热力学性质和传递性质的计算机模拟，分子热力学理论模型的研究，热力学在生物、材料、能源、环境科学中的应用。

（2）界面现象和传递过程：流体表面、界面现象和微观的研究，多组分多相流的流型、机理和流动规律的研究，高粘度和非牛顿流体的流变行为和传递性，在外"场"作用下流体流动性能和传递过程，多孔介质的传热、传质研究，浆体动力学，采用先进测试手段从微观的角度研究传递过程的机理。

（3）颗粒技术：颗粒表征，界面现象，超细粉体的制备技术、气溶胶研究，带有磁性、电性的胶体和悬浮体的研究。

（4）分离与纯化过程：高纯材料的制备技术，膜分离。

（5）化工动力学和反应工程：催化剂工程，反应与分离过程结合。

（6）过程系统工程：过程优化与控制理论，人工智能技术。

（7）生物化工和食品化工：发酵动力学与酶动力学，生物物质的新分离纯化技术，可再生资源利用的基础工程研究，新的食品资源的开发和利用的基础性研究。

（8）替代能源和潜在能源的化工基础研究：新型高效燃料电池的研究。

（9）环境化工：环境友好（绿色）技术基础研究。

### B 应用研究（AR）

运用基础研究成果和相关知识，为创造新产品、新方法、新技术、新材料的技术基础所进行的研究。例如新型反应器，反应过程强化，反应器的模拟和放大，节能型分离技术，新型节能技术，废气、废水和废渣的处理新技术等。

### C 技术开发研究（D）

应用基础研究与应用研究成果和相关知识，为创造新产品、新方法、新技术、新材料以生产产品或完成工程任务为目的而进行的技术研究活动。其中过程研究包括：小型工艺试验、模试、冷模试验、中试，工程研究包括：概念设计、经济评价、基础设计。

基础研究的成果往往孕育了新发现、新理论、新规律与定律，其表现形式是学术论文或学术著作的推出；应用研究的成果是发明，表现形式是专利、论文、著作；开发研究的成果是将实验室的研究成果转化为第一套工业装置，表现形式是研究报告、论文、图纸以及装置、设备、产品等。

### 1.1.3 化工[3]

化工是化学工艺、化学工业与化学工程的简称。是一门研究物质和能量的传递和转化的技术科学。

### A 化学工艺

凡以化学方法为主，以改变物质组成与物质结构合成新物质为目的的生产过程和技术称为化学工艺。例如以氢和氮为原料生产合成氨的工艺，主要化学反应是 $3H_2+N_2 \Longrightarrow 2NH_3$；以氯化钠和石灰石为原料生产纯碱的工艺，化学计量方程是 $2NaCl+CaCO_3 \Longrightarrow Na_2CO_3+CaCl_2$；以甲醇和一氧化碳为原料生产醋酸的工艺，主要化学反应是 $CH_3OH+CO \Longrightarrow CH_3COOH$；以乙烷为原料生产乙烯的工艺，主要化学反应是 $C_2H_6 \Longrightarrow C_2H_4+H_2$。

### B 化学工业

化学工业是化学加工工业的简称，是运用化学工艺生产化学品的工厂企业形成的产业部类。我国的化学工业包括：化学肥料、化学农药、三酸(硫酸、硝酸、盐酸)、两碱(烧碱、纯碱)、无机盐、染料、涂料、化学试剂、助剂、感光材料、磁性记录材料、石油化工、合成橡胶、塑料、化学纤维等的制造。

C 化学工程

化学工程是研究化学工业生产过程中的共同规律,用来指导化工装置的放大、设计和生产操作的科学。迄今包括:传递过程(特别是流体力学)、化工热力学、化学反应工程、过程工程和过程系统工程五个分支,其基础是单元操作。

D 化工过程

在化工生产中,从原料到产品,物流经过了一系列物理和化学加工处理步骤,人们称这一系列加工处理步骤为化工过程,或化工系统。

化工过程是围绕核心(主要)反应器组织的,其上游为原料(反应物)的前处理,以满足主要化学反应工艺条件为目标;下游为产品(生成物)的后处理,通过分离、纯化等手段,以达到产品标准为目标。除主要化学反应器外,化工过程主要由进行物理过程的单元操作(输送、加热、冷却、分离等)和进行化学过程的单元过程(化学法净化、氧化、加氢、硝化、磺化等)组成,有时也将生化处理引入化工过程,例如脱硫或废水处理。

# 1.2 化工在人类社会中的地位

化工几乎涉及国民经济、国防建设、资源开发和人类衣食住行的各个方面,对解决人类社会所面临的人口、资源、能源和环境等可持续发展重大问题,也将起到十分重要的作用。

## 1.2.1 化工在国民经济中的地位

化工是国民经济的支柱产业之一,是发展最迅速、经济效益显著、推动社会进步极富活力的领域。

## A　世界第三次生产力高潮——化工技术革命

"现代科学技术基础知识"一书[4]对世界生产力的高潮进行了概括。第一次生产力高潮发生在中国，以农业为中心，始于公元前3世纪(中国的秦汉时代)，止于公元12世纪(中国的元朝)；第二次生产力高潮发生在英国，中心是以机械为先导的第一次产业革命，始于17世纪，止于19世纪30年代；第四次生产力高潮发生在美国，以电力技术为中心，以电力、钢铁、化工三大技术为特征，习称第二次产业革命，1879年到1930年；第五次生产力高潮发生在日本，以技术综合创新的高技术为特征，80年代初人均产值超过欧洲，1988年超过美国。

第三次生产力高潮则发生在德国，自1851年到1900年。以化工技术革命为中心。1830年，英国产业革命已达到高潮，德国还是落后的农业国，较有基础的产业是农业和矿业。随着德国经济的发展，特别是李比希(1803～1873)首创了肥料工业和煤化学工业，霍夫曼(1818～1892)进行了染料、香料、医药合成的广泛研究，这些成果的应用给德国带来了巨大效益。1865年，化工厂已经达到几千人的规模。1871年，德国煤化学工业技术已占世界首位；1873年德国染料工业的产量、质量都超过盛极一时的英国；1913年，德国生产染料已占世界染料产量的80%。"阴丹士林"成为世界名牌货，合成染料工业带动了纺织工业(合成纤维)、制药工业(阿斯匹林等)、油漆工业和合成橡胶工业，很多天然制品被化学制品取代，人类进入"化学合成的时代"、人工制品的新世界。由于经济繁荣，德国用了40年的时间(1860～1900)，完成了英国需要100多年进行的事业，实现了工业化。

## B　近年来世界化学工业生产概况[5,6]

1994年美国化工产品产量比1993年增加4.2%，销售额高达3425亿美元，比上年增加9%，投资总额为234亿美元，比1993年增加7.2%；1994年西欧化工生产增加6%，比其他工业高出2%。德国赫司特、巴斯夫、拜耳三大化工公司1994年销售额分别为303亿、244亿、227亿美元；净利润分别为8.4亿、7.9亿、12.4亿美元。世界主要国家和地区合成材料产量见表 1-1。

表 1-1  世界主要国家和地区合成材料产量(万 t)

| 合成材料<br>及原料 | 美国 | 日本 | 德国 | 俄国 | 韩国 | 中国台<br>湾地区 | 中国 |
|---|---|---|---|---|---|---|---|
| 乙　烯 | 2 203 | 613 | 404 | | 367 | 89 | 219 |
| 塑　料 | 3 280 | 1 304 | 1 098 | 280 | 630 | 385 | 397 |
| 合成纤维 | 302 | 137 | 76 | | 158 | 202 | 165 |
| 合成橡胶 | 239 | 135 | 64 | 63 | 33 | 22 | 43 |

注:其中合成纤维为 1993 年产量,其余均为 1994 年产量。

1994 年与 1995 年我国几种主要化工产品产量列于表 1-2 及表 1-3。

表 1-2  1994 年中国几种主要化工产品产量(万 t)

| 产品名称 | 产　量 | 年增长率,% | 产品名称 | 产　量 | 年增长率,% |
|---|---|---|---|---|---|
| 烧　碱 | 428.81 | 10 | 冰醋酸 | 41.53 | 1.1 |
| 纯　碱 | 577.65 | 9.2 | 染　料 | 18.96 | 9.5 |
| 电　石 | 286.95 | 11.5 | 油　漆 | 112.53 | 6.1 |
| 纯　苯 | 89.2 | 5.2 | 轮胎(万条) | 9 299.32 | 44.7 |
| 精甲醇 | 125.53 | 35.5 | 聚氯乙烯 | 119.40 | 17.4 |

表 1-3  1995 年中国几种主要化工产品产量(万 t)[7]

| 产品名称 | 产　量 | 产品名称 | 产　量 |
|---|---|---|---|
| 硫铁矿(S 35%,生产量) | 1 306.2 | (小型装置) | 1 619.4 |
| 硫铁矿(S 35%,运出量) | 1 271.6 | 化肥(折标) | 11 473.6 |
| 磷矿($P_2O_5$ 30%,生产量) | 1 931.1 | 氮　肥 | 8 842.5 |
| 磷矿($P_2O_5$ 30%,运出量) | 1 894.3 | 磷　肥 | 2 582.2 |
| 合成氨 | 2 760.9 | 硫　酸 | 1 684.6 |
| (大型装置) | 619.7 | 浓硝酸 | 51.3 |
| (中型装置) | 521.8 | 农　药 | 28.4 |

统计表明,化学工业的增长速度均高于整个工业的增长速度,见表 1 - 4[8]。

表 1 - 4　发达国家增长速度统计

| 国家 | 1951～1960 年 | | 1961～1970 年 | | 1971～1980 年 | | 1981～1990 年 | |
|---|---|---|---|---|---|---|---|---|
| | 整个工业 | 化学工业 | 整个工业 | 化学工业 | 整个工业 | 化学工业 | 整个工业 | 化学工业 |
| 美国 | 3.9 | 7.9 | 5.0 | 7.9 | 3.1 | 5.6 | 5.7 | 6.0 |
| 前苏联 | 11.8 | 14.8 | 8.6 | 12.4 | 5.8 | 8.0 | 6.3 | 9.4 |
| 日本 | 16.5 | 17.9 | 13.5 | 14.6 | 4.6 | 5.2 | 3.6 | 5.1 |
| 原联邦德国 | 9.5 | 12.0 | 5.7 | 10.4 | 2.0 | 3.5 | 3.5 | 7.3 |

### 1.2.2　化工与衣食住行

直接有关的是三大合成材料(化纤、塑料、橡胶)、化肥与农药、合成药物、能源与环境等。

#### A　化学纤维

按原料聚合物特性,化学纤维可细分为人造纤维和合成纤维。人造纤维是由天然高分子化合物(由纤维素和蛋白质取得)化学加工制取的纤维;合成纤维是由合成高分子化合物制取的。按照大分子结构的区别,合成纤维又分成碳链纤维和杂链纤维。后者是合成纤维的主要类型,其中又以聚酰胺和聚酯最为重要。碳链纤维中以聚丙烯腈为主要类型。化学纤维分类示意于图 1 - 1。

作为三大合成材料之一,化学纤维广泛用于日常生活、工业、农业与国防,现举例如下:涤纶用于生产滤布、绳索、软管、轮胎帘线、工业帆布、布带、纺织品,聚酰胺纤维用于制造纺织品、毛皮、地毯、帘子线等,腈纶广泛作为羊毛代用品,生产针织外衣与纺织品。总之,每吨合成纤维作为衣着使用,相当于 20～40 亩棉田产的棉花,这对于人口多、耕地少的中国来说,具有特殊意义。

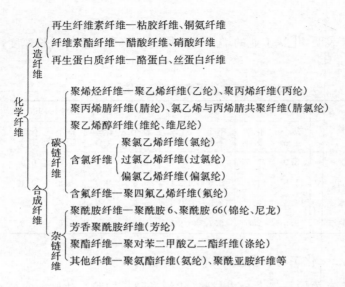

图 1-1　化纤分类示意图

B　塑料

合成树脂（Synthetic Resin）即未加工的原始聚合物（Polymers）在一定温度、压力和添加剂作用下,固化成型得到塑料（Plastics）。主要国家 1994 年塑料产量见表 1-1。按用途塑料可细分为：通用塑料（聚乙烯（PE）、聚丙烯（PP）、聚氯乙烯（PVC）等）、工程塑料（聚酰胺、聚碳酸酯、ABS 树脂等）、功能塑料（聚苯硫醚、聚噻吩、聚乙烯醇月桂酸酯等）。

聚乙烯制管材具有高耐腐蚀性、生理学无害的特点,多用于输送水、盐溶液、糖汁、葡萄酒、啤酒等的管材件。聚乙烯薄膜广泛用于农业以及日常生活的包装袋以及乳制品包装等。聚乙烯还可制成软质和硬质泡沫塑料;作为高频绝缘材料用于雷达、无线电和电视机的部件上。

ABS 塑料为丙烯腈-丁二烯-苯乙烯的共聚物,广泛用于家用电器、汽车、仪表、计算机壳体和部件;功能塑料中的医用高分子材料可用于制造人体器官和体外装置。

C 合成橡胶

按性能和应用领域合成橡胶可分为通用橡胶和特种橡胶两类。

通用橡胶产量占合成橡胶产量的 75%～80%。有丁苯橡胶（由丁二烯与苯乙烯乳液在有机过氧化氢化物、活化剂和稳定剂作用下制得）、丁甲苯橡胶（由丁二烯与 $\alpha$-甲基苯乙烯乳液辅以有机过氧化氢化物，例如过氧化氢异丙苯、过氧化氢甲基异丙苯和活化剂，例如硫酸铁、难溶络合铁盐制得）、聚丁二烯橡胶、异戊橡胶等。通用橡胶用于生产轮胎、运输带、消震器、设备橡胶衬里、电缆、胶鞋、医用品等。

特种橡胶有氯丁橡胶（由 2-氯丁二烯聚合制取）、丁腈橡胶（由 1,3-丁二烯与丙烯腈在水溶液中共聚制取）、乙丙橡胶（由乙烯与丙烯在定向催化剂存在下共聚制取）、聚异丁烯橡胶（由异丁烯在低温下聚合制取）、丁基橡胶（由异丁烯与异戊二烯共聚制取）、聚硫橡胶（由脂肪族二齿衍生物与多硫化钠缩聚制取）、氟橡胶（由过氟烯烃共聚制取）、硅橡胶（由含硅单体缩聚或聚合制取）等。特种橡胶主要用于生产具有特殊性能的制品，例如耐油脂和耐汽油性、耐磨性、耐热性、耐寒性、化学稳定性、不透气性、介电性、高机械性能等制品。

D 化肥与农药

化肥主要是氮肥（尿素、碳酸氢铵、硫酸铵、硝酸铵、氯化铵、液氨、氨水等）、磷肥（重过磷酸钙、磷酸铵、硝酸磷肥、硝磷酸铵、钙镁磷肥等）、钾肥（氯化钾、硝酸钾、硫酸钾等）。调查表明，我国土壤 100% 缺氮，60% 缺磷，30% 缺钾。将氮肥折为纯氮，每千克纯氮可增产稻谷 20 千克，小麦 15 千克，玉米 30 千克，籽棉 10 千克。对于蔬菜、果树等其他作物都有显著的增产效果。

按成分化学农药分为有机氯农药、有机磷农药和有机氮农药。有机氯杀虫剂中"六六六"、"滴滴涕"于 1983 年已停止使用，目前还在使用的有氯丹（八氯莰）和三氯杀螨砜（2,4,5,4′-四氯二苯基砜）。有机磷杀虫剂主要有敌敌畏[0,0-二甲基-0-(2,2-二氯乙烯基)磷酸酯]、乐果[0,0-二甲基-S-(N-甲基氨基乙酰基)二硫代磷酸酯]等。有机氮杀虫剂主要有西维因(N-甲基氨基甲酸-1-萘酯)、灭杀威(3,4-二甲基苯-N-甲基氨基甲酸酯)等。据1980年统计,由于使用了农药,可挽回粮食150万吨、棉花45万吨、油料15万吨。

E 化工与能源

能源分为一次能源与二次能源。从自然界获得的煤、石油、天然气等化石燃料是一次能源的主体;将一次能源加工得到便于利用且经济的形式,称为二次能源,例如火电、汽油、柴油、液化石油气(LPG)、煤气、人造液体燃料等。

根据需要,炼油厂加工有燃料型和燃料-润滑油型两种类型。以大庆原油为例,燃料型炼厂加工产品分布见表1-5。

表1-5 大庆原油(300万t/年)燃料型产品分布

| 产品名称 | 产量,(万t/年) | 占总量% | 产品名称 | 产量,(万t/年) | 占总量% |
|---|---|---|---|---|---|
| 车用汽油① | 87.3 | 29.1 | 燃料油 | 24.7 | 8.2 |
| 灯 油 | 20.0 | 6.7 | 道路沥青 | 2.0 | 0.7 |
| 航空煤油 | 11.9 | 4.0 | 建筑沥青 | 1.9 | 0.6 |
| 轻柴油 | 94.1 | 31.4 | 石油焦 | 11.6 | 3.9 |
| 苯 | 0.7 | 0.2 | 加工损失 | 14.4 | 4.8 |
| 甲 苯 | 1.8 | 0.6 | 合 计 | 300 | 100 |
| 二甲苯 | 1.3 | 0.4 | | | |
| 轻质油收率 | | 72.4 | | | |
| 液化气 | 20.8 | 6.9 | | | |

① 不加铅,辛烷值为63。

大庆原油燃料——润滑油型炼厂加工产品分布见表1-6。

表 1-6　大庆原油(300 万 t/年)燃料-润滑油型产品分布

| 产品名称 | 产量,(万 t/年) | 占总量% | 产品名称 | 产量,(万 t/年) | 占总量% |
|---|---|---|---|---|---|
| 苯、甲苯、二甲苯 | 3.7 | 1.2 | 燃料油 | 31.7 | 10.6 |
| 车用汽油 | 66.7 | 22.2 | 石油焦 | 10.0 | 3.3 |
| 灯用煤油 | 15.0 | 5.0 | 沥青 | 8.6 | 2.9 |
| 轻柴油 | 65.7 | 21.9 | 石蜡 | 6.8 | 2.3 |
| 航空煤油 | 21.0 | 7.0 | 润滑油 | 37.0 | 12.3 |
| 轻质油收率 | | 57.3 | 残渣油 | 4.9 | 1.6 |
| 液体石蜡 | 3.0 | 1.0 | 抽出油 | 1.0 | 0.4 |
| 液化气 | 10.1 | 3.4 | 加工损失 | 13.6 | 4.5 |
| 干气 | 6.1 | 2.0 | 合计 | 300 | 100 |

石油馏分中大部分作为燃料,驱动着现代交通工具,还有部分作为化工原料,为现代文明奠定着物质基础。

南非萨索(Sasol)厂可以作为典范:每年加工 3 000 万吨烟煤,将煤通过煤气转化为液体燃料和化学品。每吨煤生产燃料产品和化工产品约为 0.45 吨,烯烃和芳烃的质量收率为原料煤的 5.5%,燃料产品为 33.5%,其他化工产品为 5%。煤间接液化制合成油及化学装置示意为图 1-2。采用 100 余台鲁奇(Lurgi)气化炉,辅以后续化学加工系列,得到液体与气体燃料,达到热值高、运输与使用方便、污染少的要求,体现了化工在制备洁净能源中的贡献。

# 1.3　化学工业的资源路线[9]

化学工业的资源有矿物(煤、石油、天然气、硫铁矿、磷矿以及其他相关矿源)、生物(粮食、农业废料、木材及其加工产品、相关生

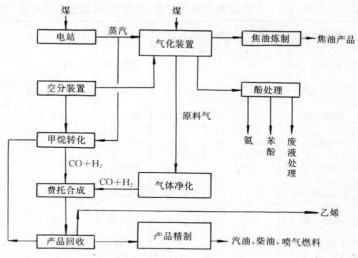

图 1-2　煤间接液化制合成油及化学品装置示意图

物质等)、水(含海水、盐湖水等)、空气等。关键大宗原料是石油、煤、天然气矿物能源。

### 1.3.1　我国能源概况

1994 年我国产煤 12.4 亿吨,原油 1.46 亿吨,天然气 170 亿标准立方米。

截止到 1994 年末,中国探明煤炭储量 10 229 亿吨,保有储量 10 018 亿吨,其中:生产矿井和在建矿井占用储量 1 925 亿吨,占保有储量的 19.2%;尚未利用精查储量 856 亿吨,占 8.5%;需进一步勘探储量 7 237 亿吨,占 72.2%。1994 年出口煤炭 2 450 万吨,进口中国煤炭的有日本、韩国以及台港地区。

1993 年中国油气资源评价结果为石油资源量 888 亿吨,天然气资源量 39 万亿立方米。现已探明的石油和天然气储量只占总资源量的 20% 和 3% 左右,即石油储量为 170 亿吨,天然气储量为 1.2 万亿立方米。

1994 年大庆油田生产原油 5 600 万吨,约占全国产量的

40%；胜利油田生产原油 3 090 万吨，约占全国产量的 21%；辽河油田生产原油 1 502 万吨，约占全国产量的 9%。1994 年全国生产天然气 170 亿立方米，与 1993 年持平。四川生产天然气 70 亿立方米，占全国产量的 43%；大庆生产天然气 23 亿立方米，占全国产量的 13.5%；辽河生产天然气 18 亿立方米，占全国产量的 10.6%。全国油田外供天然气 102 亿立方米，60.8% 用于化肥生产，23.5% 用于工业燃料，14.7% 用于城市居民消费。

### 1.3.2 以石油为原料的主要产品网络

见图 1－3。原油经脱盐、脱水处理后，预热到 200℃～240℃，进入初馏塔，塔顶产品为拔顶气，约占原油的 0.15%～0.4%，主要组分为丁烷（40%～50%）、丙烷（约 30%）、乙烷（2%～4%）。初馏塔顶液体产品为轻汽油（石脑油），是催化重整生产芳烃或生产乙烯的原料。初馏塔底油经加热至 360℃～370℃，送常压塔分割出轻汽油（50℃～140℃）、煤油（180℃～310℃）、轻柴油（260℃～300℃）、重柴油（300℃～350℃），它们均可作为生产乙烯的原料；而轻汽油、重柴油分别为催化重整和催化裂化的原料。将常压渣油再进加热炉，加热至 380℃～400℃，进减压蒸馏塔。得减压馏分油，作为催化裂化和加氢裂化的原料；减压渣油可作为加氢裂化的原料，或用于生产石油焦或石油沥青。

催化裂化以硅酸铝为催化剂，500℃ 时进行碳链断裂与脱氢、导构化、环烷化和芳构化、叠和与脱氢缩合等反应，得到干气（$C_2$ 以下）、液化石油气（$C_3$～$C_4$）、汽油、柴油等馏分。

在 2MPa、500℃，以 Pt－$Al_2O_3$ 为催化剂（习称铂重整），轻汽油（沸点不高于 200℃）中环烷烃脱氢芳构化、环烷烃异构化再脱氢芳构化、烷烃脱氢芳构化，从而使重整汽油含芳烃 30%～50%，经萃取（乙二醇醚、环丁砜等）、分离（溶剂）、水洗，得到芳烃混合物，经精馏得到苯、甲苯、二甲苯。

减压渣油或减压馏分油在 10～20MPa、430℃～450℃，以固体酸（硅酸铝）为载体、贵金属（Pt、Pd）或非贵金属（Mo、Ni、W）为

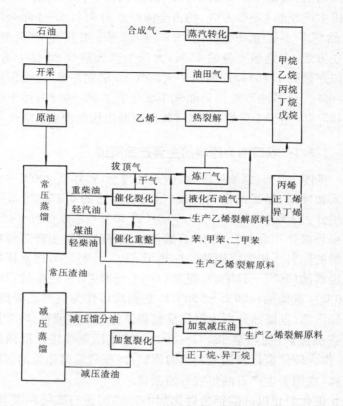

图 1-3　以石油为原料的主要产品网络

活性组分的催化剂作用下,进行加氢裂解反应:烷烃加氢生成分子量较小的烷烃;正构烷烃异构化;多环环烷烃开环裂化;多环芳烃加氢开环裂化,从而得到优质的汽、煤、柴油,称为加氢减压油,芳烃少,可以作为生产乙烯裂解原料。加氢裂化还副产正丁烷、异丁烷,亦可作为化工原料。

### 1.3.3　煤为原料主要产品网络

参见图 1-4。煤隔绝空气加热,煤中有机物分解,挥发分逸出,残留物则为焦炭或半焦,此即为干馏。当最终温度为900℃～1 100℃时,称高温干馏;700℃～900℃时则为中温干馏;500℃～600℃时则为低温干馏。高温干馏时,固体产物为焦,气体产物经洗涤冷却,得到煤焦油、氨、粗苯和焦炉煤气。煤焦油含500余种化

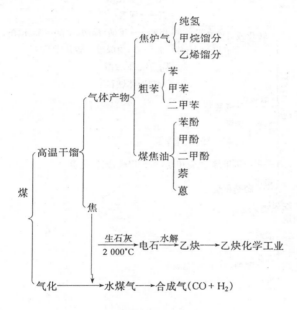

图 1-4 以煤为原料的主要产品网络

合物,将其精馏可得轻油(小于 170℃,占总量的 0.4%～0.8%)、酚油(180℃～210℃,占总量的 1.0%～2.5%)、萘油(210℃～230℃,占总量的 10%～13%)、洗油(230℃～300℃,占总量的 4.5%～6.5%)、蒽油(300℃～360℃,占总量的 20%～28%)、沥青(大于 360℃,占总量的 54%～56%)。其中萘、蒽、菲、酚类、喹啉、吡定、咔唑是难于从石油加工中得到的。综合图 1-2 与图 1-4 可以了解目前煤化工初级产品概貌,而煤直接液化尚未达到商业化程度。

### 1.3.4 天然气为原料的主要产品网络

见图 1-5。用天然气为原料的主要产品是氨、甲醇、炭黑与乙

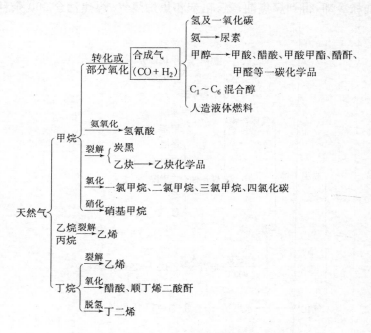

图 1-5 以天然气为原料产品网络

炔。这是天然气化工的核心。就投资与成本而论,天然气是生产氨与甲醇的最佳原料。在 3.5～4.0MPa,600℃～800℃ 的条件下,在镍系催化剂作用下,蒸汽与天然气进行转化反应,得到 $H_2$ 与 CO 为主体的合成气,称为天然气转化;条件 3.5～4.0MPa,1 000℃左右,在催化剂作用下,氧(或空气)与天然气进行部分氧化反应,得到 $H_2$ 与 CO 为主体的合成气,称为部分氧化法。前者为国内外普遍采用的方法。合成气经过加工就可制得氨与甲醇。

## 1.3.5 主要有机化工原料的下游产品网络[10,11]

A 以乙烯为原料的下游产品网络,见图1-6。

```
      ┌─ 合 ──→ 高压聚乙烯 ──→ 薄膜、成型制品
      │ 聚合 ──→ 低压聚乙烯 ──→ 薄膜、成型制品
      │ 聚合(第二单体1-丁烯) ──→ 线性低密度聚乙烯 ──→ 薄膜、成型制品
      │ 与丙烯共聚 ──→ 乙丙橡胶 ──→ 电线、电缆
      │                    ┌──→ 表面活性剂
      │ 氧化 ──→ 环氧乙烷 ┤──→ 水合 ──→ 乙二醇 ──→ 涤纶、抗冻剂、炸药等
      │                    └──→ 乙醇胺
乙    │ 氧化 ──→ 乙醛 ┤── 醋酸 ──→ 酯类、维尼龙、制药等
烯    │                └── 合成原料、增塑剂原料
      │ 氯化 ──→ 二氯乙烷 ──→ 氯乙烯 ──→ 聚氯乙烯 ──→ 塑料、薄膜合成纤维
      │ 乙酰氧基化 ──→ 醋酸乙烯 ──→ 合成纤维、涂料、粘合剂
      │ 苯烷基化 ──→ 乙苯 ── 脱氢 ──→ 苯乙烯 ──→ 聚苯乙烯塑料、ABS、丁苯橡胶
      │ 二聚 ──→ 丁烯 ──→ 聚丁烯、线性低密度聚乙烯
      │ 齐聚、水合 ──→ 高碳醇 ──→ 表面活性剂、增塑剂
      └─ 水合 ──→ 乙醇 ──→ 溶剂、合成原料
```

图1-6 以乙烯为原料的下游产品网络

B 以丙烯为原料的下游产品网络,见图1-7。

```
                  ┌ 聚合→聚丙烯→合成纤维、薄膜、成型制品
                  │ 三聚、四聚→三聚体、四聚体→合成洗涤剂
                  │ 与乙烯共聚→乙丙橡胶
                  │                        ┌ 聚氨酯树脂、表面活性剂
                  │ 次氯酸化→氯丙醇→环氧丙烷┤→丙二醇→聚酯树脂
                  │                        └ 导构化→丙烯醇
                  │ 过氧化氢物、环氧化→环氧丙烷
                  │                        ┌→1,4-丁二醇→聚酯树脂
                  │                ┌ 丙烯醇┤→甘油→医药、炸药
                  │ 高温氯化→氯丙烯┤        └ 环氧氯丙烷→环氧树脂
         丙烯 ┤   │                └→ 环氧氯丙烷→环氧树脂
                  │                ┌→合成纤维、ABS 树脂、AS 树脂、丁腈橡胶
                  │ 氨氧化→丙烯腈 ┤
                  │                └→丙烯酰胺→絮凝剂、水增稠剂、纸张处理剂
                  │                         ┌ 丙烯酰胺
                  │ 氧化→丙烯醛→丙烯酸 ┤
                  │                         └→ 涂料、塑料
                  │ 氧化→丙酮→甲基丙烯酸酯、溶剂、合成原料
                  │                ┌→ 丙酮
                  │ 苯、烷基化→异丙苯┤
                  │                └ 苯酚→酚醛塑料，尼龙6
                  │ 水合→异丙醇→医药、溶剂
                  │              ┌ 丁醇→溶剂、增塑剂
                  └ CO+H₂,氢甲酰化┤
                                 └ 辛醇→增塑剂
```

图 1-7  以丙烯为原料的下游产品网络

C  以碳四烃为原料的下游产品网络

碳四烃含丁二烯、正丁烯、异丁烯、正丁烷。用丁二烯为原料下游产品网络见图 1-8；正丁烯、异丁烯、正丁烷为原料的下游产品网络见图 1-9。

丁二烯 {
聚合→顺丁橡胶
与苯乙烯共聚→丁苯橡胶
与丙烯腈共聚→丁腈橡胶
与丙烯腈、苯乙烯共聚→ABS 塑料
二聚→环辛二烯→尼龙 8
三聚→环十二三烯→尼龙 12
2HCN→己二腈→尼龙 66
CO+$H_2O$→己二酸→尼龙 66
乙酰氧基化→水解、加氢→1,4-丁二醇→聚酯树脂
氧化→顺丁烯二酸酐→增强塑料、农药
}

图 1-8　以丁二烯为原料的下游产品网络

正丁烯
异丁烯
正丁烷 {
氧化→顺丁烯二酸酐
氧化(或水合 2-丁醇)→甲乙酮→溶剂
脱氢或氧化脱氢→丁二烯
聚合→聚 1-丁烯→薄膜、管材
加少量异戊二烯,低温聚合→丁基橡胶
聚合→聚异丁烯→粘合剂、密封胶
齐聚 {
→二异丁烯→辛基酚→表面活性剂、润滑油添加剂
→三异丁烯→十二烷硫醇→稳定剂、抗氧剂、紫外线吸收剂
}
甲醛→异戊二烯→合成橡胶
氨氧化→甲基丙烯腈→甲基丙烯酸→甲基丙烯酸甲酯(有机玻璃单体)
对甲基苯酚,烷基化→2,6-二叔丁基对甲酚→塑料、橡胶的防老剂、抗氧化剂、食品添加剂
水合→叔丁醇→溶剂、汽油添加剂
甲醇,醚化→甲基叔丁基醚(MTBE)→汽油添加剂
氧化→醋酸、顺丁烯二酸酐
脱氢→丁二烯
裂解→乙烯、丙烯
}

图 1-9　以正丁烯、异丁烯、正丁烷为原料的下游产品网络

D　以芳烃为原料的下游产品网络

用苯为原料的下游产品网络见图 1-10,用甲苯为原料的下游产品网络见图 1-11。

烷基化→乙苯→苯乙烯→合成橡胶,合成树脂

烷基化→十二烷基苯→合成洗涤剂

烷基化→异丙苯
- 苯酚
  - →胶粘剂
  - →酚醛树脂
  - →尼龙6、尼龙66
  - →农药、合成药物
- 丙酮→有机玻璃、溶剂

苯

磺化→苯磺酸→苯酚

硝化→硝基苯→苯胺→合成药物、合成染料、助剂

氢化→环己环→尼龙66

氯化→氯苯→溶剂、染料、医药等

氧化→顺丁烯二酸酐
- →涂料
- →醇酸树脂
- →合成药物(长效磺胺)

脱氢→联苯
- →热载体
- →增塑剂、高真空润滑油

图1-10　以苯为原料的下游产品网络

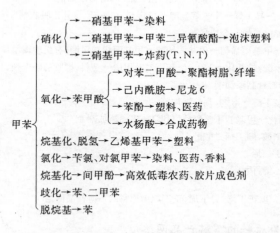

硝化
- →一硝基甲苯→染料
- →二硝基甲苯→甲苯二异氰酸酯→泡沫塑料
- →三硝基甲苯→炸药(T.N.T)

氧化→苯甲酸
- →对苯二甲酸→聚酯树脂、纤维
- →己内酰胺→尼龙6
- →苯酚→塑料、医药
- →水杨酸→合成药物

甲苯

烷基化、脱氢→乙烯基甲苯→塑料

氯化→苄氯、对氯甲苯→染料、医药、香料

烷基化→间甲酚→高效低毒农药、胶片成色剂

歧化→苯、二甲苯

脱烷基→苯

图1-11　以甲苯为原料的下游产品网络

E　以乙炔为原料的下游产品网络,见图 1-12。

乙炔 ┬ 加氯化氢→氯乙烯→薄膜、塑料制品、合成纤维
　　├ 水合→乙醛→氧化→醋酸
　　├ 加醋酸→醋酸乙烯→合成纤维、涂料、粘结剂
　　├ 加甲醛→1,4-丁炔二醇 ┬ 加氢→1,4-丁二醇→γ-丁内酯、聚酯树脂、四氢呋喃
　　│　　　　　　　　　　　└ 电镀增光剂
　　├ 二聚→乙烯基乙炔 ┬ 加氢→丁二烯→合成橡胶
　　│　　　　　　　　　├ 加氯化氢→2-氯丁二烯→氯丁橡胶
　　│　　　　　　　　　└ 粘合剂
　　└ 氯化→三氯乙烯或四氯乙烯→溶剂

图 1-12　以乙炔为原料的下游产品网络

# 1.4　化学工业原料、工艺与产品的多方案性

化学工业具有原料、工艺与产品的多方案性,即化学工业可以从不同原料出发,制得同一种产品;也可以从同一种原料出发,经过不同的加工工艺,得到不同的产品;有时从同一种原料制取同一种产品,还可有许多不同的加工工艺来达到。这种多方案性还表现在同一反应催化剂具有多样性,完成同一反应,反应器又可有多种型式;从原料中脱除同一种杂质,例如 $H_2S$、$CO_2$ 或从产品物流中分离目的产品,都具有多种多样的方法。上述多方案性形成了化工的“万花筒”。现通过三组实例加以说明。

### 1.4.1　同一种原料制取不同产品[12]

以乙烯为原料的下游产品网络见图 1-6,现摘部分产品具体说明如下。

A　高压聚乙烯

在 200℃~270℃,150~400MPa 条件下,以氧或过氧化物为引发剂,实现乙烯聚合为聚乙烯,

$$n \cdot CH_2 = CH_2 \longrightarrow [-CH_2 - CH_2 -]_n$$

反应热为 86.4kJ/mol。反应器有釜式搅拌反应器和管式反应器两种类型。管式反应器生产高压聚乙烯的流程示意为图 1-13。压力

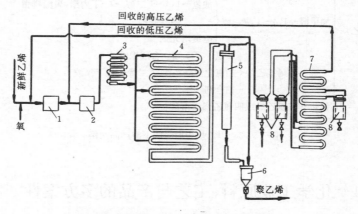

图 1-13 管式反应器生产高压聚乙烯工艺流程图
1—第一级压缩机；2—第二级压缩机；3—冷却器；4—管式反应器；
5—高压分离器；6—低压分离器；7—冷却器；8—旋风分离器

为 0.8～1MPa 的新鲜乙烯与氧和回收的低压乙烯混合，混合物由压缩机 1 压缩到 25MPa，冷却并分离出压缩时用的润滑剂，与回收的高压聚乙烯混合，再经压缩机 2，压缩到 150～200MPa，经冷却器 3 冷却，约 70℃ 时进入反应器 4。反应器是由带有冷却夹套的盘管，其内径为 36～50mm，是由壁厚为 17～20mm 的钢管制成的。管式反应器由加热段与反应段组成，乙烯在加热段中自 70℃加热到 180℃，在反应段中提高到 260℃～280℃。在反应段中有乙烯进口，以调节反应温度。温度高，乙烯聚合速率加快，转化率也高，但过高的温度会影响聚乙烯的性能，即聚合物分子量、结晶度和密度下降，支化度增加。因此反应温度的下限是引发剂分解温度，上限为 260℃～280℃。聚合时放出大量热，为满足反应温度要求，工业上采用限制乙烯单程转化率的方案(单程转化率为 15%～25%)，未反应的乙烯循环使用。高压分离器 5 的温度不低于

— 22 —

220℃,低压分离器 6 设有造粒装置,温度为 160℃～220℃。离开高压分离器,乙烯经套管冷却器 7 冷却到 35℃。为捕集聚乙烯粉末,在套管冷却器之前,设有两个交替使用的旋风分离器 8。

B 低压聚乙烯

50 年代初,齐格勒-纳塔催化剂(铝、钛和钒化合物为基础的乙烯均相体系)问世,在常压或不高的压力下,乙烯几乎全部转化为聚乙烯。工艺及设备与高压聚乙烯大相径庭,投资为高压聚乙烯的 30%,操作费仅为其 17%。

高效载体钛系催化剂乙烯淤浆聚合工艺流程示意于图 1-14。催化剂悬浮液和活化剂溶液经罐 1 和 2 进入反应器 3,反应器

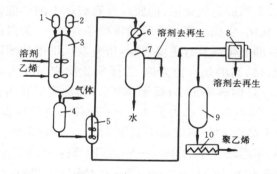

图 1-14 淤浆聚合生产低压聚乙烯工艺流程图
1、2—催化剂罐;3—反应罐;4—脱气罐;5—汽提釜;
6—冷凝器;7—脱水器;8—离心机;9—干燥器;
10—造粒机

内装有搅拌装置。乙烯和溶剂通入反应器,反应温度为 80℃～95℃,由夹套或冷却盘管导出反应热。反应产物进入脱气罐 4,脱除未反应的乙烯。再进入汽提釜 5,降低压力,并以水蒸气提溶剂、蒸汽及溶剂在冷凝器 6 中冷凝。冷凝液进入脱水器 7,脱水后的溶剂送去再生。从汽提釜 5 出来的淤浆进入离心机 8,除去未气化的溶剂,滤液去再生。滤渣在干燥器 9 中干燥,干燥的粉末状聚乙烯气流输送至造粒机。

## C　环氧乙烷

环氧乙烷是以乙烯为基础的大吨位产品之一,主要用于生产乙二醇(占需要量的 50%～55%),而乙二醇用作防冻剂以及生产聚酯树脂、纤维和薄膜的原料。乙烯的氧化反应有:

$$CH_2 = CH_2 + 0.5O_2 = H_2C\!\!-\!\!\!\underset{O}{\diagdown\diagup}\!\!\!-\!\!CH_2 \quad \Delta H = -117 \text{ kJ/mol}$$

$$CH_2 = CH_2 + 3O_2 = 2CO_2 + 2H_2O \quad \Delta H = -1\,410 \text{ kJ/mol}$$

$$CH_2 = CH_2 + 0.5O_2 = CH_3\dot{C}HO$$

$$CH_2 = CH_2 + O_2 = 2HCHO$$

载于刚玉、不同形态氧化铝、硅胶或浮石载体上的银催化剂是防止乙烯深度氧化、生成乙醛与甲醛的重要条件之一。为提高反应速率和选择性,助催化剂具有重要贡献,研究发现助催化剂以各种氯衍生物和硫、硒、磷的化合物为佳。乙烯氧化反应温度为200℃～300℃,低于 200℃ 时速率很小;高于 300℃ 时,深度氧化占优势。空速为 4 000～10 000h$^{-1}$,压力为 0.3～3.5MPa,进反应器的原料中,乙烯含量不高于 4%,氧浓度不高于 7%,以防止爆炸。在较佳条件下,乙烯的单程转化率为 30%～50%,选择性为 80% 左右。

环氧乙烷在 180℃～200℃,2～2.4MPa 下进行水合反应,得到乙二醇、二甘醇和三甘醇,反应如下:

$$H_2C\!\!-\!\!\!\underset{O}{\diagdown\diagup}\!\!\!-\!\!CH_2 + H_2O \longrightarrow \underset{OH}{CH_2}\!\!-\!\!\underset{OH}{CH_2}$$

$$\underset{OH}{CH_2}\!\!-\!\!\underset{OH}{CH_2} + H_2C\!\!-\!\!\!\underset{O}{\diagdown\diagup}\!\!\!-\!\!CH_2 \longrightarrow \underset{OH}{CH_2}\,CH_2\,O\,CH_2\,\underset{OH}{CH_2}$$

$$\underset{OH}{CH_2}\,CH_2\,O\,CH_2\,\underset{OH}{CH_2} + H_2C\!\!-\!\!\!\underset{O}{\diagdown\diagup}\!\!\!-\!\!CH_2 \longrightarrow \underset{OH}{CH_2}\,CH_2\,O\!\!-\!\!CH_2\,CH_2\!\!-\!\!O\,CH_2\,\underset{OH}{CH_2}$$

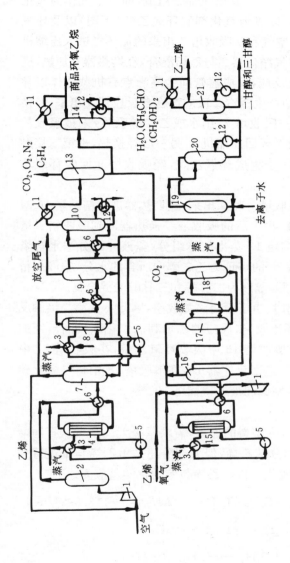

图 1-15 环氧乙烷和乙二醇生产工艺流程图

1—压缩机；2—空气净化器；3—废热锅炉；4—主接触反应器；5—泵；6—热交换器；
7—主反应区吸收塔；8—第二接触反应器；9—第二反应区吸收塔；10、13、20—蒸馏塔；
11—冷凝器；12—再沸器；14、21—精馏塔；15—氧气氧化反应器；16、17—吸收塔；
18—解吸塔；19—乙烯水合反应器；

其工艺流程见图 1-15,其由三部分组成,即以空气作为氧化剂制环氧乙烷(上图)、以氧为氧化剂制环氧乙烷(下图)以及环氧乙烷水解制乙二醇。空气和从吸收塔 7 出来的循环气进入压缩机 1。两者的混合物经空气净化器 2 与乙烯混合,经换热器 6 加热,进主反应器 4 进行氧化反应,反应器管间为高沸点有机载热体以导出反应热,在锅炉 3 中产生蒸汽。反应产物自反应器 4 出来,经换热器 6 冷却,进入第一吸收塔 7,用水或乙二醇吸收,未被吸收的气体分成两股。一股循环回压缩机 1,另一股经换热,进第二接触反应器 8,使乙烯进一步生成环氧乙烷,经吸收塔 9 回收环氧乙烷,尾气放空。

饱和吸收液自吸收塔 7 和 9 出来,经换热器进入精馏塔 10 蒸出环氧乙烷和轻组分,再生后的吸收液经换热器回到吸收塔。塔 10 的塔顶物进入蒸馏塔 13 蒸出气体组分,釜液一部分送水合塔 19 制乙二醇。蒸馏塔 20 的塔顶为乙二醇中所含的水分,釜液去精馏塔 21,塔顶为乙二醇,釜液为二甘醇和三甘醇的混合物。

当以氧为氧化剂时,由于不需将氮放空,因此不设第二接触反应器,乙烯、氧和循环流股(未反应的乙烯和二氧化碳)混合,经加热进入反应器 15,在吸收塔 16 中吸收环氧乙烷,在吸收塔 17 中吸收二氧化碳,塔顶气返回反应器 15,在解吸塔 18 中将二氧化碳放空,吸收塔 16 的塔底饱和液进蒸馏塔 10。

D 苯乙烯

苯乙烯是生产 ABS 塑料的原料,需求量极大。虽然从石油馏分的分离中可得到部分苯乙烯,但大部分还是由乙烯与苯进行烷基化反应,再由乙苯脱氢提供。乙烯与苯的化学反应为:

$$C_6H_6 + C_2H_4 \Longrightarrow C_6H_5—C_2H_5 \qquad \Delta H^{\circ}_{298} = -113.89 kJ/mol$$

$$C_6H_5—C_2H_5 + C_2H_4 \Longrightarrow C_6H_4—(C_2H_5)_2$$

$$C_6H_4—(C_2H_5)_2 + C_2H_4 \Longrightarrow C_6H_3—(C_2H_5)_3$$

当采用氯化铝为催化剂时,发生烷基转移反应

$$C_6H_4-(C_2H_5)_2+C_6H_6 \Longrightarrow 2C_6H_5-C_2H_5$$

孟山都(Mosanto)公司开发的高温均相烷基化流程如图 1-16 所示。催化剂用量很少,催化剂络合物不循环,反应温度为 150℃。原料及催化剂进入反应器 1,蒸汽发生器 7 移走反应热,烷基化液体以及返回的多乙苯进入烷基转移反应器 2,有足够的停留时间确保反应达到平衡。反应器 2 的产物在气化器 3 中降低压力,释放出气态组分后进洗涤系统。而气相组分经冷凝器 4 和分离器 5,然后进吸收器 6,用苯洗涤,洗涤液进反应器 1,气体排出。该流程的优点是焦油生成量少,催化剂络合物损失低,腐蚀(碳钢喷涂混凝土)轻。每千克乙苯消耗催化剂三氯化铝 1.9 克;氯化氢 0.6 克。

当水蒸气与乙苯的摩尔比为 6~14 时,550℃~600℃,以氧化铁为催化剂主要组分,乙苯脱氢生成苯乙烯,

$$C_6H_5-C_2H_5 \Longrightarrow C_6H_5-C_2H_3+H_2$$

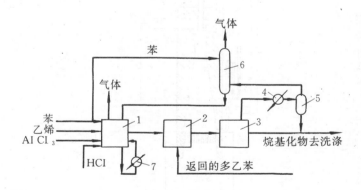

图 1-16　苯与乙烯高温均相烷基化流程

1—烃化反应器;2—烷基转移反应器;3—气化器;4—冷凝器;
5—分离器;6—吸收器;7—废热锅炉(蒸汽发生器)

### 1.4.2 不同原料生产相同产品

以生产乙炔为例。目前工业上生产乙炔主要有两种方法。其一为碳化钙法,又称电石法,此法较为古老。其二为天然气部分氧化法。

在电炉中,氧化钙与焦炭在 2 000℃～2 200℃ 条件下,进行还原反应,

$$CaO + 3C \Longrightarrow CaC_2 + CO$$

所得电石与水在乙炔发生器中进行反应

$$CaC_2 + 2H_2O \Longrightarrow C_2H_2 + Ca(OH)_2$$

制得乙炔。生产电石的能耗极大,每吨约 5 000kWh。巴斯夫公司(BASF)以天然气为原料部分氧化法生产乙炔反应器示于图 1-17。甲烷氧化裂解的基本反应是:

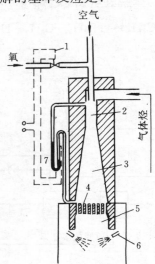

图 1-17 巴斯夫公司氧化裂解制乙炔反应器

1—可控供氧阀;2—进料口;3—混合室;4—燃烧器;

5—反应室;6—急冷室;7—压力计

$$CH_4 + 0.5O_2 \Longrightarrow CO + 2H_2 \qquad \Delta H = -25.5kJ/mol$$

$$2CH_4 \Longrightarrow C_2H_2 + 3H_2 \qquad \Delta H = 376kJ/mol \quad C_2H_2$$

$$CH_4 + 2O_2 \Longrightarrow CO_2 + 2H_2O \qquad \Delta H = -800kJ/mol$$

$$CO + H_2O \Longrightarrow CO_2 + H_2 \qquad \Delta H = -41.9kJ/mol$$

还会进行二次反应,生产乙烷、高级炔烃和炭黑等。裂解气中体积百分组成为:$CO_2 = 3.2$,$C_2H_2 = 8.65$,$C_2H_4 = 0.5$,$H_2 = 55.85$,$N_2 = 0.76$,$CO = 24.65$,$CH_4 = 6.0$,高炔及残炭$= 1.37$。

氧(也可以用空气)和气态烃预热到 600℃ 分别被输入进料口2,在混合室 3 中充分混合,经多通道燃烧器(烧嘴)4 进入反应室5,在此发生甲烷部分燃烧和裂解反应。为防止回火,在烧嘴中气流的运动速度要明显大于火焰传播速度。甲烷裂解温度为 1 450℃～1 500℃,反应时间为 0.003～0.01s。为防止进行二次反应,反应器出口立即激冷,冷却到 75℃～95℃。

以氧化钙为原料制乙炔的成本几乎比以天然气为原料部分氧化法制乙炔的成本高一倍,其竞争能力较差,处于萎缩状态。

### 1.4.3 相同原料经过不同的加工路线生产相同的产品

A 合成气生产甲醇[13]

煤、天然气、石油都是生产合成气的原料,经加工后得到合成气的成分(体积%)假定为:$H_2 = 71$,$CO = 16$,$CO_2 = 12$,余量为 $N_2$、Ar、$CH_4$ 等。合成甲醇的主要反应为

$$CO + 2H_2 \Longrightarrow CH_3OH$$

$$CO_2 + 3H_2 \Longrightarrow CH_3OH + H_2O$$

古老的方法是以 Zn - Cr 为催化剂,压力为 30MPa,反应温度为330℃～400℃,空速为 20 000～40 000h$^{-1}$,合成塔出口甲醇含量约为 5%(摩尔),流程示意于图 1 - 18。因单程转化率较低,合成气采用循环使用,通过弛放气维持惰气平衡。

近年来,开发铜系催化剂的成功,使得合成压力可以降为5MPa,压缩功大幅度下降,反应温度为220℃～250℃,鲁奇低压法甲醇合成工艺流程示于图 1 - 19。新鲜原料气有两股,一股为脱

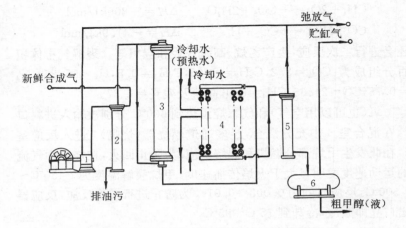

图 1-18　高压法甲醇合成工艺流程

1—循环压缩机；2—油过滤器；3—甲醇合成塔；4—水冷却器；
5—分离器；6—中间贮槽

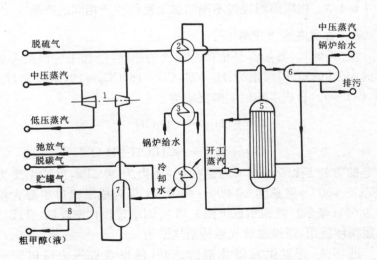

图 1-19　Lurgi 低压法甲醇合成工艺流程

1—透平循环压缩机；2—热交换器；3—锅炉水预热器；4—水冷却器；
5—甲醇合成塔；6—汽包；7—甲醇分离器；8—粗甲醇贮槽

硫气,另一股为脱碳。其原因是合成原料气中二氧化碳过多,不满足$(H_2-CO_2)/(CO+CO_2)=2.10\sim2.15$,即不满足化学计量关系,故工艺上设置脱碳装置,以调节气体成分。甲醇合成塔 5 为管壳型反应器,壳程为沸腾水,管程为催化剂填充床,空速为$10\ 000h^{-1}$,出塔气中甲醇含量约为 7%(摩尔),杂质少,产品质量高,能耗比高压法显著下降。正因为低压法具有上述优点,目前已不采用高压法生产的工艺。

B　由对二甲苯制取对苯二甲酸二甲酯(DMT)

对苯二甲酸二甲酯是生产对苯二甲酸乙二酯(缩聚后即为 PET 树脂,熔融纺丝的聚酯纤维称"涤纶")的原料,由对二甲苯制取对苯二甲酸二甲酯有两种方法,即传统的四步法与现在的两步法。

四步法的第一步,对二甲苯在 120℃~200℃,1~1.5MPa 下为空气氧化为对甲基苯甲酸(收率为 80%);第二步,在 200℃~250℃,2.5MPa 和硫酸存在下,用甲醇将对甲基苯甲酸酯化。

第三步,在 160℃~180℃ 和 1~1.5MPa 下,将对甲基苯甲酸甲酯氧化为对苯二甲酸单甲酯;第四步,用甲醇将对苯二甲酸单甲酯酯化成二甲酯(收率为 80%)。

两步法则将上述第一和第三步(对二甲苯和对甲基苯甲酸甲酯的氧化)并入一个设备中,将对甲基苯甲酸和对苯二甲酸单甲酯的酯在另一个设备中完成。

$$H_3C-\underset{\phantom{}}{\bigcirc}-CH_3 \ + \ H_3C-\underset{\phantom{}}{\bigcirc}-COOCH_3$$

$$\downarrow O_2$$

$$H_3C-\underset{\phantom{}}{\bigcirc}-COOH \ + \ HOOC-\underset{\phantom{}}{\bigcirc}-COOCH_3$$

$$\downarrow CH_3OH$$

$$H_3C-\underset{\phantom{}}{\bigcirc}-COOCH_3 \ + \ CH_3OOC-\underset{\phantom{}}{\bigcirc}-COOCH_3$$

由对二甲苯二步法生产对苯二甲酸二甲酯的工艺流程示于图 1-20。

对二甲苯和对甲基苯甲酸甲酯(循环中间产物)混合,含有 0.1%钴盐,空气鼓泡进入反应器 1 进行氧化反应,温度为 160℃～180℃,压力为 0.4～0.8MPa,形成对甲基苯甲酸和对苯二甲酸单甲酯混合物。自反应器出来的气体经冷却器 2 冷却冷凝,然后送去燃烧或排放。氧化产物自反应器 1 进反应器 4 用甲醇酯化,反应条件是 250℃～280℃、2～2.5MPa。酯化反应器 4 顶部的气体进甲醇精馏塔 5,塔底产物返回沉降器 3;塔顶产物经贮槽 6 返回系统。

酯化产物进精馏塔 7 和 9。在对甲基苯甲酸甲酯蒸出塔 7 蒸出的对甲基苯甲酸甲酯返回氧化反应器 1,在塔 9 将粗对苯二甲酸二甲酯与高沸物分离。为了精制,将粗对苯二甲酸二甲酯在溶解槽 10 中溶于甲醇,再送入结晶器 11。在离心机 12 中,对苯二甲酸二甲酯结晶与母液分离,并在熔化槽 14 中熔化,液态进入塔 15,用精馏法进行精制。纯对苯二甲酸二甲酯自塔 15 顶部产出;釜液与塔 13 的釜液合并返回氧化。

每吨对苯二甲酸二甲酯消耗 0.63 吨对二甲苯,0.38 吨甲醇。

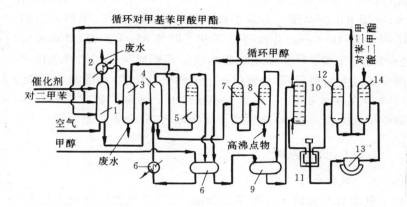

图 1-20　两步法制对苯二甲酸二甲酯工艺流程图

1—氧化反应器；2、8—冷却器；3—沉降器；4—酯化反应器；5—甲醇精馏塔；

6—甲醇贮槽；7—对甲基苯甲酸甲酯蒸出塔；8—粗对苯二甲酸二甲酯蒸出塔；

9—粗对苯二甲酸二甲酯溶解槽；10—结晶器；11—离心机；12—自母液分离

甲醇塔；13—对苯二甲酸二甲酯熔化槽；14—纯对苯二甲酸二甲酯塔

# 1.5　研究与开发在化学工业中的地位

　　至此，本章已经写了四节。第 1 节的目的是熟悉有关术语的内涵；其余 3 节，字面上是在叙述化工在人类社会中的地位、化学工业的资源路线以及化学工业原料、工艺与产品的多方案性，其内涵是在铺垫、拓展与渗透化工工艺知识，为理解化工过程研究与开发提供素材。透过这些素材可以觉察到化学工业的固有本质——千变万化，蕴含极其丰富，具有无穷的活力，是国民经济中最具活力、有待开发且竞争性极强的产业部门。加强研究与开发是化学工业赖以生存的唯一选择。

　　本世纪初德国在经济技术上战胜英国，形成世界第三次生产力高潮，靠的是发展煤化工；此后，美国取代德国，掀起了世界第四次生产力高潮,其重要因素之一是靠发展石油化工。对一个国家如此,对一个企业也是如此。德国 BASF 公司研究开发了合成氨技术;英国 ICI 公司研究开发了高压聚乙烯、聚对苯二甲酸乙二酯;美国杜邦(Du Pont)公司研究开发了尼龙 66,孟山都(Monsanto)公司研究开发了甲醇羰基化制醋酸等都形成了公司的特色技术,带来了巨大的利润。那些停滞不前或相形见绌者,则遭淘汰。例如,1839 年美国人古特异(C. Goodyear)由于开发了硫化橡胶技术,曾使他成为百万富翁,随后因再无新建树,百余年后公司倒闭了。

### 1.5.1 开发案例

#### A 氨合成

氨因具有提供反应态氮的功能,是当今世界也是我国超大吨位化工产品之一。它的开发成功导致本世纪化学工业第一次飞跃,追溯其开发历程具有启迪与指导作用。

1754 年普里斯特列(Priestley)在实验室进行了氯化铵和石灰反应

$$2NH_4Cl + Ca(OH)_2 \rightleftharpoons 2NH_3 + CaCl_2 + 2H_2O$$

得到了氨。大约 30 年后,伯托利(Bertholet)确定了氨的成分。1795 年希尔德布兰德(Hildebrand)在常压下,进行氮和氢制氨的尝试,此后又采用新生态氢、催化剂、电弧、高温、高压等途径与方法进行氨合成反应途径的探索,除得到痕迹量的氨之外,由于缺乏理论指导,都归于失败。于是,有人得出结论:由氢与氮合成氨是不可能的。

1850~1900 年,化学热力学、化学动力学、催化剂等新兴学科领域的研究取得进展,使得氨合成反应能在理论的指导下进行有效研究。荷兰的范特荷甫(Van't Hoff)把热力学应用于化学领域,建立了化学平衡概念。法国物理化学家勒夏式列(Le Chartelier)提出了化学平衡移动规律,认为较高的压力有利于增加氨的产率。1901 年,他进行了这一试验,虽以反应器爆炸告终,但他的成就使他获得了一项专利。

德国的哈柏(Haber)1902 年访问美国,参观了正在研究电弧法固定氮工厂。回国后,他对固定氮为氮氧化物和氨很感兴趣。维也纳一个化学公司老板马古利斯(Margulhes)兄弟与哈柏签订合同,由氮与氢合成氨。哈柏和他的学生积极投入研究。研究的初步结果是 1 000℃、常压,气体混合物只有 0.01％转化为氨。采用更高的温度和催化剂,反应并未见明显的改进。于是马古利斯不再支持这一项目。

哈柏采用了勒夏忒列将高温与高压结合起来的技术,在耐高温、耐高压设备的设计与制造,催化剂研制和化学平衡等三个方面进行了艰巨而卓有成效的研究。他们将纯氨通过以铁粉为催化剂的第一个反应器,除去未分解的氨,最后将分解得到的氢与氮混合气通入与第一个反应器工况相同的第二反应器。由气体成分的分析得知,两个反应器出口氨浓度是相等的。从而提出了"可逆"与"平衡"两个概念,在此基础上,哈柏测定了一批氨合成反应平衡数据,见表 1 - 7。

表 1 - 7  哈柏测定的氨合成反应平衡浓度

| 温度,℃ | | 300 | 500 | 700 | 1 000 |
|---|---|---|---|---|---|
| NH₃％(体积) | 0.1MPa | 2.2 | 0.13 | 0.02 | 0.007 |
| | 10MPa | 52.1 | 10.4 | 2.14 | 0.68 |

1909 年,他发表了以锇为催化剂,氨浓度为 6％的研究成果。针对反应特征,哈柏进行流程设计,并获得专利,其要点有如下三个。

(1) 在加压条件下,将氢氮通过高温下的催化剂;在较低温度下除去反应器出口气体中部分或全部生成的氨;再向除氨气体补充与除氨量相当的氢、氮气,通过反应器。这就是延续至今的循环法的雏形,对于单程转化率较低,原料需循环使用的化工工艺具有普遍意义。

(2) 利用离开催化剂的热气体将进入反应器的冷气体加热。

（3）利用产品氨的蒸发来冷却循环气，达到氨分离的目的。

至此，哈柏已经完成了实验室研究，并展示了良好的工业化前景，为开发工业规模装置奠定了基础。

哈柏的实验室装置每小时产氨量为 80 克，在获准专利后，德国巴登苯胺和纯碱制造公司（BASF），立即撤销原定由电弧法生产氧化氮的计划，转而发展由氢、氮生产氨的工业装置。BASF 购买了哈柏的专利，并将开发计划接受过来，其协议是将来每销售出 1 千克氨付给哈柏 1 分尼酬金，并且不管由于工艺改进售价下降，哈柏都可以得到稳定收入。波施（Bosch）是该项目的负责人，在哈柏的基础上，他拟订并解决了如下三个问题。

（1）研制稳定有效的催化剂。在氨合成反应中，锇是一种活性良好的催化剂，但与空气接触时，易氧化，且氧化物易挥发。再者，当时世界锇的总产量不过几千克。因此，寻求另外的催化剂势在必行。

一位 BASF 化学师发现某种氧化铁，特别是天然磁铁矿对氨合成反应具有良好的活性。但在实验条件下，表面半熔而活性降低。当掺入少量碱金属和其他金属时，可以避免半熔现象。直至 1911 年，进行了大约 6 500 次试验，测试了 2 500 个配方，最终找到了以少量钾、镁、铝和钙作为助催化剂的铁催化剂，它与当今氨厂使用的催化剂基本相似。

（2）合成反应器材质与设计。为将哈柏的小试研究成果付诸工业化，必须解决能承受 20MPa、500℃～600℃ 的材质。波施专门设置了一个研究高压设备车间，建立了一套模型试验设备，在筛选催化剂的同时，对设备寿命进行考核。一年后，波施将模试放大，仅运转了 80 小时，由于低碳钢反应管损坏而失败。经研究，发现低碳钢中的碳与氢反应，脱碳造成的氢脆是材质损坏的主要原因。后来用微碳纯铁做衬里，解决了材质问题。

当时并无反应器的设计经验可资借鉴，只能根据反应特征——可逆放热反应，催化剂活性温度范围等方面进行全方位开发。用于进床层合成气加热，同时冷却出床层合成气的换热器放在合成塔下部。催化剂装填于管子当中，循环气流经催化管之间，自身加热又冷却床层，这就是当今的连续换热式反应器了。为了解决开工加热问题，在合成塔内部装了中心管，开工时向中心管中注入空气，用设置在中心管中的电炉丝点燃氢气，加热反应器。

（3）设计能生产大量廉价氢与氮的工艺。在小试阶段中，原料氢来自氯碱工业电解槽；将部分氢与空气燃烧，得到残余氮，作为氮气来源。为获得工业规模原料气，选用了水煤气作为氢的来源，由空气深冷分离提供氮。那时没有变换工艺，先用碱洗脱除二氧化碳，再在 2.5MPa、-200℃，采用深冷法将水煤气中的一氧化碳降为 1.5%。在 20MPa、230℃ 条件下，用 10% 苛性钠溶液洗涤，因一氧化碳转化为甲酸钠而脱除。

经过三年努力，在哈柏小试基础上，完成了模试和工程研究。1912 年 BASF 建成了世界上第一个合成氨厂，其规模为日产 30 吨氨。1913 年投产，1914 年达到设计水平。正值第一次世界大战爆发，由于军事工业的需要，促进了当时德国的合成氨工业发展。

从 1795 年希尔布兰德的尝试，到 1913 年第一个合成氨厂投产，开发周期长达 120 年之久。漫长而曲折的开发道路导致许多新工艺、新设备的问世，是人类科学技术进步历史上的里程碑。

从该案例中得到如下三点启迪。

（1）产品的经济效益与社会效益是推进研究与开发的巨大动力。

19 世纪前，欧洲人口少且土地肥沃，有机肥料已够使用。欧洲资本主义革命后，19 世纪的农业生产大规模发展，对肥料需求大幅度提高。智利的硝石、从焦炉气中回收的氨在 20 世纪前曾是氮肥的主要来源。为了满足社会需求，将大气中氮转变为植物能吸收的含氮无机化合物成为 20 世纪初人们最感兴趣的探索课题之一。由氢与氮直接合成氨、氮氧在高温下反应的电弧法、氰氨基化钙法都是当时人们关注的工艺路线。相比之下，前者的经济效益更好些。这就是虽然合成氨工艺开发十分艰巨，最终还是取得成功的原因所在。

（2）逐级放大的开发过程。氨合成开发经历了实验室小试、模试、中试与工业规模四个阶段。哈柏在实验室中的装置每小时产氨80克；BASF 接手后建立模试筛选催化剂；一年后建立了中试装置，80 小时后，碳钢管损坏；第一套商业规模厂日产 30 吨氨。人们不难理解，这种由小到大的工作程式是受经济和时间双重因素决定的。设置中间步骤，无非是对许多技术问题不放心，试图考察在有限的放大倍数下，结果与小试相比有何变化。这种逐级经验放大方法，至今还不同程度地被沿用。

（3）正确的理论指导是开发工作成功的捷径。氨合成的实验研究阶段长达百年之久，有力地证明理论在开发工作中的指导作用。当时由于对化学热力学与化学动力学的无知，人们曾长期徘徊在尝试试验当中，催化剂、电弧、高温、高压等手段几乎都用过，采用的工艺条件甚至与目标相反，结果都归于失败。甚至认为由氢、氮生产氨是不可能的。化学平衡与平衡移动原理为优选工艺条件指明了方向，哈柏利用这些新兴学科的研究成果，测定了不同条件下的平衡氨浓度，只化了几年的时间就获得了突破性的成就。

　B　尼龙—66 的开发

先叙述杜邦公司的概况。该公司是世界上最大的化工公司，始建于 1802 年。产品涉及 1 700 个门类，2 万多个品种，在美国和世界各地有 200 多个子公司。杜邦公司十分重视新产品的研究开发，许多产品由该公司开发成功。例如，1915 年率先生产赛璐珞，1931年开发氯丁橡胶成功，颠峰代表作是 1937 年首创的尼龙—66，惊动了全世界，标志着煤化工向石油化工转换的里程碑。此后石油化工产值 8 年内增加 19 倍，投资回收期不到 3 年，成为各工业部门中产品附加值最高、规模大、发展很快的"摇钱树"工业。

为了取得竞争优势，1927 年杜邦公司决定大力开展定向（目标）基础研究，每年投资 25 万（折现值约 2 500 万）美元，招聘优秀人才。卡罗瑟斯（W. H. Carothers）应聘主持缩聚反应制取聚合物。他从二元醇与二元酸的缩合反应着手，注意并发现了诸多关键因素：反应物纯度要求很高，必要时通过重结晶制取；缩聚反应是等摩尔反应,严格配比,误差不超过 1%;聚合物的分子量及其分布与控制;反应程度要求超过 99.5%。由此突破了有机合成常规,掌握了缩聚规律。

当他们用乙二醇、癸二酸进行聚合反应制取聚酯时,

$$n\ HOCH_2CH_2OH + n\ HOOC(CH_2)_8COOH \longrightarrow$$

$$HO \left[ O-\overset{\displaystyle O}{\overset{\|}{C}}-(CH_2)_8-\overset{\displaystyle O}{\overset{\|}{C}}-OCH_2CH_2 \right]_n H + (2n-1)H_2O$$

发现这一熔融聚合物有非常奇妙的性质:能拉成丝,有可纺性;该丝在冷态时还可拉伸,且强度、弹性增加。由于职业的敏感,他们意识到这一特性的价值,即合成纤维。他们把研究对象遍及脂肪酸、脂肪醇的缩合。后因这些产品易水解,熔点偏低,而放弃了这一路线,改弦易辙,视线转向聚酰胺的研究。

用二元胺代替二元醇,合成了上百种聚酰胺。其中以己二胺、己二酸的缩聚物性质最为优异,其反应是

$$n\ H_2N(CH_2)_6NH_2 + n\ HOOC(CH_2)_4COOH \longrightarrow$$

$$H \left[ HN(CH_2)_6NHCO(CH_2)_4CO \right]_n OH + (2n-1)H_2O$$

温度为 275℃~285℃。因二元胺中有 6 个碳原子;二元酸中也含 6 个碳原子,故得名聚酰胺—66,习称尼龙—66(Nylon—66)。

从实验室的成果到工业化还有一段漫长的路,例如解决己二胺、己二酸的工业生产、熔体输送、计量、设备材质、控制、喷丝等等。1939 年中试,年底实现了工业化。这个项目历时 11 年,耗 2 200 万(折现值约 20 亿)美元,有 230 专家、博士参加研究开发工作。尼龙丝强度比相同直径钢丝还高,尼龙袜子成为各国妇女抢购的时髦货,为杜邦公司带来了巨额的经济效益。

### 1.5.2 投入、选题与成功率

研究与开发是一项科学技术活动,涉及经费投入、研究开发本

身、成果价值（通过使用单位转化为经济效益、社会效益；如果为基础研究，则是学术价值）三个方面。当经费投入者与研究开发者非一人或一个经济实体时，立项之前必然经过一系列的论证、筛选；评选尺度也必然与投入经费额度有关，换言之，投入大，就可以多支撑一批项目，投入是研究开发的生命线。

A　经费投入

据统计报告，发达国家化学工业中，用于研究与开发的费用约占总销售额的 5%～10%。以杜邦公司为例，1992 年的销售额为 371.3 亿美元，研究与开发费大体为 18～38 亿美元。道（Dow）化学公司 1992 年销售额为 191.8 亿美元，研究与开发经费大体应为 9～20 亿美元。根据国情，中国目前推行销售额的 1% 作为研究与开发费用，以中国石油化工总公司为例，1994 年销售额为 1 516 亿人民币，用于研究与开发的费用应为 15 亿人民币。

发达国家研究开发费中约 25% 用于实验室研究，其余部分均用于工业试验，即用于过程开发。

中国现有三个资金主渠道，即财政科技经费，企业、科研院所、高校自筹经费，国内银行和金融机构科技贷款。

按照兼顾当前与长远的原则，中国主要在三个层次上使用财政科技经费。

（1）第一个层次是直接为国民经济服务。国家先后实施了"重点科技攻关"、"星火"、"丰收"、"燎原"以及重大科技成果推广等一批科技计划。其中"重点科技攻关"计划是为国民经济和科学技术中近期发展服务的科技计划，是中国科技计划中规模最大、涉及领域最广的一项计划。"七五"期间共安排攻关项目 76 项，349 个课题，4 700 多个专题。1985 年开始实施的"星火计划"是一项旨在把先进、适用的科技成就大规模输入农村的计划。

（2）在第二个层次上国家实施了"高技术研究发展计划"（863计划）和"高技术产业发展计划"。选择对中国今后发展有重大影响的 7 个领域（生物、航天、信息、先进防御、自动化、新材料和新能源）作为重点研究领域，跟踪世界先进水平，为本世纪末和下世纪初经济、国防建设服务。

（3）第三个层次是基础研究。有国家自然科学基金、青年科学基金、高技术新概念与新探索基金。对那些具有科学前沿性、应用重要性和能充分发挥中国地理、资源、人才优势的重大项目由"攀登计划"组织实施。

B 选题与成功率

选题具有策略性，十分重要但又极为困难。在空间、时间与尺度等方面选择余地几乎是没有穷尽的。例如，可以面向当代自然科学的重大基本问题、技术发展的重要前沿、微观结构等，也可以着眼于国民经济持续发展的关键技术。重要的是理清已知条件、约束条件、判据和目标，因时因地制宜，量力而行。英国哲学家培根曾说：一个能保持正确道路的瘸子总会把走错了路的善跑的人赶上。就是说，选好主攻方向对于取得成功具有战略意义。

人们普遍认为研究与开发选题时考虑如下几个方面是有价值的。

（1）着眼于化学工程前沿。化学工程前沿（详见第二章）主要涉及微电子技术、生物技术、新材料技术、新能源技术中的化学工程问题。例如气相化学沉积（CVD）、超纯、超细、光刻胶、电子封装与基板材料以及磁带、软盘与光盘材料；利用生物技术代替传统的化工技术、生物肥料和农药、石油生物转化、煤微生物脱硫、与人体健康和食品有关的生工；太阳能的转化与储存、整体煤气化联合循环（IGCC）发电、提高石油采出率、地下煤气化等等。

（2）着眼于本学科的研究开发热点。

自然科学基金与 863 项目指南会提供大量信息，举例见1.1.2。

（3）着眼于生产实践中提出的课题。

以中国石油化工总公司为例，1996 年提出了若干重大攻关项目，涉及关键设备放大与改造、与使用新原料（例如进口含高硫的原油）相匹配的技术改造、产品或副产品的深加工与应用、消除生产瓶颈、节能降耗优化生产、三剂（催化剂、添加剂、溶助剂）开发与

应用、技术前沿研究与开发等具有普遍意义的项目,举例如下:

① 配合规模大型化,研究大型分离设备的流体力学与多降液管设置;提高板效率。

② 防止使用高含硫原油(进口)引起设备腐蚀的技术与原油脱硫工艺。

③ 将轻质油的收率由目前的 60% 提高到 70%~75%,碳五综合利用,环戊二烯的分离与应用。

④ 乙烯裂解炉的开发、设计与改造,高效低耗分离技术。

⑤ 聚烯烃的扩容技术。

⑥ PTA(对苯二甲酸)与 PET(聚对苯二甲酸乙二酯)的扩容技术。

⑦ 现有化肥装置增产 10% 的措施。

⑧ 进一步开展催化剂(催化裂化、加氢裂化、重整催化剂、丙烯腈催化剂、环氧乙烷催化剂、甲苯歧化催化剂、聚烯烃催化剂、乙苯脱氢催化剂)、化学工程新技术、功能高分子、生物化工四个领域的研究,或推进当前生产,或作为技术储备。

(4) 在消化引进技术的基础上创新。60 年代末,中国化工领域引进了大量国外技术。有的是成套引进;有的是购买工艺设计软件包(PDP)和关键设备,自行设计。实践表明,这些装置大部分代表引进时的国际先进水平,但技术关键是绝对保密的,例如设计依据。软件包(PDP)中只有物料与热量计算,并无设备尺寸计算,用户只知其然,并不知其所以然。每逢放大扩容、工艺条件改变等情况则束手无策。也有甚者,国外公司并无实践经验,把中国当作试验场,因而造成长期运转不正常,达不到设计指标的后果。例如,鲁奇煤气化制氨技术、美国气化技术研究所(IGT)的 U‐Gas 气化技术、德国的己内酰胺技术等。

跟踪引进技术,了解运行经验和工程现象,开展研究与开发,综合同类技术优点,形成有特色创新技术是一个广阔的选题领域。

(5) 着眼于学科交叉。化学工业、化工工艺、化学工程的发展都曾经和正在受益于相关学科的研究成果,例如热力学、动力学、流体力学、相似论、计算数学、系统工程、生物化学、界面化学等等。化工学科发展过程中也积累了诸多理论与技术，例如反应工程、分离工程、过程工程、生物工程等。它必将在能源、交通、冶金、微电子、食品、材料、环境保护等学科交叉领域中发挥更大的作用。

（6）研究开发者的意愿。研究开发者的志趣、顿悟、联想、启迪、好奇等都会产生好的研究与开发课题，而这些课题有可能在国家自然科学基金、青年科学基金、高技术新概念与新探索基金中得到资助。

据统计[15]，基础研究的成功率为 5%～10%，实现商业化与企业化的占 2%～3%；应用研究的成功率为 50%～60%；开发研究的成功率约占 90%。化工领域的实践结果也许比文献统计值低一倍多。

# 参 考 文 献

[1] 宋健主编. 惠永正副主编. 现代科学技术基础知识. 北京：科学出版社，1994.1～8 页

[2] 中国国家自然科学基金委员会. 国家自然科学基金项目指南. 北京：北京大学出版社，1993.24 页

[3] 苏健民编著. 化工和石油化工概论. 北京：中国石化出版社，1995.147～152 页

[4] 同[1]，11～39 页

[5] 朱小娟. 1994 年世界化学工业，现代化工，1995，11(7)

[6] 杨立民，合成材料及其对社会经济发展的作用，现代化工，1995，12(7)

[7] 化工部全国中氮情报协作组主办. 氮肥信息，1996，(3)11

[8] 同[3]，第 16 页

[9] 中华人民共和国国家计划委员会交通能源司. 中国能源. 北京：1995.第一章

[10] 吴指南主编. 基本有机化工工艺学. 概论，北京：化学工业出版社，1990

[11] 陈滨等合编. 石油化工手册(2). 第四章，北京：化学工业出版社，1988

[12] C. B. 阿杰尔松等著. 梁源修，吴棣华，贺年根译. 石油化工工艺学. 北京：中国化石出版社，1990.第四、十章

[13] 房鼎业，姚佩芳，朱炳辰编著. 甲醇生产技术及进展. 上海：华东化工学院出版社，1990. 215～220页

[14] 同[12]，184～190页

[15] 同[1]，第8页

# 2　化学工程前沿

传统的工程学科有四个，即土木工程、机械工程、电气工程和化学工程。因为化学工程以化学反应为基础，在原子、分子、分子变化的微观世界中根基较深，与其他三个工程学科相比，在科学与工程之间占有特殊地位。随着技术的进步，化学工程的原理和方法延伸到生物技术和生物药物、电子、光子（Photonic）和记录材料及器件以及能源和资源加工和环境保护等领域。自身发展与完善的重点领域有表面、界面和微结构，计算机辅助过程工程和控制工程等。也正是这些领域构成了当今的化学工程的主要前沿。

## 2.1　生物技术[1]~[3]

生物技术涉及生命系统的自然现象，是应用于有生命物质的技术。分为发酵工程、细胞工程、酶工程和遗传育种四个领域。生物技术与化学工程结合，产生了生物化学工程。随着分子生物学理论的发展，诞生了具有划时代意义和战略价值的高技术——基因工程技术，又称为 DNA（脱氧核糖核酸）重组技术，使得人们有可能按照自己的意愿改造生命。基因工程与蛋白质工程使得生命技术产生了巨大活力，估计世界市场 1990 年的生物技术产品（药物、化学品、农业产品、食品与饲料、辅助设备与工程系统）为 151 亿美元；2000 年将为 560~690 亿美元。

### 2.1.1　概　述

A　微型化工厂——细胞

细胞是生命的单位，是生物体的结构单位和功能单位。其大小、形状和功能虽有很大区别，但有共同的基本特征。每一细胞都含有细胞质,它是由生化物质组成的胶体系统,含大量较小的有机分子和无机盐。细胞质维持细胞内的适当生理环境。细胞质内有细胞核、线粒体、高尔基体(植物细胞还有叶绿体)等细胞器。细胞质为具有半弹性和选择性渗透作用的细胞膜包裹,它控制着进出细胞的分子运输过程。植物细胞膜外还有细胞壁。细胞核是"司令部",控制着各种细胞器协同作用,完成各种生理功能。由 DNA 和蛋白质组成染色体,它们是成对出现的条状体。绝大多数细胞的染色体为一层膜包裹,形成一个显著的核。染色体位于细胞核内,各种生物体的染色体不同,且组成染色体的 DNA 也不同。条状染色体上排列着含有控制细胞活动信息的基因(Gene)。作为遗传单位,基因决定着上一代传到下一代的细胞特征。

有生命的微生物和动植物细胞可视为一个微型化工厂。从环境中吸收原料,复制自身,合成无数有价值的产品,或储存于细胞内或排泄于体外。

细胞膜不是简单地作为细胞内涵的壳体,而是形成高度组织、高效能、结构复杂的生物系统,由它控制传递特种化学物质通过细胞壁。细胞膜的重要成分是一种称为磷脂(Phospholipids)的分子,它们能自动地形成多种几何形状的双层膜。磷脂为基架,内中镶有多种蛋白质,多为具有特殊作用的酶类和载体蛋白。诸如二维扩散等细胞膜的重要物理性质与双层膜有关。例如日本人研究发现,在培养基中限量提供生物素就会影响膜磷脂的合成,膜的通透性即增大,这时生成的谷氨酸就容易排出到细胞外。

细胞内同时进行数百个化学反应,有许多分支和平行途径,同一个生化物质可能参加几个不同反应,它们服从质量作用定律、热力学定律、阿累尼乌斯规律、扩散规律。酶是一类特殊的蛋白质,是生物催化剂。它可以降低反应活化能,促进反应进行。酶与辅酶配合共同发挥作用。辅酶不是蛋白质,在反应过程中,辅酶在底物(反应物)之间携带反应基团或电子,循环运行。在细胞中,为了防止一种生化物质过多积累,产物或中间体会减慢酶的产生或抑制已经存在酶的活性,称为反馈控制,如图 2-1 所示,产物抑制第一个酶。

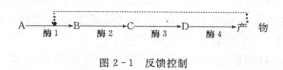

图 2-1  反馈控制

在细胞这个微型化工厂中有自己的"电站",其效率之高是令人羡慕的。许多代谢反应,例如水解和分子重排,都能自动地进行,并放出热量;也有些生化反应不能自动进行,需要输入能量,生物系统是用偶联一个放热反应来解决的。例如,生物系统中最常见的氧化反应是脱氢;还原反应是加氢。前者为放热反应,后者为吸热反应。大多氧化反应都偶联还原反应,即由一个反应引发另一个反应。一个系统总的氧化还原电位决定了细胞能从营养物中得到的能量的数量。当氧为最终电子受体时,有机分子完全氧化,产生的能量最大。在缺氧的环境,例如在动物体内部、污水中、天然水的底层,生物体都能部分氧化某些底物(反应物);或从部分产物被氧化部分产物被还原的反应中获得部分能量。

B  微生物与病毒

与生化工程密切有关的微生物有细菌、藻类和真菌三类。细菌是单细胞生物。细胞壁使其具有一定的形状,如圆形、卵形、杆状与螺旋形;有的细胞形状随培养条件变化而变化,呈"多形性"。细胞的特征尺寸为 $0.5\sim20\mu m$,最大者为 $100\mu m$。细胞之间有串状、链状、疏散小团等排列方式。某些细菌还会产生色素,具有一定颜色。许多细菌的细胞内含有贮存糖、脂的颗粒;靠鞭毛移动。细菌以分裂的方式繁殖,称为"二均分裂"。

藻类是能进行光合作用的一大类生物体,种类繁多,大小不一,特征尺寸量级介于  $\mu m\sim m$。藻类生成速率比绿色植物快得多,可作为能量、化学原料、生物化学药物的来源。

作为一族,真菌是以简单的营养体为特征,从营养体上可以产生进行繁殖的组织物。真菌细胞有明显的核,没有叶绿素,以复杂的有机物为营养源。有的种属在死去的生物体内生活；有的种属则作为寄生物而生活。酵母是由细胞壁包围的单细胞生物，有一个明显的核，以出芽方式进行繁殖，即在母细胞上是一个新子细胞。在一定条件下，一个酵母会产生四个孢子。

病毒没有细胞结构，由包着蛋白质外壳的核酸组成。没有代谢机构，生存于细胞内，是高度专一寄主的寄生生物。许多细菌、霉菌都会受到病毒颗粒侵蚀，侵入细菌的病毒称为噬菌体。噬菌体有烈性与温和两种。前者利用细胞内的营养物形成新的噬菌体颗粒，与此同时，宿主细胞死去并自融；后者附着在细胞染色体上，只要不被某些化学、物理因素激发成烈性噬菌体，对宿主细胞不会产生危害，会被细菌携带并下传多代。

C　DNA 重组技术

长期以来，人们认为遗传是由一个因子决定的，但不知是什么因子。1944 年埃弗里通过验证实验发现了这个因子。肺炎球菌有侵染活性时是带荚膜的光滑菌落；无侵染活性时则为不带荚膜的粗糙菌落。当从前者中提取 DNA，并将 DNA 与后者放在一个培养基上培养时，发现不具侵染能力的粗糙菌落变成了有侵染能力的光滑菌落。同一过程，如用蛋白水解酶（专门降解蛋白质的酶）和核糖核酸酶（专门降解核糖核酸（RNA）的酶）处理，转化照样进行；如果用脱氧核糖核酸酶（专门降解 DNA 的酶）处理后，转化就不能进行。实验表明，是 DNA 导致了上述转化，不是蛋白质，也不是核糖核酸（RNA）。即 DNA 是生物体遗传信息的载体。

DNA 是由四种核苷酸组成的，即由脱氧腺苷酸、脱氧乌苷酸、脱氧胞苷酸和脱氧胸苷酸组成。每一种核苷酸都是由磷酸基团、脱氧核糖和一个碱基组成。成千上万个脱氧核苷酸通过磷酸二脂键连在一起，形成一条 DNA 链。两条 DNA 链反向互补排列并通过氢键合在一起，形成一个 DNA 分子。DNA 分子的两条链都以右手螺旋方式盘绕着同一中心轴，每对碱基都处于同一平面，与中心垂直，两个碱基平面相互平行，间距为 0.34nm，螺旋的直径为 2nm，10 个碱基对就在螺旋上转一圈。DNA 分子与一些蛋白质结合在一起,通过螺旋、扭曲、折叠等方式压缩 8 000 至 10 000 倍形成染色体,存在于细胞核中。能按照中心法则合成蛋白质的 DNA片段称为基因(Gene),换言之,其他 DNA 片段不是基因。每一生物种都有各自的 DNA 结构。相应地,每个基因也都有各自的DNA 结构,编码出特定结构的蛋白质,执行特定的生理功能。

这些具有生物功能的蛋白质习称为酶。可见一切酶的合成,甚至一切生理生化过程,在根本上都是受到基因控制的。基因工程又称为重组 DNA 技术,就是将 DNA 在体外或体内进行重新组合,再将重组后的 DNA 分子转移进操作的生物体,达到遗传、改良、创造(设计)物种的目的。

基因工程包含如下基本程序

(1) 获得所需要的基因(称为目的基因)。主要方法有:

① 用机械方法,如超声波剪断 DNA 分子,使之成为便于操作的小分子。

② 用限制性内切酶切断 DNA 分子。

③ 在逆转录酶作用下,获得与 RNA 序列互补的 DNA 单链,再在聚合酶的作用下,复制成双链 DNA 分子。

④ 用化学方法人工合成。

(2) 重组(recombinant),就是将目的基因与选好的载体连在一起。载体的任务是把重组后的目的基因送回到生物体内以生产生物活性物质。已经使用的载体为微生物细胞类;如细菌、霉菌、酵母等。它们易于遗传复制,并随细胞的分裂而扩增。但通过微生物繁殖而产生的动物、植物蛋白通常缺乏数量上足够的发生链式反应的三维结构(有别于通过动物或植物细胞产生的相同蛋白质),因而缺乏生物活性。从发展眼光看,用动物植物细胞取代微生物细胞完成重组基因是一个重要领域。

(3) 将连接有目的基因的重组载体输入宿主细胞,该细胞要保证目的基因准确地转录,翻译成蛋白质,并维持稳定。通过载体将目的基因转到宿主细胞 DNA 上的过程又称为 DNA 组合。用酶切开的细菌染色体(环状 DNA 分子),基因及其控制信号拼接至染色体中,再用酶将其闭环。

（4）对重组分子进行选择,即利用载体的选择性标记或免疫学方式和分子杂交方式从大量细胞中筛选出带有重组 DNA 分子的转化细胞。

（5）将目的基因表达为蛋白质,以便鉴定其功能和提纯应用。

### 2.1.2 生物反应器

发酵是目前主要的工业生物反应过程之一,通过研究改造发酵所用的菌以及控制技术,生产发酵产品,如医用抗生素与农用抗生素约 200 个品种;还有氨基酸、核苷酸、维生素、甾体激素、工业用酶等。影响发酵过程代谢变化规律的因素有菌种、培养基、pH、温度、通气搅拌等因素,且因操作方式不同(分批、半连续、连续)而变化。

A 发酵过程的代谢变化规律

间歇反应器(批式发酵罐)内放有一定量的基质,移入菌种后开始发酵。一般分为三个阶段,即延滞期(菌体浓度增加很慢,菌体浓度的对数几乎不随时间而变化)、对数期与稳定期(静止期,菌体的生长速率为零)。在对数生长期中

$$\ln x_t = \ln x_0 + \mu t \qquad (2-1)$$

式中　$x_t$——自对数期计起,对应时间 $t$ 的菌体浓度,g/L;

　　　$x_0$——原始菌体浓度,g/L;

　　　$\mu$——菌体比生长速率,h$^{-1}$;

　　　$t$——自对数期计起的自然时间,h。

在对数生长期与稳定期之间为减速期。由于养分的消耗和微生物产物的分泌,生成速率不再符合式(2-1),逐渐减速,直到停止。

在间歇式培养过程中,如果产物生成与菌体生长同步,称为生长关联型,产物形成比速率可描述为

$$P = y\mu \qquad (2-2)$$

式中 $P$——产物形成比速率，g/(h·L)；

$y$——菌体生长为基准的产物得率，g/g；

$\mu$——比生长速率，$h^{-1}$。

如果产物形成速率只与细胞积累量有关，称为非生长关联型，产物形成速率为

$$\frac{dP}{dt} = \beta x \qquad (2-3)$$

式中 $\dfrac{dP}{dt}$——产物形成速率，g/(L·h)；

$\beta$——比例系数，$h^{-1}$；

$x$——菌体浓度，g/L。

由此可见，如果产品为菌体细胞，宜采用有利于细胞生长的培养条件，延长与产物形成有关的对数生长期；如果产物为次级代谢产物，则宜缩短菌体的对数生长期，获得足够量的菌体细胞后，再延长生产期。

在酵母生产的培养基中，假如麦芽汁太多会导致微生物生长过量，引起供氧不足，厌氧的结果生成乙醇，减少菌体的产生。由此引出了半连续加料的概念，即降低麦芽汁的初始浓度，让微生物生长在不太丰富的培养基中，在发酵过程中逐步补加营养的方法，提高了酵母的产量。与批式发酵相比，使反应器中基质浓度较低，菌体浓度随之较低，缓解供氧矛盾；减少培养基积累有毒代谢物。分批加料应用十分广泛，如抗生素、氨基酸、酶蛋白、核苷酸、有机酸等的生产。

当培养基连续加入发酵罐，并连续排出发酵产品，则为连续发酵。有利于提高设备利用率，但由于长期连续运转难以保证纯种培养，菌种变异的可能性较大，工业应用较少。

B 温度对发酵的影响

微生物的生长和产物的合成都是在各种酶的作用下进行的，温度是保证酶活性的重要条件。培养基中碳水化合物、脂肪和蛋白质被微生物分解成 $CO_2$、$NH_3$、$H_2O$ 和其他物质时放出的热称为生

物热。以四环素发酵为例,每立方米液相每小时最大生物热为 29 300kJ。释放出来的能量部分用于合成高能化合物,供微生物合成与代谢活动用,部分用于合成产物,部分散失于环境。

微生物的生长和产物的合成是一系列复杂反应的结果。生长速率的变化可表示为温度的函数

$$\frac{1}{x}\frac{dx}{dt}=\mu-a \qquad (2-4)$$

$$\mu=A\exp\left(-\frac{E}{RT}\right) \qquad (2-5)$$

$$a=A_1\exp\left(-\frac{E_1}{RT}\right) \qquad (2-6)$$

式中　$a$ ——比死亡速率,$h^{-1}$;

　　　$\mu$ ——比生长速率,$h^{-1}$;

　　　$A$、$A_1$ ——常数,因酶与菌种类而异;

　　　$E$、$E_1$ ——活化能,$J/mol$;

　　　$R$ ——气体常数,$8.28J/(mol \cdot K)$;

　　　$T$ ——绝对温度,$K$。

一般生长活化能($E$)为 25～33kJ/mol;死亡活化能($E_1$)为 104～122kJ/mol。但不能明确知道具体的化学反应,因此物理意义比较模糊。

在发酵过程中,除菌的生长外,还有呼吸(以呼吸强度表征,即每克干菌每分钟产生的二氧化碳毫升数)、产物合成两个子过程。人们在 13℃～35℃ 温度范围内,测定了青霉素生产中温度对菌丝生长速率、呼吸强度、青霉素比生产速率的影响,它们对应的活化能分别为 34kJ/mol、116kJ/mol、112kJ/mol,表明温度对发酵各过程速率有不同的影响,概而言之,生产中对不同的菌种、不同的培养条件、不同的酶反应和不同的生长阶段,应当选择不同的控制温度。

　　C　氧传递

　　1 摩尔葡萄糖完全氧化为二氧化碳和水,需消耗 6 摩尔的氧;

若用葡萄糖合成细胞材料,1摩尔原料只需消耗1.9摩尔氧,即 1.8 克葡萄糖需消耗 0.3 克氧。但氧微溶于水,室温下空气溶于水,氧的饱和浓度为 6～7mg/L。其值与 5% 葡萄糖溶液需氧 16.9g/L 相距甚远。因此,为某些发酵过程提供充足的氧就变成一个重要的工程问题。

人们定义不影响菌的呼吸所允许的最低氧浓度为临界氧浓度。在 20℃～30℃,细菌、酵母、真菌的临界氧浓度为 $0.5\times10^{-6}$～$2.0\times10^{-6}$(质量比)。该值大体相当于氧溶解饱和度的 10%～30%。工程上采用鼓泡通入空气供氧的方法,单位时间内培养溶液氧浓度的变化可表示为

$$\frac{\mathrm{d}c}{\mathrm{d}t}=K_La(c^*-c) \tag{2-7}$$

式中　$c^*$ —— 罐内氧分压下培养液中氧的饱和浓度,$m$ mol $O_2$/L;

　　　$c$ —— 瞬时氧浓度,$m$ mol $O_2$/L;

　　　$K_L$ —— 传质系数,m/h;

　　　$a$ —— 比表面积,$m^2/m^3$;

　　　$t$ —— 时间,h。

菌的需氧量可表示为

$$R=Q_{O_2}\cdot c_c \tag{2-8}$$

式中　$R$ —— 摄氧率,$m$ mol $O_2$/(L·h);

　　　$Q_{O_2}$ —— 呼吸强度,$m$ mol $O_2$/($g_菌$·h);

　　　$c_c$ —— 菌的浓度,g/L。

稳定状态时

$$K_La(c^*-c)=Q_{O_2}c_c \tag{2-9}$$

### D　发酵罐

工业发酵通常由无菌空气保持正压;培养致病微生物则需在负压下操作;废水微生物处理多为敞开容器。发酵含气液接触、混合、传热等过程,以及浓度在线检测、泡沫与 pH 控制等监测与操

作。发酵罐可分为下述三类。

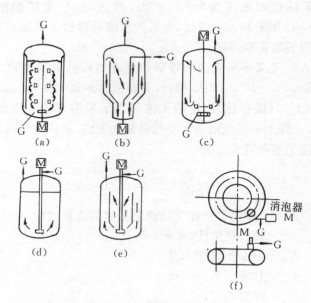

图 2-2　内部机械搅拌发酵罐示意图
G—气体；M—电机；(a) 通用式；(b)、(c) 伍式(Woldholf)；
(d) 自吸式；(e) 强制循环，自吸式；(f) 卧式

　　(1) 内部机械搅拌型发酵罐示意如图 2-2。其中通用式用得最为广泛，目前世界上最大发酵罐直径为 10m，高度为 100m，用于从烃制造单细胞蛋白。通用式发酵罐中既有机械搅拌又有压缩空气分布装置。常用涡轮式搅拌器示意如图 2-3。

　　(2) 空气喷射提升式发酵罐示意于图 2-4。用于单细胞蛋白培养的高位塔式发酵罐及深井曝气污水处理。

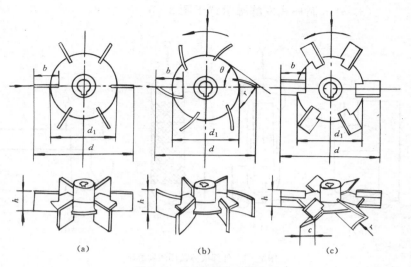

图 2-3　常用的涡轮式搅拌器

(a) 六平叶　　　　　　　(b) 六弯叶　　　　　　　(c) 六箭叶

$h:b:d_1:d=4:5:13:20$　　　$h:b:d_1:d=4:5:13:20$　　　$e:h:b:d_1:d=3:3.5:5:13:20$

　　　　　　　　　　　　$r=1/2\,d_1, \theta=38°$　　　　$r=1/4d_1$

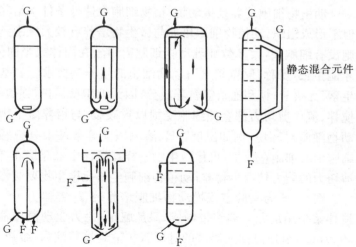

静态混合元件

图 2-4　各种空气喷射提升式发酵罐

G—空气；F—发酵液

（3）外部循环式发酵罐示意于图 2-5。

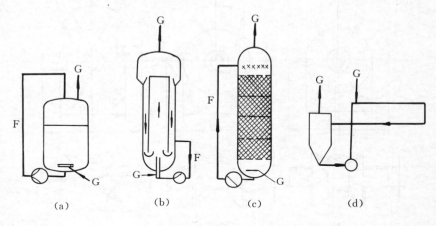

图 2-5　外部液体循环式发酵罐

G—空气；F—发酵液；

（a）泵循环式；（b）泵循环自吸式；（c）填料塔式；（d）管道式

### E　动植物细胞培养装置

　　动植物细胞培养是指动物、植物细胞在体外条件下培养繁殖，但不形成组织。动植物细胞培养与微生物培养有较大区别：动物细胞没有细胞壁，大多数哺乳动物细胞需附着在固体或半固体表面才能生长，习称"贴壁培养"；动物细胞的培养基要求含氨基酸、维生素、无机盐、糖和血清等营养成分；因无细胞壁保护、强烈的机械搅拌、流体剪切力都会使细胞受损以致破裂；与培养微生物相比，动物细胞对环境，例如温度、pH、溶氧浓度等条件十分敏感；植物细胞因有细胞壁保护，可像微生物一样在液体中悬浮培养，但承受剪切力的能力较微生物差；动植物细胞生长比微生物要缓慢得多。

　　图 2-6 为实验室规模动物细胞培养装置，容器为 4～40 升。搅拌桨是用尼龙丝编织带制成，呈船帆形；磁力驱动搅拌轴，20～50 r/min，氧通过插入溶液的硅胶管扩散到培养液内，维持一定溶氧水平。新鲜培养液连续加入，流出的培养液经旋转过滤器分离细胞后排放。如用该类生物反应器培养鼠类肿瘤细胞，每升培养液可

得 $1.7 \times 10^{12}$ 个细胞。

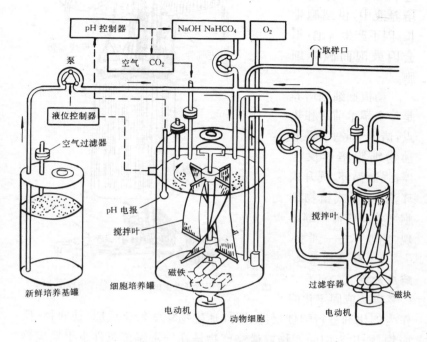

图 2-6 带帆形搅拌器动物细胞培养装置

近年来开发的中空纤维培养装置,每根纤维内径为 $200\mu m$,壁厚 $50 \sim 75\mu m$,管壁为半透性多孔膜,$O_2$、$CO_2$ 等小分子可以自由地透过膜壁双向扩散,而大分子有机物则不能透过。动物细胞贴附在中空纤维外壁生长,属单层培养。

为了大规模培养动物细胞,人们提出了微载体悬浮培养反应器。微载体呈球(珠)状,直径约 $40 \sim 120\mu m$,可用交换当量低的葡聚糖凝胶、聚丙烯酰胺、明胶或甲壳质制造。微载体悬浮于培养液中,动物细胞在其表面上生长。见图 2-7,培养液为搅拌桨缓慢搅动循环,转速为 $0 \sim 80$ r/min,使微载体保持悬浮态,但又不因剪切力破坏细胞。空气通过中空纤维将氧溶于培养液中，供细胞生长。因不产生气泡，不会因鼓泡而破坏细胞。

动植物细胞培养是一个学术前沿和热点，诸如气腔式、锥形动物细胞培养反应器；强制循环、气升式环流、筛板式植物细胞培养反应器相继出现，此处不一一列举。

F　酶及固定化酶反应器

以酶或固定化酶

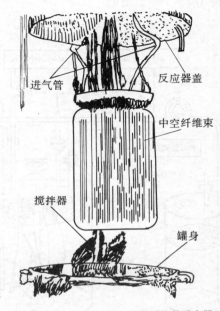

进气管

反应器盖

中空纤维束

搅拌器

罐身

图 2-7　带中空纤维束的动物细胞悬浮培养反应器

作为催化剂进行酶促反应，即加速生物化学转化反应，使底物（反应物）转化为中间产物或最终产物是在一定工艺条件下于反应器中完成的。反应器的型式与酶的特性密切有关。

酶是一种蛋白质，生物系统所有反应都是酶催化的，而且一个酶通常只催化一个反应。除极少数外，目前还不知道酶的分子结构。通常用催化活力来表示酶的活性，酶的一个国际单位(IU)被定义为在一分钟内，在一定反应条件下产生 1 毫摩尔反应产物所需的酶量。人们目前还不了解酶的反应机理，其动力学方程是用下述方法来表达的。

设酶为 E，底物为 S，酶与底物的复合为 ES，产物为 P。单底物均相酶化学反应方程

$$E + S \underset{2}{\overset{1}{\rightleftharpoons}} ES \overset{3}{\longrightarrow} P + E \qquad\qquad (2-10)$$

设定过程 1 与 2 瞬间达到平衡,生成产物的速率取决于 ES 的浓度,若$[E]_T$ 为总的酶浓度,则

$$[E]_T=[E]+[ES] \qquad (2-11)$$

用 $k_1$、$k_2$、$k_3$ 表示(2-10)中对应反应的动力学常数,有

$$k_2[ES]=k_1[E][S]=k_1([E]_T-[ES])[S] \qquad (2-12)$$

以 $r_m$ 为渐近线的双曲方程如下

$$r=\frac{r_m[S]}{K_m+[S]} \qquad (2-13)$$

式中　$r$——反应速率,mol/s;

　　　$[S]$——底物浓度,mol/L;

　　　$K_m$——米氏(Michaelis)常数,mol/L;

　　　$r_m$——最大反应速率,mol/(L·s)。

　　酶溶于水,称为游离酶,难以回收,对酶的利用很不经济。60年代以来,酶固定(固载)化成为研究开发热点,固定化方法有吸附、共价结合、包埋等。薄板状或中空纤维的半透膜能阻滞酶分子而让较小分子通过,聚丙烯酰胺凝胶、二氧化硅凝胶曾用来包埋酶;活性碳物理吸附、离子交换树脂离子吸附也是酶固载化的途径;玻璃、纤维素、硅石可作为用共价键固定酶的方法,但会损害酶分子。适应液体均相和液固非均相酶催化动力学行为的反应器型式及操作方式示意于图 2-8。

　　G　生物反应过程技术前沿

　　可概括为两个方面。其一,围绕生化反应器的设计、放大与开发所涉及到的反应机理、动力学描述、过程模拟、通气分布、搅拌、防止污染、酶固定(载)化等;其二,围绕基因工程所涉及到的目的基因化学合成、目的基因 DNA 片段与载体连接、重组分子转入宿主(受体)细胞,并于其中复制与扩增、筛选并分离重组 DNA 分子,特别是基因工程在动植物细胞培养中的应用。

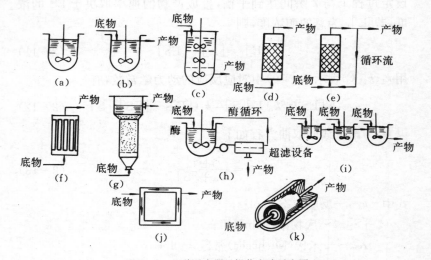

图 2-8　几种反应器及操作方式示意图

(a) 间歇式搅拌罐；(b) 连续式搅拌罐；(c) 多级连续搅拌罐；
(d) 填料床(固定床)；(e) 带循环的固定床；(f) 列管式固定床；
(g) 流化床；(h) 搅拌罐-超滤器联合装置；(i) 多釜串联连续操作；
(j) 循环反应器；(k) 螺旋卷式生物膜反应器

### 2.1.3　生物物质分离与纯化

通过微生物发酵过程、酶反应过程、动植物细胞大量培养得到的生物化工产品均存于发酵液、反应液或培养液中，从这些液体中分离、精制有关产品的过程称为生物技术的下游加工过程(Down Stream Processing)。传统生化产品除酶外，均为小分子，例如抗生素、乙醇、柠檬酸等，人们对其理化行为了解得较为深刻，分离与纯化过程也易于把握，下游过程投资约占全厂投资的 60%；重组 DNA 发酵精制蛋白质等基因工程产品都为大分子，大多处于细胞内，需将细胞破碎。更兼发酵液中产品浓度稀、杂质多、大分子易于破碎等特点，分离与纯化难度增大，下游加工过程投资约占整个生产费用的 80%～90%。

A 下游加工过程的基本步骤

培养液或发酵液是复杂的多相系统,含细胞、代谢产物和未用完的培养基等。分离与纯化面临的困难是:溶液中固体和胶状物质可压缩、有粘性、密度与液体相近,难于分离;目的产物在发酵液中很稀,例如抗生素为 25g/L、酶为 20g/L、氨基酸和有机酸为 100g/L;目的产物通常很不稳定,在极端的 pH 值和有机溶剂条件下会引起失活或分解;由于间歇操作,每批产品不尽相同。一般地说,生物技术下游加工过程含如下基本步骤。

(1) 发酵液与培养液的预处理。在保证生物体活性条件下,通过酸化、加热,或加入絮凝剂,以利于液固分离。

(2) 细胞分离。传统的方法是采用板框压滤机和鼓式真空过滤机;较新的方法为离心分离、倾析式离心分离、微滤膜、超滤膜错流过滤。

(3) 细胞破碎。用高压匀浆器(剪切力)、球磨机等方法破碎细胞。

(4) 细胞碎片分离。用两水相萃取,使细胞碎片集中分配在下相,再采用离心分离、错流过滤等方法分离碎片。

(5) 初步纯化(提取)。有吸附、离子交换、沉淀、溶剂萃取、两水相萃取、超临界萃取、逆胶束萃取、超滤等方法,主要目的在于浓缩,兼有纯化作用。

(6) 高度纯化(精制)。在初步纯化的基础上,用沉淀、超滤、色层、结晶等方法精制。其中色层分离用于精制大分子物质;结晶则多用于精制小分子物质。

(7) 成品加工。根据产品应用要求,还需在精制的基础上经浓缩、无菌过滤、干燥等过程。

上述下游加工过程包含七个步骤,如果每一步骤的收率为90%,总收率仅为 47.8%。

B 下游加工过程技术前沿

随着性能优良膜的开发与膜技术的发展,人们预测在下游加工过程的各个阶段,都将越来越多地使用膜技术,例如用超滤法,截断或透析不同分子量的物质,达到分离的目的;优化和开发亲和技术,例如亲和层析、亲和分配、亲和沉淀、亲和膜过程,提高分离的选择性;高强度层析材料开发;发酵与提取(初步纯化)一体化,在发酵过程中就把产物除去。例如用半透膜发酵罐,或在发酵罐中加吸附树脂;用系统工程的观点指导上游与下游的技术开发,即将生物工程作为一个整体,上游与下游技术要协调,例如将胞内产物变为胞外产物,将有利于下游提取与分离。

## 2.2  微电子化工[4]

### 2.2.1  概  述

如果说信息技术是现代社会文明的基础之一,那么集成电路、光纤、磁性材料、光电池(光伏电池)、连接电路的元器件则是现代信息技术的基础。它们都是经过化工过程制造出来的,赋予其物理性质、结构特征并实现微型化、轻量化与低功耗的要求。目前正朝高功能化、超高性能化、复杂化和智能化方向发展。笔者将正在崛起的电子、光电子(Photonic)和记录材料及其元器件制造称为微电子化工,研究内容包括过程集成化、反应器设计与工程、超纯化、材料合成与加工、薄膜沉积、模化、化学动力学、过程设计与控制、安全与环境保护等。

当今人们的工作、家庭、娱乐等生活侧面都深刻地受到信息革命的影响。而信息的收集、加工、显示、检索和传递均依赖于微电路、光波通讯系统、磁与光的数据储存和记录、电路系统连接。上述技术及与之密切相关的光电池材料与元器件是由高新化学过程制造的。80 年代初中国年集成电路产量为百万块,到 80 年代中期年产量达千万块,1995 年产量约为 6 亿块。以 1986 年美元时价为基准,信息储存和处理的元器件和材料的世界市场见表 2-1。

表 2-1 信息储存和处理元器件和材料世界市场（亿美元）

| 项目 | 1985 年 | 1990 年 | 1995 年 |
|---|---|---|---|
| 电子半导体 | 250 | 600 | 1 600 |
| 光纤及其元器件 | 10 | 30 | 55 |
| 记录材料 | 70 | 200 | 550 |
| 连接器件 | 100 | 210 | 580 |
| 光电池 | 3 | 8 | 30 |
| 电子设备总计 | 3 970 | 5 500 | |

　　电子、光电子和记录材料及其元器件制造是多学科交叉领域，涉及固体物理、化学、电子工程和材料科学。这些元器件使用材料不同，但其共同的特征是：产品有很高的价值，制造用材料和能量都较小，产品商业寿命较短，竞争激烈。制造方法的共同特点是：从原料到产品经过若干中间步骤，传统工艺将这些中间步骤设计成非连续单元或批式操作；化学工程与工艺在改进制造工艺与技术、提高竞争能力方面具有重要作用。表 2-2 给出了化学工程可资贡献的侧面。

## 2.2.2　信息技术材料的化学工艺与工程

### A　微电路

　　半导体微电路是由电学上相互联系的诸多薄膜组成的。这些薄膜由化学反应生成，其生长与控制密切地依赖于化学反应器的设计（生长环境）、化学试剂的选择及其分离与纯化步骤、复杂的控制系统的设计与操作。基于微电路的微电子技术通常用于计算器、数字开关、计算机、微波炉以及用于通讯、防御、空间勘测、医疗和教育等信息加工单元。微电路制备包括多晶硅、单晶硅、元器件制备三个主要环节。

表 2-2 电子、光电子和记录材料及其元器件制造中的化学工程

| 化学工程贡献 | 微电路 | 光电池元器件 | 光和磁储存与记录 | 光波介质及元器件 | 连接 |
|---|---|---|---|---|---|
| 材料的大规模合成 | 超纯单晶硅<br>Ⅱ~Ⅴ族化合物<br>Ⅰ~Ⅵ族化合物<br>电话性高分子<br>电子材料加工过程中其他化学品 | 超纯无定型硅<br>Ⅱ~Ⅴ族化合物<br>Ⅰ~Ⅵ族化合物 | 光记录材料<br>电子束记录材料<br>磁粉<br>膜基与盘(碟)基 | 超纯玻璃<br>光纤涂层 | 连结材料<br>聚酰亚胺<br>增强复合材料<br>陶瓷基 |
| 反应与沉积过程工程 | 化学气相沉积(CVD)<br>物理气相沉积<br>等离子体气相沉积<br>湿化学蚀刻(光刻)<br>等离子体蚀刻 | 化学气相沉积<br>物理气相沉积<br>等离子体气相沉积<br>湿化学蚀刻(光刻)<br>等离子体蚀刻 | 阴极真空喷涂<br>等离子体增强化学气相沉积<br>涂敷<br>溶液喷涂 | 改进的化学气相沉积<br>溶胶-凝胶过程 | 涂敷 |
| 在工程化过程中的其他挑战 | 排放物处理<br>过程集成与自动化 | 排放物处理<br>过程集成与自动化 | —<br>过程集成 | 纤维拉丝与喷涂工艺<br>敷设<br>激光封装 | 陶瓷加工<br>晶片尺度的自动化 |
| 封装与装配 | 封装新材料<br>封装设计中的传热模型 | | | | |

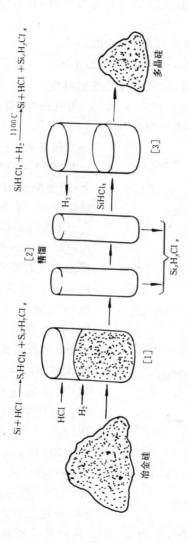

图 2 - 9　多晶硅生产流程示意图

生产集成电路的基本原料为多晶硅,所含杂质小于 $0.15 \times 10^{-9}$(质量比)。制备该种超纯硅的基本流程如图 2-9,原料为含硅 98% 的冶金等级,经过三个步骤:

(1) 硅与氯化氢反应生成硅烷类,即

$$Si + HCl \longrightarrow SiHCl_3 + Si_xH_yCl_z$$

(2) 通过吸附和精馏,分离并纯化三氯硅烷;

(3) 超纯三氯硅烷在 $1\,100 \sim 1\,200℃$ 为氢还原,得到多晶硅,

$$SiHCl_3 + H_2 \longrightarrow Si + HCl + Si_xH_yCl_z$$

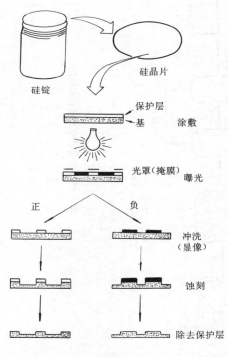

图 2-10 蚀刻示意图

在坩埚中,在 $1\,400℃$ $\sim 1\,500℃$,氩气氛条件下,将多晶硅熔化,加入微量掺杂物(磷、砷或硼化合物)以获得希望的单晶硅片电学性质。在熔融物中再加入具有恰当晶向的微量单晶硅做晶种,在精确地控制速率下旋转并拉伸,可生成直径 14cm,高 1.8m 并具有期望的晶向棒状单晶硅锭。在生长工艺中,结晶动力学、加热、传质与化学反应起着重要作用。

制得硅锭后,制备微电路元器件的下一步是照相平版印刷的化学处理阶段,通过沉积与模型化形成一系列介电与导电薄膜,见图 2-10。将硅锭裁成晶片,抛光为厚度约 $1 \sim 10\mu m$ 的薄片;于 $1\,000℃ \sim 1\,200℃$ 在炉内将其氧化,所形成的二氧化硅应极均匀,厚度为几百纳米;用光敏高分子材料

涂敷晶片,形成保护层;根据电学性质要求确定光罩(掩模),将其覆于晶片上,曝光后,光罩图样复印于晶片表面;用溶剂冲洗有机膜,去掉不希望的部分。因所用高分子材料不同,会出现正负(凸凹)两种类型。例如,高分子材料为正保护层时,曝光后的高分子易于溶于溶剂,冲洗后,保护膜留在晶片上。当高分子材料为负保护层时,非曝光的高分子材料溶于溶剂,曝光高分子留在晶片上。

以腐蚀气体或液体蚀刻不被保护层保护的晶片,用氧化剂,例如硫酸过氧化氢混合物将高分子保护层除去,将已有图案的晶片再次放入扩散炉中,将磷或硼搀入氧化物孔隙中,形成新的硅氧化膜;重复光保层与冲洗、蚀刻步骤。总之,通过沉积、蚀刻、搀杂可形成多达 12 层的导体、半导体、介电材料组成的三维结构微电路,每一集成电路片上含数千万个电子元件。

B　光波介质及元器件

光电子技术包括光通信、光计算、激光加工、激光医疗、激光印刷、激光影视、激光制导等诸多方面,其前沿为探索与发展光纤和薄膜材料、光电子半导体材料,制作高性能、小型化、集成化光电子器件。

光电子元器件加工与微电路制造相似,但相当数量地利用了 Ⅲ ~ Ⅴ 族化合物半导体,例如铌酸锂,以及许多聚合物材料。人们正开发反应离子蚀刻、晶体取向生长(例如,金属有机化学气相沉积(MOCVD))、气相晶体取向生长、分子射线束晶体取向生长(MBE)以及书写电路结构的光化学与射线束加工技术。所有这些工艺都基于化学反应,并要求给予精确地工艺控制,以提高成品率。

光纤内芯具有很高的光折射率,直径为几十微米或几微米。其包覆层具有较低的折光率。内芯由 $SiO_2$ 及其搀杂物如磷、锗和(或)铝氧化物沉积生成;其包覆层则为纯二氧化硅或为搀杂氟化物或氧化硼的二氧化硅。光纤是数字通信网中理想的传输介质,同一条通路上可进行双向传输,是信息传输的"超高速公路",比传统速度高 5 000 倍,抗拉强度大,体积小,线路损耗低。

目前有两种制造工艺用于生产光纤的玻璃体,即外部法与内部法。所谓外部法是指采用外部气相氧化和垂直轴向沉积生产层状淀积。不同浓度的四氯化硅及搀杂物通过一个火炬,含搀杂物的二氧化硅细粉沉积并部分熔融,生成多孔硅刚玉。继之,将硅刚玉烧结为精致、纯净和透明的无孔玻璃棒。所谓内部法是指将搀杂的二氧化硅淀积于熔融二氧化硅管内部,例如改进的化学气相沉积(MCVD)、等离子体化学气相沉积(PCVD)。在 MCVD 中,反应物为气体混合物($O_2$、$POCl_3$、$SiCl_4$、$GeCl_4$、$BCl_3$、$SiF_4$、$SF_6$、$Cl_2$ 和氟里昂),见图 2-11,进入有移动火焰且进行外部加热的熔融二氧化硅管,气体介质反应生成搀杂的二氧化硅淀积薄膜层,直至管腔全部填满。在 PCVD 中,反应为微波等离子体激发。不论 MCVD 还是 PCVD,二氧化硅管中都可淀积百余层具有不同折光率(通过改变玻璃成分)的薄膜,并最终形成玻璃体(棒)。

在目前的光纤制造工艺中,都是将外部法或内部法制得的玻璃棒转移到另外装置,拉成纤维,并立即用聚合物涂敷,以保护光纤,防止由于受到细微的损伤而引起强度的严重下降。

用上述工艺制得的光纤比日用品玻璃贵很多,降低价格的途径是通过光纤制造工艺的整体化与连续化来实现,中间产品不要离开生产线。这就要更深入地了解溶胶与凝胶的机理及其相关的工艺,以便从不太贵的原料出发,经历由溶胶产生凝胶,生成多孔二氧化硅体,然后进行干燥、烧结成玻璃棒,最后拉丝、纤维涂敷几个阶段。若能如此,可使光纤价格降低 10 余倍。遗憾的是人们对溶胶—凝胶过程的化学机理了解甚少,目前正在努力寻求这一途径以便驾驭这一过程,从而生产出精确的膜层结构。

C  记录介质

现代的信息存储器有磁带、磁盘和光盘。衡量信息存储器优劣的重要指标是单位面积存储的信息密度,比特(bit)/$cm^2$,存取信息时间,使用寿命。相比之下,光盘代表了发展方向,一张 30cm 直径的光盘可存储 400~600 兆比特信息,相当于 15 亿汉字,比相同尺寸的磁盘大百余倍,信息存取时间为 50~100 毫秒,使用寿命约

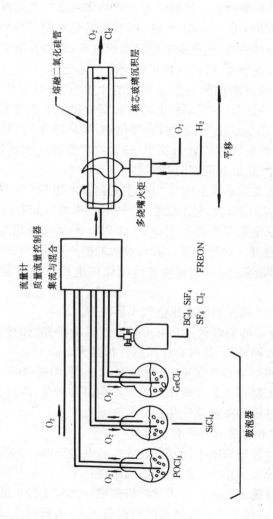

图 2 – 11 MCVD 制造玻璃体示意图

为 10 年。形成光盘优势的主要原因是激光记录与读出,激光直径小于 1 微米,响应快,与盘面无直接机械磨擦,从而导致光盘密度大、存取时间短、寿命长。目前已进入商品化阶段的光盘有用于数据记录和分配的 CD－ROM 光盘、用于档案记录的 WORM 光盘以及可擦除光盘三类。光盘是采用膜沉积技术制造的,由于其闻世时间短和商业竞争等原因,其技术细节尚未见报道。

磁盘、磁带目前仍然是信息存储的主要方式,均采用磁性介质,其制备与在盘形、带形基膜上的涂布都与化学工艺与工程密切相关。磁性介质为铁酸钡、氧化铬、氧化钴、氧化铁等。其粒度应为零点几微米,粒度分布应极为狭窄,磁粉颗粒应为针状结晶体;在基膜上涂布时,要求高度定向与密集。

磁带制造工艺示意于图 2－12,主要包含下述五个步骤。

（1）将待涂混合物（针形磁粉）在砂磨机中均匀分散与混合。

（2）聚酯膜基厚度为 0.006 6～0.08mm,运动速度为 150～300 m/min,在其上涂敷光滑、均匀、极薄的磁介质层。

（3）膜基涂敷之后,通过铁氧体磁体或电磁体使磁粉定为期望的方向。

（4）在空气吹浮炉中用热空气干燥磁带。

（5）干燥后的磁带通过具有旋转速度且微型光滑的钢制与高分子材料制滚轴之间,靠滑移作用磁带被抛光。

在上述磁带制造工艺中,从材料合成、分散匀化处理、涂敷到干燥均为化工过程或单元操作。为了提高磁带质量,降低价格,人们正致力于过程的完善与优化。

D　连接和封装的材料和元器件

连接和封装是将电子元器件有效地合并为产品。制造一个复杂的电子系统要求在一个极小的空间中将几十万个电子元件彼此连结起来。传统工艺由人工用导线将离散的元件连接于底盘上完成组装。当今连接工艺是在高密度印刷底板上,底板的绝缘衬底或为高分子材料或为陶瓷材料,并含有金属导体。印刷底板通常由30 余层彼此平行、相互连接、具有不同功能层组成。

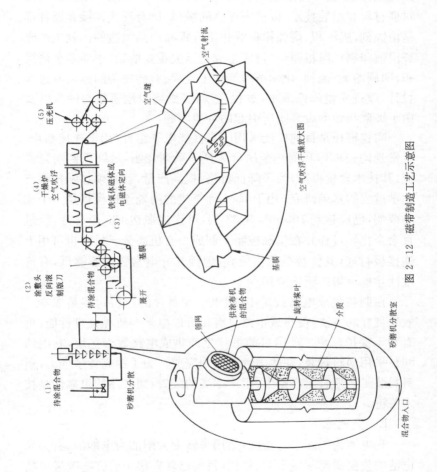

（1）待涂混合物
砂磨机分散

（2）涂敷头
反向滚
制版刀
待涂混合物
展开
基膜

（3）铁氧体磁体或
电磁体定向

（4）干燥炉
空气吹浮

（5）压光机

空气缝
空气射流

空气吹浮干燥放大图

基膜

筛网

供涂布机
的混合物

旋转桨叶

介质

砂磨机分散室

混合物入口

图 2-12 磁带制造工艺示意图

连接含两项关键技术。其一，选择介电体与导电体，使数字传递速度最大，信号损失最小；其二，降低微电路产生的热量，强化散热措施，避免由于温度过高引起元器件失效。人们正寻求新的连接衬底材料和组装技术，以抗衡面临的挑战。所有现代连接元器件都是由蚀刻、膜沉积、陶瓷模板等化工过程和产品制造的。就生产光纤浸渍印刷线路板而论，衬底生成是至关重要的，其中涉及金属沉积、印刷图案、蚀刻、化学洁净等化工过程。有待完善的领域有过程设计、改进质量降低成本、过程连续化、更均匀地镀敷与蚀刻以及由于镀敷与蚀刻废弃物所引起的环境问题。

陶瓷模板是目前广泛采用的高性能电子组件，用于连接基片。由常规陶瓷母体和耐热金属母体经一系列烧制，最终得到陶瓷模板，其技术含量极高。为了降低价格，提高产量，就必须加强材料与化学过程的基础研究。用于 IBM 计算机的陶瓷连接模板是一个成功范例，已经达到 $100cm^2$，含 33 层，可连接多达 133 个芯片，经过百余个化学过程并在精确控制下制成。有机高分子材料也可用于连接板衬底，其优势是价格便宜，但因其介电常数尚不够低，有待改性才能获得广泛地应用。

在制备集成电路技术中，微电子元器件的塑料封装是成本—效果良好的方法，使集成电路具有良好的电学与机械强度性能，也有利于保护环境。美国目前每年生产集成电路数十亿块，其中约 80% 采用塑料封装，在热固性塑模中完成。为了提高竞争能力，塑料封装工艺适合于产量大、生产率高的装置，而产品的可靠性是技术关键。

E　光电池

光电池为一固态元器件，是用来转变太阳能为电能的。有关光电池的重要研究起始于 70 年代，目前已转向集中研究与改进单晶硅电池、无定形硅电池、异质结薄膜电池和砷化镓等特种元器件的性能。砷化镓电池已经达到较高的能效率，超过 20%，已经用于通过阳光聚焦以提高单位面积光通量的系统。目前正致力于改进转换效率以及降低其每千瓦电的成本的工作。

用于制造光电能转换元器件的材料和工艺与用于制造微电子元器件和集成电路的材料和工艺几乎是相同的。假定多晶装配组件光电转换效率增加到 15%，确保可靠性超过 10～20 年；每平方米造价低于一千元人民币，光电池工业将会急剧发展。在降低制造成本的研究中，已经进行了工业规模的尝试并取得了丰富的经验；在实验室规模与中试规模的研究基础上，已经进行了光电池生产成本—效益过程等基本工程研究；留待解决的问题集中到如何提高光电转换效率上。

中国光电池目前的生产能力约 5MW。

### 2.2.3 微电子化工前沿

#### A 过程整体化

技术史表明，对于所有工业产品，每当采用整体化的制造方法时，其经济效益、产品的质量与数量都获得了提高。单一的工艺步骤虽变得复杂，但十分精确，从而使与每一中间步骤有关的最终结果（产品、处理量、可靠性）得到大幅度地提高。因此，将单一的工艺步骤整体化与自动化显得十分重要。遗憾的是，除磁带外，诸如电子、光电子、记录材料等微电子产品目前还是通过单一、隔离步骤来生产的。因此，过程整体化是这些产品设计、成本—效益制造的关键。

化学工程概念容易应用于过程整体化，因为其中许多关键工艺阶段包含化学反应。例如，在微电路制造中，化学工程师可提供单一化学工艺步骤（诸如曝光印刷、蚀刻、膜沉积、扩散和氧化）稳态和非稳态操作的数学模型和算法，各工艺步骤间的相互作用，各加工步骤对最终产品（元器件）特征的影响。又如，化学工程师还能够提供流经装置的物料运动动力学模拟，从而使元器件（或晶片）在生产流水线上流动最佳化。图 2-13 为未来的整体化半导体加工线，光电池元器件的期望加工线与其相似。

#### B 反应器工程与设计

与过程整体化密切相关的挑战是反应器工程和设计。对于有

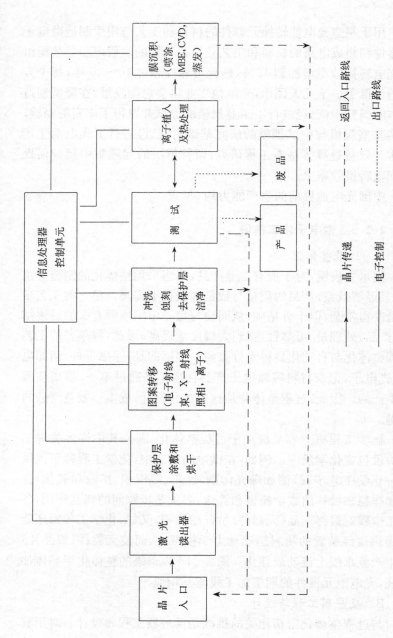

图 2-13 未来的整体化半导体加工线

助于提高产量、改进质量的过程自动化而言,开展这一领域的研究具有重要意义。诸如化学气相沉积(CVD)、晶体取向生长、等离子体强化蚀刻、反应喷涂、等离子体强化CVD和氧化都是在化学反应器中进行的。目前还停留在用试差法进行过程与反应器开发与完善上。鉴于所有这些过程都包含反应动力学、质量传递、流体流动的过程,所以熟悉基本现象并进行反应设计将会有助于过程设计、控制和提高其可靠性。化学工程师在传统化工所积累的丰富经验必定会在微电子化工中有所作为。人们极为关注太阳能电池的电价与其他能源技术的竞争态势,可以预言,只要深入地进行反应动力学研究,开发新型反应器,进而使膜沉积与封装连续化,提高产量,将会提高光电池电能的竞争能力。

在反应器设计与工程中,化学品的超净输送与储存是必须认真考虑的。一般而言,容器和输送设备是制造过程的主要污染源,为了使杂质低于 $10^{-9}$(质量比)的水平,就需要研究和改进储存气体与液体、以及输送和净化它们的方法。设计以及与化学品接触的材质选择等方面必须同时满足高纯、安全、低价格等多目标的需要。

微电子元器件最终的尺寸极限为分子尺度。所谓在分子水平上"剪裁"膜是指人工设计和调控其原子层次结构,由不同材质膜交替生长,形成多层异质周期结构,又称"原子工程",系超晶格材料设计。驾驭这种"剪裁"能力将会开发出新型结构的元器件,从而颇具吸引力。借助分子射线束晶体取向生长(MBE)和金属有机化合物气相沉积(MOCVD)等方法得以实现这一目的,生成多层、多材料结构膜。为了利用这些方法在大尺度范围内淀积均匀膜,特别是实现晶体取向生长工艺,都要求开发新型反应器。为了设计与现行不同的反应器,必须能够控制反应物流动,以建立约有十个原子厚度(例如,超结晶格)层结构;获得反应器中表面过程进行的详细与真实时间信息;反馈原料应进入灵敏的控制系统与试剂输送系统。作为新型反应开发的基础,上述问题将演变为一系列极具吸引力的研究课题。

## C 超纯

制备超纯原料是电子、光电子和记录材料及其元器件生产中的共性问题，对半导体材料和光纤尤为重要。半导体材料面临的挑战是研究与开发获得超纯硅和砷化镓低成本新路线；在纯化制造工艺中所用的其他试剂，防止因导入杂质而污染元器件。对光纤而言，面临的挑战是确保 $SiCl_4$（原料）中含氢化合物低于 $4×10^{-6}$（体积比），金属化合物低于 $2×10^{-6}$（体积比）。因为光纤中的任何杂质都会导致很强的光吸收，所以商业上提出了"光纤级"的净化要求，$SiCl_4$ 的纯化流程示意如图 2-14，生产能力为 27kg/h。

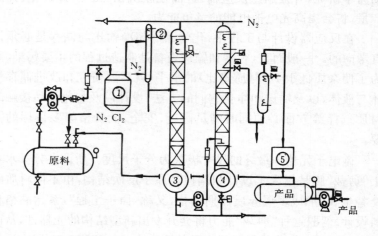

图 2-14  $SiCl_4$ 纯化流程示意图

工业级 $SiCl_4$ 进入反应器①，在此完成氯化反应；由反应器①生成的氯化氢自塔②顶部移除，液相进入精馏塔③与④；杂质在③与④塔底排除，塔④顶部产出"光纤级"四氯化硅；⑤为在线色谱仪，实施监测，当产品纯度不符合规定时，返回原料储槽。

用于生产磁带、磁盘的磁粉原料纯化面临着两个问题，其一，剔除非针形磁粉，保证形状均一；其二，剔除较大、较小磁粉颗粒，保证颗粒呈狭分布。

总之，随着微电子技术的进步，在纯化介质领域中引出三类研究课题：通过物理的或（和）化学的方法，提高分离的选择性；研究分离过程的界面现象，改进分离速率，提高生产能力；开发或改进分离的过程结构，提高纯度，降低成本。

D　薄膜沉积

除材料之外，薄膜的精确与可重现沉积是信息时代材料与元器件化学加工又一具有重要意义的领域。

在微电子元器件中，有一个稳定降低图案特征尺寸的趋势，到本世纪末，微电路产品中最细图案特征尺寸估计远低于 $1\mu m$，技术难点是防止这些特征尺寸对应的材料受到损伤。相比之下，膜沉积与曝光两个阶段更容易产生损伤。在直径 14cm 或更大的衬底上精确、均匀地沉积膜通常是在减压反应器中完成的，如果粒子损伤大于 $0.1\mu m$ 则为废品。为了缓和或防止不希望的搀杂物在前次沉积膜或相邻膜中扩散，低温沉积膜法成为发展方向。接下来考察曝光，在批量生产的条件下，曝光需多次与序惯地进行，高分子材质、光罩（掩模）定位、光源以及淀膜的平滑程度都是影响图案损伤的因素。

在现行的光纤技术中（参见图 2-11），通过控制在二氧化硅中的薄膜结构，使光纤的径向折光率得到改善。如果采用溶胶—凝胶或相关工艺生产光纤坯锭，那么同类地控制方案则成为研究与开发目标。

光纤制造中还有一个膜沉积过程，在拉丝的同时涂敷保护层。当光纤以高速（大于 10m/s）拉伸，借助紫外线辐射，改进的涂敷材料能很快固化。目前使用的涂敷材料多为玻璃体或弹性聚合物，都要求在 $-60℃\sim84℃$ 或更高的温度下使用。为了避免二氧化硅玻璃的水诱导应力腐蚀，涂敷在气密条件下进行。正在研究中的涂敷材料有碳化硅、碳化钛（采用化学气相沉积成膜）以及金属（如铝），当它们应用于二氧化硅光纤时，光纤传输速度还要高十倍。涂敷必须无气孔，低残余应力，附着良好。为了保护湿敏感卤化物和硫属化合物玻璃，仍需采用气密涂敷。硫属化合物玻璃因其在较长波长传输的兼容性有可能成为将来的光纤。

在信息记录元器件领域中,全部自动化的涂敷将会提高产品质量,降低损伤介质。为了实现这一目标,除致力于设计硬件和生产设备的装配外,还必须研究涂敷膜的动力学、热力学性质、非牛顿流体流动的影响、高分子和流体介质的流变学,以开发复杂系统的数学模型。与上述目标相关,研究干燥过程中分散体系的稳定性以及连续膜层之间大分子内部混合的扩散机理都是十分重要的。

薄膜对于电学连接元器件的性能同样是十分重要的。为了数字高频传输,沉积薄膜应计及良好的侧壁汇集、获得较大的高宽比槽道。新的加工策略和元器件结构要求使用材料兼容层,以减少接触电阻、电子迁移、漏电、脱层以及与应力相关的损伤(断裂、空隙、气泡等)等不希望的现象产生。一种先进的双极式元器件多层相互连接剖面如图 2-15。

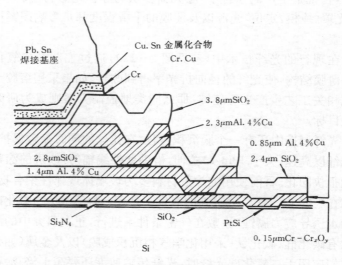

图 2-15 双极式元器件多层相互连接剖面

E  化学动力学研究与模化

在研究半导体、光纤、磁介质和相互连接的元器件制造过程中,化学动力学和过程模型化是反应器设计和反应器工程的基础,也是该领域的学术前沿。如所知,人们在传统的化工领域中,已经建立了若干反应工程概念,并开发连续搅拌反应器和活塞流反应器数学模型。这些成果可用于薄膜加工反应器,并为改进这些反应器提供途径。当然,没有专业知识也是难有作为的。这意味着,研究微电子化工中的表面反应、气相反应,诸如蚀刻速率、蚀刻选择性、线(路)分布、沉积膜结构、膜键合、膜性质以及离子、电子、光子辐射对表面反应的促进作用是完全必要的。目前,人们对表面反应了解的还极为肤浅,而准确的反应速率表达式对描述电子碰撞反应(即离解、离子化和激发反应)、离子-离子反应、中性(Neutral)-中性反应、离子-中性反应是特别重要的。可以说,没有对表面与气相化学反应的基本认识,就不会开发出新的蚀刻系统。鉴于此,人们设想将近年来在催化过程的研究成果借鉴并用于研究膜沉积和等离子体蚀刻。

应当说,新近在等离子体过程创新方面取得了一定成果,80年代初,人们发现含氟等离子体蚀刻硅的速率显著高于蚀刻的二氧化硅,这就为集成电路制造提供了新途径和重要优势。勿庸讳言,在蚀刻过程及其反应路线方面,化学家和化学工程师阐明了等离体化学反应及其动力学,从而为鉴别这一重要化学反应形式作出了重要贡献。在这一基础上,发现了有机高分子光保护层,为等离子体化学和工业应用作出了贡献。

在磁介质领域中,反应机理、动力学以及生产无机盐的热力学等有关数学模型将有助于理解制造工艺,为生产均匀、高纯磁粉打下了基础。描述粘性流体流动的数学模型有助于开发模压化合物与工艺,提供较低的热收缩应力、较低透气性、较低导热率等优质材料,为形成集成电路新型封装技术创造了条件。另外,模型化还有助于开发封装材料,顺利地实现过程自动化。

## 2.3 能源与能量资源加工[5]

### 2.3.1 概述

能源是指人类取得能量的来源,包括已经开采出来可供使用的自然资源、经过加工(例如炼油产品)或转换(例如煤气)出来的能量来源;尚未开采的能量资源属于自然资源,严格地说,不属于上述的能源范畴。能量资源根据来源可分为三类。其一,直接与间接来自太阳的资源,诸如辐射能、化石资源(煤、石油、天然气)、生物质能、水能、风能、海洋能等;其二,与地球有关的资源,诸如地热能、核裂变能资源(铀、钍)、核聚变能资源(氘、氚、锂);其三,与天体运动规律有关的能,如潮汐能。能源有时分为可再生能源(如水力)与不可再生能源(石油、天然气);有时将其分为常规能源(煤、石油、天然气)与新能源(如核聚变能、光-热转换能、光-电转换能、光-化学转换能等;依次对应的技术是核电站、太阳热发电、太阳电池、太阳能-氢电池);有时也从能源系统的环节将其分为一次能源(未经加工的原煤、原油等)、二次能源(石油制品、煤气、电力、氢能等)、终端能源(经过输送、储存、分配的一次、二次能源)和有用能(终端能源经过能设施为用户提供的能源)。1990 年世界主要国家一次能源消费及构成列于表 2-3。

表 2-3　1990 年主要国家能源消费及构成

| 消费量(亿吨煤当量)与构成(%) | 中国 | 美国 | 原苏联 | 日本 | 德国 | 英国 | 法国 | 世界 |
|---|---|---|---|---|---|---|---|---|
| | 9.87 | 29.355 | 19.82 | 6.677 | 4.94 | 3.026 | 3.012 | 114.761 |
| 石油 | 16.6 | 41.3 | 31.0 | 58.5 | 36.7 | 39.4 | 40.9 | 38.6 |
| 天然气 | 2.1 | 23.8 | 41.0 | 10.5 | 15.6 | 22.5 | 12.0 | 21.7 |
| 煤 | 76.2 | 23.4 | 20.0 | 17.0 | 35.8 | 29.6 | 9.5 | 27.3 |
| 水电 | 5.1 | 3.6 | 未计入 | 4.3 | 0 | 0.7 | 0.3 | 6.7 |
| 核电 | — | 7.6 | 6.0 | 9.7 | 10.0 | 7.8 | 37.2 | 5.7 |
| 其他 | — | 0.3 | 2.0 | — | 1.9 | — | 0.1 | — |
| 总计 | 100 | 100 | 100 | 100 | 100 | 100 | 100 | 100 |

能源是人类社会活动的物质基础之一。长期以来，化工领域包含能量资源转化为能源及产品技术。在推进原油开采率、页岩油生产、煤转化、电化学能储存、太阳能发电、转化废弃物为能源等方面的技术进步同样需要化学工程知识。在能源与能量资源加工领域中面临的挑战有在位加工、固体加工、高温高压分离技术、先进的过程设计和放大等课题。

### 2.3.2　开发能源技术

在本世纪初叶，开发了开采天然气、石油化石燃料技术。人们盲目地认为这些矿源似乎是无限的，又因其便于处理和洁净，就不再重视煤作为一次能源的应用。然而，近年来人们认识到：天然气、石油并非用之不尽；化石能源增加，污染也相应增加，并关注有效地利用现存能量资源；使用从前未被发掘的能源；开发污染程度低或无污染的新能源。具体目标是：提高石油开采率；生产页岩油；将煤转化为气体或液体燃料；甲醇作为炼油的新原料；城市废弃物作为能源；核能、太阳能、电化学能转换与储存；地热、植物、生物体等能源的开发利用。从本书性质出发，就部分内容介绍如下。

A　提高原油开采率

原油开采可分为一次采收率、二次采收率和提高采收率三种。在一次采收期中，原油和伴生气为地下压力所驱使，自然地通过储油岩石流到生产井。对于轻质原油，岩层中的原油采出率为15%～20%。在第二采收期中，通过注入水或气体的方法维持储油岩层压力，原油采出率又可增加15%～20%。即在原油粘度较低的油矿条件下，第一、第二采收期合计采取率仅为30%～40%。

提高原油采收率的方法，又称第三阶段采收方法，旨在回收剩余的60%～70%原油。原油的沥青质、焦油(潜)愈多，粘度愈大(我国这种油田居多)，第一、第二采收方法归于无效。在广泛研究的基础上，已有热回收、混合流体泛浮、化学泛浮三种方法问世。但它们都从不同途径克服如下两个基本问题。

(1)鉴于原油储于孔状的沉积岩中，且仅能通过有限的途径

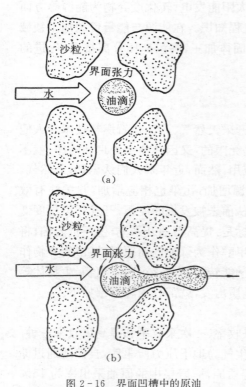

流到生产井。因此,第一个问题是如何提高微观采收率,即从岩层网中将原油置换出来,使其流动。见图2-16(a),在第二采收期中,虽注入水,因尚不能克服界面张力,凹槽中的重质油不能为水置换。据此,热回收、混合流体泛浮、化学泛浮法使原油运动的对策依次是:增加温度;形成混油扫除流体;加入化学添加剂,而克服界面张力是它们的实质所在。

(2)第二个问题是如何提高宏观扫除效率。由于储油岩层孔结构或渗透性是不均匀的,从而引起"指印状"现象,短路原油在矿襄中打循环,见图2-17,显著降低第三阶段采收法的效率。可以

图 2-16 界面凹槽中的原油
(a) 存在界面能力; (b) 克服界面张力

想见,这一过程是很难控制的。在这一领域中化学工程面临的问题是在非均匀的储油环境中,建立并模拟原油、水、气和注入的化学剂的运动规律。下文依次介绍提高原油采收率的三种方法。

① 热回收法。在储油岩层中注入蒸汽或在位燃烧,以降低原油粘度或使其蒸发;无论蒸汽或燃烧产物都是驱动流体,使原油向生产井流动。热回收法通常用于粘性大和焦油型油田,已经发现这种油田的一次采收率很小;注水法效率也不高。也就是说,热回收

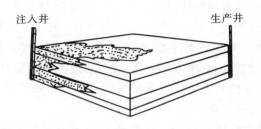

图 2-17　储油岩层的指状结构

法是代替一次、二次采收的方法,不是在一次、二次采收方法之后。热法中,注入蒸汽使用较为广泛,在美国占第三阶段采收法的 80% ,约有30年的历史,见图2-18;在位燃烧很有吸引力,但目

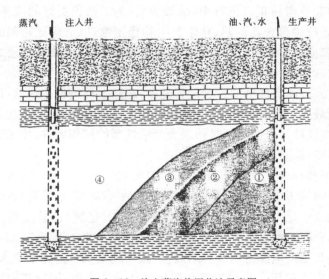

图 2-18　注入蒸汽热回收法示意图
① 接近原储油岩层温度的油与水混合区;② 热水区;
③ 被加热的油区;④ 蒸汽与冷凝水区

前尚未深入开发。将空气或氧和水注入储油岩层,燃烧部分油,放

出的热量使原油粘度降低,同时蒸发部分原油(也有降低粘度作用),燃烧产物驱动流体进入生产井。地球自身就是一个极大的化学反应容器和化工厂,含复杂的化学反应、包含混合物的热力学、反应器、热交换器、分离器和流动通道,属于大自然的杰作。迄今,人们还只能粗浅地划出流程图,对于处理没有确定几何形状的反应器、在真正的瞬态方式下遥控操作可以说所知甚少,被誉为真正的化学工程研究前沿。

② 混合流体泛浮法。在储油岩层中注入二氧化碳、轻烃、氮气,与原油混合,降低粘度,易于泛浮。相比之下,二氧化碳的供应与成本优于其他注入体,已经进行了油田试验,显示了良好的前景。

③ 化学泛浮法。在储油岩层中注入化学品(聚合物、碱液、表面活性剂),改进流体和界面性质,提高原油采出率。注入聚合物与碱液的商业考核正在进行中,结果表明:为了获得更好的成本-效益,还需改进聚合物的热、化学与生物稳定性,以适应更苛刻的条件,并降低成本;如果采用注碱液方案,则需研究碱液与岩层之间的反应,以及改进辅助化学品。

注入表面活性剂的过程最为复杂,距商业可行性也最远,面临的问题最多,然而也具有很大潜力。例如,磺化原油有利于注水采收率。本领域的研究目标是拓展表面活性剂的使用条件,使之适应苛刻环境,提高成本-效益。

B 整体煤气化联合循环(IGCC)发电

1994 年中国火电装机容量 148.7GW (1.487 亿千瓦)占总发电量的 74.4%;全年发电 747.1TWh(7471 亿度)占总发电量的 80.5%;全年燃煤火电耗煤 2.6 亿标准煤,供电煤耗为 414 g/kWh。我国发电能力居世界第四位,人均耗电低于世界平均水平。为了适应人民用电水平提高和国民经济持续发展,国家规划每年装机容量以 1 000～1 500 万千瓦增加。常规燃煤火电的最大缺点是发电效率低(25%～34%),环境污染大。IGCC 与增压流化床燃烧联合循环(PFBC‑CC)代表了当代燃煤发电新技术,前者已于

80 年代通过商业考核运行,后者于 90 年代进入商业运行。相比之下,前者更具吸引力。

IGCC 由空分、气化、净化、燃气轮机发电、余热回收与蒸汽轮机发电 6 个技术单元组成,是化工与发电的技术交叉领域,也是化学工程的发展前沿。美国冷水电站(Cool Water)1980 年筹建,1985年 5 月投运,1989 年完成商业验证运行。100MW̊ 容量,排放指标为 $SO_2$ 小于 30mg/MJ,$NO_x$ 小于 50 mg/MJ、灰尘小于 3.9 mg/MJ,被誉为世界上最洁净的燃煤电厂,净发电效率为 32%,是世界上第一座商业 IGCC 电站。

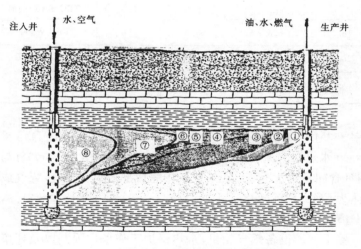

注入井　水、空气　　　　　　　　　　　油、水、燃气　　生产井

图 2-19　在位燃烧热回收法示意图
① 冷烟气(燃烧产物);② 接近初始温度的油区;③ 冷凝水或热水区,高于初始温度 10℃~90℃;④ 蒸汽或蒸发区,约 200℃;⑤ 焦化区;⑥ 燃烧前沿与燃烧区,315℃~650℃;⑦ 空气和蒸发水区;⑧ 注入空气与水区(烧嘴出口)

气化是 IGCC 发电的核心技术。最具吸引力的气化方法有Texaco 公司的水煤浆气化、Destec(Dow Chemical)水煤浆气化、Shell 干煤粉气化,三者均为气流床,气化压力为 3.0~6.5MPa,温度 1 350℃~1 700℃。Texaco 气化炉系列见表 2-4,使用该气化技术的 IGCC 电厂有 Cool Water 和 Tampa(净功率为 260MW,效率

为 40.1%（HHV））；使用 Destec 水煤浆气化技术的 IGCC 电厂有美国的 LGTI（净功率为 160MW）与 Wabash River（净功率为 265MW，单炉日处理煤 2 500 吨，净效率为 38.9（HHV）；采用 Shell 干煤粉气化技术的IGCC电厂有荷兰的Buggenum（装置净

表 2 - 4　Texaco 水煤浆气化炉系列

| 气化炉容积<br>m³ | 炉膛与壳体直径<br>mm/mm | 气化压力<br>MPa | 单炉投煤量<br>t/d | 使用厂 |
|---|---|---|---|---|
| | | 2.6 | 400 | 鲁南 |
| 12.74 | 1 676/2 800 | 4.0 | 540 | UBE、上海焦化厂 |
| | | 6.5 | 820 | TEC、SAR、渭河 |
| 16.98 | 1 828/2 946 | 3.0 | 700 | Cool Water |
| 25.48 | 2 430/3 175 | 3.0～4.0 | 1 000 | Cool Water |
| 51 | — | 2.8 | 2 400 | Tampa |

功率253MW，日处理煤约2 000 吨，净效率为41%（HHV））。采用 Texaco 水煤浆为原料的 IGCC 发电原则流程见图 2-20。氧与水煤浆（含固量约为 65%）在气化炉中完成部分氧化反应，煤气成分大体为 CO＝47%～48%，$H_2$＝32%～35%，$CO_2$＝18%～21%，还有 $H_2S$、COS、$NH_3$、粉尘等，碳转化率为 94%～97%。

　　鉴于下游设备燃气轮机、余热锅炉工作条件限制以及环境保护的要求，出气化炉的煤气经过辐射废锅与对流废锅炉回收显热后，需进行净化，即除去其中的硫化物，使之含量为 $1×10^{-6}～5×10^{-6}$（质量比）（即 1～5ppm）；除去其中的粉尘，使之含量约为 5 mg/m³（s·T·p）。净化煤气进燃烧室与过量空气进行燃烧反应，通过调节空气量确保达到燃气轮机允许的进口温度，例如 9FA 型号允许温度为 1 288℃。燃气轮机膨胀发电约占电站总发电量的 60%，乏气温度约为 500℃，进余热锅炉回收乏气显热，排烟温度为 100℃，在余热锅炉中过热或汽化三个压力等级的蒸汽

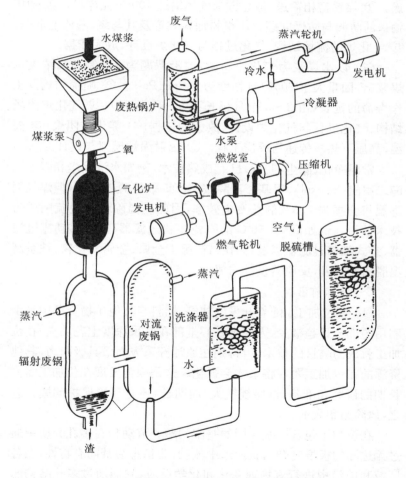

图 2-20　水煤炭为原料的 IGCC 发电原则流程图

(10.3MPa 的高压蒸汽、540℃、2.6MPa 中压蒸汽、350℃、0.5~0.6MPa、180℃~200℃)用于蒸汽轮机三级压力膨胀发电,发电量占电站总发电量的 40%左右。

在 IGCC 发电领域中涉及诸多化学工程前沿课题。要点有:

(1)以干煤粉为气化原料时,前沿课题为:① 煤粉的纯氮干燥。② 煤粉密相输送,每立方米气体输送 400 千克煤粉。③ 加压输送的防漏与防爆问题。④ 煤粉加料装置及其与氧、蒸汽的混合。⑤ 气化炉的流场结构、气化过程与气化炉设计、放大依据。

(2)以水煤浆为气化原料时,前沿课题为:① 制备高浓度水煤浆(含固量大于 70%)且粘度为 0.2~1Pa·s;② 喷嘴结构及工作寿命的延长(由 2~3 个月延长到 6~12 个月);③ 气化炉流场结构、气化过程与气化炉设计、放大的依据;④ 雾化与团聚;⑤ 高温、高压下热质传递与反应工程。⑥ 辐射锅炉模拟与设计。

常温净化(除尘、脱硫)已有成熟技术,例如水洗除尘和聚乙二醇二甲醚(Selexol)、甲基二乙醇胺(MDEA)等脱硫方法,但煤气因降温将会损失 1.5%的总发电效率,因此高温除尘与脱硫则成为技术前沿。例如高于 550℃ 的陶瓷棒状过滤器、硅砂移动床过滤器、袋式细粉过滤器以及锌-钛、锌-稀土金属、金属氧化物、铁系高温脱硫剂开发,反应器设计与放大。

C  技术前沿

(1)在位加工。随着开采的加剧,燃料与其他矿物资源中易于利用的部分日趋减少,人们不甘心全部在开采深度上花功夫,在位加工就成为瞩目的技术了,特别在原油开采方面最具吸引力,其他资源的在位加工要在将来才会强化。这是因为发展在位加工需要长期的研究和准备,试验规模大,周期长,还有环境保护问题。总之,风险是很大的。

在位加工包含一些共同的基本问题。流动相在多孔介质中通过无边际的极度复杂网状通道中流动;非稳态为其固有特性,在各区域和前沿中进行着物理变化和化学反应,它们通过多孔结构而迁移;流体与通道固体壁相互作用;通道是不规则的,其尺寸大小与结构随距离而变化。总之,结构的不均匀性决定了在位加工风险的不确定性。为降低环境和过程风险,需要在下述领域中进行研究:① 微观与宏观尺度的多孔结构;② 以无孔油页岩、煤、矿物床层为对象建立或提高流体渗透性的方法;③ 储岩床层条件下的燃烧过程;④ 原油置换机理;⑤ 粘性流体在多孔介质和移动中的复杂前沿的流动和分布;⑥ 发生在流体与岩石表面上的润湿、扩散、吸附与分离等表面与胶体现象;⑦ 注入流体与岩层固体之间的相平衡、热力学与反应动力学;⑧ 相行为、胶体形态、吸附和表面活性剂组分流变学;⑨ 亲水高分子与岩石相互作用、降解和流变学;⑩ 从已知矿床中获得希望组分所涉及的化学;⑪ 从得到的物料中分离细粉;⑫ 尾砂的加工与处置;⑬ 在有限信息条件下实现过程合成、设计、操作与最佳化。

(2) 固体加工。在能源与自然资源加工中固体处理是普遍存在的。为了获得期望的组分,结晶固体(例如岩石)必须被破碎为颗粒并进一步粉碎为细粉。目前的破碎与研磨方法能耗高,破碎固体耗能仅占花费总能量的 5%;所得粒子分布宽,而细颗粒的下游加工是极为困难的。如果采用有选择性地沿颗粒界面破碎结晶固体的方法,其效率将得到很大地提高。但人们对破碎、研磨、碾磨了解甚少,例如,迄今还没有合理基准以设计像球磨机这种工业常用设备。矿物加工和化学工程工作者们除了得益于胶体和界面科学外,还应对固态科学有较深的理解,特别是在开发化学助剂(用于破碎)以及处理能变成可塑性、粘性、在破碎温度下会进行化学反应的固体时,就更需要有关知识。

在处理煤、油页岩、矿石等固体物料的领域中,研究的热点是:① 气体动力输送;② 浆料输送;③ 固定床、流化床、气流床中固相、流体的运动规律;④ 化学反应规律;⑤ 高温下固体的团聚与烧结;⑥ 热粘颗粒的分离;⑦ 升华组分(例如钾、钠、砷等)的冷凝分离;⑧ 设备设计与放大规律等。

# 参 考 文 献

[1] 俞俊棠,唐孝宣主编. 生物工艺学. 上册与下册. 上海:华东化工学院出版社,1991

[2] Board on Chemical Sciences and Technology. Frontiers in Chemical Engineering. Three, National Academy Press, Washington: D. C. 1988

[3] R H Perry 著. Perry 化学工程手册. 第六版. 陆仕灿译. 北京:化学工业出版社,1993. 第27篇

[4] 同[2],Four

[5] 同[2],Six

# 3 化工过程研究与开发方法

第一章叙述了化学工业在国民经济中的重要地位以及原料、产品、技术的多方案性。后者显示它是一门工业艺术，具有优化和拓展的广阔余地，竞争导致优胜劣汰。第二章介绍了化学工程和化学工艺的某些前沿领域，展示了拓展前景。优化与拓展的源泉是研究与开发，而研究与开发总是按照一定的方法运用知识、认识客观并积累知识的，所以第三章转向方法论。

## 3.1 科学技术研究方法论概述

方法一词是人们所熟知的，英语中的 method，德语中的 methode，俄语中的 мемод 均起源于希腊文 μετα（沿着）和 οδοξ（道路），在汉语中则表示为方、法、道、术、策、计、辙、办法、谋略、路子等，折射出几乎相同的含义——沿正确的道路前进。在科学技术活动中，方法表示认识的途径、认识的理论或认识的学说；在解决具体问题时，方法表示手段、工具、操作的总和或程序。毋庸讳言，方法没有固定的模式，在科学技术发展的不同历史时期，不同的人，即使研究相同的问题，采用的方法未必相同。

根据方法论的适应范围和概括的程度，人们将其分为哲学方法和逻辑方法、自然科学与技术科学一般研究方法、自然科学与技术科学特殊研究方法三类；前者适应于自然科学、社会科学和思维科学，因而最具共性（普遍性）、概括性和抽象性；后者仅适应用于一门或相关的几门学科；一般方法则适应于各门自然科学与技术科学，这一节将介绍有关内容。

研究者深知方法的重要，将其视为取得成果的钥匙，提高认识水平的阶梯。伴随着自然科学与技术科学的发展，科学方法论也日臻成熟。遗憾的是教育界过多的重视介绍成果（知识），相对地忽视了向学生传授取得成果的途径。前者侧重讲解知识的"由里及表"的内涵，而后者则要求训练学生"由表及里"地认识世界，彼此是不能取代的。

### 3.1.1 科学研究方法论框图

图3-1给出了科学研究方法论框图。它覆盖了课题确立之后

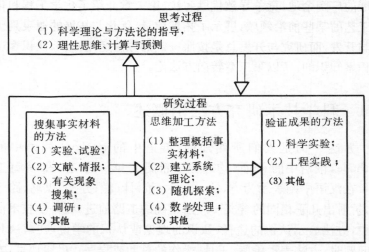

图3-1  科学研究方法论框图

到取得成果之间的全过程，展示了科学理论和方法论自始至终的指导地位；获得事实材料、思维加工、用实践检验成果是科研活动的三个主要阶段及其顺序关系。寓含着取得科研成果主要依靠研究者的科学理论素养和采取的方法（含软件与硬件）两大要素。当然，如果经费、组织、管理、队伍等环境层次的因素不能保证科研活动进行，则另当别论了。上位图的方法论与下位图的思维加工方法区别在于：前者指研究者的方法论素养；后者为本课题可能采用的思维加工方法，在科研中是全局与局部的关系。

课题目标可理解为欲望，一旦课题确立，接下来就是寻求途径

实现欲望。人们总是从认识事物的特殊性开始,最终才掌握本质和规律的。但开题之初并不了解研究对象有哪些特殊性,为了摆脱困惑,进行下述工作是有益的。

(1) 查阅文献与调研,力图从中得到启迪;务求全面、详细,防止在完成研究时才发现他人在许久之前已有成果报道。

(2) 如有可能应尽量收集有关现象,作为分析研究、推理判断的依据。

完成上述工作之后,实验开始之前的一个必不可少的重要环节是课题分解与实验规划,可理解为寻找突破口与最终确立实施方案。课题分解在前,实验方案在后,都属于思考过程的内容(图3-1)。先从课题分解说起。课题往往可看成一个系统,由诸多层次组成,而每个层又包含有很多元素(单元),元素与元素之间、层次与层次之间既有机结合,又相互作用、彼此制约;最终,综合地表现为具有某种本质与规律的整体。基于这种认识,通常以原理、性质、行为、结构、形态、过程、尺度等为基准把复杂的课题分解成一些简单问题,把大课题分解为一些小课题(子课题),把整体分解成若干局部。此举有利于研究顺利开展,并获得深入、细致、清晰的认识。反之,那种不分青红皂白,"黑箱式"的综合研究或整体研究,只能得到笼统的、粗糙的、模糊的认识。

课题分解属于思考过程(见图3-1),初步形成方案后,回到研究过程,进入实验阶段(如无需实验的课题,则进入思维加工阶段)。由于种种原因,课题分解不会一次成功,要根据实验信息修改初步分解方案。研究进程在实验阶段与思考过程之间经过多次反复,认识也伴随着由浅入深地发展。研究人员的驾驭能力在这一环节上受到考验与挑战。

接下来介绍实验设计,即确定实验点的位置与数量。目前的实验设计方法有两大类,即先验型设计(析因设计)与序贯法。后者是近30年发展起来的,其优点是利用已经进行实验给出的信息确定(设计)随后的实验点。也就是说,实验点并非先验地一次完成,在取得一定实验信息后,研究过程进入思维加工阶段,例如在其中进行数学模型判断(识别)和参数估算。研究过程转入上位的思考过程,在完成最佳序贯判别后,又回到实验阶段。经过思考过程→搜集事实材料→思维加工→思考过程多次循环后,研究可望取得阶段性成果,再开始思考过程→思维加工→验证成果→思考过程另一个循环,直至取得最终成果;必要时,还要循环到实验阶段。

总之,研究人员凭借科学理论与方法论素养组织整个的研究过程,他们的认识必然有一个由浅入深,有失败到成功的优化过程,上述的多次循环类似于数学上的反复迭代。一个不太确切的比拟,研究者的科学理论素养相当于初值;方法论素养相当于收敛速度。大家都知道,实验是费时耗资甚巨的,而思考过程主要发生在研究者的脑海之中,经济代价极小。因此,强化思考过程在科研中的主导性和有效性是省时节资的主要途径。

### 3.1.2　搜集事实材料的直接方法

古往今来,人类在直接搜集事实材料方面积累了宝贵的经验,基本形式有观察法、测量法、实验法和模拟法等。

#### A　观察法与测量法

观察法是人们通过感官,有计划、有目的对自然发生状态下和人为条件下的事物进行的定性、定量,直接或间接详细考察。它与日常生活中的"看"、"瞧"是两码事。观察在天文学、粒子物理等超大与超微领域中有着特别重要的意义。虽然观察只能获得事物的外部联系,但这在研究工作中几乎是无法逾越和无法取代的,人们称:科学始于观察,原因也许在此。

测量是量化信息的手段,有人说:没有测量,就没有科学,足见测量的重要性。测量要借助仪器,熟悉仪器功能则成为测量的前提。有很多书刊介绍测量仪器,现摘引少许,以资参考。例如:光谱定性分析与定量分析,测定元素及其浓度;原子吸收分光光度计,可测试70余种金属元素含量;紫外及可见光分光光度计,用于有机化合物分析和检测、同分异构体鉴别、物质结构测定;红外吸收光谱定性分析,确定有机化合物或官能团是否存在;红外吸收光谱定量分析，测定分子键长与键角；核磁共振波谱分析有机化合物结构；色谱——质谱联用进行成分分析；激光多普勒（LDA）测速仪，测定气相流体速度；热丝（热膜）流速仪，测定气相流体速度；Malvern 粒径测试仪，测定颗粒（液、固）直径；多普勒（Doppler）粒径测试仪；X 射线衍射法用于催化剂物相鉴定、物相分析及结晶参数测定；差热分析（DTA）测定物质在加热或冷却过程中的物理、化学变化；热重分析（热天平，TG）测试催化剂、煤、高分子化合物特定过程的温度与失重曲线；电子显微镜测定粒子大小及分布、孔结构；X 光电子能谱（XPS），测试催化剂样品（固体）组成与结构；紫外光电子能谱（UPS），研究表面键合情况；Auger 电子能谱（AES）研究固体表面组成；三维粒子动态分析仪，研究气固相中粒子运动规律；激光全息摄影、色质红三机联用气体分析仪等。

B　实验方法

严格地说，实验与试验含义是不同的，前者是学习、验证已有知识的手段；后者是探索、认识事物未知的本质与规律。但习惯上往往混用，更注重如下的共同内涵：人为地利用仪器、设备创造特定的环境与条件，为认识（学习）事物本质和规律营造前提、提供可能。其精华之处在于创造特定的环境与条件，它寓含着可以将事物分解、割裂为层次、局部或单元；舍弃或剔除对研究对象来说是次要和无关因素的影响；营造氛围，突出主要因素，增加显示度；控制、干涉研究对象，力求达到随心所欲。为了加深理解，下文再对实验的特性与功能进行较为详细的叙述。

（1）将研究对象分解、割裂为层次、局部或单元逐一实验。

在人为地将研究对象分解、割裂为局部和单元的基础上，通过实验对它们逐一研究是人们认识世界的重要途径之一。诚然，这种做法是机械的，在综合局部研究成果时有时会出现协同效应。即使如此，该法在科研中仍是十分重要的，协同效应则通过经验或理论途径另行解决（例如气固催化反应的效率因子）。

在研究利用蚀刻工艺制备集成电路（图 2 - 10）时，就是将其分解为涂敷、曝光、冲洗（显像）、蚀刻、除去保层等单元，再分别研究的。例如开发新型光敏材料、采用 X 射线（或电子束、离子束）光源、光敏材料感光动力学、蚀刻剂及动力学等，力图将极限分辨率（精细程度）由 $0.5\mu m$ 提高到 $0.1\mu m$；在研究固定床反应器行为时，可以将其分解为反应过程与传递过程，再进一步割裂，分别研究本征动力学、宏观动力学、床层传质与传热、颗粒内的传质与传热、床层流体力学，甚至研究传质、传热、流体流动规律使用的介质与研究对象（课题）的介质并不相同。

下文是关于催化重整的案例，研究者们首先将课题在第一层次上分解为化学反应及其行为、催化剂两个方面；在第二层次上将化学反应及行为分解为化学反应种类、热力学、动力学，将催化剂分解为活性、选择性、稳定性（寿命）、再生性等侧面；接下来，再进行第三层次分解，见图 3 - 2。

催化重整是从石油生产芳烃和高辛烷值汽油组分的主要工艺过程，所副产的氢是炼厂加氢装置用氢的重要来源，因此在炼油与石油化工中居于重要地位。70 年代后，我国自行设计的双金属和多金属催化剂、径向反应器、纯逆流立式换热器等高效设备陆续投入生产。在方法论方面也有诸多可借鉴之处。

催化重整的原料是 $C_6 \sim C_{11}$ 石脑油馏分，其中含数百种组分，辛烷值（RON）为 $50 \sim 60$。其中直链烷烃的 RON 为零，随支（链）化、脱氢成烯 RON 增加，甲苯的 RON 值最高，为 120。在不加铅化合物的条件下，如何提高芳烃含量，使辛烷值达到 $92 \sim 98$，则成为本课题的具体目标。原料中含数百种组分，如一一顾及，势在难为。有效的方法是，将重要组分割裂出来，归类，孤立研究其热力学与动力学行为。而动力学行为又与催化剂密切有关，两者偶合、交联，同时研究。当催化剂研制遇到困难，两者就在该水平上达到"平衡"，待到催化剂有新突破时，则在新的水平上达成新的"平衡"，不断前进。为了叙述方便，暂将催化剂置后，先介绍化学反应[1,2]，共七类，下式中 M、A 分别为金属功能催化剂与酸性功能催化剂。

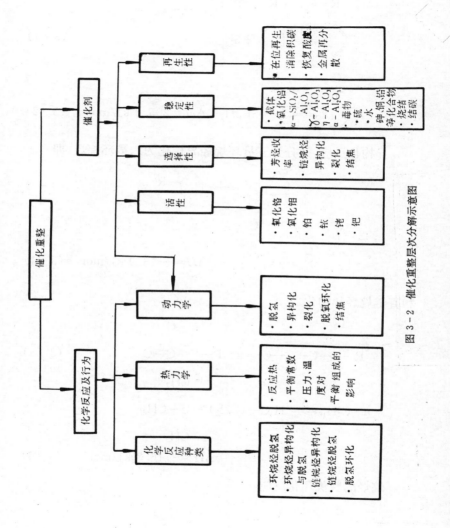

图 3 - 2　催化重整层次分解示意图

六员环烷烃脱氢,因能转化为芳烃,故为基本反应,即

$$\text{R-环己烷} \underset{}{\overset{M}{\rightleftharpoons}} \text{R-苯} +3H_2 \qquad (3-1)$$

$$\text{C-环己烷} \underset{}{\overset{M}{\rightleftharpoons}} \text{C-苯} +3H_2 \quad \Delta H=205.8 \text{ kJ/mol} \qquad (3-2)$$

异构化反应,又分为五员环烷烃异构化为六员环烷烃,即

$$\text{五员环-R} \overset{A}{\rightleftharpoons} \text{六员环-R}' \qquad (3-3)$$

$$\text{C-环戊烷-C} \overset{A}{\rightleftharpoons} \text{C-环己烷} \qquad \Delta H=-18.9 \text{ kJ/mol} \qquad (3-4)$$

和直链烷烃异构化

$$\text{R-C-C-C-C} \rightleftharpoons \overset{A}{} \text{R-C-}\overset{\overset{C}{|}}{C}\text{-C} \qquad (3-5)$$

$$n\text{-C}_7\text{H}_{16} \overset{A}{\rightleftharpoons} \text{H}_3\text{C-(CH}_2)_2\text{-}\overset{\overset{CH_3}{|}}{\underset{\underset{CH_3}{|}}{C}}\text{-CH}_3$$

$$\Delta H=-16.8 \text{ kJ/mol} \qquad (3-6)$$

烷烃的脱氢环化反应

$$R-C-C-C \begin{cases} \xrightleftharpoons{M,A} \quad \text{(cyclobutane)} R' \quad +H_2 \qquad (3-7) \\ \\ \xrightleftharpoons{M,A} \quad \text{(cyclohexane)} R'' \quad +H_2 \qquad (3-8) \end{cases}$$

$$n-C_6H_{14} \xrightleftharpoons{M,A} \quad \text{(cyclopentane)} C \quad +H_2 \qquad \Delta H = 52.5 \text{ kJ/mol} \quad (3-9)$$

$$n-C_7H_{16} \xrightleftharpoons{M,A} \quad \text{(cyclohexane)} CH_3 \quad +H_2 \qquad \Delta H = 36.5 \text{ kJ/mol}$$
$$(3-10)$$

加氢裂化反应

$$R-C-C-C +H_2 \xrightarrow{A} RH + C-C$$

$$C-C-C-C-C-C-C +H_2 \xrightarrow{A} C-C-C + C-\overset{\displaystyle C}{\underset{|}{C}}-C$$
$$\Delta H = -58 \text{ kJ/mol} \qquad (3-11)$$

脱甲基反应(氢解反应)

$$R-C-C-C-C +H_2 \xrightarrow{M} R-C-C-CH +CH_4$$
$$(3-12)$$

$$\text{(benzene)} R-C +H_2 \xrightarrow{M} \text{(benzene)} R +CH_4 \qquad (3-13)$$

$$C_6H_{14}+H_2 \xrightarrow{M} C_5H_{12}+CH_4 \qquad \Delta H = -67.6 \text{ kJ/mol}$$
$$(3-14)$$

$$\Delta H = -54.7 \text{ kJ/mol} \qquad (3-15)$$

芳烃脱烷基反应

$$(3-16)$$

$$\Delta H = -56.8 \text{ kJ/mol} \qquad (3-17)$$

积炭反应

$$\text{烃类} \xrightarrow{\text{脱氢}} \text{烯烃} + \text{二烯烃} \longrightarrow \text{聚合、环化} \longrightarrow \text{稠环芳烃} \longrightarrow \text{积炭}$$

从原料石脑油中割裂出重整过程的上述主要反应,孤立地对其进行热力学与动力学研究,其结果列入表 3-1 与表 3-2。

表 3-1　$C_6$ 烃类重整反应热力学数据

| 反　　　应 | 500℃,常压的平衡常数 | 反应热 $\Delta H$,kJ/mol |
|---|---|---|
| 环己烷⇌苯+3H$_2$ | $6 \times 10^5$ | 221 |
| 甲基环戊烷⇌环己烷 | 0.086 | -16.0 |
| 正己烷⇌苯+4H$_2$ | $0.78 \times 10^5$ | 260 |
| 正己烷⇌2-甲基戊烷 | 1.1 | -5.9 |
| 正己烷⇌1-己烯+H$_2$ | 0.037 | 130 |

表 3-2　催化重整反应的相对反应速率

| 反　　　应 | 相对反应速率 | | 反应速率的相对比较 |
| --- | --- | --- | --- |
| | $C_6$ | $C_7$ | |
| 六员环烷脱氢 | 100 | 120 | 最快 |
| 五员环烷异构脱氢 | 10 | 13 | 快 |
| 烷烃及环烷异构化 | 10 | 13 | 快 |
| 烷烃加氢裂化 | 3 | 4 | 慢 |
| 环烷开环 | 5 | 3 | 慢 |
| 烷烃脱氢环化 | 1 | 4 | 最慢 |

　　毋庸讳言,对单一反应的研究要比对数百种反应同时存在的系统研究容易得多。在原料石脑油组成已知的条件下综合这些分解子项的研究结果,乃是认识整体系统性质和行为简捷而有效的途径。例如,环烷烃、直链烷烃脱氢芳构化(课题目标)是吸热反应,加氢裂化、脱甲基反应是放热反应,但不是目的反应,催化剂的选择性应使之弱化,由此得出概念:重整反应的整体性质是吸热反应,在过程合成与反应器设计时必须计及这一特征;脱氢和脱氢环化为主的目的反应,随温度与平衡常数的增加,在 500℃ 时其值已足够的大;热力学研究表明,降低压力有利于芳烃收率,但催化剂上积炭加快。系统压力的选择势必要兼顾这两个有重要影响的侧面(不是所有反应),大约定为 1.5MPa。

　　话题再转到催化剂上。前已述及,催化剂以其功能为基准,被分解为活性、选择性、稳定性与再生性四个侧面。首先也是重要的是确定活性组分,载体也往往同时被考察。科学知识在科研中是起导向作用的,在本案例中也不例外。如,烃类加氢和脱氢反应可由第Ⅷ族金属来催化,而过渡金属氧化物催化作用则较低;链烷烃异构化(可增加 RON)可由固体酸(氧化铝,二氧化硅-氧化铝)催化;酸性催化剂可以促进烃类裂化。以氧化铝为载体,第Ⅷ族金属铂、铱、铑、钯和第Ⅵ族金属氧化物(氧化钼、氧化铬)相对活性的实验结果列入表3-3。可见铂的活性最好，第Ⅷ族中铁、钴、镍、锇活性比钯还要低，与活性不高的氧化钼、氧化铬一起被淘汰出活性组分行列。

表3-3 催化剂相对活性

| 活性组分 | 催化剂中活性组分含量（%） | 相对活性 |
| --- | --- | --- |
| 铂 | 0.6 | 1 |
| 铱 | 0.6 | 0.7 |
| 铑 | 0.6 | 0.3 |
| 钯 | 0.6 | 0.15 |
| 氧化钼 | 14.5 | 0.1 |
| 氧化铬 | 27.2 | 0.01 |

在500℃，氢分压为1.6MPa，烃分压为0.4MPa，每千克催化剂每小时通过1千克正庚烷的条件下，用每100克原料所得特征组分克数为尺度筛选可能的载体，实验结果列入表3-4。以甲苯为标志，$\eta$-$Al_2O_3$最好。至此，已经形成了催化重整催化剂组成和特征框架——双功能催化剂。金属（Pt）功能，完成脱氢和环化反应；酸性功能，由载体体现，完成异构化和加氢裂解反应。

表3-4 正庚烷在载体上裂化特征组分含量 g/100g

| 载 体 | $C_4$ | $i$-$C_7H_{16}$ | 甲苯 | 转化率 |
| --- | --- | --- | --- | --- |
| 三氧化铝 | 2.4 | 0.2 | — | 3.5 |
| $\alpha$-$Al_2O_3$ | 3.5 | 0.2 | — | 4.9 |
| $SiO_2/Al_2O_3$ | 34.0 | 3.3 | 0.2 | 39 |
| $\gamma$-$Al_2O_3$ | 38 | 1 | 0.5 | 47 |
| $\eta$-$Al_2O_3$ | 36 | 2.9 | 1.1 | 49 |
| $\gamma$-$Al_2O_3$+1%Cl | 54 | 1 | 0.7 | 63 |
| $\gamma$-$Al_2O_3$+1%F | 66 | 0.7 | 0.7 | 74 |

参见图3-2，催化剂的选择性是急待考察的又一问题。实验表明，双功能催化剂除促进式（3-1）至式（3-17）的反应外，还会进行芳烃歧化、芳烃与烯烃烷基化、环烷烃氢解、直链烷烃氢化裂化、结焦等反应。也就是说，上述双功能催化剂选择性并非十分理

想，但就当今水平而论，相对铑、铱、镍、钴而言，具有最高的活性和选择性。

实验研究显示，积炭覆盖活性组分、杂质污染毒化活性组分、高温下活性组分晶粒聚集变大、载体孔结构变化引起的金属与载体表面积降低等因素都会使催化剂的稳定性下降。实验还发现向催化剂中添加除铂以外的第二类金属，如铼、锡、铱会抑制积炭，提高氢油比与系统压力也会抑制积炭；选择热稳定性好的载体，防止过高操作温度使均匀分布的铂金属粒子（约为 10nm）保持长周期稳定；控制原料油中的水和氧（含有机氧化物）、氮化物（会生成氨）、硫、砷、铜、铅等杂质含量，防止催化剂酸功能减弱和铂中毒，也有利于提高催化剂稳定性。

实验还发现：催化剂如因积炭失活，经过烧炭，可使活性恢复；如因酸功能减退失活，可在含氧气氛下注入一定量有机氯（二氯乙烷、三氯乙烷、四氯化碳）高温下氯化更新，使活性恢复；而因金属中毒或烧结而严重失活，属永久失活，无法再生。

至此，已经完成了以催化重整为案例的研究方法介绍。不难发现，将课题分解、割裂成层次、局部、单元，再运用实验的灵活性、针对性从方方面面到细稍末节逐一地、逐个地认识，是科学研究的基本途径。既不能"囫囵吞枣"式的在同一环境下研究数百个化学反应的热力学、动力学，也不能"一揽子"式的在一个实验中同时筛选催化剂的活性组分、载体；找出中毒因素，提出再生方案。正如上文所述，这样的结果只能得到极为粗糙和肤浅的认识，无法得到关键因素与真正的原因所在。

（2）实验具有简化和纯化研究对象的功能。

研究对象的本质与规律往往为多种现象所覆盖，为多种因素所左右，关系错综复杂，着实使人眼花缭乱，难于分辨各个因素究竟在起什么作用，又是怎样影响过程及结果的。简化和纯化了的实验，有助于研究者把命题的本质和规律从纷繁交错的现象中提取出来。所谓简化是在科学理论指导下，将干扰显示研究对象本质与规律的现象、过程与因素；以及与显示研究对象本质与规律无关或次要的现象、过程与因素从研究的范围内剔除或圆整化、线性化、理想化等,从而达到认识事物本质与规律目的的过程。从这个意义上讲,上文(1),即将研究对象分解、割裂为层次、局部或单元也是一种简化。但简化更多地是指在低层次或局部的简化。简化是科研中的捷径,也是一种艺术,人们已经积累了丰富的经验,举例如下。

化学反应的本征速率是与传递过程无关的。基于这一认识,在研究气固催化反应动力学时,人们设计了等温积分反应器与微分反应器,开创了科学研究方法。消除传递过程对化学反应速率的影响是实验反应器设计的主要目标。减小催化剂颗粒(视反应而异,一般为 0.1mm)尺寸,消除颗粒内的温度差与浓度差;反应介质以较高的质量流速通过床层,以消除气流主体与催化剂表面之间的温度差与浓度差、轴向反混;反应器的直径适度,例如 10~15mm,辅以反应管外的恒温技术(恒温金属块、油浴、盐浴、流化介质)使床层内径向温度基本相同;床层不能太高,防止超过允许的轴向温差(例如 0.5℃)和压差。经过上述运作,研究对象得到简化,传递过程的干扰不复存在,再也无需为反应、传质、传热、动量传递究竟在动力学数据中起了何种作用而惆怅。在研究催化剂颗粒宏观动力学,即计入颗粒内温度与浓度梯度,而必须排除床层(颗粒外)传递过程影响时,人们又设计了内循环无梯度实验反应器,用磁力驱动桨叶或桨叶加转筐,使颗粒外的浓度差与温度差降低或为零,实验得到大幅度简化。

所谓纯化研究对象系创造一个环境、条件、氛围,有利于充分显示研究对象的本质和规律。在科学技术史上,利用纯化研究对象取得成果是不胜枚举的。1956 年美籍华裔物理学家李政道和杨振宁提出了在弱相互作用下宇称不守恒的假说。1957 年华裔物理学家吴健雄用钴 60 为试验材料,常温下钴 60 的热运动和自旋方向是杂乱无章的,本质与规律被干扰,她将钴 60 冷却到 0.01K,热运动停止,实验得到成功,证明了微粒子在弱相互作用下宇称不守恒的假说。又如,物理学家温伯格、萨拉姆等人为验证电磁作用力、弱相互作用力和强相互作用力是统一的假说,设计了质子衰变实验,为排除来自宇宙间射线和通常水所含杂质的干扰,实验在地下600m 深处 1 000m³ 超纯水中进行,纯化了环境,实验取得成功。

电子、光电子、记录材料及元器件,生化制品,高分子聚合材料,化学反应,特别是催化反应,都是在一定温度、压力、组成、纯度下进行的。在研究阶段也都是借助实验,创造一定的环境、条件、氛围,使研究对象得以纯化才取得成功的。生产集成电路的原料四氯化硅、以铜基为催剂生产甲醇的原料气,都要求杂质为 ppb 级,都是通过实验首先确立的。

(3) 实验具有定向强化研究对象的功能。

定向强化研究对象是研究者凭借各种物质手段,创造自然条件下不存在、难以得到、难以利用的极端状态、特殊环境和条件,以便揭示与研究命题的本质和规律。在常态下,一些事物的本质和规律不易暴露,或不易觉察。经过人为控制,定向强化,使之处于超高压、超音速、超高温、超真空、超低温、超细、超纯、超强磁场等极端条件下,一些奇异的本质和规律就显露出来。可以说,这是人们获得新知识、新技术的重要途径。

50 年代,通过高能加速器发现了大批新"离子"[3],有上百种之多,绝大多数在自然界中不存在,只有在实验室的极端条件下才能产生出来。这些粒子比原子核更小,也就是说;物质的最小构成单元不再是分子、原子,而是夸克和轻子(电子是其中的一种),人们对微观世界的认识尺度深入到原来的十亿分之一。迄今,已经发现三代夸克和三代轻子:第一代夸克为上夸克、下夸克;第二代夸克为粲夸克、奇异夸克;第三代夸克为底夸克、顶夸克(预测存在);第一代轻子为电子、电子中微子;第二代轻子为 $\mu$ 子、$\mu$ 子中微子;第三代轻子为 $\tau$ 子、$\tau$ 子中微子。对于微观世界认识的深入将对化工带来何种影响,尚需拭目以待,但定向强化的实验方法所起的作用已毋庸置疑。

超临界萃取又是一例[4]。处于超过临界温度与临界压力的流体(气体)被称为超临界流体,在通常(地壳深层)自然条件下是不存在的。定向强化为超临界流体创造了条件,并发现了其重要性质。记流体温度为 $T$,压力为 $p$;临界温度为 $T_c$,临界压力为 $p_c$。当对比温度 $T_r = \dfrac{T}{T_c} = 1 \sim 1.2$ 时,流体有很大的可压缩性;当对比压力 $p_r = \dfrac{p}{p_c} = 0.7 \sim 2$ 时,流体密度对压力极为敏感,适当增加压力,流体密度就接近液体密度,从而使临界流体具有与液体对溶质相同的溶解能力;临界流体粘度比一般液体萃取剂小一个数量级;而扩散系数又比一般萃取剂大一个数量级左右,见表3-5。这些性质显示:临界流体密度与液体相近,从而具有良好的溶解能力;粘度与扩散系数较接近气体,表明将有较高的传质速率。

实验揭示的超临界流体兼有液体和气体性质启迪人们开发了超临界萃取技术,超临界反应也已初露端倪。常用的超临界流体为二氧化碳,以及乙烯、乙烷、丙烯、丙烷、氨等。已经应用的超临界萃取技术有从咖啡豆中脱咖啡因、脱烟草中尼古丁、从木浆氧化废液中萃取香兰素、从桂花中提出香精、从辣椒中提取红色素、从玉米中提出黄色素、从渣油中脱除沥青。

表 3-5　超临界流体和气体、液体物性比较

| 流动介质 | 密度,g/cm³ | 粘度,Pa·s | 扩散系数,cm²/s |
|---|---|---|---|
| 气体(15℃～30℃,常压) | $(0.6 \sim 2) \times 10^{-3}$ | $(1 \sim 3) \times 10^{-5}$ | $0.1 \sim 0.4$ |
| 水、有机溶剂(15℃～30℃,常压) | $0.6 \sim 1.6$ | $(20 \sim 300) \times 10^{-5}$ | $(0.2 \sim 2) \times 10^{-5}$ |
| 临界流体 | $0.2 \sim 0.5$ | $(1 \sim 3) \times 10^{-5}$ | $0.7 \times 10^{-3}$ |
| 超临界流体 | $0.4 \sim 0.9$ | $(3 \sim 9) \times 10^{-5}$ | $0.2 \times 10^{-3}$ |

超临界萃取有两类原则流程:等温变压流程与等压变温流程。两者都含如下基本步骤:将超临界流体压缩、加热,使之处于超临界状态;超临界状态下的流体在萃取器中与原料接触,由于超临界流体的低粘度、高扩散系数,传质过程很快达到平衡;排除萃取剩余物,萃取相进入分离器,使溶剂(超临界流体)与萃取物分开;溶

剂循环使用。在分离这一环节上有不同的工艺,如采用等温变压流程就是保持萃取相等温,通过减压使溶剂的溶解能力降低,达到萃取物析出之目的;如采用等压变温流程就是保持萃取相等压,通过升温(有时为降温,视系统性质而定)降低溶剂的溶解能力,析出萃取物;萃取过程中溶剂总有损失,需适量补充。

此外,诸如选择性催化、选择性分离等等都是通过定向强化实验,发现规律并转化为技术的。

(4) 实验具有加速或延缓过程进行的功能。

有些过程在通常条件下进行极快,有的则极慢。这类过程给研究和应用带来困难。实验凭借控制操作条件,添加催化剂(含加速与抑制)、阻燃剂、助燃剂、缓蚀剂、防垢剂、絮凝剂、助溶剂、消泡剂、引发剂、阻聚剂等,设置仪器(例如,采用激光全息摄影,再用计算机分层处理,是研究快过程的一种方法)、设备,创造环境(例如在进行气固反应动力学研究时,减小颗粒直径,减小内扩散阻力,增加床层线速度,减小外扩散阻力;又例如通过搅拌增加混合速度,通过雾化增加传质速度等)等手段都有利于认识研究对象,掌握规律。

例如,如何评价催化剂寿命[5]。一般方法是在工业装置上实测。此举不仅投资大,一般考察期要 3 个月到 1 年或更长。于是,人们寄希望于实验,提出了预测催化剂寿命的方案,即提出催化剂活性下降的机理假设,进行加速寿命试验,根据有限数据,参考被比较的催化剂寿命,预测研究对象的寿命。催化剂失活机理分为两类:其一为烧结、固态反应使活性组分损失,均属于固态化学、固体物理的学科范畴;其二,中毒,属于表面化学和表面物理的学科范畴。加速寿命试验也有两种类型,其一为连续试验,记为 C,采用动力学研究实验设备(如果意欲考察催化剂强度与耐磨性,则应增加取样装置);除被选择为进行加速实验的参数外,其他条件应尽量与工业装置相同或相近;将活性、选择性作为工作时间函数随时记录;并确认若干造成失活的参数,记录并分析。其二为前——后试验,记为 BA 试验,其他条件与 C 试验相同,但其操作程式如下:标准条件下操作（记录活性与选择性）；苛刻条件下，加速失活试验；再恢复到标准条件下操作，并记录活性与选择性；加速试验的前后数据对比。加速催化剂寿命试验的具体方案列入表 3-6。

**表 3-6　加速催化剂寿命试验具体方案**

| 失活的主要原因 | 寿命试验类型 | 加速因素 | 因数变化 |
|---|---|---|---|
| 化学中毒 | C,BA | 原料中毒物浓度 | 10～100 倍 |
| 淀积（结焦）中毒 | C | 温度 | 20%～50% |
| | | 原料中烃浓度 | 50%～100% |
| | | 原料中水含量 | 50%～100% |
| 烧结试验 | BA,C | 温度 | 20%～100% |
| 化学熔结 | C,BA | 原料中反应杂质浓度 | 10～100 倍 |
| 固态反应 | BA,C | 温度 | 20%～100% |
| 活性组分损失 | C,BA | 温度 | 20%～100% |
| | | 原料组成 | 50%～100% |

人们对于催化剂失活研究已有丰富经验，见表 3-7。在进行加速催化剂寿命试验时，即确定考察参数时可资参考。

加速寿命试验应找一个已知使用寿命，并且对所采用的加速方法给出相同响应的催化剂作为参照系，以便推测研究对象的使用寿命。

（5）实验具有模拟研究对象的功能。

模拟又称仿真。是通过研究"模型"的本质与规律，再推理出"原型"的本质与规律的一种方法。"模型"可以理解为"替身"，因并非"真身"，所以模拟方法是一种间接研究方法。由于研究对象具有如下特殊性，人们因无法进行直接研究，所以模拟这种间接研究方法便应运而生。诸如研究对象有时间、空间的特殊性，人们力所不及，无法进行直接研究（例如研究对象是宇宙起源与演化，地球起源与演化等）；研究对象过于庞大复杂，经济价值过于昂贵，不宜与不易直接研究（例如，洲际导弹、飞行器、长江大坝等）；研究对象可

## 表 3-7  催化剂失活机理研究

| 失活主要原因 | 待测量的主要催化剂性能 | 推荐技术 |
|---|---|---|
| 化学中毒 | 表面元素 | Auger 电子能谱(AES) |
|  |  | X 光电子能谱(XPS) |
|  | 自由金属表面积 | 选择性化学吸附 |
| 沉积中毒 | 表面形态 | 扫描电镜(SEM) |
|  | 自由金属表面积 | 选择性化学吸附 |
|  | 沉积元素 | 电子探针 |
|  |  | 化学分析法 |
|  | 孔率 | 氮微孔细管冷凝法 |
|  |  | 汞浸入法 |
|  | 晶相 | 结晶参数测定(XRD) |
|  | 烧碳 | 热分析法,程序升温还原法(TPD) |
| 烧结 | 总表面积 | $N_2$ 吸附法 |
|  | 金属表面积 | 选择性化学吸附 |
|  | 表面形态 | SEM |
|  | 微晶大小 | XRD、透射电镜(TEM) |
| 固态反应 | 晶相 | XRD |
|  | 金属氧化态 | XPS,穆斯鲍尔光谱 |
| 活性组分损失 | 失去的元素 | 化学分析法 |
|  | 蒸发动力学 | 热重分析(TG) |

能危及人身安全与健康,不宜进行直接研究(例如,医学中的病理与药理,宇宙航行中的生命与生理等);进行原型研究有经费、设备、人力等方面的很大困难,甚至无法克服,而间接研究又基本上能够提供原型的原理与规律,采用模拟方法研究该类课题则是一

条捷径,一种进步(例如大型化工设备以及高压、高温、特殊结构与环境下的流体流动与传递过程;航空学科的风洞实验;船舶学科的水力学实验;燃烧学的流体力学实验等)。

模拟有物理模拟与数学模拟两类。所谓物理模拟是指"事物之理"的模拟,并非专指"物理学科"的模拟。物理模拟的基础是相似理论,当模型与原型满足相似条件时,对应断面上由相似论规定的相似准数相等,则模型与原型的物理现象相似,模型的研究结果就能准确地应用于原型。事实上对于复杂的过程,要做到模型与原型完全相似是困难的,甚至是做不到的。斯波尔丁(Spalding)曾对复杂燃烧系统流动过程做过统计,要满足120个相似准数相同才能相似,事实上这些相似准数之间有些是相互矛盾的;陈敏恒、袁渭康已经证明[6],不同尺寸装置之间不可能既满足物理相似条件又满足化学相似条件。尽管如此,物理模拟仍有其科学与应用价值,和研究与开发关系密切的是利用大型冷模研究流体流动与传递规律。因其地位重要,拟辟第五章专事介绍。

在人们不甘心于过多地依赖于经验的条件下,随着科学与技术的进步,特别是大型快速计算机的出现,数学模拟方法崛起,其基础是数学模型。由于相当一部分数学模拟仍然出自实验,有一定的局限性;更兼复杂的边界条件,例如填充床反应器、填料吸收塔等,即使计算机计算也有力不从心之处,但它毕竟代表着发展方向,在本章3.2.4节中再行详细叙述。

至此,已经介绍了搜集事实材料的三种方法,即观察法、测量法与实验法。而实验法需借助测量法与观察法,是搜集事实材料的最主要方法。

### 3.1.3 科学认识的思维加工方法

人们已经创立了整理事实材料的逻辑思维方法,如分析方法、比较方法、分类方法、归纳方法、抽象与概括方法等;建立系统理论的逻辑思维方法,如综合方法、演绎方法、公理化方法等;随机探索性思维方法,如类比方法、直觉方法、科学想象、理想化方法等。这里有两个问题值得重视,其一是事实材料或具体为实验数据一定要准确、可靠、丰富、深层次,它们是思维加工的基础。如果仅有数量有限的宏观数据,例如温度、压力、流量、组成,只能得到一般的认识,通过回归以经验公式告终。也许这些成果有工程价值,但难于达到理论上深层次地突破。其二,用好已有的数据获得与数据层次相应的认识水平则取决于方法论与科学理论水平。这也就是说,既不能超越数据层次(宏观、中观、微观)追求不切实际的认识深度;也不能不加分析,停留在表面上,对本应有的认识深度视而不见。数据是"表",是内在质的综合表现,要"由表及里"的认识本质,分析是有效的方法。

A 分析与综合

分析是一个由整体走向部分,由复杂走向简单,由具体走向抽象,由特殊走向一般的认识过程;而综合是一个由部分走向整体,由简单走向复杂,由抽象上升为具体,由一般进展到特殊的认识过程。

在化工领域中,分析设备进出口物料成分是分析,物料衡算则是综合;考虑工艺参数对热力学和动力学的影响是分析,兼顾两者最终确定工艺条件则是综合;在外扩散、内扩散、化学反应同时存在的串联过程中,分步研究三者的速率是分析,计算过程总速率则是综合;研究各单元设备的行为是分析,合成系统则是综合。再举一工业实例,以渣油为原料,以氧和水蒸气为氧化剂,在 8.53MPa 下进行部分氧化反应,出气化炉的温度为 1 400℃,测得下标所示组分的分压力为 $p_{H_2}=3.694\,3MPa$,$p_{CO}=3.363\,3MPa$,$p_{CO_2}=0.590\,3MPa$,$p_{CH_4}=0.037\,5MPa$,$p_{H_2O}=0.835\,9MPa$。如果认识到此至步,可以说是表面的,几乎什么也没看见。采取分析与综合的方法,认识深度则大相径庭。

取三个主要反应,并分别计算它们的分压商与上述条件下的平衡常数,列入表 3-8。综合计算结果发现,三个反应都没有达到平衡,也就是说该案例不是化学平衡控制的过程。接下来再考察反应动力学。一般认为碳与水蒸气反应在 1 100℃ 时处于动力学与

表 3 - 8　分压商与平衡常数比较

| 化学反应 | 分压商 | 平衡常数 |
|---|---|---|
| $C+H_2O \Longrightarrow CO+H_2$ | 146.69 | 316.23 |
| $CO_2+H_2 \Longrightarrow CO+H_2O$ | 1.289 | 15.307 3 |
| $CH_4+H_2O \Longrightarrow CO+3H_2$ | 526 918.3 | 1 566 728.1 |

外扩散控制的过渡区,当活化能 $E=295\times10^3$ kJ/kmol,气体通用常数 $R=8.319$ kJ/(k mol·K),温度 $T_1=1\ 373$ K,$T_2=1\ 673$ K。在并不知道动力学具体表达式的条件下,也就是说无法算得反应速率的绝对值,但还可计算两种温度下的速率比,记 $r_2$、$r_1$ 分别为 $T_2$ 与 $T_1$ 的反应速率

$$\frac{r_2}{r_1}=\frac{\exp\left(-\dfrac{E}{RT_2}\right)}{\exp\left(-\dfrac{E}{RT_1}\right)}=102 \qquad (3-18)$$

即 1 400℃ 的反应速率比 1 100℃ 时增加 102 倍,反应不属动力学控制无疑。类似地,对甲烷蒸汽转化反应,在不确切知道活化能时,以反应热代之(均相非催化反应的活化能一般都高于其反应热),即 E$=206.4\times10^3$ kJ/k mol,1 400℃ 反应速率比 1 100℃ 增加 26 倍。表明,在气化炉的高温条件下,反应亦不属动力学控制。

综合上述分析结果,可以得出结论:8.53MPa 渣油部分氧化反应制合成气工艺过程中,进行的是逆变换反应,即 $CO_2+H_2 \Longrightarrow CO+H_2O$,不是正变换反应;甲烷是由渣油裂解生成,即不是由 CO 与 $H_2$ 生成 $CH_4$,是 $CH_4$ 在进行转化反应;气化炉中进行的过程,不是热力学控制,也不是动力学控制,而是扩散控制。

在相同的数据条件下,经过分析与综合,基本认识了反应机理与过程的控制步骤,为理解工业现象,强化过程找到了依据。

B　归纳与演绎

归纳法是通过对一些个别的经验事实和感性材料进行概括和总结,从中抽象出一般的结论、原理、原则、公式、概念的一种逻辑

推理方法。而演绎则是从已知的某些结论、原理、原则、概念出发，推论出新结论的一种逻辑思维方法。门捷列夫发现元素周期表并预留尚未发现的元素位置，就是应用了归纳与演绎方法。人们利用有限的实验数据，通过回归得到经验方程，并在新领域中得到成功应用，推论出新结论，也是自觉或不自觉地应用归纳与演绎方法，下文是一个有关催化剂开发案例[7]。

催化剂在化学工业中的重要作用早为专业工作者公认，迄今已有2 000余种催化剂，主要用于化学品生产、炼油与环境保护三个领域。由于催化剂的极度复杂性，时至今日，人们尚无法在分子水平上设计与"裁剪"，因此，出现了开发催化剂50%靠经验与直觉；40%靠实验的优化；10%靠理论指导的现状。正因为如此，人们对已有的经验材料分外重视，归纳出设计催化剂的四要素：即活性、选择性、稳定性（寿命）和再生性。又根据反应类型，归纳出已经工业化的活性组分、助催化剂和载体，列于表3-9。其价值在于，当人们开发新催化剂或进行理论研究时可以根据反应类型有针对性地选择，不至于漫无边际地搜索。

表 3-9　反应类型与活性组分、助催化剂、载体

| 反应类型 | 活性组分 | 助催化剂 | 载体 |
|---|---|---|---|
| 加氢 | $Pt$、$Pd$、$Ru$、$Rh$ | $Mn_2O_3$ 等 | $C$、$Al_2O_3$、$BaSO_4$ |
| | $Ni$、$Co$ | $Cr_2O_3$ 等 | $SiO_2$、$C$、硅藻土 |
| 加氢分解 | | | |
| 脱硫 | $Co$、$Mo$、$Ni$ | | $Al_2O_3$ |
| 其他 | $Pt$、$Pd$、$Ru$、$Rh$ | | $C$、$Al_2O_3$、$BaSO_4$ |
| 气相氧化 | | | |
| 苯酐（萘） | $V_2O_5$ | $TiO_2$、$P_2O_5$、$K_2SO_4$ | 浮石，刚铝石 |
| | | $SnO_2$、$Ag_2O$ | $SiO_2$、刚玉、$SiC$ |
| 苯酐 | $V_2O_5$ | $TiO_2$、$TeO_2$、$MoO_3$ | 石英、$SiC$、$TiO_2$ |
| （邻二甲苯） | | | $\alpha-Al_2O_3$ |
| 蒽醌（蒽） | $V_2O_5$ | $Ag_2O$、$K_2SO_4$、$SnO_2$、 | 浮石、刚铝石 |

| 反应类型 | 活性组分 | 助催化剂 | 载体 |
|---|---|---|---|
| 马来酸酐（苯） | $V_2O_5$ | $Fe_2O_3$、$Na_2O$ $MoO_3$、$P_2O_5$、$WO_3$ $CoO$、$CuO$ | 浮石、硅藻土 $SiO_2$、$SiC$、$TiO_2$ |
| 马来酸酐（乙烯） | $V_2O_5$ | $MoO_3$、$P_2O_5$、$WO_3$ $CoO$、$CuO$ | 浮石、硅藻土、$SiO_2$ $\alpha - Al_2O_3$、$TiO_2$ |
| 芳香腈 | $V_2O_5$ | $MoO_3$、$P_2O_5$ $Cr_2O_3$、$Sb_2O_3$、$CoO$ | $Al_2O_3$、$\alpha - Al_2O_3$ 硅藻土、$TiO_2$ |
| 丙烯腈 | $MoO_3$ $Sb_2O_3$ $Bi_2O_3$ | $Bi$、$P$、$Sb$、$Y$、$Ce$、$Mn$、$W$ $Fe$、$V$、$Sn$ $Ce$、$V$、$Fe$、$P$、$W$ | $SiO_2$ $SiO_2$ $SiO_2$ |
| 环氧乙烷 | $Ag_2O$ | $Ba$、$Ca$ | 浮石、$\alpha - Al_2O_3$、$SiO_2$ 刚铝石、$SiC$ |
| 脱氢 烷烃 烯烃 | $Cr_2O_3$、$MoO_3$ $Cr_2O_3$ $Fe_2O_3 - Cr_2O_3 - K_2O$ | $MoO_3$、$V_2O_5$、$WO$ | $Al_2O_3$ $Al_2O_3$ |
| 醇 | $MgO - Fe_2O_3 -$ $CuO - K_2O$ $Cu_2O - Cr_2O_3$ | | $(MgO)$ 硅藻土、$SiO_2$ |
| 异构化 重整 烷烃 烯烃 | $Pt$、$Pd$、$Ni$ $Cr_2O_3$、$MoO_3$ $V_2O_5$ $AlCl_3$ $Pt$ $ZnCl_2$、$SiO_2 -$ $Al_2O_3$、$P_2O_5$ $Al_2O_3$、$SiO_2 - MgO$ | $SbCl_3$ | $Al_2O_3$ $Al_2O_3$ 石英、铁钒土 $SiO_2 - Al_2O_3$ |
| 烃类蒸汽转化 | $Ni$ | | $Al_2O_3$ $Al_2O_3$ 水凝水泥 铝酸钙水泥 |
| 一氧化碳 甲烷化 | $Ni$ | $La$ 等 | $Al_2O_3$ 铝酸钙水泥 |

人们除根据反应类型对催化剂材料进行归纳外，还依据反应

分子活化方式对催化剂材料进行了归纳,这些结论为演绎创造了前提。例如,苯加氢生产环己烷,是进而生产尼龙—6 和尼龙—66 的主要技术路线。除苯发生加氢反应外,还伴随着氢解、异构化等副反应,如

$$\text{〇} + 3H_2 == \text{〇} \qquad (3-19)$$

$$\text{〇} + nH_2 == 裂解产物 \qquad (3-20)$$

$$\text{〇} + nH_2 == C + CH_4 \qquad (3-21)$$

$$\text{〇} == \text{〇}CH_3 \qquad (3-22)$$

在开发催化剂时,参照表 3 - 9 给出的结论,再对苯加氢系统进行有针对性地研究(演绎)。催化金属活性顺序列入表 3 - 10。如果镍的加氢活性为 1,铂为 2.6,钯为 0.14。

表 3 - 10 催化金属在苯加氢中的活性顺序

| 催化剂的形式 | 活性顺序 | | | | | |
|---|---|---|---|---|---|---|
| 膜 | W> | Pt | | > | Ni >Fe> | Pd |
| Al$_2$O$_3$ 载体(47℃) | Rh>Ru> | Pt | | | | Pd |
| SiO$_2$ 载体(100℃) | | Pt | >Rh>Ru | > | | Pd |
| 各种不同载体 | | Pt | | > | Ni | Pd >Co>Ni>Fe |

为了防止副反应,法国石油研究院(IFP)开发了加压低温方案,氢气与液态苯连续加料搅拌槽式反应器,催化剂为粉末状在液相中呈悬浮态,产品以气态出料,移走部分反应热。鉴于铂的价格约为镍的 1 000 倍,所以 IFP 采用镍为活性组分。

上文的演绎是定性的,其实演绎在定量推导时更为常用,现以从牛顿第二定律出发推导粘性流体运动方程-奈维-斯托克斯

(Navier – Stockes)方程为例进行说明[8]。在直角坐标系中,在粘性运动流体中取立方体微元,见图 3 - 3。将外法线与坐标轴方向一致的平面取为正。例如,顶面为正 $z$ 面,底面为负 $z$ 面。作用于单位表面上的表面力为应力,记作用于垂直 $x$ 轴表面上的应力分量为:$\sigma_{xx}$、$\tau_{xy}$、$\tau_{xz}$;作用于垂直 $y$ 轴表面上的应力分量为:$\tau_{yx}$、$\sigma_{yy}$、$\tau_{yz}$;作用于垂直 $z$ 轴表面上的应力分量为:$\tau_{zx}$、$\tau_{zy}$、$\sigma_{zz}$。其中 $\sigma$ 为法向应力或正应力(理想流体时即为压力),$\tau$ 为切向应力,平行于表面。可以证明,六个切向应力分量中,仅有三个是独立的,即 $\tau_{yx}=\tau_{xy}$;$\tau_{yz}=\tau_{zy}$;$\tau_{zx}=\tau_{xz}$。

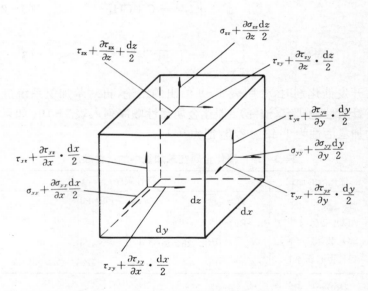

图 3 - 3　粘性流体中的立方体微元

由牛顿第二定律出发进行演绎。作用于微元立方体上的外力和等于微元立方体质量与加速度的乘积。外力有两类:即彻体力与表面力。令微元立方体的质量为 $m=\rho\mathrm{d}x\mathrm{d}y\mathrm{d}z$,单位质量流体的彻体力在坐标方向的分量为 **X**、**Y**、**Z**;表面力为周围流体对微元立方体的作用力,在 $x$ 方向所有法向力与切向力之和为:

$$G_x = \left( \sigma_{xx} + \frac{\partial \sigma_{xx}}{\partial x}\frac{dx}{2} - \sigma_{xx} + \frac{\partial \sigma_{xx}}{\partial x}\frac{dx}{2} \right) dydz +$$

$$\left( \tau_{yx} + \frac{\partial \tau_{yx}}{\partial y}\frac{dy}{2} - \tau_{yx} + \frac{\partial \tau_{yx}}{\partial y}\frac{dy}{2} \right) dxdz +$$

$$\left( \tau_{zx} + \frac{\partial \tau_{zx}}{\partial z}\frac{dz}{2} - \tau_{zx} + \frac{\partial_{zx}}{\partial z}\frac{dz}{2} \right) dydx$$

上式共三项,依次为垂直于 $x$ 轴、$y$ 轴、$z$ 轴的面上的法向力与切向力,经简化得:

$$G_x = \left( \frac{\partial \sigma_{xx}}{\partial x} + \frac{\partial \tau_{yx}}{\partial y} + \frac{\partial \tau_{zx}}{\partial z} \right) dxdydz \tag{3-23}$$

类似地

$$G_y = \left( \frac{\partial \tau_{xy}}{\partial x} + \frac{\partial \sigma_{yy}}{\partial y} + \frac{\partial \tau_{zy}}{\partial z} \right) dxdydz \tag{3-24}$$

$$G_z = \left( \frac{\partial \tau_{xz}}{\partial x} + \frac{\partial \tau_{yz}}{\partial y} + \frac{\partial \sigma_{zz}}{\partial z} \right) dxdydz \tag{3-25}$$

记微元立方体在 $x$、$y$、$z$ 三个坐标轴向的分速度为 $w_x$、$w_y$、$w_z$,由惯性定律

$$\rho \left( \frac{\partial w_x}{\partial t} + w_x \frac{\partial w_x}{\partial x} + w_y \frac{\partial w_x}{\partial y} + w_z \frac{\partial w_x}{\partial z} \right) =$$
$$\left( \frac{\partial \sigma_{xx}}{\partial x} + \frac{\partial \tau_{yx}}{\partial y} + \frac{\partial \tau_{zx}}{\partial z} \right) + \rho X \tag{3-26}$$

$$\rho \left( \frac{\partial w_y}{\partial t} + w_x \frac{\partial w_y}{\partial x} + w_y \frac{\partial w_y}{\partial y} + w_z \frac{\partial w_y}{\partial z} \right) =$$
$$\left( \frac{\partial \tau_{xy}}{\partial x} + \frac{\partial \sigma_{yy}}{\partial y} + \frac{\partial \tau_{zy}}{\partial z} \right) + \rho Y \tag{3-27}$$

$$\rho \left( \frac{\partial w_z}{\partial t} + w_x \frac{\partial w_z}{\partial x} + w_y \frac{\partial w_z}{\partial y} + w_z \frac{\partial w_z}{\partial z} \right) =$$
$$\left( \frac{\partial \tau_{xz}}{\partial x} + \frac{\partial \tau_{yz}}{\partial y} + \frac{\partial \sigma_{zz}}{\partial z} \right) + \rho Z \tag{3-28}$$

式(3-26)~式(3-28)中,等式左端为流体微元的惯性力,右端为

表面力与彻体力之和。对不可压缩流体；流体粘度 $\mu$ 在各方向相等；应力与应变率呈线性关系；法向应力与应变率亦为线性关系，有

$$\tau_{xy} = \tau_{yx} = \mu\left(\frac{\partial w_x}{\partial y} + \frac{\partial w_y}{\partial x}\right) \qquad (3-29)$$

$$\tau_{xz} = \tau_{zx} = \mu\left(\frac{\partial w_x}{\partial z} + \frac{\partial w_z}{\partial x}\right) \qquad (3-30)$$

$$\tau_{yz} = \tau_{zy} = \mu\left(\frac{\partial w_y}{\partial z} + \frac{\partial w_z}{\partial y}\right) \qquad (3-31)$$

$$\sigma_{xx} = -p + 2\mu\frac{\partial w_x}{\partial x} \qquad (3-32)$$

$$\sigma_{yy} = -p + 2\mu\frac{\partial w_y}{\partial y} \qquad (3-33)$$

$$\sigma_{zz} = -p + 2\mu\frac{\partial w_z}{\partial z} \qquad (3-34)$$

将式(3-29)～式(3-34)代入式(3-26)～式(3-28)，得到粘性流体运动方程，即奈维-斯托克斯方程。

$$\rho\left(\frac{\partial w_x}{\partial t} + w_x\frac{\partial w_x}{\partial x} + w_y\frac{\partial w_x}{\partial y} + w_z\frac{\partial w_x}{\partial z}\right) =$$
$$-\frac{\partial p}{\partial x} + \mu\left(\frac{\partial^2 w_x}{\partial x^2} + \frac{\partial^2 w_x}{\partial y^2} + \frac{\partial^2 w_x}{\partial z^2}\right) + \rho X \qquad (3-35)$$

$$\rho\left(\frac{\partial w_y}{\partial t} + w_x\frac{\partial w_y}{\partial x} + w_y\frac{\partial w_y}{\partial y} + w_z\frac{\partial w_y}{\partial z}\right) =$$
$$-\frac{\partial p}{\partial y} + \mu\left(\frac{\partial^2 w_y}{\partial x^2} + \frac{\partial^2 w_y}{\partial y^2} + \frac{\partial^2 w_y}{\partial z^2}\right) + \rho Y \qquad (3-36)$$

$$\rho\left(\frac{\partial w_z}{\partial t} + w_x\frac{\partial w_z}{\partial x} + w_y\frac{\partial w_z}{\partial y} + w_z\frac{\partial w_z}{\partial z}\right) =$$
$$-\frac{\partial p}{\partial z} + \mu\left(\frac{\partial^2 w_z}{\partial x^2} + \frac{\partial^2 w_z}{\partial y^2} + \frac{\partial^2 w_z}{\partial z^2}\right) + \rho Z \qquad (3-37)$$

上述三式中,等式左端为流体微元质量与加速度乘积;右端为作用于流体微元的外力,其中彻体力一般为重力,表面力为压力 $p$ 和粘性力。方程中所含非线性偏微分方程组目前尚无法求得普遍解。以此为基础,还可继续演绎,例如,对于非等温流动,计入能量方程;对于多组分混合物流动,计入扩散方程;对于伴有化学反应的流动,则计入化学反应速率方程,以及雷诺方程、$K-\varepsilon$ 方程等。

  C 随机探索性思维方法

  人们在加工经验材料实现向理性飞跃时,除运用逻辑思维外,还需采用随机探索性思维方法。有成就的科技工作者甚至认为后者更重要。一般认为随机探索性思维含类比方法、直觉思维、科学想象、理想化方法。现逐一介绍。

  a 类比方法

  类比是一种从个别、特殊过渡到个别、特殊的思维方式,是借助于对某一对象的属性、关系的已有知识,通过比较它与另一类对象的某种相似,从而达到对后者的某种未知属性和关系的推测性理解的思维过程。类比是科学探索的重要方法,当人们对不了解的事物进行研究时,总是凭借已有的知识逐步向前扩展,这个用已知推测未知,由熟悉预测陌生的拓展过程就是自觉或不自觉地运用类比法。当然,类比方法有时是成功的,有时是失败的。同类事物或十分相近的事物,共同属性较多,相关程度较好,这些对象间类比的成功率较高,但这类事物之间的类比启示价值很小。异类事物类比,例如将原子结构与太阳系类比,启迪性很大,其成功与否主要取决于研究者的知识广度与深度;对类比双方的认识深度。下文是化工发展史的两个范例。硫化橡胶类比炼钢、高压聚乙烯类比氨合成均取得成功。

  1839 年古特异采用类比法发明了硫化橡胶,使他从一贫如洗变成了世界巨富。初期的橡胶制品遇冷则硬且脆,遇热则粘。当时正值英国产业革命,钢铁工业突飞猛进。古特异将炭会使铁改性为钢的属性类推到向橡胶中添加某种物质。曾屡遭失败,但持之以恒。当他向加热的橡胶添加硫磺时,立即放出难闻而窒息的气体。

他不得不停止实验,并将试样抛进垃圾箱。后来他在炉边发现一块在忙乱中散落在炉边的橡胶。由于他长期对试样的观察、触摸,立即意识到这一试样与其他试样的差异。进一步试验表明,硫化橡胶高温不粘,低温不脆,有良好的弹性。在此基础上,他继续探索最优配比、加热时间、反应时间,并确定有铅化合物存在时,硫化效果更好。

古特异的成果并没有立即得到社会认可,为了推广成果,竟花了十余年时间。由于经济上的困难,只得卖掉妻子的最后一件宝石纪念品,去参加巴黎博览会,最终得到了成功。

本世纪 20 年代初,加压、催化方法使得氨合成工业取得划时代的成功。人们开始用类比法,将研究这一客体,并取得成果的高压技术类推到研究与之相似的另一客体。1933 年 3 月英国帝国化学工业公司(ICI)的福斯特、吉普森,采用 1 000～2 000 大气压(100～200MPa)、170℃,希望引起乙烯与苯甲醛的反应,以获得新产品。前已述及,如果类推的性质恰好是相似性,则类推成功;如果类推的性质是差异性,则类推失败。ICI 公司期望用高压引起乙烯与苯甲醛之间的反应失败了。但意外地发现在反应器壁上有一层白色的、蜡状的固体薄膜。经分析,它是乙烯的聚合物。重复试验均未成功。1935 年 12 月,ICI 公司使用了一个 80 毫升的容器,在180℃,1 000 余大气压下进行乙烯聚合试验,由于密封不良,漏掉了一部分乙烯,在补充乙烯时,带入了微量氧,意外地使实验获得成功,得到 8 克乙烯聚合物粉末。1939 年 9 月英国建立了一个 50升的反应器,成为第一个生产厂。在第二次世界大战期间,日本从被击落的 B—29 轰炸机的雷达馈电线上发现了这一白色蜡状物,经分析确认为聚乙烯。日本组织三个大学的研究人员研制,直到1944 年才得到 6.3 克聚乙烯。1955 年日本从 ICI 公司引进了有关专利,1958 年开始生产聚乙烯。应当说,用乙烯与苯甲醛类比氨合成是失败的,用乙烯高压聚合类比氨合成则是成功的,其中细心的观察起了重要作用。

　　b　直觉思维

所谓直觉思维是人们依靠已有的知识、经验和对研究对象的有限了解，单凭逻辑思维并不能认识事物的本质与规律，在绞尽脑汁、苦思冥想之后出现的"顿悟"（又称为灵感），常常使问题得到解答。

在人类科学技术史上直觉思维起过重要作用，有过光辉的记录。例如，阿基米德发现浮体定律；化学家凯库勒想象出苯分子的环状结构；门捷列夫在睡梦中见到了他的最后的周期表；创立相对论学说和提出"统一场论"的爱因斯坦一再声明"我相信直觉"，而且认为"一般地可以这样说，从特殊到一般的道路是直觉性的，而从一般到特殊的道路则是逻辑性的"；数学家高斯就自己的研究课题写道："终于在两天前我成功了，……，像闪电一样，迷一下解开了。我自己也说不清楚是什么导线把我原先的知识和使我成功的东西连接起来了。"；爱迪生在总结自己成功的经验时说："发明是百分之二的灵感加上百分之九十八的血汗。"钱学森指出："灵感出现于大脑高度激发状态。"

哲学工作者对直觉思维进行过认真地研究并提出可能产生灵感与顿悟的模式：

$$\left(\begin{array}{l}渊博的知识、经验\\严密的逻辑思维\end{array}\right) \Rightarrow \left(\begin{array}{l}顽强地探索\\紧张地思考\end{array}\right) \Rightarrow \left(\begin{array}{l}暂时休息\\周围事物的启发\end{array}\right) \Rightarrow \left(\begin{array}{l}灵感\\顿悟\end{array}\right)$$

学者们认为只有在强烈求知欲的驱使下潜心专注、废寝忘食，经过千百次的艰苦探索和钻研，使大脑处于高度激发态，一旦松弛或"触景生情"才可能产生灵感和顿悟。科学发现与技术发明中的灵感总是令人神往的，是一种创造性思维，并不神密，是在理论指导下长期逻辑思维之后的一种结果，是对研究对象的突发性、跳跃性、智力超常性、迂回性反应。

c 科学想象

科学想象是以已知的事实和经验材料为依据，以一定的科学理论和技术方法为指导，在对已有表象、某些科学概念和知识进行思维加工的基础上，在头脑中重新组合，构思出客观事物内部发展过程的相互联系、相互作用的图景和机理（规律）；构思出尚待创造的事物、尚未发现的事物的新概念，即构思出形象化模型。简言之，科学研究中的想象是对已有表象进行加工和重新组合从而建立新形象的过程。

爱因斯坦十分看重科学想象，认为："想象力比知识更重要，因为知识是有限的，而想象力概括着世界上的一切，推动着进步，并且是知识进化的源泉。"足见科学想象是科学发现和技术发明的先导。

化学中的原子结构模型、电子云的空间分布、化学键模型、分子结构模型、结晶模型等；电学中的磁力线、左手定则、右手定则、电磁波、$p-n-p$ 与 $n-p-n$ 晶体管示意图等；流体力学中的边界层模型、流线、流管、涡线、涡管、等流函数线等；化学工程中的双膜论模型、对流与传导串联的传热模型、外扩散与内扩散以及催化反应串联的催化反应过程模型、催化剂中活性组分负载的蛋壳型、蛋白型、蛋黄型模型、催化剂中的微孔模型、非催化气固反应中的缩芯模型、均匀模型等在科学与技术进步中都发挥了重要作用。

 d 理想化方法

理想化方法是根据科学抽象的理想纯化作用，突出研究对象的主要因素，借助逻辑思维和想象力，排除次要因素和无关因素，构成理想化研究客体——理想化模型与理想化实验，用以代替研究对象与实验，以较为方便地探索与掌握事物本质与规律。

在化工领域中较为常见的有理想气体定律、理想流体运动方程、黑体、灰体、理想溶液、催化剂与滤饼的非交叉等圆柱微孔模型、理论塔板数、流体流动的活塞流与全混流模型、不规则颗粒球形化、等温过程、绝热过程、化学平衡、相平衡等理想化模型以及过程与方法，为推动化工学科理论与技术进步发挥了重要作用。

### 3.1.4 工程研究的一般方法

工程研究与科学研究不同，后者是人们认识自然、反映自然、创造知识财富的过程，前者则是控制自然、改造自然、创造物质财富的过程，也是由理论到实践的过程。工程研究的目标是建成具有特定功能的系统,例如生产某种产品。

工程研究必须计入各种约束条件:原料、产品和能源的市场与价格;交通运输、厂址选择、水文气象、环境保护、安全;工艺、设备、仪表与控制、公用工程、平面与立体布置;材料及辅助材料;人与组织等。工程研究项目应具有经济效益、社会效益、环境效益。因此,工程研究的运作方式是有计划、有目的、多学科集体协同、规范化地进行。工程研究广泛地涉及科学理论与方法论,而最具普遍意义的方法论是系统论、信息论和控制论,下文对三者作简要介绍。

A　系统论方法

所谓系统就是由相互联系、相互作用、相互依赖和相互制约的若干部分、要素按一定规则组成的、具有特殊功能和特殊运动规律,以及综合行为的有机整体。而且这个系统也可能从属一个更大的系统(更大系统的组成部分),或其下层还有若干子系统。系统论方法是从整体和全局出发,研究系统与要素、要素与要素、结构与功能、系统与环境之间的相互关系、相互作用和相互制约,从而达到系统目标最佳化的一种科学方法。系统论方法有如下两个特点。

a　整体性与相关性

系统整体功能不等于它的各组成部分功能之和,而整体功能与部分(元素)之间相互作用与相互制约有关;与系统和环境之间的作用有关。这就表明,工程研究要立足于系统的整体性,注意系统的相关性。既不能无视局部(元素),也不能将局部简单地加合视为整体。例如,由净化、反应、分离三个单元组成的循环系统,见图3-4,净化、反应、分离三个单元的性能除单独影响系统整体功能(产品、单耗)外,单元之间又相互影响,并协同影响系统功能。

图3-4　系统示意图

b　模型化与最优化

系统论方法的最终目标是通过数学运算实现系统最优化。为达到这一目的，必须建立单元(元素)过程的数学模型与系统的数学模型，通过序贯模决法(或联立方程法、联立模块法)求解，一个重要结论是：子系统的局部最优化的简单加和不等于整体系统的最优；而整体系统最优时，其所含的各子系统必定最优。

B  信息论方法

信息可理解为人类社会、自然界一切事物运动与状态的特征之一，泛指文字、语言、数据、密码、情报、图象、指令等，因为数字、符号、字母、计算程序也可以描述为数据，所以它们都可视为信息。这意味着信息不是物质，也不是能量，而是物质与能量多种属性的表征。

所谓信息论方法是指信息的识别、存贮、转换、传递、处理、再生与合成，从而使物质与能量产生飞跃，转化为生产力。流程示意图见图3-5。将信源(实验研究结果以及有关工程的全部资料)输入感官或感受器；信息储存是将资料(信息)积累和管理以备查考；信息加工是用逻辑、随机探索、数学等方法对信息进行思维加工，形成方案，该过程由人脑与电脑完成；下一步是信息输出，进入工程实践，并将结果反馈，多次循环，直至完成项目目标。由此可见，信息论方法、系统论方法、控制论方法在工程研究中是相互渗透和相互联系的，只是侧重点不同而已。系统论方法着重系统结构研究；信息论方法则研究系统运动过程中信息的发生、传输、变换、储存、处理与输出；而控制论方法主要是利用信息，控制系统。

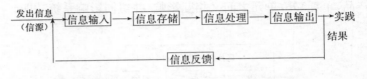

图3-5  工程研究中信息流程图

C  控制论方法

控制论方法重点研究动态的信息与控制过程，使系统在稳定的前提下又准又快地工作,使系统处于最佳状态,实现既定的功能目标。控制系统结构示意于图3-6。控制系统主要包括主控系统(主体)、被控系统(客体)以及它们的直接联系、信息转换和反馈的信息渠道。控制论方法内容极为丰富,其要点如下:

图3-6 控制系统结构示意图

a 反馈方法使系统具有目的性行为

人和动物等生命有机体具有目的性行为,可以不断地通过自我调节来克服各种干扰造成的偏差,从而最终达到目标。这一功能与行为极具吸引力,成为自动控制技术类比、仿效的对象。利用系统输出信息与给定信息之差来调节系统以消除这个偏差,见图3-7,使系统获得这种目的性行为的方法称为反馈控制方法。控制论

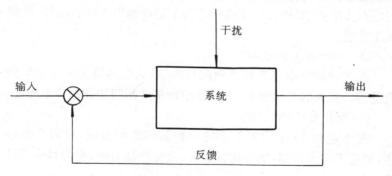

图3-7 反馈控制示意图

的开创者维纳(Wiener)认为反馈机制是存在于生物机体和一切有目的性行为的机器系统乃至社会系统的一种普遍现象。其作用在于对系统不断地调节,把有限的控制能力积累起来,以扩大系统的自调能力,达到目标与稳定。这一方法的发展与运用,产生了当今熟知的智能系统与有一定学习能力的自适应系统。

b 黑箱与功能模拟

人们将只知道研究对象外部关系——输入、输出关系,而不了解内部结构、机理、过程的系统称为黑箱。它虽不能满足人们的认识欲望,但在一定环境下也是有积极意义的。即根据系统的外部输入输出有可能定性、定量地认识它的功能特性、行为方式以及它的一些内部机制,于是,在控制论方法中确认了黑箱这一概念。

在控制论方法中,通过实验与观测,考察黑箱的输入、输出及其动态过程。从获得的输入、输出对应关系中,理解与认识系统的各种特性与运动规律,将获得的实验数据回归为数学模型,加上对黑箱结构、机理、未来行为猜测,进而确定控制规律。这些理论与方法目前已发展为系统辨识。

伴随着黑箱概念的提出,产生了功能模拟,是以模型与原型行为或整体功能相似为基础。换言之,它可以在不了解对象原理的条件下,或者说不拘泥于模型与原型之间物理相似、结构相似、过程相似的条件下进行模拟。有它的不足,也有它的可取之处,例如可以在对人脑内部结构、工作原理不甚了解的情况下进行模拟,实现人工智能。

D 预测与决策方法[9]

在工程研究中总要涉及预测与决策,它们是属于信息论的研究范畴。有关的方法很多,下文介绍德尔斐预测法和决策矩阵法。

a 德尔斐(Delphi)法

是本世纪 40 年代末创造的一种函询预测方法,目前广为采用,适应于重大预测,例如建设新厂、改变产品方向、重大科研项目等。

该方法由主持人负责,就预测题目和必要的背景材料向专家发出调查表。专家应精通有关业务,知识面广,通晓社会与经济的有名望人士。专家之间是"背靠背",或者说预测是以匿名方式进行的,以避免权威、资历、口才、人数、心理等方面的影响。主持人将专家返回意见汇总、归纳、整理,再将这些预测结果、理由寄给每一专家,让他们再次做出判断,经过几次(一般为四次)循环,可得到基本一致的意见。

德尔斐法的重要特点是统计性，采用中位数和上下四分点将专家意见量化。例如，预测的题目是某种产品何年达到某种产量。预测是在 1977 年进行的，共有 13 位专家参加，将返回意见（例如第一次）按年份序次排列如下所示。

下四分点　　　　　　中位数<br>
↓　　　　　　　↓

1982 年　1983 年　1984 年　1984 年　1985 年　1986 年　1986 年<br>
1986 年　1987 年　1990 年　1990 年　1992 年　1993 年

↑<br>
上四分点

中位数即均值，代表全体专家预测意见的平均值，一般以它做为预测结果。上、下四分点即方差，代表数据序列的分布对均值的离散程度。从数字序列的第一个数数起，到全体数字的四分之一处为下四分点；四分之三处为上四分点。主持人将这些估计数，以及上下四分点、中值列入第二轮调查表，要求专家作出新预测时应考虑其他专家意见，并说明为什么其他专家意见是错误的。多次循环，当专家意见不再有明显不一致时，调查结束。中值即为估计的预测值，其不确定性由上下四分点预测范围表示。

B　决策矩阵

决策是工程研究中经常面临的问题，决策必须具备如下条件：只有一个明确的目标，例如转化率最高，成本最低，能耗最省或投资最少；至少存在一个自然因素，自然因素就是影响方案的因素，它是决策者无法控制的。例如新建厂的生产能力（大或小）是方案，而它受成本、市场、价格等自然因素的影响；至少存在两个可供决策者选择的方案，方案由决策者提出并由决策者控制，当然"不行动"也是一种方案；不同方案在各种自然因素下的损益值是可以计算的。

自然因素及其概率、方案、损益值列表，见表 3-11。

如果只有一个自然因素，其发生的概率必为 100%，此时各种方案只有唯一结局，是一系列有因果关系事件的结果，决策不存在任何风险。只需从该列中选取损益值为极值的那个方案作为行动方案即可。如果行动方案受到多个自然因素影响,由决策者根据以往的经验、历史统计资料判明各种因素出现的可能性大小(即概率)。可以理解,由概率来做决策是要冒风险的,故称为风险决策。风险决策优选原则有两种,即期望值法与最大可能法。

表 3-11   决策矩阵

| 自然因素 | $S_1$ | $S_2$ | $S_3$ | …… | $S_n$ |
|---|---|---|---|---|---|
| 概　率 | $P_1$ | $P_2$ | $P_3$ | | $P_n$ |
| 方　案 | 损益值 | | | | |
| $A_1$ | $a_{11}$ | $a_{12}$ | $a_{13}$ | | $a_{1n}$ |
| $A_2$ | $a_{21}$ | $a_{22}$ | $a_{23}$ | | $a_{2n}$ |
| $A_3$ | $a_{31}$ | $a_{32}$ | $a_{33}$ | | $a_{3n}$ |
| $\vdots$ | | | | | |
| $A_m$ | $a_{m1}$ | $a_{m2}$ | $a_{m3}$ | | $a_{mn}$ |

先讨论期望值法。$A_i$ 方案的期望值可表示为

$$E(A_i) = \sum_{j=1}^{n} a_{ij}P_j \quad (i=1,2,\cdots,m) \qquad (3-38)$$

如果损益值代表成本、费用,则期望值最小的方案为最优方案;如损益值代表利润,则期望值最大的方案为最优方案。

再讨论最大可能法。概率论指出,一个事件,其概率愈大,发生的可能性亦愈大。最大可能法就是基于这一思想提出来的,即在所有可能出现的自然因素中,找出一个概率最大的自然因素,从而把风险型决策转化为确定型决策。

参照表 3-11,如果自然因素是未知的,就变成了不确定情况下的决策。和风险决策一样,对于不确定性决策视决策者"选优"的原则不同,所选的"最优"方案也就不同。为了方便,将损益值限定为

成本、费用，即其值愈小，方案最优。常见的选优原则有三，其一，悲观法。因担心决策失误造成较大损失，因此在决策中对客观情况总是抱悲观或保守态度。决策过程中，从每一方案中选最大的损益值，然后再从最大损益值群中找出最小损益值，其对应方案则为最优方案。例如表 3－12 中，第一方案中 300 最大；第二方案 250 最大。再在这两个数中挑选最小的，例如 250，其对应方案，即不投资方案最优。

表 3－12　不确定性决策

| 自然因素 | $S_1$ | $S_2$ | $S_3$ |
|---|---|---|---|
| 方　　案 | 损益值 | | |
| 投　　资 | 100 | 200 | 300 |
| 不 投 资 | 150 | 150 | 250 |

其二，乐观法。与悲观法相反，决策者对客观情况持乐观态度。先从每一方案中选取最小的损益值，然后从这些最小损益值数群中再挑选最小的损益值，其对应方案为最优方案。如表 3－12 所示，第一方案取 100，第二方案取 150，再在两者中挑选最小者，则损益值 100 对应的方案，即投资方案为最优方案。

其三，平均法。这种方法把自然因素出现的概率视为相同，把各损益值相加，再平均。比较平均值大小，最小值对应方案为最优方案。仍以表 3－12 为例，两个方案对应的平均值分别为

$$\frac{1}{3}(100+200+300)=200$$

$$\frac{1}{3}(150+150+200)=167$$

则第二方案（不投资）为最优方案。

## 3.2 化工过程研究与开发基本方法

在 3.1 节中介绍了科学技术方法,这一节专事介绍化工过程研究与开发有关的基本方法,一些具体方法在以后各章中再行详述。

### 3.2.1 两种开发方法[10]

应用研究成果总是在实验室的理想条件下、小规模、有限运行时间内取得的。如果成果是涉及工艺领域,例如采用新原料、获得新产品、研制出新催化剂、实现了新的化学反应等等,而且基本评价认为发展前景良好,人们就期望将这一成果工业化,转化为生产力。实验室研究成果与第一套工业装置之间的技术研究活动被称为开发研究,简称为开发。

应用研究成果还不足以进行工程设计,还有一系列问题需要通过开发研究来回答。从这个意义上讲,应用研究成果和开发研究是成果实现工业化的串联步骤,前者是后者的起点与前提,后者要回答在实现工业化时前者没有回答的问题。例如,如何回答下列问题:

(1) 工艺条件(操作变量);

(2) 反应器型式(结构变量);

(3) 反应器的几何尺寸与放大依据;

(4) 热力学数据;

(5) 含副产品的原料循环使用对主反应的影响;

(6) 流程合成,净化、分离等相关技术;

(7) 材质与腐蚀;

(8) 检测与控制;

(9) 装置系列、规模与运行周期;

(10) 环境保护;

(11) 公用工程;

（12）经济效益与社会效益，等等。

上述问题中有的比较容易回答，有的则很难回答。在以往约 200 年的化学工业发展史中，在探索实验室研究成果过渡到第一套工业装置的道路上，形成了两种有代表性的开发方法，即逐级经验放大法与数学模型法。

A 逐级经验放大方法

本世纪初，氨合成技术取得划时代的成功。见 1.5.1，哈柏取得成功时的实验室装置规模为每小时生产 80 克氨。有记载的资料表明进行过两种不同规模的"模试"——考核与筛选催化剂、开发反应器材料、考察反应器行为。第一套工业装置生产规模为日产 30 吨氨，是逐级经验放大的范例。这就是说，在实验室取得成功之后，还需要进行规模稍大些的模型试验（模试）和规模再大一些的中间工厂试验（中试），然后才能放大到工业规模的生产装置。这就是逐级经验放大，每级的放大倍数很低，视系统而异，放大倍数为 10～30 倍。

逐级经验放大方法长期曾被广泛采用，迄今也还有较大的应用范围，是有其主客观原因的，对此，下文再行分析。但其缺点是显而易见的，主要表现在：耗资甚巨、费时甚长、并不十分可靠等三个方面。第一章提到，发达国家研究开发费约占销售额的 5%～10%，以美国 1991 年最大的 25 家化工及石油化工公司为例，销售额约为 1 150 亿美元，研究开发费估计在 80 亿美元左右，其中实验室研究费占 25%，75% 用于开发，相当于 60 亿美元。可以估计，从实验室成果到商业装置，费时 3～5 年可算是最快的了。而且还不十分可靠，在逐级放大过程中，经常发现某些技术经济指标下降了，达不到小试水平，被称之为"放大效应"；高温反应出现的工程问题，被统称为材料问题；催化反应则说成全是催化剂问题，等等。

化工过程开发核心是反应过程开发，需要解决的问题主要是：反应器的合理选型，优选操作条件，反应器的放大依据。逐级经验放大方法与之相应的对策是采用小试验确定反应器型式；并优选工艺条件；用逐级模试、中试考察几何尺寸的影响，解决放大问题。

分析上述三个步骤,可以发现逐级经验放大方法具有如下基本特征。

a 着眼于外部联系,不研究内部规律

逐级经验放大方法首先在各种小型反应器中进行试验,以反应结果好坏为标准,评选出所谓最佳型式;在稍放大的反应器中进行工艺条件试验,同样,用反应结果优劣为标准,决定适宜的工艺条件;以此为基础,再逐级地进行不同规模的反应器试验,观察反应结果变化,推测进一步放大(工业规模)的反应结果,进而完成设计、施工。这无异于将反应过程视为"黑箱",只考察其输入与输出的关系,即变量与结果的关系,亦即外部联系,置内部过程于不顾。

前面谈到,逐级经验放大方法所以"经久不衰",原因之一是研究输入输出关系也能对反应过程有一定程度的了解。当人们对一些过程知之不多,或对象极为复杂,暂时无法分解,采用经验放大也就变得可以理解了。

b 着眼于综合研究,不试图进行过程分解

从反应工程的理论看,在化学反应进行的同时,伴随着传递过程,两者串联,相互影响,各自均有特定的运动规律。逐级经验放大方法不将它们分解开,单独研究。而综合研究的结果,只能找到宏观(已经综合起来的)原因,例如温度、压力、浓度、空速、放大效应、材料问题、催化剂问题等笼统的原因,无法找到具体、真实的原因,例如流体速度分布、停留时间分布、物理、传递、竞争、协同效应等方面的原因。

说放大中存在"放大效应",无异于说人"生病了"。它不能指明方向,也无从对症下药。

c 人为地规定了决策序列

一般而言,反应结果是结构变量、操作变量、几何变量三者的函数,而三者之间又存在交互影响,见图 3 - 8(a);逐级经验放大方法把这三种变量看成是相互独立的,可以逐个依次决定的,见图 3 - 8(b)。认为小试中哪种反应器型式最优,大型化后必定最优,否认几何尺寸对反应器选型的影响,也认为几何尺寸与工艺条件是基本无关的,小试中的最优工艺条件在工业装置上仍是最优的。由此可见,逐级经验放大方法的决策序列是人为的,是不符合化学工程理论的。但又是无奈的,因为不可能在大型装置上大幅度地选择工艺条件,或者说,总不能先建厂后试验。

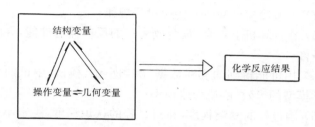

（a） 结构、操作、几何变量之间及它们与化学反应结果的关系

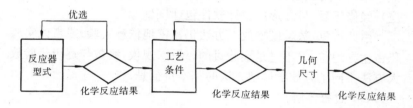

（b） 逐级经验放大方法的人为决策序列

图 3-8　决策序列

### B　数学模型方法

数学模型方法就是在掌握对象规律基础上,通过合理简化,对其进行数学描述,在计算机上综合,以等效为标准建立设计模型。用小试、模式或中试的实验结果考核数学模型,并加以修正,最终形成设计（放大）软件。

为了做到上述各点,数学模型方法首先将工业反应器内进行的过程分解为化学反应过程与传递过程,在此基础上分别研究化学反应规律与传递规律。并认为:化学反应规律不因设备尺寸变化而变化,完全可以在小型装置上研究、测试;传递规律与流场密切相关,受设备尺寸、型式影响较大,必须在大型装置上进行试验——大型冷模试验。总起来说,数学模型方法在化工过程开发中包含如下基本步骤:

(1) 小试研究化学反应规律(含工艺条件框架);

(2) 大型冷模试验研究传递过程规律;

(3) 在计算机上综合,预测放大了的反应器的性能,寻找最优工艺条件;

(4) 用可能得到的实践数据,例如小试、模试、中试的数据验证数学模型的等效性,或修改模型;

(5) 因过程的复杂程度,和对过程的认识深度,决定小试与工业装置之间的试验级数与规模。已有直接放大的先例。

(6) 中间试验目的是为了考核数学模型(而不是考察放大效应),经修正后,最终形成设计软件包(PDP)。

由此可见,数学模型放大方法仍紧密地依赖实验,或者说实验仍占主导地位,只不过是实验目的、设计、规模、级数与逐级经验放大方法不同了。数学模型方法的基本特征是:

(1) 过程分解;

(2) 过程简化;

(3) 数学描述。

如果开发者遇到的工作对象比较简单,或经过分解、简化问题变得简单,总之可以达到定量的理解,可以准确地进行数学描述,那么数学模型放大方法将会是节资、省时的;反之,如果过程极为复杂,即使分解研究之后仍不能完全把握事物的本质与规律,例如在第二章中提及的微电子、生工以及高分子、在位加工等前沿领域,人们所知甚少,此时采用经验方法也就变得理所当然。事实确实如此,时至今日,国内外相差不多,真正通过数学模型方法放大的例子还不多,这是逐级经验放大方法仍然活跃在技术舞台上的又一原因。尽管它耗资费时较多,不甚合理,在没有其他选择的时候,也只能如此了。但数学模型方法毕竟代表发展方向,有关其成功案例留待 3.2.4 中叙述。

### 3.2.2 开发工作框图

为了回答在本节之初提出的化工过程开发所面临的其他问题,就必须讨论过程开发各环节的目的与任务以及它们之间的相互关系。先看开发工作框图,由化工部科技局(吴金城)在制定开发工作条例时提出的。见图 3-9,过程开发的起点是化学试验(应用研究成果);成果是工程设计。这两项工作分别由研究与设计单位(人员)完成。开发工作包括过程研究与工程研究。而过程研究含小型工艺试验、大型冷模试验、中间试验三个环节;工程研究含概念设计、各级经济评价、基础设计三个环节,通过上述开发研究工作,可基本回答由应用研究成果过渡到第一套工业装置所面临的问题。

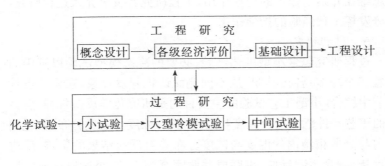

图 3-9 过程开发工作框图

与逐级经验放大方法相比,上述过程开发工作框图有如下两大特点:

(1)提出了过程研究与工程研究的框架与内涵,并十分重视两者自始至终的结合,特别是早期的结合。从系统工程观点看,这是一个巨大进步。主要表现在:工程研究者可能根据专业要求,对过程研究者提出要求、审视与评价过程研究成果,防止与杜绝在过程研究结束后才发现问题,造成额外的耗资、费时。研究对象在过程与工程两个侧面都可能有特殊性，利用这些特殊性以简化数学描述、优化技术是化工过程开发的关键。上述工作框图在制度上提供了过程与工程双方信息交流的可能性。及时地、多次地进行经济评价，如技术经济指标以及社会效益、环境保护平庸，则及时终止开发，防止造成更大的损失。

（2）工作框图体现了化学工程理论、方法论、工程经验对过程开发的指导作用，即立足于过程分解，赋予六个环节以特定任务（具体内容见下文），坚持数学模型开发方法，在概念设计环节进行综合，在基础设计环节初步实现工程化。重视实验方法在过程开发中的重要作用。例如，通过小试确定化学反应规律，通过冷模试验，确定传递规律，通过中间试验，验证与修改数学模型。但又不同于逐级经验放大方法，完全依赖于实验的纯经验方法，发挥归纳（例如回归实验数据，概括与认识开发对象本质、规律）、数学演绎等逻辑思维在开发工作中的指导作用。工程研究者及早介入过程研究，充分发挥工程经验的指导作用。

A　过程研究

过程研究包含小型工艺试验、必要的冷态模型试验以及中间试验三个环节，各司其职，从不同侧面认识开发对象，在概念设计环节中综合。小型工艺试验的主要目的是研究化学反应规律：含大体的工艺条件范围以及温度与温度分布、浓度与浓度分布、催化剂粒内与分散相滴内的温度与浓度分布等对反应结果的影响；反应过程特征：含主副反应、串联或并联哪个为主、哪个对温度或浓度更敏感，反应吸热还是放热，量级如何等；反应可资利用的特殊性：含反应控制还是传递控制、均相或拟均相、绝热或等温、高转化率还是低转化率等；定量归纳，给出反应动力学。

如果一般化学工程理论及资料不能提供传递规律，过程研究还需进行专门研究，即大型冷模研究。研究内容可能是流场、浓度场、温度场、宏观混合、微观混合、单相或多相体系中的混合、分离、传递等等。

小试确定工艺条件范围、提出反应器类型设想，加上大型冷模提出的传递规律,在计算机上综合,即可设计反应器。可能存在几个方案,再计入工艺、工程、技术经济等多侧面因素进行优选。总之,经过小试与大型冷模试验,应提出设计软件包,国外称为 PDP (Process Design Package)。其正确与否,由中间试验结果评价,并为其提供修改依据。

B 工程研究

工程研究含概念设计、多级经济评价、基础设计三个环节。概念设计以过程研究(或文献资料)中间结果或最终结果为基础,内容包括:过程合成,形成最佳工艺流程,给出物料流程图(Process Flow Diagram);进行物料衡算与热量衡算;设备计算与辅助设备选型;确定单耗指标;确定三废处理方案;估算基建投资与产品成本等。

概念设计介于过程研究与多级经济评价之间,具有两方面的任务。其一,接受过程研究提供的数据与概念进行设计,如发现过程研究中有不足之处、以及有利于过程开发的工程经验应及时反馈,以提高过程研究成果质量。其二,为多级经济评价提供较为可靠的依据,主要包括投资、成本、利润、环境保护、项目建设难点(例如材料)等。

根据概念设计提供的素材,多级经济评价(含社会效益、环保效益)环节根据评价指标(现金位置、现值、返本期、等效最大投资周期、投资回收率、折现现金流量回收率)进行评估,如出现不利前景,则终止开发。

基础设计是工程研究的最后环节,也是化工过程开发的成果形式,是完成工程设计的依据。包括:设计基础、工艺流程说明、物料流程图、带控制点管道流程图(Piping and Instrumentation Diagram)、设备名称表和设备规格说明书、对工程设计的要求、设备布置图、装置操作说明、三废及处理、自控设计说明、消耗定额、有关技术资料、安全技术与劳动保护说明。其中最为关键的是生产规模,它涉及中试装置的放大倍数这一敏感问题。

在这一节里,简要地介绍了小型工艺试验、大型冷模试验、中间试验、概念设计、多级经济评价、基础设计概貌,鉴于它们在化工过程研究与开发中的重要地位,在本书的后面章节里将专事介绍。

### 3.2.3　正交试验设计[12]

正交试验设计与数学模型在过程研究中用得最为广泛,所在本书作为基本方法加以介绍。

试验设计又称为试验安排,目的是为了确定试验点,以寻求过程独立变量和目标函数间的关系,或者说寻求诸因素对试验结果(例如转化率、纯度等)影响的大小,进而确定最佳条件。试验设计方法有多种,例如,其他过程变量保持不变,每次实验系统地改变一个变量,此即一因子方法,又称网格法,当变量数为 $m$,每一变量有 $n$ 个水平,实验点(次)数为 $n^m$。因子配置实验设计又称正交实验设计因有如下优点而被广为使用。

(1)大幅度减少实验次数,但结果精度与网格法相同;

(2)若变量之间存在交互作用时,可避免得出错误结论;

(3)允许的变量变化范围宽,所得结论适用范围较大。

上述的网格法和正交实验设计的实验点都是在实验之前一次安排好,而数据处理(例如曲线拟合、参数估计)全部在实验完成之后进行。序贯实验设计则与之不同,先做几个选定实验,则进行数据处理,在此基础上,以获取最大实验信息为目标,确定下一步的实验点,直至达到预定目标。从方法论上讲,序贯实验设计最科学,但难度也最高;网格法虽简单,但工作量太大,亦不足取;目前最为流行的还是正交试验设计。

正交试验设计中有三个术语,其定义如下:

(1)试验指标:表征试验对象的指标,例如转化率、纯度等;

(2)因素:对试验指标可能产生影响的自变量,例如温度、压力、浓度等;

(3)水平:试验中,因素所选定的具体状态,例如温度状态为300K、400K、500K,则称为三水平。

A 选表与表头设计

a 正交表

采用正交试验设计一定要使用正交表,常用正交表见附表一,其符号和意义如下:

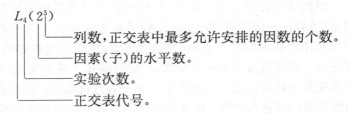

$L_4(2^3)$

列数,正交表中最多允许安排的因数的个数。

因素(子)的水平数。

实验次数。

正交表代号。

$L_4(2^3)$示于表3-13,正交表具有如下性质:

表3-13 正交表 $L_4(2^3)$

| 试验号 \ 列号 | 1 | 2 | 3 |
|---|---|---|---|
| 1 | 1 | 1 | 1 |
| 2 | 1 | 2 | 2 |
| 3 | 2 | 1 | 2 |
| 4 | 2 | 2 | 1 |

(1) 每一列中,不同水平数出现的次数相等,如 $L_4(2^3)$ 中每列 1 与 2 各出现两次。

(2) 在表中任选两列,同一行的两个数字可看成有序数对,不同数对出现的次数相同。如 $L_4(2^3)$,任两列,同一行的数对为(1,1),(1,2),(2,1),(2,2),它们各出现一次。

b 交互作用

在实验中,有些因子单独影响指标,有些因子会联合起来影响某一指标,人们称这种作用为交互作用。选表之前应根据理论或经验作出判断,一旦认定因子之间的交互作用,在表头设计时就应辟出相应的交互作用列。如何确定哪一列是某某因子之间的交互作用列? 可从正交表的两列间交互作用附表中查出。例如 $L_8(2^7)$ 正交表两列间交互作用附表如表3-14所示。使用举例:如(1)列与

2 列有交互作用，则交互作用列为第 3 列；如(1)列与 3 列有交互作用，则交互作用列放在第 2 列上；如(2)列与 4 列有交互作用，则交互作用列放在第 6 列上，依次类推。

c　选表与表头设计

根据研究对象首先确定因子、因子水平以及需要考察的交互作用，然后选一张合适的正交表。如果表选得太小，要考察的因子和交互作用就可能放不下；如果选得太大，试验次数就要增加，费时耗资。然而选表并无一定模式，一般可遵守下述原则：要考察因子和交互作用自由度总和必须小于正交表总自由度。正交表总自由度为各列自由度之和。而每列的自由度等于该列的水平数减 1，也可以用正交表总实验次数减 1 表示其自由度。

表 3 - 14　$L_8(2^7)$ 两列间交互作用附表

| 列号＼列号 | 1 | 2 | 3 | 4 | 5 | 6 | 7 |
|---|---|---|---|---|---|---|---|
| (1) | (1) | 3 | 2 | 5 | 4 | 7 | 6 |
| (2) | | (2) | 1 | 6 | 7 | 4 | 5 |
| (3) | | | (3) | 7 | 6 | 5 | 4 |
| (4) | | | | (4) | 1 | 2 | 3 |
| (5) | | | | | (5) | 3 | 2 |
| (6) | | | | | | (6) | 1 |
| (7) | | | | | | | (7) |

因子 $A$ 的自由度等于因子 $A$ 的水平数减 1；因子 $A$ 与 $B$ 交互作用自由度等于因子 $A$ 的自由度与因子 $B$ 的自由度相乘。按照上述原则选表，也有意外，所选正交表放不下要考察的因子及交互作用。解决的办法只能是实践尝试。

选得合适的正交表之后，可以进行表头设计，其步骤如下：

(1)首先考虑交互作用不可忽略的因子，包括一时不知能否忽略的因子，将这些因子和交互作用在表头上排妥。每列中不允许含两个或两个以上的内容。

（2）将其余因子，即可以忽略交互作用的因子任意安排在剩下的各列上。

（3）留出一些空白列，以估计误差偏差平方和，供方差分析之用。

B　$2^n$ 因子的试验设计及其直观分析

结合一个实例，边叙边议。

有 4 个因子影响某化学品的转化率，根据它们的可行域，将每一因子分为两个水平，具体条件见表 3-15。通过试验要求解决的问题是

表 3-15　因子与水平表

| 因　　子 | 1 水　平 | 2 水　平 |
|---|---|---|
| 反应温度（记为 $A$） | $A_1$:60℃ | $A_2$:80℃ |
| 反应时间（记为 $B$） | $B_1$:2.5h | $B_2$:3.5h |
| 配　　比（记为 $C$） | $C_1$:1.1/1 | $C_2$:1.2/1 |
| 压　　力（记为 $D$） | $D_1$:500Pa | $D_2$:600Pa |

（1）哪个因子对转化率的影响大？哪个小？因子间交互作用如何？

（2）在所考察的因子和水平中，选取最优生产条件。在因子与因子水平业已明确的条件下，按照正交试验设计的工作程序，下一步应是选表与表头设计。

因子 $A$、$B$、$C$、$D$ 均为二水平，其自由度

$$f_A = f_B = f_C = f_D = 2 - 1 = 1$$

假定凭经验否定 $D$ 与 $A$、$B$、$C$ 有交互作用，可能存在的交互作用自由度

$$f_{A \times B} = f_{B \times C} = f_{A \times C} = f_A \times f_B = 1$$

因子与交互作用自由度总和

$$f_t = f_A + f_B + f_C + f_D + f_{A \times B} + f_{B \times C} + f_{A \times C} = 7$$

本题不要求进行方差分析,不需留空白列,所以选表的自由度应大于或等于7。从现成的正交表中查找,$L_8(2^7)$可以满足要求。按照表头的设计原则,因子 $A$、$B$、$C$ 的交互作用不可忽略,优先安排,次序见表 3-16。

将表中数字"1"、"2"换成该列因子的 1 水平与 2 水平;如该列为交互作用列,可置之不顾;这样就构成了一张整体试验计划表,见表 3-17。试验完成后,将数据列入正交表。最后的任务则是数据分析。这里先介绍直观分析法,即略去实验误差,将测定值视为真值。数据分析表如表 3-18 所示。表中,$I_j$ 为第 $j$ 列,1 水平所

表 3-16　表头设计

| 表头设计 | $A$ | $B$ | $A \times B$ | $C$ | $A \times C$ | $B \times C$ | $D$ |
|---|---|---|---|---|---|---|---|
| 列号　　　　试验号 | 1 | 2 | 3 | 4 | 5 | 6 | 7 |
| 1 | 1 | 1 | 1 | 1 | 1 | 1 | 1 |
| 2 | 1 | 1 | 1 | 2 | 2 | 2 | 2 |
| 3 | 1 | 2 | 2 | 1 | 1 | 2 | 2 |
| 4 | 1 | 2 | 2 | 2 | 2 | 1 | 1 |
| 5 | 2 | 1 | 2 | 1 | 2 | 1 | 2 |
| 6 | 2 | 1 | 2 | 2 | 1 | 2 | 1 |
| 7 | 2 | 2 | 1 | 1 | 2 | 2 | 1 |
| 8 | 2 | 2 | 1 | 2 | 1 | 1 | 2 |

对应的观测值(指标)之和;$\overline{I}_j$ 为其平均值;$II_j$ 为第 $j$ 列,2 水平所对应的观测值之和,$\overline{II}_j$ 为其平均值。$\overline{I}_j - \overline{II}_j$ 表示第 $j$ 列因子处于不同水平而引起的观测结果上的差异。当 $j$ 不同时 $|\overline{I}_j - \overline{II}_j|$ 大者,表明该列因子水平变化对观测值影响大,因而是主要因子;反之,该因子是次要的。总之,不同因子水平观测值平均值的纵向比

表 3 - 17　试验计划

| 因子 | $A$ (℃) | $B$ (h) | $C$ | $D$ (Pa) |
|---|---|---|---|---|
| | 1 | 2 | 3 | 4 |
| 1 | 60 | 2.5 | 1.1/1 | 500 |
| 2 | 60 | 2.5 | 1.2/1 | 600 |
| 3 | 60 | 3.5 | 1.1/1 | 600 |
| 4 | 60 | 3.5 | 1.2/1 | 500 |
| 5 | 80 | 2.5 | 1.1/1 | 600 |
| 6 | 80 | 2.5 | 1.2/1 | 500 |
| 7 | 80 | 3.5 | 1.1/1 | 500 |
| 8 | 80 | 3.5 | 1.2/1 | 600 |

表 3 - 18　数据分析

| 表头设计　列号　试验号 | $A$ | $B$ | $A \times B$ | $C$ | $A \times C$ | $B \times C$ | $D$ | 试验结果 |
|---|---|---|---|---|---|---|---|---|
| | 1 | 2 | 3 | 4 | 5 | 6 | 7 | $y_i$ |
| 1 | 1 | 1 | 1 | 1 | 1 | 1 | 1 | 86 |
| 2 | 1 | 1 | 1 | 2 | 2 | 2 | 2 | 95 |
| 3 | 1 | 2 | 2 | 1 | 1 | 2 | 2 | 91 |
| 4 | 1 | 2 | 2 | 2 | 2 | 1 | 1 | 94 |
| 5 | 2 | 1 | 2 | 1 | 2 | 1 | 2 | 91 |
| 6 | 2 | 1 | 2 | 2 | 1 | 2 | 1 | 96 |
| 7 | 2 | 2 | 1 | 1 | 2 | 2 | 1 | 83 |
| 8 | 2 | 2 | 1 | 2 | 1 | 1 | 2 | 88 |
| $I_j$ | 366 | 368 | 352 | 351 | 361 | 359 | 359 | |
| $II_j$ | 358 | 356 | 372 | 373 | 363 | 365 | 365 | |
| $\overline{I}_j = I_j/4$ | 91.5 | 92 | 88 | 87.75 | 90.25 | 89.75 | 89.75 | |
| $\overline{II}_j = II_j/4$ | 89.5 | 89.0 | 93 | 93.25 | 90.75 | 91.25 | 91.25 | |
| $\overline{I}_j - \overline{II}_j$ | 2.0 | 3.0 | -5.0 | -5.5 | -0.5 | -1.5 | -1.5 | |

较,可以决出因子水平对试验结果的贡献大小;不同因子水平观测值的平均值的横向比较,又可决出哪一因子对试验结果的贡献大,哪一因子对试验结果的贡献小。

回到实例,因子 $A$,即温度的 1 水平(60℃)比 2 水平(80℃)的转化率高;因子 $B$,即反应时间的 1 水平(2.5 小时)比 2 水平(3.5 小时)的转化率高;因子 $C$,即配比的 2 水平(1.2/1)比 1 水平(1.1/1)的转化率高;因子 $D$,即压力的 2 水平(600Pa)比 1 水平(500Pa)的转化率高。由此在试验的范围内,最优生产条件应当为 $A_1$、$B_1$、$C_2$、$D_2$。横向比较 $|\overline{\mathrm{I}}_j - \overline{\mathrm{II}}_j|$。显然,因子 $C$ 的作用是主要的;因子 $D$ 的作用是次要的。

表 3-18 所列的计算结果还表明:$A$ 与 $C$;$B$ 与 $C$ 之间的交互作用较小,可以略去;$A$ 与 $B$ 之间的交互作用最大,甚至比 $A$ 与 $B$ 单独对转化率的影响还大,应予以研究。由表 3-18 中的转化率数据,$A$、$B$ 之间四种搭配的平均值列出下表:

| $B$ ＼ $A$ | $A_1$ | $A_2$ |
|---|---|---|
| $B_1$ | $\frac{1}{2}(86+95)=90.5$ | $\frac{1}{2}(91+96)=93.5$ |
| $B_2$ | $\frac{1}{2}(91+94)=92.5$ | $\frac{1}{2}(83+88)=85.5$ |

$A_2B_1$ 搭配时转化率最高。当未计入交互作用时,优选的生产条件为 $A_1$、$B_1$、$C_2$、$D_2$,当计及交互作用时,优选的生产条件应为 $A_2$、$B_1$、$C_2$、$D_2$,它虽然没有出现在 8 次试验中,但通过数据分析未使其遗漏。

人们能够从正交试验计划的结果中,进行上述直观分析,全系于正交表特具的综合可比性。试退一步想,本案例共进行了 8 次试验,如直接从 8 个观测值中进行两两比较是不行的,因为 8 个试验的条件各异,没有比较的基础。如上所述,如果把 8 个试验结果适当组合起来,求 $\overline{\mathrm{I}}_j$ 与 $\overline{\mathrm{II}}_j$ 就具有可比性,因为 $j$ 列因子在规定水平下,其余因子都取遍两种水平,而且两种水平出现的次数相同,各为 2 次。以因子 $A$ 为例,在 $A_1$ 条件下进行四次试验;在 $A_2$ 条件下也进行四次试验。虽然其他条件时间（$B$）、配比（$C$），压力（$D$）在变动，但这种变动是"平等的"。所以 $\overline{A}_1$ 与 $\overline{A}_2$ 之间的差异反映了 $A$ 的两个水平的不同。正交表的这种综合可比性为数据分析带来了巨大的优越性。

C  $3^n$ 因子的试验设计与方差分析

结合一个实例讨论如下。

在抗菌素发酵培养基研究时，拟进行五因子三水平试验。

| 因 子 | | 1 水 平 | 2 水 平 | 3 水 平 |
|---|---|---|---|---|
| 豆粉＋蛋白(%) | $A$ | 0.5＋0.5 | 1＋1 | 1.5＋1.5 |
| 葡萄糖(%) | $B$ | 4.5 | 6.5 | 8.5 |
| $KH_2PO_4$(%) | $C$ | 0 | 0.01 | 0.03 |
| 碳源(%) | $D$ | 0.5 | 1.5 | 2.5 |
| 装量(mL) | $E$ | 30 | 60 | 90 |

同时要求考察 $A \times B, A \times C, A \times E$ 三组交互作用并优选工艺条件。

首先是选表。今有五个三水平因子以及三组交互作用需要考察，其自由度总计有

$$5 \times (3-1) + 3 \times (3-1) \times (3-1) = 22 \text{ 个}$$

查得三水平正交表 $L_{27}(3^{13})$，有 $27-1=26$ 个自由度。

在进行表头设计时，应特别注意三水平正交表每两列的交互作用列是另外两列，而不是像二水平正交表是另外一列。其原因是：三水平因子的自由度是2；两个三水平因子的交互作用自由度是4；三水平正交表每列的自由度是2；因此，三水平正交表每两列的交互作用列是另外两列是很自然的。将上述概念推而广之，四水平正交表每两列交互作用列是另外三列；五水平正交表每两列的交互作用应是另外四列。

表头设计得：

| 表头设计 | $A$ | $B$ | $A \times B$ | | $C$ | $A \times C$ | | $E$ | $A \times E$ | | $D$ |
|---|---|---|---|---|---|---|---|---|---|---|---|
| 列号 | 1 | 2 | 3 | 4 | 5 | 6 | 7 | 8 | 9 | 10 | 11 | 12 | 13 |

将表中"1"、"2"、"3"换成该列因子的水平,得到整体试验计划,列表示于表 3-19。据此,进行试验,观测值见表 3-20。剩下的任务就是数据分析了。

表 3-19

| 列号 | 1 | 2 | 5 | 8 | 11 |
|------|---|---|---|---|----|
| 因子 | 豆粉+蛋白 | 葡萄糖 | KH$_2$PO$_4$ | 装　量 | 碳　源 |
| | (%) | (%) | (%) | (ml) | (%) |
| 试验号 | A | B | C | E | D |
| 1 | 0.5+0.5 | 4.5 | 0 | 30 | 0.5 |
| 2 | 0.5+0.5 | 4.5 | 0.01 | 60 | 1.5 |
| 3 | 0.5+0.5 | 4.5 | 0.03 | 90 | 2.5 |
| 4 | 0.5+0.5 | 6.5 | 0 | 60 | 2.5 |
| 5 | 0.5+0.5 | 6.5 | 0.01 | 90 | 0.5 |
| 6 | 0.5+0.5 | 6.5 | 0.03 | 30 | 1.5 |
| 7 | 0.5+0.5 | 8.5 | 0 | 90 | 1.5 |
| 8 | 0.5+0.5 | 8.5 | 0.01 | 30 | 2.5 |
| 9 | 0.5+0.5 | 8.5 | 0.03 | 60 | 0.5 |
| 10 | 1+1 | 4.5 | 0 | 30 | 0.5 |
| 11 | 1+1 | 4.5 | 0.01 | 60 | 1.5 |
| 12 | 1+1 | 4.5 | 0.03 | 90 | 2.5 |
| 13 | 1+1 | 6.5 | 0 | 60 | 2.5 |
| 14 | 1+1 | 6.5 | 0.01 | 90 | 0.5 |
| 15 | 1+1 | 6.5 | 0.03 | 30 | 1.5 |
| 16 | 1+1 | 8.5 | 0 | 90 | 1.5 |
| 17 | 1+1 | 8.5 | 0.01 | 30 | 2.5 |
| 18 | 1+1 | 8.5 | 0.03 | 60 | 0.5 |
| 19 | 1.5+1.5 | 4.5 | 0 | 30 | 0.5 |
| 20 | 1.5+1.5 | 4.5 | 0.01 | 60 | 1.5 |
| 21 | 1.5+1.5 | 4.5 | 0.03 | 90 | 2.5 |
| 22 | 1.5+1.5 | 6.5 | 0 | 60 | 2.5 |
| 23 | 1.5+1.5 | 6.5 | 0.01 | 90 | 0.5 |
| 24 | 1.5+1.5 | 6.5 | 0.03 | 30 | 1.5 |
| 25 | 1.5+1.5 | 8.5 | 0 | 90 | 1.5 |
| 26 | 1.5+1.5 | 8.5 | 0.01 | 30 | 2.5 |
| 27 | 1.5+1.5 | 8.5 | 0.03 | 60 | 0.5 |

表 3 - 20

| 表头设计 | A | B | A×B | | C | A×C | | E | A×E | | D | | | 试验结果 |
|---|---|---|---|---|---|---|---|---|---|---|---|---|---|---|
| 列号<br>试验号 | 1 | 2 | 3 | 4 | 5 | 6 | 7 | 8 | 9 | 10 | 11 | 12 | 13 | $y_i$ |
| 1 | 1 | 1 | 1 | 1 | 1 | 1 | 1 | 1 | 1 | 1 | 1 | 1 | 1 | 0.69 |
| 2 | 1 | 1 | 1 | 1 | 2 | 2 | 2 | 2 | 2 | 2 | 2 | 2 | 2 | 0.54 |
| 3 | 1 | 1 | 1 | 1 | 3 | 3 | 3 | 3 | 3 | 3 | 3 | 3 | 3 | 0.37 |
| 4 | 1 | 2 | 2 | 2 | 1 | 1 | 1 | 2 | 2 | 2 | 3 | 3 | 3 | 0.66 |
| 5 | 1 | 2 | 2 | 2 | 2 | 2 | 2 | 3 | 3 | 3 | 1 | 1 | 1 | 0.75 |
| 6 | 1 | 2 | 2 | 2 | 3 | 3 | 3 | 1 | 1 | 1 | 2 | 2 | 2 | 0.48 |
| 7 | 1 | 3 | 3 | 3 | 1 | 1 | 1 | 3 | 3 | 3 | 2 | 2 | 2 | 0.81 |
| 8 | 1 | 3 | 3 | 3 | 2 | 2 | 2 | 1 | 1 | 1 | 3 | 3 | 3 | 0.68 |
| 9 | 1 | 3 | 3 | 3 | 3 | 3 | 3 | 2 | 2 | 2 | 1 | 1 | 1 | 0.39 |
| 10 | 2 | 1 | 2 | 3 | 1 | 2 | 3 | 1 | 2 | 3 | 1 | 2 | 3 | 0.93 |
| 11 | 2 | 1 | 2 | 3 | 2 | 3 | 1 | 2 | 3 | 1 | 2 | 3 | 1 | 1.15 |
| 12 | 2 | 1 | 2 | 3 | 3 | 1 | 2 | 3 | 1 | 2 | 3 | 1 | 2 | 0.90 |
| 13 | 2 | 2 | 3 | 1 | 1 | 2 | 3 | 2 | 3 | 1 | 3 | 1 | 2 | 0.86 |
| 14 | 2 | 2 | 3 | 1 | 2 | 3 | 1 | 3 | 1 | 2 | 1 | 2 | 3 | 0.97 |
| 15 | 2 | 2 | 3 | 1 | 3 | 1 | 2 | 1 | 2 | 3 | 2 | 3 | 1 | 1.17 |
| 16 | 2 | 3 | 1 | 2 | 1 | 2 | 3 | 3 | 1 | 2 | 2 | 3 | 1 | 0.99 |
| 17 | 2 | 3 | 1 | 2 | 2 | 3 | 1 | 1 | 2 | 3 | 3 | 1 | 2 | 1.13 |
| 18 | 2 | 3 | 1 | 2 | 3 | 1 | 2 | 2 | 3 | 1 | 1 | 2 | 3 | 0.80 |
| 19 | 3 | 1 | 3 | 2 | 1 | 3 | 2 | 1 | 3 | 2 | 1 | 3 | 2 | 0.69 |
| 20 | 3 | 1 | 3 | 2 | 2 | 1 | 3 | 2 | 1 | 3 | 2 | 1 | 3 | 1.10 |
| 21 | 3 | 1 | 3 | 2 | 3 | 2 | 1 | 3 | 2 | 1 | 3 | 2 | 1 | 0.91 |
| 22 | 3 | 2 | 1 | 3 | 1 | 3 | 2 | 2 | 1 | 3 | 3 | 2 | 1 | 0.86 |
| 23 | 3 | 2 | 1 | 3 | 2 | 1 | 3 | 3 | 2 | 1 | 1 | 3 | 2 | 1.16 |
| 24 | 3 | 2 | 1 | 3 | 3 | 2 | 1 | 1 | 3 | 2 | 2 | 1 | 3 | 1.30 |
| 25 | 3 | 3 | 2 | 1 | 1 | 3 | 2 | 3 | 2 | 1 | 2 | 1 | 3 | 0.66 |
| 26 | 3 | 3 | 2 | 1 | 2 | 1 | 3 | 1 | 3 | 2 | 3 | 2 | 1 | 1.38 |
| 27 | 3 | 3 | 2 | 1 | 3 | 2 | 1 | 2 | 1 | 3 | 1 | 3 | 2 | 0.73 |

续表 3 - 20

| 列号\项目 | 1 | 2 | 3 | 4 | 5 | 6 | 7 | 8 | 9 |
|---|---|---|---|---|---|---|---|---|---|
| $I_j$ | 5.37 | 7.28 | 7.84 | 7.37 | 7.15 | 8.67 | 8.35 | 8.45 | 7.40 |
| $II_j$ | 8.90 | 8.21 | 7.64 | 7.51 | 8.86 | 7.69 | 7.05 | 7.09 | 7.55 |
| $III_j$ | 8.79 | 7.57 | 7.58 | 8.18 | 7.05 | 6.70 | 7.66 | 7.52 | 8.11 |
| $I_j^2$ | 28.83 | 52.99 | 61.46 | 54.31 | 51.12 | 75.16 | 69.72 | 71.40 | 54.76 |
| $II_j^2$ | 79.21 | 67.40 | 58.36 | 54.60 | 78.49 | 59.13 | 49.70 | 50.26 | 57.00 |
| $III_j^2$ | 77.26 | 57.30 | 57.45 | 66.91 | 49.70 | 44.89 | 58.67 | 56.55 | 65.77 |
| $I_j^2+II_j^2+III_j^2$ | 185.30 | 177.69 | 177.27 | 177.62 | 179.31 | 179.18 | 178.09 | 178.21 | 177.53 |
| $\frac{I_j^2+II_j^2+III_j^2}{9}$ | 20.59 | 19.74 | 19.70 | 19.74 | 19.92 | 19.91 | 19.79 | 19.80 | 19.73 |
| $S_j=\frac{I_j^2+II_j^2+III_j^2}{9}-CT$ | 0.9 | 0.05 | 0.01 | 0.05 | 0.23 | 0.22 | 0.1 | 0.11 | 0.04 |

$G=\sum_{i=1}^{27}y_i=23.06$  $G^2=531.76$  $CT=\frac{G^2}{27}=19.69$

| 项目 \ 列号 | 10 | 11 | 12 | 13 |
|---|---|---|---|---|
| $\mathrm{I}_j$ | 7.39 | 7.11 | 7.78 | 8.29 |
| $\mathrm{II}_j$ | 7.82 | 8.20 | 7.68 | 7.30 |
| $\mathrm{III}_j$ | 7.85 | 7.75 | 7.60 | 7.47 |
| $\mathrm{I}_j^2$ | 54.61 | 50.55 | 50.52 | 68.72 |
| $\mathrm{II}_j^2$ | 61.15 | 67.24 | 58.98 | 53.92 |
| $\mathrm{III}_j^2$ | 61.62 | 60.06 | 57.76 | 55.80 |
| $\mathrm{I}_j^2 + \mathrm{II}_j^2 + \mathrm{III}_j^2$ | 177.38 | 177.85 | 177.26 | 177.81 |
| $\dfrac{\mathrm{I}_j^2 + \mathrm{II}_j^2 + \mathrm{III}_j^2}{9}$ | 19.71 | 19.76 | 19.70 | 19.76 |
| $S_j = \dfrac{\mathrm{I}_j^2 + \mathrm{II}_j^2 + \mathrm{III}_j^2}{9} - CT$ | 0.02 | 0.07 | 0.01 | 0.07 |

我们在直观分析法中曾强调观测值的误差为零,而这并不现实。在误差存在的情况下,某因子三个水平对应的试验结果差异可能的起因有二,可能是水平改变引起的;也可能是试验误差引起的。只有将两种原因区分,才谈得上优选工艺条件与判别显著因子。正因为如此,方差分析就取直观分析而代之。

观察表 3 - 20 所示的试验结果,可见数据在 $37\%\sim138\%$ 之间波动,如用 $S_t$ 表示试验结果的总偏差平方和,有

$$S_t = \sum_{i=1}^{27} (y_i - \bar{y}) \tag{3-39}$$

式中,

$$\bar{y} = \frac{1}{27} \sum_{i=1}^{27} y_i \tag{3-40}$$

记 $G = \sum_{i=1}^{27} y_i$ ; $CT = \dfrac{G^2}{27}$ 则

$$S_t = \sum_{i=1}^{27} y_i^2 - CT \tag{3-41}$$

它反映了试验结果的差异,即 $S_t$ 愈大,试验结果的差异愈大。差异可能由 $A$、$B$、$C$、$D$、$E$ 的水平变化引起的;也可能由试验误差引起的。为将其区分,先设法算出各因子水平变化引起的差异。

用因子 $A$ 的 1 水平的试验结果平均值 $I_1/9$ 代替各个 1 水平(共 9 个)对试验结果的影响;用 2 水平的试验结果平均值 $II_1/9$ 代替各个 2 水平(共 9 个)对试验结果的影响;用 3 水平的试验结果平均值 $III_1/9$ 代替各个 3 水平(共 9 个)对试验结果的影响。将因子 $A$ 的偏差平方和记为 $S_A$

$$S_A = 9\left(\frac{I_1}{9} - \bar{y}\right)^2 + 9\left(\frac{II_1}{9} - \bar{y}\right)^2 + 9\left(\frac{III_1}{9} - \bar{y}\right)^2 \tag{3-42}$$

意味着因子 $A$ 水平改变所引起的试验结果差异,当然其中还包含着试验误差的影响。

将(3-42)化简,有

$$S_A = \frac{\mathrm{I}_1^2 + \mathrm{II}_1^2 + \mathrm{III}_1^2}{9} - CT = 0.9 \qquad (3-43)$$

同样可求出因子 $B$、$C$、$D$、$E$ 的偏差平方和

$$S_B = \frac{\mathrm{I}_2^2 + \mathrm{II}_2^2 + \mathrm{III}_2^2}{9} - CT = 0.05$$

$$S_C = \frac{\mathrm{I}_5^2 + \mathrm{II}_5^2 + \mathrm{III}_5^2}{9} - CT = 0.23$$

$$S_D = \frac{\mathrm{I}_{11}^2 + \mathrm{II}_{11}^2 + \mathrm{III}_{11}^2}{9} - CT = 0.07$$

$$S_E = \frac{\mathrm{I}_8^2 + \mathrm{II}_8^2 + \mathrm{III}_8^2}{9} - CT = 0.11$$

自由度

$$f_A = f_B = f_C = f_D = f_E = 3 - 1 = 2$$

再设法计算因子间交互作用的偏差平方和。因为三水平因子间的交互作用占正交表中两列,所以因子间交互作用的偏差平方和应为两列的偏差平方和相加。

$$\begin{aligned}
S_{A \times B} &= S_3 + S_4 \\
&= \left( \frac{\mathrm{I}_3^2 + \mathrm{II}_3^2 + \mathrm{III}_3^2}{9} - CT \right) + \left( \frac{\mathrm{I}_4^2 + \mathrm{II}_4^2 + \mathrm{III}_4^2}{9} - CT \right) \\
&= 0.01 + 0.05 = 0.06
\end{aligned}$$

$$\begin{aligned}
S_{A \times C} &= S_6 + S_7 \\
&= \left( \frac{\mathrm{I}_6^2 + \mathrm{II}_6^2 + \mathrm{III}_6^2}{9} - CT \right) + \left( \frac{\mathrm{I}_7^2 + \mathrm{II}_7^2 + \mathrm{III}_7^2}{9} - CT \right) \\
&= 0.22 + 0.10 = 0.32
\end{aligned}$$

$$\begin{aligned}
S_{A \times E} &= S_9 + S_{10} \\
&= \left( \frac{\mathrm{I}_9^2 + \mathrm{II}_9^2 + \mathrm{III}_9^2}{9} - CT \right) + \left( \frac{\mathrm{I}_{10}^2 + \mathrm{II}_{10}^2 + \mathrm{III}_{10}^2}{9} - CT \right) \\
&= 0.04 + 0.02 = 0.06
\end{aligned}$$

$$f_{A \times B} = f_{A \times C} = f_{A \times E} = 2 \times 2 = 4$$

还得计算误差偏差平方和。正交表中的空白列是专为计算误差偏差平方和而设的,如本例中的第 12 列与第 13 列。因为在空白列中没有安排因子,所以它的偏差平方和不包含因子的水平差异,而仅仅是试验误差大小的体现。如果其他列的偏差平方和与空白列的偏差平方和相近,也可以合并起来作为误差估计,以使计算更精确。

$$S_e = S_{12} + S_{13} + S_3 + S_4 + S_9 + S_{10}$$
$$= 0.01 + 0.07 + 0.01 + 0.05 + 0.04 + 0.02 = 0.2$$

$S_3 + S_4$ 以及 $S_9 + S_{10}$ 本为考察 $A \times B$ 和 $A \times E$ 交互作用而设的,计算表明:其值与空白列相近,说明 $A$ 与 $B$ 以及 $A$ 与 $E$ 不存在交互作用。

数学上已经证明:

$$S_t = S_1 + S_2 + S_3 + \cdots + S_{12} + S_{13}$$
$$= S_A + S_B + S_C + S_D + S_E + S_{A \times C} + S_e \qquad (3-44)$$

这个式子可以帮助检查各列偏差平方和的计算正确与否。

$S_e$ 的自由度

$$f_e = 2 \times 6 = 12$$

在完成了因子偏差平方和、交互作用的偏差平方和、误差偏差平方和以及它们的自由度计算之后,现在可以进行显著性检验了。

$$F_A = \frac{S_A / f_A}{S_e / f_e} = \frac{0.9/2}{0.2/12} = 26.47$$

$$F_B = \frac{S_B / f_B}{S_e / f_e} = \frac{0.05/2}{0.2/12} = 1.47$$

$$F_C = \frac{S_C / f_C}{S_e / f_e} = \frac{0.23/2}{0.2/12} = 6.76$$

$$F_D = \frac{S_D/f_D}{S_e/f_e} = \frac{0.07/2}{0.2/12} = 2.06$$

$$F_E = \frac{S_E/f_E}{S_e/f_e} = \frac{0.11/2}{0.2/12} = 3.24$$

$$F_{A \times C} = \frac{S_{A \times C}/f_{A \times C}}{S_e/f_e} = \frac{0.32/4}{0.2/12} = 4.71$$

查 $F$ 表(附表二)得:

$$F_{0.01}(2,12) = 6.93$$

$$F_{0.05}(2,12) = 3.89$$

$$F_{0.1}(2,12) = 2.81$$

$$F_{0.01}(4,12) = 5.41$$

$$F_{0.05}(4,12) = 3.26$$

$$F_{0.1}(4,12) = 2.48$$

显著性检验结果为:

| | |
|---|---|
| 因子 $A$ | 高度显著 |
| 因子 $C$ | 显 著 |
| 因子 $E$ | 有一定影响 |
| 因子 $A$ 和因子 $C$ 的交互作用 | 显 著 |
| 因子 $B$ 与因子 $D$ | 不 显 著 |

对显著的交互作用 $A \times C$,可作交互作用表

| KH$_2$PO$_4$ | 豆粉+蛋白 | | |
|---|---|---|---|
| | (0.5+0.5)<br>1 | (1+1)<br>2 | (1.5+1.5)<br>3 |
| 1 (0) | 2.149 | 2.773 | 2.203 |
| 2 (0.01) | 1.794 | 3.251 | 3.630 |
| 3 (0.03) | 1.232 | 2.865 | 2.940 |

方差分析表明：

（1）培养基中豆粉与蛋白的水平改变对产量有高度显著影响，根据 $I_A$、$II_A$、$III_A$ 的大小可以看出，选取 2 水平或 3 水平为好。

（2）培养基中葡萄糖的水平改变对产量没有显著影响，可以任选。如根据 $I_B$、$II_B$、$III_B$ 的相对大小，可选 2 水平。

（3）$KH_2PO_4$ 的水平改变对产量有显著影响，由 $I_C$、$II_C$、$III_C$ 的大小，选取 2 水平。

（4）碳源水平改变对产量无显著影响，由 $I_D$、$II_D$、$III_D$ 的大小，选 2 水平。

（5）装量水平改变对产量有一定影响，根据 $I_E$、$II_E$、$III_E$ 的大小，取 1 水平为好。

（6）豆粉加蛋白与 $KH_2PO_4$ 有交互作用。且对产量影响显著，由交互作用表中看出，豆粉加蛋白应取 3 水平；$KH_2PO_4$ 应取 2 水平。

（7）通过试验得到最优条件为 $A_3$、$B_2$、$C_2$、$D_2$、$E_1$。

### 3.2.4 数学模型

A 数学模型分类[13]

数学模型是对通过实验获得的材料（数据、现象等）进行定量的逻辑思维加工方法，以求对研究对象的本质和规律更深入、更精确的认识。因其具有高度的概括性、严密性、准确性且便于量化，成为科学技术（化工领域也不例外）研究向往的目标。以化工过程开发为例，人们不仅要建立技术上先进、经济上合理的装置，只要有可能，总是希望达到最优化，而数学模型正是这一目标的基础。

由于事物（研究对象）的极端复杂性，迄今为止还没有建立数学模型的一般方法论。但人们还是致力于分类，在分类的基础上，力求找出适应于某一类的规律和方法，以指导数学模型的建立。目前已将数学模型分为如下五类。

a 按确定性的类型分类

区分为确定性数学模型和随机性（非确定性）数学模型。前者，输入向量和输出向量之间存在明确的关系,即状态不是偶然的,化工领域的数学模型基本上属于此类;后者,同一个输入向量不产生同一个明确的向量,输出向量值是根据一个具有概率分布的期望值求得。例如,在描述原子内部过程的量子理论中,有大量非确定性数学模型。

b 按依赖于时间的关系分类

依赖于时间的为动态数学模型,不依赖于时间的为定常态(稳态)数学模型。前者,输入向量、状态向量、输出向量均为时间的函数,在过程控制领域以及非稳态化工过程中用得较多;后者,输入向量、状态向量、输出向量与时间无关,化工稳态过程均用此类模型描述。

c 按数学模型特性分类

可区分为线性数学模型与非线性数学模型。两个输入向量的总作用是由它们各自作用的代数和,则为线性数学模型。例如,描述由多分构成的物料流的质量、能量、动量总平衡与部分平衡。非线性数学模型则不符合上述规律,在理论上、数值方法上均要求专门的数学处理。例如流体力学中的大量非线性方程以及由它们延伸的偏微分方程组,非理想溶液汽液平衡状态方程等。

d 按照数学描述依据的基础分类

有以物理、物理-化学原理为基础的数学模型,称为机理模型。是在对物理、物理-化学过程进行了深入的研究,认识了本质以后,通过合理简化,应用科学与技术原理,结合具体对象,推导所得的数学模型。它们在化工领域中占有重要的地位,例如,经过大量研究,焦姆金(Те мкин)根据中等覆盖度情况下不均匀表面吸附理论,当过程为氮的单组分吸附控制时,推导出在铁系催化剂上氨合成反应动力学为

$$r = k_1 \, p_{N_2} \frac{p_{H_2}^{1.5}}{p_{NH_3}} - k_2 \, \frac{p_{NH_3}}{p_{H_2}^{1.5}} \tag{3-45}$$

式中 $r$ ——催化剂单位内表面上氨合成反应速率,$kmol/(m^2 \cdot s)$;

$p_{N_2}$、$p_{H_2}$、$p_{NH_3}$——分别为氮、氢、氨的分压,MPa;

$k_1$——正反应速率常数,kmol/(m² · s · MPa$^{1.5}$);

$k_2$——逆反应速率常数,kmol · MPa$^{0.5}$/(m² · s)。

而 $k_1$、$k_2$ 符合阿累尼乌斯(Arrhenius)方程

$$k_1 = k_{01} \exp\left(\frac{-E_1}{RT}\right)$$

$$k_2 = k_{02} \exp\left(\frac{-E_2}{RT}\right)$$

式中 $k_{01}$——正反应频率因子(又称指前因子),kmol/(m² · s · MPa$^{1.5}$);

$k_{02}$——逆反应频率因子,kmol · MPa$^{0.5}$/(m² · s);

$E_1$、$E_2$——正、逆反应活化能,kJ/kmol;

$T$——反应温度,K;

$R$——气体常数,kJ/(kmol · K)。

并且正逆反应速率常数之比等于化学反应平衡常数 $k_p$ 的平方

$$\frac{k_1}{k_2} = K_p^2$$

在此详细地介绍焦姆金方程无非想说明机理模型各项均有特定的物理意义,是基于某种机理严格推导得到的。其正确与否,有待实验考核与判断;其中的常数 $k_{01}$、$k_{02}$、$E_1$、$E_2$,即模型的参数也有着明确的物理意义,其数值大小与所冠正负符号也是过程机理的反映。这些参数均由实验数据估计得到。

在化学反应工程中常见的幂函数表达式,它不是基于某种机理严格推导得到的,是参照质量作用定理凭经验写出的。

$$r = k \, p_i^m \, p_j^n \tag{3-46}$$

式中 $r$——反应速率;

$k$——反应速率常数;

$p_i$——$i$ 组分分压;

$p_j$——$j$ 组分分压;

$m$——$i$ 组分的反应级数；

$n$——$j$ 组分的反应级数。

故属于半经验模型，式中 $k$ 有确定的物理意义，符合阿累尼乌斯关系式

$$k=k_0 \exp\left(\frac{-E}{RT}\right)$$

反应级数也有一定含义。式中 $k_0$、$E$、$m$、$n$ 都是依靠实验数据通过估计得到的。其大小与正负号均有经验值可资参考，例如 $m$ 与 $n \leqslant 3$，催化反应活化能一般不高于反应热，更不会出现负值。

有的数学模型既不是依据过程机理，也不是依据半经验，而是基于"黑箱"。由于种种原因，或不能将研究对象分解，或缺乏理论而不能对其描述，或以简化为目的而采取了黑箱基础。人们熟悉的回归方程就是对黑箱输入、输出的数学描述，在过程控制与调节中用得较为广泛。

e  按应用目的分类

按此区分，主要有操作规程模型、计算模型或规划模型、过程模型或操作模型三类，都具有指明方向的作用。操作规程模型是以紧凑、简明的形式定性地表示一个过程的操作规划，或用来对过程进行监控的一种组织。采用这种模型是为了减轻操作人员的负担。例如开车规程模型、事故处理规定模型。所观察的过程变量的数值范围界限等均用表格列出，例如上、下限报警，操作状态显示。

计算模型或规划模型是设计中的重要手段。规划模型以大系统为对象，以寻优为目的；一般规划模型中含整个装置的设计和计算。有关设备的数学方程如 d 所述，有机理模型、半经验模型和经验（回归）模型。实际计算中，计算模型是混合模型，例如物性数据多为回归方程、动力学方程多为机理模型和半经验模型。

过程模型或操作模型通常用于对过程的监督、控制和调节，根据对过程的测定，可算出确定时刻的过程状态，以及达到预定状态需要改变的一个或多个独立变量。

应当说,上述数学模型类型对化工过程研究与开发都是必要的。但如果从有限目标或从分工角度看,对化学工艺与工程人员来说,确定性、稳态、线性与非线性、机理与半经验以及回归、计算模型更为重要。

前已提及,迄今为止,还没有建立数学模型的一般方法论。但人们毕竟在探索,而且已经有了丰富的积累,下文转向介绍较为公认的原则方法。

### B 建立数学模型的原则方法

建立数学模型原则上依次含预实验、过程分解、过程简化、模型化四个基本环节。简化是建立模型的前提,可以夸张地说,没有简化就没有数学模型;预实验是为了寻找突破口,寻找可资利用的契机;分解与简化都是为了创造条件,使人们看到方向,跃跃欲试,而不是束手无策。

#### a 通过预实验发现过程特征,理解过程本质

实验无疑是建立数学模型的基础,如果再从认识的阶段将其分类,又可分为预实验和系统实验,前者的功能在于认识事物的特征,后者的目的在于为数学模型的最终建立——参数估计提供数据。预实验应包含如下原则内容:

(1)根据转化率、选择性等简单指标,就研究对象的可行区间,确定工艺条件框架;

(2)组织实验或实验与理论思维结合,局部或整体地做到定性、半定量、定量的认识研究对象的热力学、反应类型、动力学特征;

(3)构思反应器型式;

(4)组织实验揭示何种因素在多大程度上影响反应结果,并预测在所构思的反应器中可能出现的结果;

(5)从研究对象自身行为以及与环境(上下游设备)输入、输出关系中寻求可资利用的特殊性。

过程分解环节是在认识研究对象特征的基础上进行的,包括如下原则内容:

（1）按不同质的过程（特别是某类过程是控制步骤）进行分解；

（2）按不同机理的化学反应进行分解，必要时还要综合，例如炼油中的集总（Lumping）；

（3）按特征参数分解，例如等温、等浓、等速、等压；

（4）按反应器特征行为进行分解。

简化的主旨是将对过程状态与结果没有影响、或影响不大的因素从数学模型中剔除；把过于复杂的因素，例如几何形状、物性数据等理想化、线性化、等值化。是否做到合理简化，衡量的根本标准是模型与原型在所论的区间中等效。简化环节包括如下原则：

（1）在允许的条件下将流动模型简化为活塞流或全混流；

（2）将多相系统简化为均相、或拟均相；

（3）将复杂的、不规则的几何形状简化为球形、圆柱形、方形、圆、平面；

（4）如相际、反应器轴向与径向温度分布不显著时，尽可能地降低维数，例如二维简化为一维，直到零维，即等温；

（5）如相际、反应器径向或轴向某组分的浓度分布不显著时，尽可能地降低维数，以等浓最为简便；

（6）未知函数的自变量由两个变为一个，偏微分方程可简化为常微分方程；在可行域中，未知函数对自变量的导数变化不大时，可将常微分方程简化为代数方程。

人们耽心，经过如此简化，数学模型是否还有普遍意义。其实，自然科学的普遍规律的数学模型要求完整、严密、普遍；而解决具体工程问题的数学模型则要求其简单而不失真，简化而等效，简单而又能指明方向，不是像黑箱那样，只给出输入输出关系。这是因为简化的数学模型是略去复杂事物的次要因素而得到的，它仍保留主要因素及其对结果的作用（贡献）方式。

C　建立数学模型及其在开发中的应用案例

因为迄今尚无建立数学模型的理论可循，只能用列举的办法说明，下文是两个实例，都是根据研究对象的特征，经过合理的分解与简化,建立数学模型,并取得应用成功。

a  丁烯氧化脱氢[14]

丁烯氧化脱氢制丁二烯在国内应用得相当广泛,其化学方程为

$$C_4H_8 + \frac{1}{2}O_2 = C_4H_6 + H_2O$$

60 年代国内开发的磷钼铋催化剂和流化床反应器沿用 20 余年,主要存在问题是选择性低,副反应产物有醛、酮、酸类,环境污染较为严重。

(1)初步信息和过程分析。

为了克服上述催化剂存在的问题,开发了一种新催化剂,选择性高达 92%,含氧有机物生成量小于 1%。粗略的小试表明,可采用固定床反应器,进口温度为 300℃ 左右,出口温度在 500℃～600℃ 之间,空速在 200～700h⁻¹ 之间变化,但几乎不影响反应结果。进口温度再降低,则转化率急剧降低。

陈敏恒、袁渭康在从事这一项目开发时,曾对上述初步信息进行分析,以认识反应特征,制订开发策略。初步信息表明:反应结果几乎与反应温度、空速无关,这似乎不是反应过程的特征,而是扩散过程的特征。其原因是:扩散过程的温度效应小,与实验结果对温度不敏感相符;扩散控制的过程随线速度增加而增加,与空速关系甚微,这又与小试表现的行为一致;即使反应速度在进口处是过程的控制步骤,在反应后期,温升高达200℃,反应速度提高约1 000 倍左右,相比之下,扩散也会成为过程的控制步骤。

基于上述分析,形成了一个概念:反应前期是化学反应速度控制,后期则转化为扩散控制,这可用图 3-10 加以描述。气体进入催化床层后,由于绝热,随气流下行,温度必将提高,与之相应的催化剂亦出现温升,例如由 $T_1$ 升至 $T_2$,当气体进口温度超过 $T_i$ 时,催化剂温度越过 $T_3$ 而跃升为 $T_{si}$,出现着火现象。

在反应工程理论指导下,通过初步信息分析,做出了上述推

论,正确与否,需要通过实验加以验证。

(2) 鉴别实验(一种预实验)。

在对信息初步分析的基础上提出了着火现象,如何组织实验加以鉴别是面临的问题。困难在于着火现象发生在床层某一高度的催化剂表面上,催化剂表面温度虽有突跃,但由于热阻的存在,气体主体的温度则处于渐变之中,一般的测温手段只能给出气相温度,无法测量催化剂表面温度。显然,目的与手段产生了矛盾,即直接在床层中搜寻着火点归于无效。

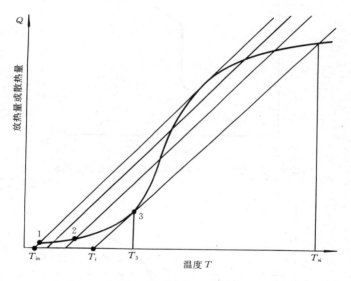

图 3-10　气体温升导致着火

如果用改变进床层气体温度的手法,把着火点位置恰恰移到床层出口,可以想见,与不着火相比,转化率必有突变,与之相应的气体出口温度也会突然升高。果真如此的话,进出床层温度($T_{in}$ 与 $T_{out}$)会出现图 3-11 所示的曲线。于是,找到了鉴别着火现象的判据。实现结果也确如该图所示,出口温度有明显突跃。

着火现象固然会出现如图 3-11 所示的现象,然而对温度非常敏感的反应也会出现类似现象。为将其区分，还必须另外设计实验。对于温度敏感的反应，当进床层温度超过某临界值，出床层温度则出现突跃；当进床层温度由高到低降至该临界值时，出床层温度沿图 3-11 的曲线可逆的回降。但对着火现象，当进床层温度由高到低降至临界值时，出床层温度是不可逆的，如图 3-12 所示。对

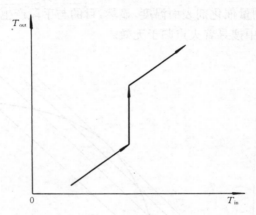

图 3-11　着火点在床层出口处时，进出床层温度关系

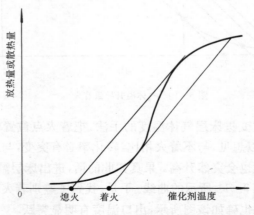

图 3-12　着火与熄火温度示意图

温度敏感的反应与着火现象对进口温度回降的不同行为则成为进一步组织鉴别实验的依据。温度下行实验结果示于图 3-13,证明反应器中存在着火现象无疑。

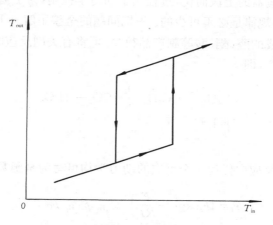

图 3-13　着火时出口温度的不可逆性

（3）过程分解。

着火现象是丁烯氧化脱氢过程的主要特征,它把反应器分为性质不同的两段。上段转化率不高,反应热将气体升温,达到着火温度为止。该段又称预反应段,其特征是:催化剂温度与气流主体温度相差不大,属于化学反应控制。下段又称为主反应段,大部分反应物在该段内被氧化,其特征是:催化剂温度明显高于气流主体温度,过程属于扩散控制。

由上可知,在丁烯氧化脱氢反应器中存在着截然不同的两段,其行为、目的各异,分别予以研究是理所当然的,这就是分解;反之,如果将不同质的过程用同一种方法进行研究,肯定无规律可循。

从科学方法论的角度加以认识也会很受启迪。如前所述,分解是研究复杂过程必不可少的,分解有利于简化和建立数学模型。上例表明,分解是建立在深刻认识过程特征的基础之上,不提出并鉴别着火现象,就无法将反应器分为两段,也就不可能把不同质的过程分开研究。

(4)简化并建立数学模型。

就反应器的上段而论,过程属于动力学控制,为了提供设计依据,动力学规律是必不可少的。先把问题的全貌了解一下。因为丁烯氧化生成的醛、酮、酸等副产品很少,可将有关副反应略去,主反应还有三个,即

$$C_4H_8 \xrightarrow[r_1]{O_2} C_4H_6 \xrightarrow[r_2]{O_2} CO_2 + H_2O$$

（正丁烯）　（丁二烯）

$$r_3$$

上述三个反应中任何一个反应的动力学均可写为幂函数型,即

$$r_i = \left| k_0 \exp\left(-\frac{E}{RT}\right) \ p_{C_4H_8}^a \ p_{C_4H_6}^b \ p_{O_2}^c \right|_i \qquad (3-47)$$

式中　$r_i$——上述三个反应中任一个的反应速率;

$p_{C_4H_8}$——正丁烯分压;

$p_{C_4H_6}$——丁二烯分压;

$p_{O_2}$——氧分压;

$k_0$——频率因子;

$E$——活化能;

$a、b、c$——反应级数。

上式中 $k_0、E、a、b、c$ 因反应 $i$ 而异,三个反应,共 15 个未知数待估。不言而喻,这是一个极为复杂的反应动力学测定问题。熟悉参数估计的人知道,这几乎是不可能的,即不可能同时估计 15 个参数。

反应特征提供了简化的可能性。

反应器上段为预反应段,该段内转化率很低,进出口浓差很小,完全可以略去浓度效应,只计温度效应。于是,动力学方程可简化为

$$r_i = \left| k_0 \exp\left(-\frac{E}{RT}\right) \right|_i \qquad (3-48)$$

做拟零级反应处理,这一简化,使待估参数由 15 个降为 6 个。还可以进一步简化,由于预反应段的目的是保证气体达到着火温度,而不计较选择性大小。据此,可将上述三个反应合并,用一个简单反应动力学表达

$$r = k_0 \exp\left(-\frac{E}{RT}\right) \qquad (3-49)$$

这样,待估参数只剩下两个了。上式中 $T$ 本应为催化剂表面温度,鉴于预反应段内催化剂与气体之间温差很小,可以忽略,即将反应器上段的气固两相简化为拟均相。

归纳起来,针对预反应段的特征——转化率低、动力学控制、在最低临界进口温度下保证着火,从而将复杂反应简化为拟零级反应、拟简单反应、拟均相反应;待估参数由原来的 15 个锐减为 2 个,实验工作量必将大为减少。

主反应段为扩散控制,传质速率即为反应速率,因此无论是主反应段的长度问题还是主反应段的选择性问题,都应当从扩散控制这一基本点出发,以寻找解决途径。按一般的氧化反应规律,氧烯比低,有利于部分氧化的选择性。为此,应力图使氧成为扩散控制。以选择性为 93% 计,氧与烯的化学计量比约为 1。要达到氧扩散控制,氧的极限扩散速率应小于丁烯的极限扩散速率,即

$$K_{O_2}\, p_{O_2} < K_{C_4H_8}\, p_{C_4H_8} \qquad (3-50)$$

式中　$K_{O_2}$——氧的传质系数;

　　　$K_{C_4H_8}$——正丁烯的传质系数;

　　　$p_{O_2}$——氧分压;

　　　$p_{C_4H_8}$——正丁烯分压。

于是有

$$\frac{p_{O_2}}{p_{C_4H_8}} < \frac{K_{C_4H_8}}{K_{O_2}}$$

气体组分向颗粒外表面扩散的经验公式给出

$$\frac{K_{C_4H_8}}{K_{O_2}} = \left(\frac{D_{C_4H_8}}{D_{O_2}}\right)^{0.6} \tag{3-51}$$

计入 $C_4H_8$ 与 $O_2$ 的扩散系数,上式为

$$\frac{K_{C_4H_8}}{K_{O_2}} \approx 0.6$$

亦即

$$\frac{p_{O_2}}{p_{C_4H_8}} < 0.6$$

上式给出了造成氧扩散控制,达到选择性为 93% 的条件。床层高度只须按照传质方程计算即可。

b  丙烯二聚生产异戊二烯[15]

在化工设计与放大领域中,丙烯二聚生产异戊二烯是一个很著名的例子,未经任何尺度的中间试验,从实验室的研究成果放大 17 000 倍,建成工业装置。

整个过程含三个阶段,即聚合、异构化与裂解。

(1) 聚合。

丙烯二聚的化学方程

$$2CH_2\!=\!CH\ CH_3 \longrightarrow CH_2\!=\!C(CH_3)CH_2CH_2CH_3$$
丙烯　　　　　　2-甲基-1-戊烯　　(3-52)

小试在热交换型管式反应器中进行,原料为丙烯,与催化剂三丙基铝混合,加压下进入反应器,实现均相反应。反应管浸入两个冷却槽,槽内含冷却介质的温度分别为 $T_1$ 与 $T_2$。单程丙烯转化率并非 100%,采用回收系统回收丙烯、三丙基铝循环使用。小试的研究内容有:测定反应速率、活性、起始温度、转化率、产品分布、催化剂失

活研究;确定作为工业装置设计基础的最佳工艺条件;建立反应器数学模型。

为了建立数学模型,作如下假设,以简化过程。

① 在所有浓度下,混合物的密度、传热系数、热容均为常数;

② 流体通过系统的压力不变,即略去系统压力降;

③ 冷却介质的流率适度,以维持反应器每一截面上为等温,即反应器的温度分布为一维;

④ 沿反应器轴向任一截面反应混合物流率不变;

⑤ 反应混合物不存在轴向混合;

⑥ 反应混合物径向混合非常完全;

⑦ 轴向温度随管程呈折线状;

⑧ 两个冷却槽设置在蛇形("S"形)反应管两端,两个槽之间的管系完全绝热。

其转化率方程为

$$x = 1 - \exp(-k\Delta t) \tag{3-53}$$

式中　$x$——转化率;

　　　$k$——反应速率常数;

　　　$\Delta t$——反应时间。

温度与反应速率关系方程

$$k = k_0 \exp\left[-\frac{E}{R}\left(\frac{1}{T_0} - \frac{1}{T}\right)\right] \tag{3-54}$$

式中　$T_0$——基准温度;

　　　$k_0$——基准温度 $T_0$ 时的反应速率常数;

　　　$T$——反应温度;

　　　$k$——反应温度 $T$ 时的反应速率常数;

　　　$E$——反应活化能;

　　　$R$——气体常数。

以上述反应动力学方程为基础,再计入物料守恒、能量守恒与传热方程,在计算机上综合,由实验室研究成果直接放大 17 000 倍,工业装置测定数据与数学模型预言值吻合良好。在约 2 000 m 长的管式反应器中最大的温度偏差仅约 2℃,数学模型预言了不同工况下可能发生的情况,各种催化剂含量时所能达到的最大二聚物产率、热平衡等等,为生产控制提供了信息。

(2) 异构化。

化学方程为

$$CH_2\!=\!C(CH_3)CH_2CH_2CH_3 \longrightarrow (CH_3)_2C\!=\!CHCH_2CH_3$$

2-甲基-1-戊烯        2-甲基-2-戊烯        (3-55)

热力学研究表明,操作温度为 80℃~150℃ 时有利于 2-甲基-2-戊烯生成,转化率为 75%;酸性催化剂有利于完成异构化反应。小试采用固定床反应器,测定了不同高径比、循环倍数下的催化剂寿命;进而确定了不同催化剂活性时的放大因子,高活性时可放大1 000 倍,低活性时放大 7 000 倍。鉴于在最佳操作温度时,反应已经达到平衡。故不需要开发反应动力学模型。

(3) 裂解。

裂解反应如下:

$$(CH_3)_2C\!=\!CHCH_2CH_3 \longrightarrow CH_2\!=\!C(CH_3)CH\!=\!CH_2 + CH_4$$

2-甲基-2戊烯        异戊二烯        (3-56)

为得到目的产物,工业装置采用了高温管式固定床反应器,副反应较少。

小试曾采用两种炉型,一种是等温炉,一种是辐射炉,放大倍数分别可达 20 000 倍与 6 000 倍。小试对辐射炉研究较为充分,给出了产品分布、副产物种类与数量,为建立工业火焰炉奠定了基础,也为配套工程,例如净化与分离提供了设计依据。

鉴于技术保密,文献没有给出具体数据与细节,但丙烯二聚生产异戊二烯的开发方法已清晰可见,与本节推荐的小试(各种类型试验的总称)、分解、简化、建立数学模型如出一辙,或者说几乎相同。那么,为什么它已成为化学工程领域中未经中试,直接放大17 000倍(以二聚为准)并取得成功的范例呢?或者说,其他的过程开发何以平淡无奇,甚至还在沿用逐级经验放大方法呢?这是因为,数学模型开发方法是否"立见成效"还与开发对象特征有关,或者说与其难易程度有关。丙烯二聚反应条件极为温和,采用的反应器(由反应特性决定)又极为简单,容易满足活塞流、径向等温且混合均匀、一维模型等理想化的条件,反应管长达2 000m,端末效应不复存在,或者说容易做到简化(建立模型时曾提出八条假设)而不失真(等效),这就是丙烯二聚取得成功的重要原因。

## 参考文献

[1]侯祥麟主编.中国炼油技术.北京:中国石化出版社.1991,第六章

[2]黄仲涛,林维明等编著.工业催化剂设计与开发,广州:华南理工大学出版社.1991,第七章

[3]宋健主编.现代科学技术基础知识.北京:科学出版社.1994,第二章,第一节

[4]吴俊生,邓修,陈同芸编著.分离工程.上海:华东理工大学出版社.1992,326~334页

[5]同[2],295~299页

[6]陈敏恒,袁渭康.化学工程.1980,1(1)

[7]同[2],63~64页,304~306页

[8]戴干策,陈敏恒编著.化工流体力学.北京:化学工业出版社,1988,第五章

[9]William Resnick. Process Analysis and Design for Chemieal Engineers. McGraw - Hill Book Company, New york 1981,Chapter 8,Chapter 10

[10]陈敏恒,袁渭康.工业反应过程的开发方法.华东化工学院印刷厂1983,第一章

[11]同[10],第五章

[12]上海市科学技术交流站.正交试验设计法.上海:上海人民出版社,1975,第一章

[13]陆震维缩译.化工过程开发.北京:化学工业出版社.1984,第二篇,第四章

[14] 同[10],第四章

[15] Garmon J J,Morrow W E,Anhorn V J.C E P,1965,60(6)57

# 4 小型工艺试验及其阶段任务

如果对应用研究成果(有时是以文献资料为基础)作出有利的评价,即原料、市场、盈利、环境保护均无问题且前景良好时,项目可能为主管或投资部门立项从而进入开发阶段。根据开发工作框图,过程研究的第一个环节是小型工艺试验研究。本环节的任务是:

(1)从认识研究对象的特殊性着手,把握其本质与规律,构思反应器型式,考虑可能遇到的工程问题。

(2)以转化率、选择性、催化剂寿命等简单、易于表征的指标来确定工艺条件框架;有些小试的最优工艺条件在设备放大时有明显改变(例如使用流化床的工艺过程),也有的变化不大,例如丙烯二聚生产 2 -甲基- 1 -戊烯长达 2km 的管式反应器。

(3)提出设备设计与放大依据。通常是反应动力学,有时以传质速率为依据(例如丁烯氧化生产丁二烯的外扩散控制段),有时以流体流动规律为依据。总之,研究对象的特殊性决定了设计与放大的特殊性。如果设计与放大依据涉及文献中不能提供的传递规律,则应与大型冷模试验环节联合,共同完成。

由此看来,小试阶段的任务,主要的或者说是未知部分,要在科学方法论指导下由实验完成;剩余部分,要在化学工程理论与工程经验指导下通过理论思维加工完成。

正因为实验是回答未知内容,这就不可能有一套完整的试验方案和实验设计。或者说先验地规划实验是不可能的,也是不合理的;而应当顺其自然,把实验分为两段,即预实验和系统实验。前者以定性、半定量但必须从全面的认识研究对象的特殊性为目的;后者以预实验为基础,制订实验规划,完成对研究对象的定量认识。小型工艺试验中的上述阶段性,可理解为序贯性。基于上述认识,形成了如下图所示的小型工艺试验工作程式。

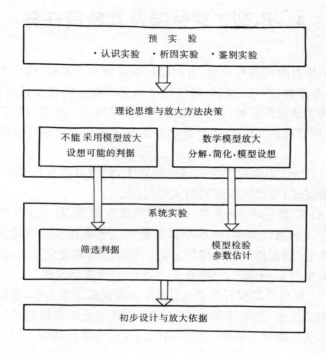

# 4.1 小型工艺试验的序贯分类[1]

如上所述,小型工艺试验按其序贯性和阶段性可分为预实验和系统实验。

### 4.1.1 预实验

预实验的主旨是通过实验认识研究对象的特征、探索形成某种结果的原因、研究对象工程化时可资利用的特殊性的。据此,预实验又可分为认识实验、析因实验和鉴别实验,在预实验阶段中,三者并非绝对分开,往往同时进行。

A 认识实验

已如前述,小型工艺试验的起点或基础是应用研究成果或文献资料。要在这一基础上深入研究并以工程化为目的时,研究者急需认识对象的特征,内容包括以下四个部分。

a 反应类型

是简单反应还是复杂反应;是并联副反应还是串联副反应;主副反应中何者对温度更敏感;何者对浓度更敏感。

b 热力学

常见组分间反应的热力学性质都可直接查到或通过基团加和等方法算得。有些反应的热力学性质则只能通过实验测试。研究者关心的是反应热的大小(吸热还是放热,强还是弱),化学反应平衡常数及平衡组成,如果系统伴随相转移时,其相平衡常数及平衡组成等。

c 动力学行为与过程

热量与质量传递控制是否已经消除,如果传质过程影响反应速率,其相对速率如何,反应属于快反应还是慢反应,是绝热或是等温,是均相或是拟均相。

d 工艺条件与指标

工艺条件温和还是苛刻;转化率与选择性的大小如何。

以上系泛泛而谈,事实上不同的开发体系,不可能同时存在且要通过实验才能认识上述全部特征。下文是一个实例[2],旨在认识石脑油蒸汽转化的反应历程。

石脑油组成极为复杂,以沸程为 30℃～180℃ 的石脑油为例,含 $C_3$ 至 $C_{10}$ 的烃有 50 余种,其中直链烷烃占 75%,环烷烃占 15%,芳烃占 9%,不饱和烃占 1%。在催化剂的作用下,600℃～800℃ 石脑油与水蒸气进行转化反应

$$CH_m + RH_2O = aCO + bCO_2 + (1-a-b)CH_4 +$$

$$(R-a-2b)H_2O + (3a+4b-\frac{4-m}{2})H_2 \qquad (4-1)$$

式中　$m$——石脑油的氢碳比；

　　　$R$——石脑油转化时的水碳比；

　　　$a$、$b$——化学计量系数。

生成含 $H_2$、$CO$ 为主体的合成气。开发者极为关心的问题是：催化床层中进行的是催化裂解，还是均相裂解；会不会生成炭黑堵塞床层；床层中进行的是均相转化，还是催化转化；甲烷是由高级烃裂解产生，还是转化产生，亦即是由 $CO$、$CO_2$、$H_2$ 生成。

　　实验是这样组织的：采用庚烷为原料，其分子式为 $C_7H_{16}$，分子量为 100，与石脑油极为相似。实验采用 ICI46—1 催化剂，床层温度为 75℃。烃汽化，与水蒸气混合通入床层，将出口组成对空时（催化剂体积与反应器进口气态烃与蒸汽混合物标准体积流量之比）标绘，如图 4-1 所示。

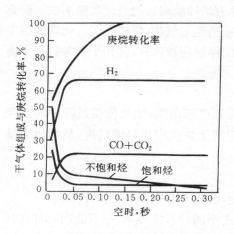

图 4-1　750℃ 庚烷蒸汽转化

　　计算表明，当空时较大时，出口组成中甲烷转化反应（4-2）、水煤气变换反应（4-3）都趋近平衡；在空时较小时，

$$CH_4 + H_2O \Longrightarrow CO + 3H_2 \qquad (4-2)$$

$$CO + H_2O \Longrightarrow CO_2 + H_2 \qquad (4-3)$$

出口组成中饱和烃、不饱和烃都很多。它们无疑是庚烷产生的，但无法判断是由催化裂解产生，还是均相裂解产生。为此，组织了对比实验，工艺条件与上述相同，只是用惰性填料代替催化剂。测得出口组成中不饱和烃占 50%、饱和烃占 20%，$CO$、$CO_2$、$H_2$、$H_2O$ 的浓度偏离平衡值较远。

　　对比以上两个实验，可以认为：对于 750℃ 时庚烷进行均相裂解反应,在有催化剂存在时,这些中间产物在催化剂作用下迅速转化,自身消失,而 $CO$、$CO_2$、$H_2$、$CH_4$、$H_2O$ 趋近于平衡。上述为 750℃ 的实验结果,600℃ 又如何? 为此又组织了实验,以丁烷为原料,仍以 ICI46-1 为催化剂,当空时小于 $10^{-3}$ 秒,见图 4-2,出口组成中含大量不饱和烃与饱和烃,$CH_4 = 24\%$,$C_2H_4 = 23\%$,$C_3H_6 = 35\%$,而 $CO$、$CO_2$、$H_2$ 含量极少,随空时增加,烯烃逐渐消失。

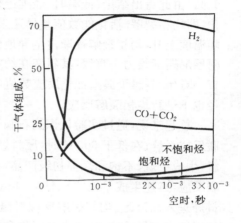

图 4-2　600℃丁烷蒸汽转化

在无催化剂时进行同一实验,上述烃类仅占 1%。对比这两个实验,结论是:丁烷 600℃ 时不能进行均相裂解,而能进行催化裂解。催化裂解的中间产物继续进行转化反应,产物 $CO$、$CO_2$、$H_2$、$CH_4$ 与 $H_2O$ 趋于式(4-2)、式(4-3)共同决定的平衡组成。计算表明,在空时较小时,甲烷浓度高于其与蒸汽转化反应的平衡值。从而断定,甲烷是由裂解产生,而不是由 $CO$、$CO_2$ 与 $H_2$ 进行甲烷反应产生。

为了进一步判别催化裂解向均相裂解的转化,将庚烷的反应速率常数与温度的倒数进行标绘,见图

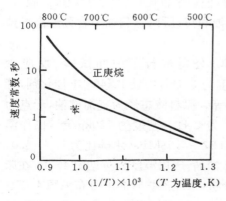

图 4-3　庚烷与苯的阿累尼斯标绘

— 175 —

4-3，曲线斜率即为其活化能。图示表明：550°C时，活化能为58.6kJ/mol，属于典型催化反应数据；800°C时，活化能为226kJ/mol。活化能的变化说明反应机理发生了变化，但800°C时的数据已超出了催化反应的范围，颇接近庚烷的裂解反应热——242kJ/mol。由此得出结论：低温时，烃类进行催化裂化，高温时进行非催化，即均相裂解。活化能数值差异还表明，均相裂解对温度更敏感，随温度上升，均相裂解逐渐占主导地位。图4-3中，以苯为原料的阿累尼斯标绘为一直线，其斜率在约定温度范围内不变，活化能为42.3kJ/mol，属于典型催化反应数值，即在较高温度（800°C）下，芳烃也不进行均相裂解反应。

总起来说，通过实验认识到石脑油蒸汽转化是复杂的并联、串联反应系统；在低于600°C时，原料烃（芳烃除外）首先进行催化裂解，生成甲烷、不饱和烃等初级产品，在催化剂作用下，它们进行串联反应，迅速生成 $CO$、$CO_2$、$H_2$。在低温区中还未来得及裂解的原料烃进入高温区，均相裂解反应对温度更为敏感，竞争的结果，均相裂解占主导地位，如果小分子饱和烃与不饱和烃来不及转化，则可能进行环化、聚合，最后导致积炭。当催化剂活性良好、水碳比与空速等工艺条件合适时，很少有原料烃进入高温区，通常不会析碳。芳烃自始至终为催化裂解，但速率较慢，高温下芳烃极易脱氢、缩合生成多环、稠环芳烃、焦油和焦，所以石脑油中含芳烃高对蒸汽转化是极为不利的。

为了验证这些认识，ICI公司进行了中间试验。反应管（转化管）内径为100mm，长度为6.1m，内装ICI46—1催化剂，管外壁温度自上而下基本上均等。原料液态烃为直馏汽油，干点为180°C，分子量为100，分子式为 $C_7H_{16}$，密度为720kg/m³，操作温度为650°C～900°C，压力为1.27～4.98MPa，水碳比为1.0～6.0，每升催化剂通过1.5～6.5kg油品，床层温度分布见图4-4。在床层不同高度取样，用质谱仪分析，浓度沿炉管高度分布见图4-5。

由图可见，在炉管的前一半，$CH_4$、$H_2$、$CO_2$优先生成。此时温度较低，甲烷转化因平衡限制而速率较小，裂解又大量生成，在炉管一半处出现极值,此后产生甲烷的裂解反应减弱,加上转化反应不断消耗,出现了沿管长甲烷浓度降低的分布。有趣的是在转化管出口甲烷浓度为 6%,而平衡浓度(由计算得到)为 5.6%,可见甲烷由原料烃裂解产生,而不是由 $CO$、$CO_2$ 与 $H_2$ 进行甲烷化反应生成。反应器出口 $CO_2$ 浓度高于平衡浓度值,而 $CO$ 则低于平衡值,可见此时进行的是逆变换反应,即

$$CO_2 + H_2 \Longrightarrow CO + H_2O \qquad (4-4)$$

中试结果与小试揭示的反应历程分析是一致的。

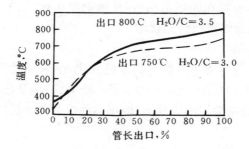

图 4-4　中试床层温度分布

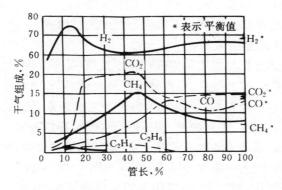

图 4-5　中试床层浓度分布

从方法论角度看,Briger 的实验亦有可圈可点之处:采用正庚

烷、正丁烷代替石脑油,使反应物组成明确,产物组成变化则归咎于复杂反应,从而使实验大为简化;采用催化、非催化对比实验,把均相裂解从催化系统中分割出来,这是一种命题的转化,等效地回答了问题,收到了实验简单、结论明确的效果;理论思维(平衡组成计算)与实验结果相互补充,相得益彰。确定了:甲烷是原料烃裂解生成,而不是甲烷化反应生成;系统中进行的逆变换反应,而不是正变换反应;芳烃在很宽的温度范围内以催化裂解为主,预示着随温度升高,均相裂解可能占优势,届时将导致成焦积碳。实验不惜代价,在小试基础上又组织了中间试验加以验证,使结论更加可信。此后,ICI 公司在国际范围内,从理论到实践(工艺与反应器)几乎垄断了石脑油蒸汽转化技术。

B  析因实验

析因实验是指为了寻找引起某些变化、结果(例如转化率、选择性、反应速率)的原因而组织的实验。或者说,是从已知的结果、现象出发,通过实验,"由表及里"地探索因果关系。具体内容包括如下方面:

(1)直接原因。

化学反应工程理论指出,影响反应结果的直接原因有催化剂特性、温度、浓度(压力),当催化剂特性一定时,对特定反应而言,影响反应结果的因素只有温度与浓度两种因素。

(2)工程因素。

上述温度与浓度是指进行化学反应(分子尺度)处的温度与浓度。事实上,工艺条件、反应器型式及尺寸、操作方式三者总是结合与汇集在一个系统,又会派生出若干工程因素,诸如流速、流速分布、返混、预混、进料浓度、滴际混合、加热、冷却等等。这些工程因素又会造成若干浓度与温度分布,诸如床层的轴向、径向;滴内、颗内、膜内、泡内的浓度与温度分布。见图 4-6,构成了三个层次。其中第一层次,通过设计、操作人们可以直接控制,而直接影响反应结果的是第三层次诸因素,它又隐于第二层次诸因素之中,难于观察,无法直接控制。

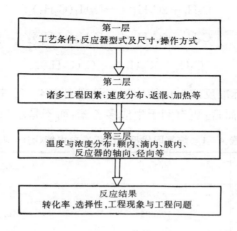

图 4-6 影响反应结果的因素层次

（3）非常规因素。

一些非常规因素也会影响反应结果。诸如，催化剂中毒、烧结、晶态变化；循环使用的液体因污染改性；参与反应的固体因表面包裹、粘结；固相沉积、粘稠物沉积；容器材质参与反应；以及药品变质、仪表失灵等意外事故等。

下文是乙烯与苯烷基化生成乙苯及其脱氢生产苯乙烯案例。[3]

苯乙烯是不饱和芳烃，广泛用于生产塑料和合成橡胶，如结晶型聚苯乙烯、丙烯腈—丁二烯—苯乙烯三聚体（ABS）、苯乙烯—丙烯腈共聚体（SAN）和丁苯橡胶（SBR）等。本文中乙烯和苯烷基化生成乙苯，乙苯催化脱氢生产苯乙烯的开发实例，由孟山都-鲁姆斯（Monsanto-Lummus）公司开发，在收入本书时做了编辑。

a　苯与乙烯反应的热力学研究

苯与乙烯可能进行如下反应

$$C_6H_6 + C_2H_4 \Longrightarrow C_6H_5C_2H_5 \qquad \Delta H_{298}^{\circ} = -113.89\text{kJ/mol}$$

$$(4-5)$$

$$C_6H_6 + 2C_2H_4 \Longrightarrow C_6H_4(C_2H_5)_2 \qquad (4-6)$$

$$C_6H_6 + 3C_2H_4 \Longrightarrow C_6H_3(C_2H_5)_2 \qquad (4-7)$$

$$C_6H_6 + 6C_2H_4 \Longrightarrow C_6(C_2H_5)_6 \qquad (4-8)$$

上述反应的标准反应自由能(kJ/mol)列入表4-1。热力学平衡数据显示,相对而言,更有利于生成多乙苯,而不是乙苯。但当乙烯为

表 4-1　烷基取代反应的标准自由能(kJ/mol)

| 反　应　式 | $\Delta G^\circ_{400}$ | $\Delta G^\circ_{600}$ |
|---|---|---|
| (4-5) | −54.43 | −29.31 |
| (4-6) | −103.83 | −50.24 |
| (4-7) | −151.14 | −69.08 |
| (4-8) | −294.33 | −125.60 |

零,或很少时,还会进行脱烷基反应。

$$C_6H_4(C_2H_5)_2 + C_6H_6 \Longrightarrow 2C_6H_5C_2H_5 \qquad (4-9)$$

$$C_6H_3(C_2H_5)_3 + C_6H_6 \Longrightarrow C_6H_5C_2H_5 + C_6H_4(C_2H_5)_2 (4-10)$$

$$C_6(C_2H_5)_6 + C_6H_6 \Longrightarrow C_6H(C_2H_5)_5 + C_6H_5(C_2H_5) (4-11)$$

上述三个反应的标准反应自由能在400K时依次为:−5.02kJ/mol,−7.12kJ/mol,−7.12kJ/mol。表明,当乙烯不存在时,脱烷基反应有利于从多乙苯生成乙苯。基于上述数据,算得90℃的液相反应平衡组成,示于图4-7。图示表明,系统中苯含量增加,有利于提高乙苯平衡产率,但苯的循环量增加,操作费将相应增加,经过推算,初步将实验配比定为图中虚线指示值。

b　苯烷基化实验研究

小型工艺试验装置如图4-8所示。将试剂级苯连续加入搅拌反应器中,并加入催化剂 $AlCl_3$,乙烯以鼓泡方式加入,氯乙烷是助催化剂,它与氯化铝以及苯分子(或者其他芳烃)形成不溶于烃的

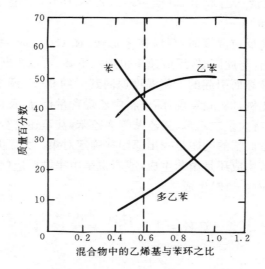

图 4 - 7　希望反应与竞争反应的平衡组成

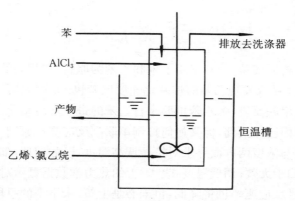

图 4 - 8　小试装置示意图

棕色络合物。反应器置于恒温槽中,以便调温与恒温。反应器压力
稍高于大气压,以防空气漏入。

　　按热力学分析得到的工艺条件进行实验,进料乙烯与苯的摩
尔比为 0. 5～0. 6,反应温度为 85℃～95℃,连续液相出料中约含

苯40%（质量），乙苯43%（质量），二乙苯15%（质量），高分子产物2%（质量）。

当提高反应温度时，反应速率加快，在120℃时，发现有树脂状物质析出，与此同时，反应速率也随之下降。可以判断，这是因催化剂遭到破坏而引起的。将温度退回到大约90℃，调节进料中乙烯与苯的比例。实验发现，随进料中乙烯含量提高，反应产物中除乙苯外，还有大量二乙苯、三乙苯等多乙苯，甚至还有少量沥青。

开发者面临的问题是找出原因并确定对策。为了判明多烷基苯是由乙苯生成还是由苯生成，或者说是由串联反应(4-12)还是由并联反应(4-13)生成。

$$\text{（苯）} + C_2H_4 = \text{（苯)}C_2H_5 \underset{C_2H_4}{=\!=} \text{(苯)}\genfrac{}{}{0pt}{}{C_2H_5}{C_2H_5} \qquad (4-12)$$

$$\text{（苯）} + \begin{cases} C_2H_4 =\!=\!= \text{(苯)}C_2H_5 \\ \\ 2C_2H_4 =\!=\!= \text{(苯)}\genfrac{}{}{0pt}{}{C_2H_5}{C_2H_5} \end{cases} \qquad (4-13)$$

组织了析因实验。分别采用了苯和乙苯为原料，在相同的条件下进行试验。结果发现乙苯的烷基化速度比苯快。从而表明，系统中主要存在串联反应，多乙苯主要来自乙苯的进一步烷基化。

原因已经找到，但又如何抑制串联副反应呢？原则上讲，总是从温度与浓度两方面寻求对策。调高温度，已如前述，催化剂将被破坏，归于无效；调低温度，表4-1的热力学数据显示对多乙苯有利，而且反应速率也将降低，也未必是上策。余下来的手段是浓度，此时并无反应动力学，但不妨假定它们都是一级反应，即

$$r_1 = k_1[C_6H_6][C_2H_4] \qquad (4-14)$$

$$r_2 = k_2[C_6H_5-C_2H_5][C_2H_4] \qquad (4-15)$$

式中　$r_1$——苯与乙烯生成乙苯的反应速率；

$r_2$——乙苯与乙烯反应生成二乙苯的反应速率；

[$C_6H_6$]——系统中苯的浓度；

[$C_2H_4$]——系统中乙烯的浓度；

[$C_6H_5$—$C_2H_5$]——系统中乙苯的浓度；

$k_1$——苯与乙烯生成苯乙烯的反应速率常数；

$k_2$——乙苯与乙烯反应生成二乙苯的反应速率常数。

由选择性定义

$$S = \frac{r_1 - r_2}{r_1}$$

$$S = \frac{k_1[C_6H_6][C_2H_4] - k_2[C_6H_5 - C_2H_5][C_2H_4]}{k_1[C_6H_6][C_2H_4]}$$

$$S = 1 - \frac{k_2[C_6H_5 - C_2H_5]}{k_1[C_6H_6]} \tag{4-16}$$

上式表明，提高选择性的途径是提高系统中的苯浓度，用过量的苯来抑制串联副反应的进行。为验证这一推测的正确性，组织了鉴别实验。将进料中的乙烯与苯的摩尔比退回到第一次实验的 0.5～0.6，甚至更低，发现产品中的多乙苯与沥青显著减少。如此，便形成了巧合，对苯与乙烯反应生成乙苯的系统，热力学预示的进料比与动力学期望值是一致的。

  c 乙苯催化脱氢制苯乙烯的热力学研究

  烷基苯脱氢同样是一个复杂的反应系统，存在并串与串联竞争反应，在小型工艺研究之前进行了热力学研究，以认识反应极限和反应的吸热或放热行为。主反应及可能进行的副反应有

$$\Delta H_{298}^{\circ} = 115kJ/mol \tag{4-17}$$

$$\Delta H_{298}^{\circ} = 105kJ/mol \tag{4-18}$$

$$\underset{\text{（气）}}{\text{C}_2\text{H}_5\text{（苯环）}} + \text{H}_2 = \underset{\text{（气）}}{\text{CH}_3\text{（苯环）}} + \text{CH}_4$$

$$\Delta H^\circ_{298} = -54.4 \text{kJ/mol} \qquad (4-19)$$

$$\underset{\text{（气）}}{\text{C}_2\text{H}_5\text{（苯环）}} + \text{H}_2 = \underset{\text{（气）}}{\text{（苯环）}} + \text{C}_2\text{H}_6$$

$$\Delta H^\circ_{298} = -31.5 \text{kJ/mol} \qquad (4-20)$$

可能进行的串联副反应有

$$\text{C}_2\text{H}_3\text{（苯环）} + 2\text{H}_2 = \text{CH}_3\text{（苯环）} + \text{CH}_4 \qquad (4-21)$$

$$\text{C}_2\text{H}_3\text{（苯环）} = \text{C}_2\text{H}\text{（苯环）} + \text{H}_2 \qquad (4-22)$$

$$\text{脱氢产物} \longrightarrow \text{焦油} \qquad (4-23)$$

主反应式(4-17)的平衡组成示于图4-9；副反应式(4-22)平衡

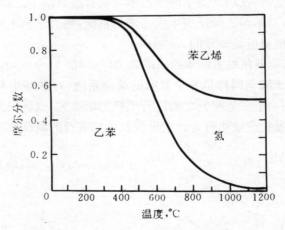

图 4-9 反应(4-17)的平衡组成

组成示于图4-10；反应式(4-17)、式(4-18)、式(4-19)的平衡常数($K_p$)与温度的关系示于图 4-11。

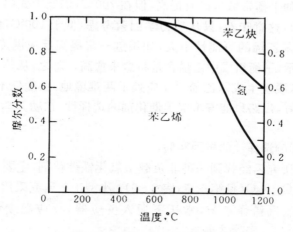

图 4-10 反应(4-22)的平衡组成

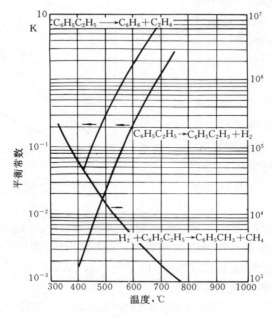

图 4-11 乙苯脱氢平衡常数

综合热力学研究得出结论:主反应式(4-17)虽为吸热反应,随温度增加平衡常数也确有提高,但在 700℃,仍低于式(4-19)、式(4-18),这意味着,只从热力学因素考虑,低于 700℃,由乙苯脱氢制备苯乙烯的可能性不大;如果进一步提高反应温度,如图 4-11 所示,平衡组成中乙烯含量将愈来愈高。总之,从热力学角度看,乙苯脱氢生成苯乙烯的反应处于两难境地,温度低不好,温度高也不好。出路只能寄希望于催化剂的选择性,在动力学上去解决问题。

d 影响选择性的析因实验

应用研究已经找到一种非负载型氧化铁催化剂,主要成分是 $Fe_2O_3$、$Cr_2O_3$、$K_2O$(见第三章,表 3-9)。小型工艺研究采用管式反应器,用蒸汽稀释乙苯,常压下通入反应器,反应温度维持在 550℃~600℃。实验结果是很不理想的,产物中除苯乙烯外,还有大量乙苯、甲苯、苯等,显然是由副反应所致,是催化剂的选择性不佳,还是温度、压力、空时等工艺条件不当,抑或是某些工程因素影响了反应场所的温度、浓度等,这些问题应当判明,否则开发工作就无法继续下去。

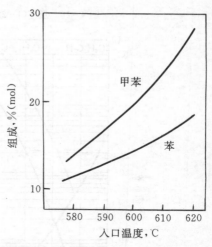

图 4-12 出口苯与甲苯与入口温度的关系

相对地说,在工艺条件、工程因素上寻找原因比较容易,也比较积极,而回答催化剂的选择性、评价催化剂比较困难,也比较消极,众所周知,否定催化剂容易,开发催化剂是很难的。

实验先从考察温度入手。实验发现在 500℃ 左右,乙苯转化率很低,产物中苯、甲苯量也很少;在 700℃ 左右的较高温度时,乙苯的转化率大为增加,但乙烯的产率则较 600℃ 为低,副产物大幅度增加,在催化剂表面上甚至出现了结焦现象。绝热床入口温度与出口产物中苯、甲苯含量的变化趋势示于图 4-12;对应地,入口温度与转化率、选择性变化趋势示于图 4-13。转化率随温度增加而

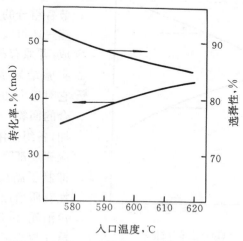

图 4-13　转化率、选择性与入口温度的关系

增加,表明主反应随温度增加而增加;出口产物中苯、甲苯随温度增加而增加,又表明副反应也随温度增加而增加。但副反应增加的更快些,意味着副反应的活化能比主反应活化能要大些,即对温度更敏感些,副反应中生成甲苯的反应活化能比生成苯的反应活化能还要大些。总之,通过这一组实验证明,温度是一个影响反应结果的重要因素,多次考察结果显示,进绝热床层的温度为 630℃ 时,出床层温度约 560℃(即绝热温降约 70℃),出口产物中含乙苯 57%(质量),苯乙烯约 38%(质量),甲苯 1%～2%(质量),苯 0.5%～2%(质量),还有 0.5%(质量)的沥青。

　　由主反应式(4-17)的热力学特性可以看出,系统的压力愈低愈有利。但反应动力学的知识指出,压力愈高,有利于强化浓度对反应速率的影响。用上述观点审视主反应,发现压力有双重功能;

再计入副反应,不确定的因素就更多。但可以肯定,组分压力的变化必将影响反应结果。基于这些认识,组织了实验来考察组分压力的影响。

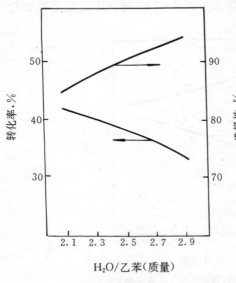

图 4 - 14  转化率、选择性与 $H_2O$/乙苯的关系

为了简化实验,在常压下,用水蒸气含量来调节各组分的分压,此外,水蒸气还可以抑制焦油的生成,并兼有载热体的作用。实验结果示于图 4 - 14,它对压力的影响作出了综合的回答。即水蒸气量增加,各组分浓度都下降,反应速度都降低。但相对地抑制了副反应,所以选择性有所增加。如果计及蒸汽消耗、设备生产能力,水蒸气与乙苯的质量比必须通过技术、经济具体计算论证,最终在概念设计环节决定。

反应工程理论指出:催化剂颗度一般是影响宏观反应速率的重要因素。可以推测,催化剂颗度也可能是影响反应选择性的原因。为此,组织实验,探索粒度的贡献,以期寻找两者间的因果关系。实验容易进行,在已有的装置中,只要改变催化剂的粒度就可以了。见图 4 - 15,效果是明显的,颗粒愈小,选择性愈高。即在同一温度下,相对地加速了主反应,为了得到满意的选择性,催化剂粒度以 0.5～1mm 为宜。

至此,乙苯脱氢生成苯乙烯开发研究的小型工艺试验基本告一段落,即在认可(不必再开发)应用研究开发的催化剂基础上,通过三组实验,找到了影响选择性的"浅层次"原因,并初步确立了工艺条件。这三组实验是:调节绝热固定床介质的入口温度,发现在

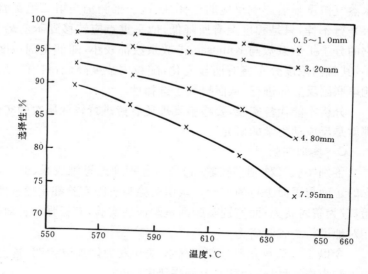

图 4-15　乙苯脱氢催化剂粒度大小对选择性的影响

较低温度(约570℃)时,有利于提高选择性,但转化率较低;改变进床层的蒸汽与乙苯质量比,发现当质量比为3(摩尔比为18)时,选择性可达95%左右;当改变催化剂粒度时,发现即便在640℃,当粒度为0.5～1mm时,选择性仍约为94%。

但减小催化剂粒度何以会提高选择性,仍留下了悬念,发人深思。根据化学工程理论可以作出如下分析:粒度减小,传递过程阻力减小,最终消失,出现了粒内外等温、等浓度,即通称的拟均相。相比之下,因为乙苯脱氢总体为吸热反应,随催化剂粒度减小,催化剂表面温度呈上升趋势,第一组小试,虽是综合(或者是宏观的)的,已经表明,提高温度,不利于选择性。除温度外,还有浓度因素,这里有三个侧面:即乙苯,它是主反应与平行副反应的反应物;苯乙烯与$H_2$,它们是主反应的产物,也是串联反应的反应物,$H_2$还是某些并联反应的反应物;还有水蒸气,可视为稀释剂。水蒸气的摩尔数为乙苯的18倍,而且为小分子,扩散系数比乙苯大,故粒度减小,催化剂微孔内的蒸汽浓度不会显著变化,或者说,不会通过水蒸气浓度显著影响反应的选择性,这一推测仍与第二组实验结果平行不悖,只是程度上有所降低;似乎重点应转移到苯乙烯上,它的分子扩散系数与 Knudsen 扩散系数都较小,随催化剂粒度减小,其粒内浓度分布将有明显变化,随粒内浓度降低,将有效地影响串联副反应的进行,从而提高了选择性。

分析不能代替实践,要检验真理还有待进行较深层次的实验,那就是反应动力学的研究。

C　鉴别实验[4]

鉴别实验又称判别实验,它是为鉴别理论思维成果、假说、概念的正确与否而进行的实验。认识实验与析因实验都是搜索性实验,较为费时费力;而鉴别实验则是验证性实验,有极强的针对性,相对地说较为省时省力。

今以丁二烯氯化制二氯丁烯技术开发为例加以说明,这是陈敏恒的力作,可以作为开发范例来研究。

从文献中得悉,丁二烯易于与氯进行气相反应,在常温下,可在 0.1 秒内将氯耗净。期望进行的化学反应为

$$C_4H_6 + Cl_2 = C_4H_6Cl_2 \tag{4-24}$$

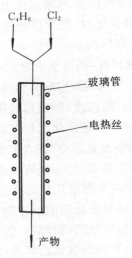

图 4-16　预混型小试装置

产品为二氯丁烯,系无色透明液体,反应放热,无需催化剂,即使在常温下也能很快地进行。副反应产物大体分为两类,一类是氯代产物,另一类是多氯加成产物。

a　认识实验

在认识实验阶段不必追求装置的正规与精密,只要能为实验目的服务就够了。因为在初期的实验中,对开发对象全

然不知,或知之不多,返工或推倒重来是常有的事。既然如此,当然不必在装置的精密上费时耗力了。开发之初,采用了如图 4-16 所示的反应器。原料气丁二烯与氯经"Y"型管混合后进入玻璃反应管,其外缠绕电热丝以调节温度,充分体现了方便、迅速的特点。

试验结果表明:该反应进行极快,确如文献所说,即使在常温下反应也能极快地进行;产物分布对温度很敏感,以 270℃ 为界,高温时有利于加成反应,低温时氯代产物增多(此时并没有发现还会进行聚合、裂解等副反应)。

$$H_2C=CH-CH=CH_2+Cl_2 = \overset{\overset{\displaystyle Cl}{|}}{H_2C}-CH=\overset{\overset{\displaystyle Cl}{|}}{CH_2}$$

(1,4 加成) (4-25)

$$H_2C=CH-CH=CH_2+Cl_2 = H_2C=CH-\overset{\overset{\displaystyle Cl}{|}}{CH}-\overset{\overset{\displaystyle Cl}{|}}{CH_2}$$

(3,4 加成) (4-26)

$$\overset{\overset{\displaystyle Cl}{|}}{H_2C}-CH=CH-\overset{\overset{\displaystyle Cl}{|}}{CH_2}+Cl_2 = H_2C-\overset{\overset{\displaystyle Cl}{|}}{\underset{}{C}}-\overset{\overset{\displaystyle Cl}{|}}{\underset{}{C}}-\overset{\overset{\displaystyle Cl}{|}}{CH_2}$$

(多氯加成) (4-27)

$$H_2C=CH-CH=CH_2+Cl_2 = \overset{\overset{\displaystyle Cl}{|}}{H_2C}-CH=CH_2+HCl$$

(氯代) (4-28)

可以断定加成反应活化能大于氯代反应活化能。这一实验初步完成了对温度效应的定性认识,即高温有利于主反应进行。

按照开发工作中"及早地把工艺与工程结合起来"的原则,根据已认识的反应特征,开始设想反应器的型式,反应器应保证不出现低于 270℃ 的低温区。据此,开发者提出了可供选择的方案,以及筛选这些方案的判据。

原料气预热是方案之一,但经验表明,丁二烯含两个双键,容易自聚，换热器热阻将随自聚增加而增加，难于长期稳定地运转，不言而喻，此方案归于淘汰。全混釜式反应器是另一个可供选择的方案，利用反应产物加热原料，且反应器内温度均一。但搅拌浆的密封是麻烦的事，万一泄漏，将引起重大事故，于是这一方案也在摒弃之列。

利用原料气的射流，抽吸反应产物，达到混合目的，既能实现反应器等温操作，回避了换热器热阻增加、搅拌浆密封等工程问题，是一个很具有吸引力的方案。这仅仅是一个设想，或称作一个概念，是否可行，还要通过计算加以判别。

假定进料温度为 30℃，产品温度为 300℃，为使原料温度升高到 270℃，假定原料与产品热容相同，抽吸量与喷射量之比约为 8～10。进一步计算表明，要产生如此大的卷吸量，射流速度约100m/s，喷嘴的压力降为 5 000N/m²。这些数据表明，条件并不苛刻，工业上完全可以接受。

为了进一步判明返混是否会对二氯丁烯生成反应不利，当然可以制作小型全混釜反应器，或小型射流反应器加以验证。但化学反应工程理论指出，回答返混反应器是否会降低选择性这一问题与回答丁二烯与氯是否存在串联副反应是等价的。而回答后一问题比较方便，这就是命题转化，用彼种研究，回答此种研究要回答的问题，也称为换元。

初步试验已经表明，高温下已不存在氯代副反应，而加成反应的途径如图 4 - 17 所示，可能存在的副反应有两种。其一，为平行副反应。因为这是一个多氯加成副反应，可以想见，其反应级数，即反应速率对氯浓度的敏感程度比主反应要大。化学反应工程理论对此已有定论，即当平行副反应的反应级数大于主反应时，返混存在对主反应的选择性无害。其二，为串联副反应，反应工程理论对此亦有定论，即返混导致选择性下降。可见，回答返混是否会加害于丁二烯氯化与回答丁二烯氯化是否存在串联副反应是等价的。

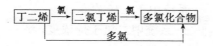

图 4 - 17　丁二烯氯化途径

　　命题转化得到的好处是大幅度简化实验工作。不需再为制造返混反应器烦恼。实验装置如故，通过改变进料组成，即将二氯丁烯气化，与氯混合进入反应器。如产品中有多氯化合物存在，则二氯丁烯继续氯化的串联副反应存在无疑；反之，串联副反应则不存在，也就是说，返混不影响选择性。

　　b　鉴别试验

　　开发者在进行了一组简单的认识实验之后，便进行反应器构思，提出了射流混合反应器方案。为证实返混是否会加害主反应，设想将命题转化，确立了上述概念，通过检测是否存在串联副反应回答返混反应器是否得当。如是，在原装置中进行了第二组实验。结果表明，产品中存在大量多氯化合物，证实串联副反应确实存在。

　　经过两组实验，认识了反应的两大特征。温度效应表明：为了抑制氯代副反应，反应器不应有低温区。为此，设想借助返混以实现等温；浓度效应表明：返混使选择性下降，应予限制。使开发工作处于顾此失彼的两难境地。放弃返混，抑制氯代副反应一时无措；只能坚持返混方案，寻求抑制串联副反应的办法。

　　在尚无动力学的条件下，不妨约略的分析一下影响选择性的因素。假设串联的主副反应都是一级的，可写出

$$r_1 = k_1 [C_4H_6][Cl_2] \qquad (4-29)$$

$$r_2 = k_2 [C_4H_6Cl_2][Cl_2] \qquad (4-30)$$

式中　$r_1$——由丁二烯与氯生成二氯丁烯的反应速率；

　　　　$k_1$——由丁二烯与氯生成二氯丁烯的反应速率常数；

　　　　$r_2$——由二氯丁烯氯化生成多氯化合物的反应速率；

　　　　$k_2$——由二氯丁烯氯化生成多氯化合物的反应速率常数；

$[C_4H_6]$——系统中丁二烯浓度；

$[C_4H_6Cl_2]$——系统中二氯丁烯浓度；

$[Cl_2]$——系统中氯的浓度。

由选择性定义

$$s=\frac{r_1-r_2}{r_1}$$

将式(4-29)、式(4-30)代入,有

$$s=1-\frac{k_2}{k_1}\frac{[C_4H_6Cl_2]}{[C_4H_6]} \qquad (4-31)$$

上式表明:过量的丁二烯是提高选择性的唯一措施。还可以推论,在管式反应器中,随反应进行,选择性愈来愈低;在返混反应器中,浓度均一,都处于苛刻条件之下,选择性很小。

在形成上述概念后,要组织实验进行验证,以判别认识的正确与否。陈敏恒再一次运用了命题转化这一方法,鉴于进料浓度与返混这两个工程因素在产生反应的浓度效应上是等效的,于是,还利用已有的管式反应器,使进料中含氯、丁二烯、二氯丁烯三种物质,它与以氯、丁二烯两种物质为原料在返混反应器中进行串联反应是等效的。这样,再一次回避了设备问题,但验证了要验证的问题。

第三组实验表明:在过量丁二烯存在下,产品中几乎不存在多氯化合物。试想,如果不是在化学工程理论指导下进行逻辑思维、形成概念、采用鉴别实验方法,而是采用搜索实验方法,将会是何等费时、费力、耗资。

### 4.1.2 系统实验

在上一小节中,介绍了预实验中所含的认识实验、析因实验、鉴别实验三种类型,并对应列举了石脑油蒸汽转化、苯烷基化及其催化脱氢生成苯乙烯、丁二烯氯化制二氯丁烯三个开发实例。不难发现,开发者们一方面以科学理论与方法论以及工程经验指导实验,认识开发对象的特征,另一方面则着力于考虑反应器型式、工

艺条件,以期掌握设计与放大规律。参见图4-1,在预实验与掌握设计依据之间还有两项工作要做,一个是放大决策,另一个是系统实验。前者属于理论思维的范畴,也是系统实验内容的前提。系统实验从工作程式上讲,包含如下环节:

(1) 确定实验目标(模型检验、参数估计或筛选判据);

(2) 制定实验方案;

(3) 设计实验装置;

(4) 实验设计(设计实验点);

(5) 操作装置并测取数据;

(6) 数据处理,完成实验目标。

其中正交实验设计已在3.2.3中作了介绍,将于4.2节中叙述参数估计,本小节拟对放大决策、模型检验作简要说明。

A 放大决策

在预实验的基础上,若完成了对研究对象的分解、简化,并形成了数学描述设想,则总是采用数学模型法设计、放大;如无法简化、分解或虽经简化、分解,但还是难以数学描述,则只能设法寻求放大判据。

a 数学模型路线

化学反应工程学科迄今已有50年的历史,已经形成了比较完整的理论体系。在不太苛刻的条件下,在常见的反应环境中,已经对牛顿流体流动、不太复杂的反应体系、均相或多相系统、催化剂行为、热力学与系统工程等分支进行过多侧面的研究,得到许多理论和有益的经验规律,从而构成了采用数学模型路线设计、放大的基础,虽不能说一定或一次成功,但已经出现了有吸引力的态势,这也是化学反应教科书、专著阐述的主要内容。有关成果不胜枚举,摘要如下。

使用各种催化剂,5~30MPa,250℃~630℃,研究了氨合成与 氨分解(压力直至常压)的反应机理与速率方程;碳与水蒸气,在900℃左右的气化反应机理与速率方程;焦炭与二氧化碳,在815℃~1 038℃的气化反应机理与速率方程;以及上述两个系统的催化气化反应机理与动力学方程；用氢还原镍与锌的氧化物，在350℃～500℃的反应机理、速率方程；在各种催化剂下，二氧化硫在400℃～600℃时的氧化机理与速率方程；二氧化钛在含三氯化铁熔盐中氯化的反应机理与速率常数；氨氧化制硝酸的反应机理与速率常数；用各种引发剂，丙烯腈聚合的反应机理、速率方程与分子量分布；苯胺与醋酸乙酰化的转化率速率常数与Arrhenius参数；在各种催化剂上，在180℃～230℃以及380℃～500℃，0.1～3MPa条件下，苯氧化生成顺丁烯二酸酐（顺酐）的反应机理与速率方程；萘或邻二甲苯在350℃～400℃，0.098MPa条件下，氧化生产邻苯二甲酸酐（苯酐）的反应机理与速率方程；在140℃～220℃苯催化加氢生成环己烷的反应机理、吸附平衡常数与速率方程；丙烯氨在催化剂作用以及350℃～470℃氧化生成丙烯腈的反应机理、反应速率方程；在168℃～180℃，0.6～0.8MPa，催化剂参与下，乙烯与醋酸氧化偶联合成醋酸乙烯；在200℃～280℃，2MPa，催化剂作用下，乙烯氧化生成环氧乙烷的反应机理与速率方程；在150℃～220℃，约2MPa下，环氧乙烷水解生成乙二醇的反应机理与速率方程；以铑为催化剂，3～4MPa，180℃～200℃，甲醇羰基化合成醋酸的反应机理与速率方程；石脑油、柴油、乙烷在～800℃时热裂解生成乙烯、丙烯的反应机理与经验方程；在240℃～280℃、1～3MPa，乙烯氧氯化生成氯乙烯的分步机理、速率方程，等等。上述工艺都已工业化，有些反应机理与动力学是在实现工业化后才取得研究成果的。即使如此，仍然显示出数学模型设计、放大路线是有吸引力的，也是可以做到的，也许这个认识过程是漫长的。

通过认识开发对象特征，进而分解、简化，建立数学模型，由实验室规模放大17 000倍取得成果的实例——丙烯二聚生成2-甲基-1-戊烯，见3.2.4节。

　　b　放大判据路线

在对象过于复杂，难以进行数学描述时，只能采用放大判据路线。人们所熟知的搅拌反应器采用"等功率放大"、"等端点线速度放大"、"等雷诺数放大"属该种类型。4.1.1中介绍的丁二烯氯化制二氯丁烯开发案例在放大环节上也采用放大判据路线,以此为例再加介绍。

通过预实验,认识到为防止氯代副反应,反应器中不应存在低于270℃的低温区;射流反应器有利于多氯加成串联副反应;提高进料中的丁二烯含量会有效地抑制串联副反应,在没有反应动力学方程和传递方程的条件下,陈敏恒在以回流比(回流量与射流量之比)10:1为判据(在此条件下,可以用300℃的反应产物将原料加热到270℃)开展系统实验。这意味着反应器的结构尺寸主要不取决于反应规律(因为丁二烯氯化反应速率极高,前已叙及,仅0.1秒即可将氯耗光,而且在氯消耗殆尽的情况下,反应器稍大些,不会造成不良后果),而要保证形成足够的返回量。

在受限射流的冷模中,系统地测试回流比与射流速度和几何尺寸、流体性质(主要为密度)关系式:

$$R = f(d_0, D, L, \rho_1, \rho_2, m_0) \tag{4-32}$$

式中　$R$——回流质量比;

　　　$m_0$——原料自喷嘴喷出的质量流率;

　　　$D$——冷模容器直径;

　　　$d_0$——喷嘴直径;

　　　$\rho_1$——原料密度;

　　　$\rho_2$——产物密度;

　　　$L$——冷模容器中自喷嘴出口至某一截面的轴向距离。

根据上式,可以求出满足判据(回流比为10:1)的反应器直径与高度,即满足既定生产规模的反应器几何尺寸。

如何确定进料中丁二烯与氯的摩尔比,也是放大中需要决策的问题。它受到两个方面的约束,一个是工艺要求,为提高选择性,丁二烯应当过量;另一个是工程约束。所谓工程问题是这样的:当生产规模一定,氯的用量及反应放热量相应规定,产物绝热温升显然与进料中丁二烯量有关。如果绝热温升超过300℃,则偏离工艺要求(300℃),反应器要敷设冷却器;反之,如果低于 300℃,则又要设置加热器。不论是冷却器还是加热器,都存在换热面污染问题,或者说留下工程隐患。最好的方案是,不设换热器,使反应器处于绝热状态下操作。经计算,满足该要求的条件是:进料中丁二烯与氯的摩尔比为 4∶1。这样既满足了工程要求,也满足了工艺要求。

概括起来说,放大决策具体的问题要具体地解决。只要有可能,总是首先采用数学模型设计、放大路线;反之,则采用判据放大路线,全凭主(认识深度)客(对象难易)观情况而定,没有一成不变的界限和模式。

B 模型检验

对同一个物理过程,由于分解、简化(含假设)的角度不同,会得到不同的数学模型;有时因分解、简化失之偏颇,而不能对物理过程进行恰当的数学描述。总之,在参数估计的同时,还要检验数学模型,以判别其是否适定。早期的动力学模型检验方法是将模型线性化,利用直线性来检验模型的正确性,并以此求得模型参数。例如,动力学为幂函数型

$$(-r) = kc^n \tag{4-33}$$

线性化为

$$\ln(-r) = \ln k + n \ln c \tag{4-34}$$

式中　$r$——反应物的反应速率;

　　　$k$——反应速率常数;

　　　$c$——反应物浓度;

　　　$n$——反应级数。

将实测的 $\ln(-r)$ 和 $\ln c$ 进行标绘,如满足线性关系,则证明式(4-33)是适定的,同时求得反应级数 $n$ 和反应速率 $k$。如将 Arrhenius 关系式

$$k = k_0 \exp(-\frac{E}{RT}) \tag{4-35}$$

线性化,有

$$\ln k = -\frac{E}{RT}\ln k_0 \qquad (4-36)$$

以实测值 $\ln k$ 对 $1/T$ 标绘,如为直线,表明模型是适定的。进而可求出反应活化能 $E$ 与频率因子 $k_0$。

60 年代以后出现了统计检验方法,常用的是决定性指标 $\rho^2$,$F$ 检验和残差分析。

a 决定性指标 $\rho^2$

$$\rho^2 = 1 - \frac{\sum_{i=1}^{m}(y_i - \hat{y}_i)^2}{\sum_{i=1}^{m}y_i} \qquad (4-37)$$

式中 $y_i$——第 $i$ 次观测的因变量实验值;

$\hat{y}_i$——第 $i$ 次因变量计算值;

$m$——实验次数。

$\rho^2$ 接近于 1 的模型属适定模型。

b $F$ 指标

$$F = \frac{\dfrac{\sum_{i=1}^{m}y_i^2 - \sum_{i=1}^{m}(y_i - \hat{y}_i)^2}{P}}{\dfrac{\sum_{i=1}^{m}(y_i - \hat{y}_i)^2}{m-P}} \qquad (4-38)$$

式中 $P$——待估参数的个数,又称模型参数的维数;其他符号含义同式(4-37)。将模型的 $F$ 指标,与自由度为 $P-1,m-P$ 的 $F$ 表上 $FT$ 值比较,当 $F>10FT$,则模型属适定。

c $F_E$ 比

模型计算误差平方和与实验误差方差之间 $F_E$ 比

$$F_E = \frac{\displaystyle\sum_{i=1}^{m}(y_i - \hat{y}_i)^2}{\dfrac{m-P}{\sigma^2}} \qquad (4-39)$$

式中　$\sigma^2$——实验误差方差。

d　残差分析

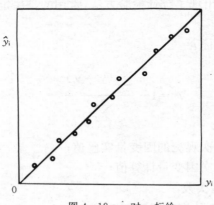

图 4-18　$\hat{y}_i$ 对 $y_i$ 标绘

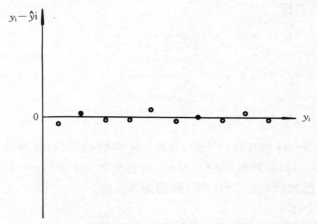

图 4-19　$(y_i - \hat{y}_i)$ 对 $y_i$ 标绘

将各次观测的因变量实验值 $y_i$ 与计算值 $\hat{y}_i$ 进行标绘,如交汇点均匀地分布在对角线两侧,则模型适定,见图 4-18;若将各次的实验残差 $y_i - \hat{y_i}$ 与实验测定值 $y_i$ 进行标绘,如果均匀地分布在零线两侧,如图 4-19 所示,则模型是适定的。

## 4.2 参数估计[5]

经过系统试验之后,人们将得到一批实验数据,虽然可以用标绘曲线或列表等方式对这些试验结果加以表达,鉴于使用上的麻烦,人们已不甘心于这些古老的方法,数学模型路线相继崛起,成为数据处理的追求目标。

其实,早在预实验阶段之后,开发者根据对过程认识的深刻程度,即验前信息,已就能否对过程进行描述作出判断。如果对过程有相当深刻的理解,从而决定了建立数学模型的途径。在合理简化后,推导出能描述各变量之间关系的数学方程,被称为机理模型。例如焦姆金(Темкин)在导出合成氨催化反应动力学时,曾将过程简化为不均匀表面、中等覆盖度、氮吸附控制,经过推演,得到表达式

$$r_{NH_3} = k_1 p_{N_2} \left( \frac{p_{NH_3}^2}{p_{H_2}^3} \right)^{-\alpha} - k_2 \left( \frac{p_{NH_3}^2}{p_{H_2}^3} \right)^{1-\alpha} \qquad (4-40)$$

如果对过程虽无深刻的理解,但有经验可资借鉴,或纯属为了方便,也常常选用与过程特征相符的模型。例如,一氧化碳变换反应动力学可选用幂函数型速率表达式

$$r_{CO} = k_0 e^{\frac{-E}{RT}} p_{CO}^a p_{H_2O}^b p_{CO_2}^c p_{H_2}^d (1-\beta) \qquad (4-41)$$

如果过程十分复杂,只能将过程看成一个"黑箱",根据输入和输出的数据来建立数学模型。不言而喻,这种模型是纯经验的,例如气体的定压热容与温度的关系:

$$c_p = a_0 + a_1 T + a_2 T^2 \qquad (4-42)$$

在上述诸式中，$r_{NH_3}$、$r_{CO}$、$c_p$ 分别表示氨的生成反应速率，一氧化碳的消失反应速率，物质的等压热容。它们都是模型因变量，是被测定的状态变量的模型计算值；而 $T$ 代表温度，$p_i$ 为下标 $i$ 组分的分压，它们被统称为状态变量；在机理模型与半经验模型中的 $k_1$、$k_2$、$k_0$ 为反应速率常数和频率因子，$E$ 为活化能；$\alpha$、$a$、$b$、$c$、$d$ 为反应级数，它们均 自己的物理含义。其量值的大小、正负都有深刻的内涵。在建立数学模型时，它们均称为待估参数；在经验模型中，$a_0$、$a_1$、$a_2$ 也是待估参数。但它们是没有任何物理意义的常数。

由此可见，建立数学模型的一个重要任务就是确定参数的大小，或称为参数估计。其含义是利用实验得到的全部数据信息，借助最优化方法，使模型的计算值与实验值之间的残差平方总和达到最小的条件下，从而确定待定参数。

为避免过多的数学推导，我们从最简单的一元线性回归讲起，意在体现参数估计最优判别的确立，最优化方法的运用，所得参数的评价三项内容。

### 4.2.1 一元线性回归

设 $x$ 为实验中能精确测定的自变量，$y$ 是因变量，测定值中含有随机误差，而误差是服从正态分布的随机变量。共进行 $n$ 次试验。其观测值为 $(x_1,y_1)$，$(x_2,y_2)$，$\cdots$，$(x_n,y_n)$。这些实验点的图象示于图 4-20。

即使 $x$ 与 $y$ 之间存在确定的关系，即函数关系，由于随机误差的存在，两者间的确定性关系遭到破坏，即虽有制约关系，但又不能由一个变量的数值唯一地求出另一个变量的数值，习称这种关系为相关关系。线性回归的任务在于从一组数据出发，确定变量间的近似定量关系式，而这些数学模型中的待估参数是线性的。

针对图 4-20 所示的实验点，不难想见 $x$ 与 $y$ 之间近似定量关系可表示为

$$\hat{y}=a+bx \tag{4-43}$$

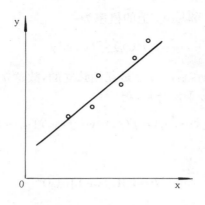

图 4-20  实验点图象

式中 $\hat{y}$ 是模型计算值,或称回归值,而不是试验测定值。任何一个 $x_i(i=1,2,\cdots,n)$ 由式(4-43)都可得到确定的 $\hat{y}_i$。如所假设 $x_i$ 可准确测定;$x$ 与 $y$ 又可确定存在线性关系,那末 $y_i$ 与 $\hat{y}_i$ 之间的差异可表示为

$$y_i - \hat{y}_i = y_i - (a+bx_i) = \varepsilon_i \qquad (4-44)$$

产生的原因有二。其一,$a$、$b$ 取值正确,完全由测定误差引起。确系如此的话,残差应服从误差分布规律;其二,$a$、$b$ 取值不正确,残差不会服从误差分布规律。综观上述两点就会得出结论:使残差服从误差分布规律是估计参数的关键。

A  线性最小二乘法

随机变量 $y$ 服从正态分布,其密度函数可写为

$$f(y) = \frac{1}{\sigma\sqrt{2\pi}} \exp\left(-\frac{(y-\hat{y})^2}{2\sigma^2}\right)$$

$y$ 落在 $y_1$ 的邻域 $dy$ 中的概率,亦即落在 $(y_1 - \frac{1}{2}dy, y_1 + \frac{1}{2}dy)$ 区间的概率为

$$P(y_1) = f(y_1)dy$$

类似地，落在 $y_i$ 邻域 $\mathrm{d}y$ 上的概率为

$$P(y_i) = f(y_i)\mathrm{d}y$$

因为子样元素 $y_1, y_2, \cdots, y_n$ 是互相独立的，故这 $n$ 个子样元素同时出现的概率应按乘法计算，得

$$P(y_1, y_2, \cdots, y_n) = f(y_1)\mathrm{d}y \cdot f(y_2)\mathrm{d}y, \cdots, f(y_n)\mathrm{d}y$$

或简记为

$$P = \Big[\prod_{i=1}^{n} f(y_i)\Big](\mathrm{d}y)^n \qquad (4-45)$$

亦即

$$P = \left(\frac{1}{\sigma\sqrt{2\pi}}\right)^n \exp\Big[-\frac{1}{2\sigma^2}(\varepsilon_1^2 + \varepsilon_2^2 + \cdots + \varepsilon_n^2)\Big](\mathrm{d}y)^n$$

按照最大似然法，$y$ 的取值应使其出现的概率最大，又计及 $(\mathrm{d}y)^n$ 为常量，$P$ 要最大，势必 $e$ 项要最大，即

$$\varepsilon_1^2 + \varepsilon_2^2 + \cdots + \varepsilon_n^2 = 最小 \qquad (4-46)$$

由此我们找到了按给定函数形式来拟合实验数据，即求定待估参数的目标函数。习惯上，将以误差偏差平方和最小视为最优判别式进行参数估计的方法称为最小二乘法。

对一元线性回归的情况，即仅一个自变量 $x$；$a$ 与 $b$ 均为一次。用最小二乘法进行参数估计时，$a$ 与 $b$ 都有简单的解析解。下文转向寻求它们的表达式

将式(4-44)代入式(4-46)，有

$$Q(a, b) = \sum_{i=1}^{n} \varepsilon_i^2 = \sum_{i=1}^{n} (y_i - a - bx_i)^2 \qquad (4-47)$$

对该式求极值

$$\frac{\partial Q(a, b)}{\partial a} = 2\sum_{i=1}^{n} (y_i - a - bx_i)(-1) = 0$$

$$\frac{\partial Q(a,b)}{\partial b} = 2 \sum_{i=1}^{n} (y_i - a - bx_i)(-x_i) = 0$$

将其整理，得正规方程组

$$na + (\sum_{i=1}^{n} x_i)b = \sum_{i=1}^{n} y_i$$

$$(\sum_{i=1}^{n} x_i)a + (\sum_{i=1}^{n} x_i^2)b = \sum_{i=1}^{n} x_i y_i$$

令

$$\bar{x} = \frac{1}{n} \sum_{i=1}^{n} x_i$$

$$\bar{y} = \frac{1}{n} \sum_{i=1}^{n} y_i$$

得 $\qquad a = \bar{y} - b\,\bar{x}$ $\hfill (4-48)$

$$b = \frac{\sum x_i y_i - n\,\bar{x}\,\bar{y}}{\sum x_i^2 - n\,\bar{x}^2} = \frac{\sum (x_i - \bar{x})(y_i - \bar{y})}{\sum (x_i - \bar{x})^2} \qquad (4-49)$$

### B 相关显著性的检验

为了考察 $x$ 与 $y$ 之间的线性相关的密切程度，人们提出了一个数量指标，称为相关系数。

由式 $(4-47)Q$ 代表偏差平方和，如任一偏差 $\varepsilon_i$ 都很小，$Q$ 亦必很小，这意味着各观测值都接近回归直线，或者说 $x$ 与 $y$ 的相关程度很高。反之，$Q$ 很大，各观测点必远离回归直线。$x$ 与 $y$ 的相关程度就很低。这给人们以启迪，$x$ 与 $y$ 的相关程度，可从偏差平方和 $Q$ 的大小来考虑。鉴于

$$Q = \sum (y_i - a - bx_i)^2$$

又计及式 $(4-48)$、式 $(4-49)$ 两式，得

$$Q = \sum (y_i - \bar{y})^2 (1 - r^2) \qquad (4-50)$$

式中

$$r = \frac{\sum (x_i - \overline{x})(y_i - \overline{y})}{\sqrt{\sum (x_i - \overline{x})^2 \sum (y_i - \overline{y})^2}} \tag{4-51}$$

因为偏差平方和 $Q \geqslant 0$，故 $r^2 \leqslant 1$，即 $0 \leqslant |r| \leqslant 1$。如果 $|r| = 1$，由式 (4-50)，$Q = 0$，表示各观测点均在回归直线上，见图 4-21。表明变量 $x$ 与 $y$ 是函数相关，或称相关完全密切；如果 $r = 0$，即 $Q = \sum (y_i - \overline{y})^2$，由式 (4-49)，$b = 0$，表明为观测数据所配的直线方程为 $y = a$，见图 4-22，意味着 $x$ 与 $y$ 之间毫无线性关系；当 $r = 0.9$，

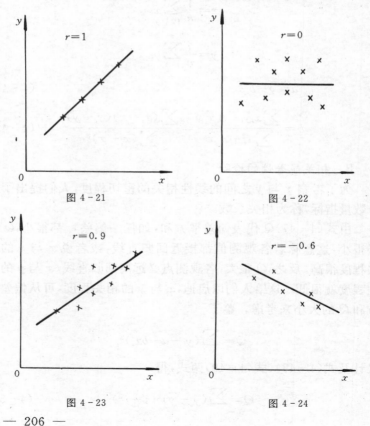

图 4-21

图 4-22

图 4-23

图 4-24

亦即 $b>0$，$x$ 与 $y$ 呈正相关，见图 4-23；当 $r=-0.6$，亦即 $b<0$，则 $x$ 与 $y$ 呈负相关。见图 4-24。总之 $|r|$ 愈接近于 1，各观测点愈接近回归直线，变量间相关程度愈高；反之，$|r|$ 愈接近于零，相关程度就愈低。

将式 (4-51) 的分子、分母均除以 $n$，并令

$$\frac{1}{n}\sum(x_i-\overline{x})^2=S_x^2 \qquad (4-52)$$

$$\frac{1}{n}\sum(y_i-\overline{y})^2=S_y^2 \qquad (4-53)$$

$$\frac{1}{n}\sum(x_i-\overline{x})(y_i-\overline{y})=S_{xy} \qquad (4-54)$$

可得

$$r=\frac{S_{xy}}{S_xS_y} \qquad (4-55)$$

显而易见：$S_x^2$ 表示子样 $(x_1,x_2,\cdots,x_n)$ 的方差；而 $S_y^2$ 则表示子样 $(y_1,y_2,\cdots,y_n)$ 的方差。式 (4-54) 定义的 $S_{xy}$ 称为子样 $(x_1,x_2,\cdots,x_n)$ 与子样 $(y_1,y_2,\cdots,y_n)$ 的协方差。记为

$$S_{xy}=\text{COV}(x,y)$$

在非线性二乘估计法中还将进一步讨论。

为了回答相关系数究竟多大才认为是相关显著这一问题，就必须着手于相关显著性检验。附录三给出了在一定信度 $\alpha$ 下的相关系数临界值 $r_\alpha$，如果计算所得的 $|r|\geqslant r_\alpha$，则认为变量在 $\alpha$ 信度上相关显著，若 $|r|<r_\alpha$，就说变量在 $\alpha$ 信度上相关不显著，亦即回归方程无效。

除用相关系数可以进行相关显著性检验外，方差分析也具有相同的功效，自然也有内在联系。检验时任择其一即可，视方便而定。

引起 $n$ 次试验结果 $y_1,y_2,\cdots,y_n$ 差异的原因有两个，一个是水

平变化引起的,一个是误差引起的。记 $S_T^2$ 为总偏差平方和,有

$$S_T^2 = \sum_{i=1}^{n} (y_i - \overline{y})^2 \qquad (4-56)$$

参见图 4-25,上式又可表示为

$$S_T^2 = \sum_{i=1}^{n} [(y_i - \hat{y}_i) + (\hat{y}_i - \overline{y})]^2$$

整理上式得

$$\sum_{i=1}^{n} (y_i - \overline{y})^2 = \sum_{i=1}^{n} (y_i - \hat{y}_i)^2 + \sum_{i=1}^{n} (\hat{y}_i - \overline{y})^2$$

显然,右端第一项是由误差引起的,记为 $Q$,第二项是由水平变化引起的,记为 $u$,习称回归平方和。

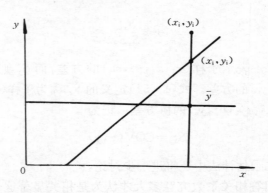

图 4-25

$$u = \sum_{i=1}^{n} (\hat{y}_i - \overline{y})^2 = \sum_{i=1}^{n} (a + bx_i - a - b\overline{x})^2$$

$$= b^2 \sum_{i=1}^{n} (x_i - \overline{x})^2 = b \sum_{i=1}^{n} (x_i - \overline{x})(y_i - \overline{y})$$

与(4-51)、(4-56)、(4-49)三式比较,得

$$r^2 = \frac{u}{S_T^2} \qquad (4-57)$$

该式揭示了相关系数与回归平方和以及总偏差平方和之间的关系。

再看各平方和的自由度。记总偏差平方和的自由度为 $f_T$，因为 $n$ 个实验点以及一个约束条件，

$$\bar{y} = \frac{1}{n}\sum_{i=1}^{n} y_i$$

因此有

$$f_T = n - 1 \tag{4-58}$$

记回归平方和的自由度为 $f_u$，变量个数与回归方程的元素有关，当有 $m$ 元时，计及因变量，其变量个数为 $m+1$；同样有一个约束条件，$\bar{y} = \frac{1}{n}\sum_{i=1}^{n} y_i$，故

$$f_u = m + 1 - 1 = m \tag{4-59}$$

误差偏差平方和的自由度

$$f_Q = f_T - f_u = n - m - 1 \tag{4-60}$$

如果为一元回归方程时，$f_Q = n - 2$，据此为引数，可查相关系数临界值 $r_\alpha$。

接下来，可以进行方差分析了，作出原假设：不存在相关关系，即

$$H_0 : b = 0$$

于是

$$F = \frac{\dfrac{u}{f_u}}{\dfrac{Q}{f_Q}} \tag{4-61}$$

应趋近于 1，如果在约定的信度值 $\alpha$ 的条件下，有

$$P(F \leqslant F_\alpha(f_u, f_Q)) = 1 - \alpha$$

当 $F > F_\alpha(f_u, f_Q)$ 时,则为小概率事件,在一次试验中不应该发生,如果确已发生,则证明原假设不成立,表明变量间有相关关系,且在 $\alpha$ 信度上是显著的;否则,就是在 $\alpha$ 信度上不显著。

例题:不同温度 $T$ 的反应速率常数 $k$ 的实验结果载于表 4-2。

表 4-2

| $T$ K | 363 | 373 | 383 | 393 | 403 |
|---|---|---|---|---|---|
| $k(\text{min}^{-1})$ | $0.666 \times 10^{-2}$ | $1.376 \times 10^{-2}$ | $2.717 \times 10^{-2}$ | $5.221 \times 10^{-2}$ | $9.668 \times 10^{-2}$ |
| $x = \dfrac{1}{T}$ | $2.755 \times 10^{-3}$ | $2.681 \times 10^{-3}$ | $2.611 \times 10^{-3}$ | $2.545 \times 10^{-3}$ | $2.481 \times 10^{-3}$ |
| $y = \ln k$ | $-5.01$ | $-4.29$ | $-3.61$ | $-2.95$ | $-2.34$ |

已知其数学模型为:

$$k = k_0 \exp\left(\frac{-E}{RT}\right)$$

试估计其频率因子 $k_0$ 与活化能 $E$。

将给定的方程线性化。有

$$\ln k = \ln k_0 - \frac{E}{R}\left(\frac{1}{T}\right)$$

记 $y = \ln k, a = \ln k_0, x = \dfrac{1}{T}, b = \dfrac{-E}{R}$,上式可写为

$$\hat{y} = a + bx$$

为估计 $a$ 与 $b$,在已知数据基础上运算,汇总列于表 4-3。

表 4-3

| 试验号 | $x_i$ | $y_i$ | $x_i^2$ | $y_i^2$ | $x_i y_i$ |
|---|---|---|---|---|---|
| 1 | $2.755 \times 10^{-3}$ | $-5.01$ | $7.590 \times 10^{-6}$ | $25.10$ | $-13.802 \times 10^{-3}$ |
| 2 | $2.681 \times 10^{-3}$ | $-4.29$ | $7.188 \times 10^{-6}$ | $18.40$ | $-11.501 \times 10^{-3}$ |
| 3 | $2.611 \times 10^{-3}$ | $-3.61$ | $6.817 \times 10^{-6}$ | $13.03$ | $-9.426 \times 10^{-3}$ |
| 4 | $2.545 \times 10^{-3}$ | $-2.95$ | $6.477 \times 10^{-6}$ | $8.70$ | $-7.508 \times 10^{-3}$ |
| 5 | $2.481 \times 10^{-3}$ | $-2.34$ | $6.156 \times 10^{-6}$ | $5.48$ | $-5.805 \times 10^{-3}$ |
| $\sum$ | $13.073 \times 10^{-3}$ | $-18.20$ | $34.228 \times 10^{-6}$ | $70.71$ | $-48.042 \times 10^{-3}$ |

算得：

$$\bar{x}=\frac{1}{5}\times 13.073\times 10^{-3}=2.615\times 10^{-3}$$

$$\bar{y}=\frac{1}{5}\times(-18.20)=-3.640$$

$$n\,\bar{x}^2=5\times(2.615\times 10^{-3})^2=34.191\times 10^{-6}$$

代入式(4-49)

$$b=\frac{\sum x_i y_i-n\,\bar{x}\,\bar{y}}{\sum x_1^2-n\,\bar{x}^2}=\frac{(-48.042+47.593)\times 10^{-3}}{34.228\times 10^{-6}-34.191\times 10^{-6}}$$

$$b=-12\ 135$$

由于 $\frac{-E}{R}=b$，因而 $E=12\ 135\times 8.317=100\ 928$ kJ/kmol。

由式(4-48)

$$a=\bar{y}-b\,\bar{x}=-3.640+12\ 135\times 2.615\times 10^{-3}$$

$$a=28.093$$

进而求出频率因子 $k_0=1.587\times 10^{12}$

下面用相关系数进行相关显著性检验。数据汇于表4-4。

表 4-4

| 实验号 | $x_i-\bar{x}$ | $y_i-\bar{y}$ | $(x_i-\bar{x})^2$ | $(y_i-\bar{y})^2$ | $(x_i-\bar{x})(y_i-\bar{y})$ |
|---|---|---|---|---|---|
| 1 | $0.14\times 10^{-3}$ | $-1.37$ | $0.019\ 6\times 10^{-6}$ | $1.876\ 9$ | $-0.191\ 8\times 10^{-3}$ |
| 2 | $0.066\times 10^{-3}$ | $-0.65$ | $0.004\ 35\times 10^{-6}$ | $0.422\ 5$ | $-0.042\ 9\times 10^{-3}$ |
| 3 | $-0.004\times 10^{-3}$ | $0.03$ | $0.000\ 016\times 10^{-6}$ | $0.000\ 9$ | $-0.000\ 1\times 10^{-3}$ |
| 4 | $-0.007\times 10^{-3}$ | $0.69$ | $0.000\ 049\times 10^{-6}$ | $0.476\ 1$ | $-0.004\ 83\times 10^{-3}$ |
| 5 | $-0.134\times 10^{-3}$ | $1.3$ | $0.017\ 9\times 10^{-6}$ | $1.690\ 0$ | $-0.174\ 2\times 10^{-3}$ |
| $\sum$ | $0.061\times 10^{-3}$ | $-0.09$ | $0.041\ 91\times 10^{-6}$ | $4.466\ 4$ | $-0.413\ 83\times 10^{-3}$ |

由式(4-51a)

$$r = \frac{\sum(x_i - \bar{x})(y_i - \bar{y})}{\sqrt{\sum(x_i - \bar{x})^2 \sum(y_i - \bar{y})^2}} = \frac{-0.41383 \times 10^{-3}}{\sqrt{0.04191 \times 4.4664 \times 10^{-6}}}$$

$$r = -0.956$$

以显著水平 $\alpha = 5\%$,引数为 3 查得相关系数临界值 $r_\alpha = 0.878$。鉴于 $|r| > r_\alpha$,所以相关是显著的。

再用方程分析进行相关显著性检验。已算得 $a = 28.093, b = -12\ 135$。数据汇于表 4-5。

表 4-5

| 实验号 | $y_i$ | $x_i$ | $y_i - a - bx_i$ | $Q$ |
|---|---|---|---|---|
| 1 | −5.01 | $2.755 \times 10^{-3}$ | 0.328 9 | 0.108 2 |
| 2 | −4.29 | $2.681 \times 10^{-3}$ | 0.150 9 | 0.022 8 |
| 3 | −3.61 | $2.611 \times 10^{-3}$ | −0.018 5 | 0.000 3 |
| 4 | −2.95 | $2.545 \times 10^{-3}$ | −0.159 4 | 0.025 4 |
| 5 | −2.34 | $2.481 \times 10^{-3}$ | −0.326 1 | 0.106 3 |
| $\sum$ | −18.20 | $13.073 \times 10^{-3}$ | | 0.263 0 |

误差偏差平方和的自由度由式(4-60)计算

$$f_Q = 5 - 2 = 3$$

回归平方和

$$u = b\sum(x_i - \bar{x})(y_i - \bar{y})$$

$$u = -12\ 135 \times (-0.413\ 83 \times 10^{-3}) = 5.021\ 8$$

而其自由度 $f_u = 1$,统计量 $F$ 比由式(4-61)计算

$$F = \frac{5.021\ 8/1}{0.263/3} = 57.283$$

以 $f_u$、$f_Q$ 为引数，当 $\alpha=5\%$ 时，查得临界值 $F_\alpha=10.1$，今 $F>F_\alpha$，故相关显著。

### 4.2.2　代数模型的参数估计

上文介绍了一元线性回归，业已提及，它也是一种参数估计。其目标函数是观测值与模型预测值之间的偏差平方和最小。因方程式简单，当对待估参数求导并令导数等于零时，得到与待估参数数量相等的代数方程式，或称作正规方程组，因而待估参数有确定解。如果偏差误差均匀分布、独立，并具有零均值，由此计算得的参数值就是真实值，习称无偏估计。

遗憾的是，这个方法有某些局限性，从下面的两个例子即见端倪。

其一，一些复杂的模型很少具有所要求的线性形式。例如已知的模型为

$$\eta=\exp(-kt) \qquad\qquad (4-62)$$

诚然，将其线性化

$$\eta'=\ln\eta=-kt \qquad\qquad (4-63)$$

可以满足所要的模型形式。但误差分布遭到了破坏。其原因是式 (4-62) 的误差

$$\varepsilon_j=y_i-\exp(-kt_i)$$

而式 (4-63) 的误差

$$\varepsilon'_j=\ln y_i+kt_i$$

如果说实验测定误差 $\varepsilon$ 服从 $N(\sigma,\sigma^2)$ 正态分布，那末线性变换所得误差 $\varepsilon'$ 就再也不会服从这一分布了。这意味着，式 (4-63) 的误差最小化，并不等于线性化之前的式 (4-62) 误差最小化。换言之，用线性化得到的待估参数 $k$ 并非无偏估计。

其二，某些数学模型在线性化时，自变量出现在等式两侧，观

测变量误差与自变量不再相互独立。例如，某一非均相催化反应的数学模型

$$r_A = \frac{k'(p_A - p_R p_S/K_E)}{(1 + K_A p_A + K_R p_R + K_S p_S)^2} \qquad (4-64)$$

式中　$p_A$、$p_R$、$p_S$——分压；

　　　$K_E$——已知的平衡常数；

　　　$k'$、$K_A$、$K_R$、$K_S$——待估参数。

显然，它们在式（4-64）中均为非线性。若将上式化为

$$\left(\frac{p_A - p_R p_S/K_E}{r_A}\right)^{\frac{1}{2}} = \frac{1}{k'} + \frac{K_A p_A}{k'} + \frac{K_R p_R}{k'} + \frac{K_S p_S}{k'}$$

并简记成

$$\eta_A = k_1 + k_2 p_A + k_3 p_R + k_4 p_S$$

在形式上变成线性组合，但分压出现在等式两边，同时具有因变量与自变量的性质。这种变换，虽然可以使用线性最小二乘法来估计参数。但其估计值不是反应速率的最好预测，其外推结果自然也不会令人满意。

概而言之，借助线性二乘准则为判据，通过线性回归进行参数估计，只有在少数特殊情况下才适用。对一般代数模型，为进行参数估计，还需开辟新的途径。

A　非线性代数模型通式

记 $j$ 为实验次数，$j=1,2,\cdots,M$，即共进行 $M$ 次实验。将每次实验 $m$ 维测定值用向量形式表示为 $\boldsymbol{y}_j = (y_{1j}, y_{2j}, \cdots, y_{mj})^T$，假定已知数学模型的通式为

$$\eta = f(\boldsymbol{x}, \boldsymbol{k}) \qquad (4-65)$$

式中　$\boldsymbol{k}$——$p$ 维持待估参数列向量，$(k_1, k_2, \cdots, k_p)^T$；

　　　$\boldsymbol{x}$——$n$ 维状态变量列向量，或称自变量列向量。

$\boldsymbol{x} = (x_1, x_2, \cdots, x_n)^T$，在实验中是可以精确测定的。

$\eta$——$m$ 维因变量列向量,或称模型计算值列向量。

$$\eta=(\eta_1,\eta_2,\cdots,\eta_m)^{\mathrm{T}}$$

模型计算值 $\eta_j$ 与实验测定值 $y_j$ 之间存在如下关系

$$y_j=f(x,k)+\varepsilon_j \tag{4-66}$$

式中 $\varepsilon_j$ 表示 $m$ 维观测值与模型预测值之间偏差的误差列向量、或称残差列向量、剩余列向量 $(\varepsilon_{1j},\varepsilon_{2j},\cdots,\varepsilon_{mj})^{\mathrm{T}}$ 。

举两个例子,以便将通式的符号具体化,先看例一,等温条件下,某反应的速率方程为

$$\frac{\mathrm{d}c_{\mathrm{A}}}{\mathrm{d}t}=-kc_{\mathrm{A}}$$

$t$ 为反应时间,$c_{\mathrm{A}}$ 为组分 $A$ 的浓度,$k$ 为反应速度常数,以 $t=0$ 时 $c_{\mathrm{A}}=c_{\mathrm{A}0}$ 为边界条件,上式积分有

$$c_{\mathrm{A}}=c_{\mathrm{A}0}\exp(-kt) \tag{4-67}$$

对照式(4-65),$\eta$ 为一维因变量,即 $c_{\mathrm{A}}$;$x$ 为二维自变量列向量,$x=(c_{\mathrm{A}0}\cdot t)^{\mathrm{T}}$;$k$ 为一维待估参数,即 $k$。再看例二,今有化学反应

$$A\xrightarrow{k_1}B\xrightarrow{k_2}C$$

其动力学方程式分别为

$$\frac{\mathrm{d}c_{\mathrm{A}}}{\mathrm{d}t}=-k_1c_{\mathrm{A}} \tag{4-68}$$

$$\frac{\mathrm{d}c_{\mathrm{B}}}{\mathrm{d}t}=k_1c_{\mathrm{A}}-k_2c_{\mathrm{B}} \tag{4-69}$$

若初始条件为

$$t=0,c_{\mathrm{A}0}=1,c_{\mathrm{B}0}=0,c_{\mathrm{C}0}=0$$

鉴于 $c_{\mathrm{A}}+c_{\mathrm{B}}+c_{\mathrm{C}}=1$,故不需要列出关于 $c$ 的方程,对式(4-68)、式(4-69)积分,得

$$c_A = \exp(-k_1 t) \qquad (4-70)$$

$$c_B = \frac{k_2}{k_2 - k_1}[\exp(-k_1 t) - \exp(-k_2 t)] \qquad (4-71)$$

对应式(4-65)

$$x = t$$
$$k = (k_1, k_2)^T$$
$$\eta = (c_A, c_B)^T$$

实验测定值列于表4-6。

当$t = 15$时,重复试验载于表4-7。

表 4-6

| $t$ | $c_A$ | $c_B$ |
|-----|-------|-------|
| 0   | 1.000 | 0.000 |
| 5   | 0.840 | 0.155 |
| 10  | 0.679 | 0.327 |
| 15  | 0.503 | 0.426 |
| 20  | 0.425 | 0.477 |
| 50  | 0.137 | 0.571 |
| 80  | 0.030 | 0.502 |
| 100 | 0.006 | 0.385 |
| 200 | 0.000 | 0.145 |

表 4-7

| $t$ | $c_A$ | $c_B$ |
|-----|-------|-------|
|     | 0.476 | 0.442 |
|     | 0.488 | 0.419 |
| 15  | 0.548 | 0.426 |
|     | 0.495 | 0.409 |
|     | 0.508 | 0.432 |

对照式(4-66),$m = 2, j = 9$

$$y_j = (c_{Aj}, c_{Bj})^T$$

### B  参数估计的最优判别准则

与线性最小二乘法使用上的局限性相反,非线性最小二乘法不仅可用于一般代数方程的参数估计,而且还可用于微分方程的参数估计,表现了应用上的广泛性。它与线性二乘法的区别之一是在目标函数中出现了加权矩阵,也就是说,在使用该法进行参数估计时,一定要有合适的加权矩阵。数学上已经证明,当观测值误差具有零均值时,误差协方差的逆矩阵就是加权矩阵。由此说来,掌握协方差的含义、表示方法及其计算是使用非线性二乘法的关键。

如同线性二乘法一样,用非线性最小二乘法估计出来的参数,应使模型残差分布与观测值误差分布相同。于是,话还是从概率密度函数讲起,对于一个服从正态分布的一维随机变量,其密度函数表达式是熟知的。

$$p(x) = \frac{1}{\sigma\sqrt{2\pi}} \exp\left[-\frac{(x-a)^2}{2\sigma^2}\right]$$

它仅受制于随机变量的均方差 $\sigma$ 与数学期望 $a$。对服从正态分布的二维随机向量来说,其密度函数为

$$p(x,y) = \frac{1}{2\pi\sigma_x\sigma_y\sqrt{1-r^2}} \exp\left[-\frac{1}{2(1-r^2)}\right.$$
$$\left.\left(\frac{(x-a_x)^2}{\sigma_x^2} - \frac{2r(x-a_x)(y-a_y)}{\sigma_x\sigma_y} + \frac{(y-a_y)^2}{\sigma_y^2}\right)\right]$$

这就是说,二维随机向量 $\xi = (\xi_1, \xi_2)$ 的正态分布除与它们的数学期望 $a_x$、$a_y$ 以及均方差 $\sigma_x$、$\sigma_y$ 有关外,还受到相关系数的影响。可以想见,多维正态分布也是如此。

也就是说,对于随机向量,例如 $\xi = (\xi_1, \xi_2)$,在描述其正态分布时,仅有方差($D\xi_1, D\xi_2$)和数学期望($M\xi_1, M\xi_2$)是不够的,为了说明随机向量各分量之间的联系,亦即相关程度,协方差就在这个背景下产生了。其定义式为 $M[(\xi_1 - M\xi_1)(\xi_2 - M\xi_2)]$,简记为 $COV(\xi_1, \xi_2)$,即

$$COV(\xi_1, \xi_2) = M[(\xi_1 - M\xi_1)(\xi_2 - M\xi_2)]$$

参照式(4-51a)，由相关系数的定义

$$r = \frac{COV(\xi_1, \xi_2)}{\sqrt{\sigma_1^2 \sigma_2^2}} \qquad (4-72)$$

该式表达了相关系数与协方差之间的关系。人们还把矩阵称为

$$\begin{bmatrix} COV(\xi_1, \xi_1) & COV(\xi_1, \xi_2) \\ COV(\xi_2, \xi_1) & COV(\xi_2, \xi_2) \end{bmatrix} \qquad (4-73)$$

$\xi = (\xi_1, \xi_2)$ 的协方差矩阵。鉴于协方差的定义，有

$$COV(\xi_1, \xi_1) = \sigma_1^2$$

$$COV(\xi_1, \xi_2) = COV(\xi_2, \xi_1)$$

因此，式(4-73)为一对称矩阵，当随机向量各分量相互独立时，相关系数 $r = 0$。由式(4-72)，有

$$COV(\xi_1, \xi_2) = 0$$

这就是说，式(4-73)的非对角元素均为零，如果 $COV(\xi_1, \xi_1) = COV(\xi_2, \xi_2)$ 也同时成立，式(4-73)就成为一单位阵。

现在把上述概念推广到更一般化的情况。在第 $j$ 次实验中，有 $m$ 维观测值，由式(4-66)，残差为 $m$ 维的随机向量，其协方差矩阵可表示为

$$\begin{bmatrix} \sigma_1^2 & COV(\varepsilon_1, \varepsilon_2) \cdots & COV(\varepsilon_1, \varepsilon_m) \\ COV(\varepsilon_1, \varepsilon_2) & \sigma_2^2 \cdots & COV(\varepsilon_2, \varepsilon_m) \\ \cdots\cdots\cdots & \cdots\cdots\cdots & \cdots\cdots \\ COV(\varepsilon_1, \varepsilon_m) & COV(\varepsilon_2, \varepsilon_m) \cdots & \sigma_m^2 \end{bmatrix}$$

在正常情况下，残差向量各分量是相互独立的，协方差矩阵则成为

$$\begin{bmatrix} \sigma_1^2 & & & \\ & \sigma_2^2 & & \\ & & \ddots & \\ & & & \sigma_m^2 \end{bmatrix}$$

结合给出的实例,计算其协方差矩阵,参照表 4-7。

$$c_A = \frac{1}{5}(0.476 + 0.488 + 0.548 + 0.495 + 0.508)$$
$$= 0.503$$

记实验误差方差为 $S_A^2$,则

$$S_A^2 = \frac{1}{5-1}\big[(0.476 - 0.503)^2 + (0.488 - 0.503)^2$$
$$+ (0.548 - 0.503)^2 + (0.495 - 0.503)^2 + (0.508$$
$$- 0.503)^2\big] = 7.67 \times 10^{-4}$$

类似地求得 $S_B^2 = 1.57 \times 10^{-4}$。用实验误差方差代替方差,协方差矩阵

$$V = \begin{pmatrix} \sigma_A^2 & 0 \\ 0 & \sigma_B^2 \end{pmatrix} = \begin{pmatrix} 7.67 \times 10^{-4} & 0 \\ 0 & 1.57 \times 10^{-4} \end{pmatrix}$$

其逆矩阵,即为加权矩阵

$$Q = \begin{pmatrix} \dfrac{1}{\sigma_A^2} & 0 \\ 0 & \dfrac{1}{\sigma_B^2} \end{pmatrix}$$

因为

$$\frac{1/S_A^2}{1/S_B^2} = \frac{1}{4.9}$$

当用相对精度表示加权矩阵时

$$Q = \begin{pmatrix} 1 & 0 \\ 0 & 4.9 \end{pmatrix}$$

在了解了加权矩阵的含义与计算方法之后,讨论转向参数估计的判别准则。最常用的有两种,一种是非线性二乘法的判别准则,另一种是极大似然估计法判别准则。

在非线性二乘估计法中,参数估计的判别准则是残差平方和最小,即使下列目标函数值最小

$$S(k) = \sum_{j=1}^{M} [y_j - f(x_j, k)]^{\mathrm{T}} - Q_j [y_j - f(x_j, k)] \quad (4-74)$$

又可写为

$$S(k) = \sum_{j=1}^{M} \sum_{l=1}^{m} \sum_{r=1}^{m} [y_{lj} - f_l(x_j, k)] q_{lrj} [y_{rj} - f_r(x_j, k)] \quad (4-75)$$

式(4-74)中的 $Q_j$ 即为第 $j$ 次实验 $m \times m$ 加权矩阵。$q_{1rj}$ 为其中的一个元素。

一般说来,残差随机向量 $\varepsilon_j = (\varepsilon_1, \varepsilon_2, \cdots, \varepsilon_m)^{\mathrm{T}}$ 各分量都是相互独立的,即不同分量间的协方差为零。这意味着 $Q_j$ 的非对角元素均为零。对角元素为方差的倒数,意味着各分量对于自身数学期望的离散程度。换句话说,对角元素的相对大小反映了各观测值的相对精度。

如果从实验这个角度进行考虑,就会感到式(4-74)计及加权矩阵完全可以理解,并且是很必要的了。在有 $m$ 个观测变量的情况下,测定它们的仪器精度往往是不会相同的,即随机向量各分量的方差往往是不同的。例如上例中 $S_A^2 = 7.67 \times 10^{-4}$;$S_B^2 = 1.57 \times 10^{-4}$。如果顺其自然,不进行加权调节。而目标函数在 $j$ 一定时,又是由 $m$ 个残差平方和组成,精度高的观测量,其方差必小,在目标函数值中所占份额亦小。相反,精度较差的观测量,其方差必大,目标函数值主要为它所左右。可以想见,由此估计出来的参数值会造成如下态势:具有大方差观测值的残差分布会与实验误差分布较好的一致;具有小方差观测值的残差分布就会偏离,甚至远远偏离实验测定误差分布。

结合实例,读者就会发现,获得加权矩阵是以重复实验为代价的。甚至还把某一实验序号的重复试验得到的加权矩阵,外推到全部实验序号,即把加权矩阵看成不随实验序号变化而变化。

为了节省实验工作量,人们开发出极大似然法参数估计判别

准则,目标函数的表达式为

$$S(\boldsymbol{k}) = \sum_{r=1}^{m} \ln \sum_{j=1}^{M} \varepsilon_{rj}^2 \qquad (4-76)$$

当对该式求极小,将参数估计出来后,还可用下式

$$V_r = \frac{1}{M} \sum_{j=1}^{M} \varepsilon_{rj}^2 \qquad (4-77)$$

求出协方差矩阵 $\boldsymbol{V}$ 的第 $r$ 个对角元 $V_r$。用该法进行参数估计需明确知道观测值的误差概率分布形式,式(4-76)、式(4-77)都是将其视为正态分布得到的。虽然极大似然法估计出来的参数不是无偏的,但由于它可避开重复试验,减少工作量,因而得到人们的推崇。

C 参数估计算法

如果已知的数学模型是线性的。目标函数对待估参数求导,所得到的是正规方程组,如一元线性回归那样,待估参数有解析解。如果已知的数学模型是非线性的,目标函数对待估参数求导后,所得到的为非线性方程组,就不可能有解析解,只能求助计算机,通过对待估参数赋初值,反复迭代,满足某一精度要求,最终得到的是数值解。其中,给参数赋初值,约定精度大小,评价计算结果一定要由开发工作者完成;至于计算方法,或者说计算程序,可采取拿来主义。必要时可参考专著。这些方法统称为最优化方法,因搜索方向与计算步长的差异,又有不同的功效与称谓。在此不一一叙述。为了使读者对参数估计在算法上有一个概括的了解,下面就赋初值、求平方和这一目标函数极小的基本思想、评价参数估计优劣的指标三项内容加以约略的介绍。

用迭代进行参数估计时,一定要赋初值。当已知的数学模型正确时,实验点位置正确,但如果初值 $\boldsymbol{k}^{(0)}$ 选得不好,即远离真值,也会找不到目标函数的极小值,使计算归于失败,可见选取初值的重要性。在赋初值时,开发者的经验、耐心是十分必要的。例如经验表明:反应级数的绝对值在0~3;活化能的范围在40 000~

240 000 kJ/kmol；其他一些有特定物理意义的待估参数，其大小、正负均有一定的范围，这就为赋初值指定了一个范围。所谓耐心，就是把待估参数列向量的各分量，在各自的范围中分为若干水平，把这些不同水平的搭配一一作为初值，采取试试看的办法。这里上机的工作量很大，耐心是必要的。当然还可以采用先粗后精的估计办法，即先用粗糙但简便的算法得出估计值，以此为初值，再用精确的方法进行估计。

下面介绍使目标函数最小的基本思想。非线性最小二乘法的目标函数为

$$s(\mathbf{k}) = \sum_{j}^{M} [\mathbf{y}_j - \mathbf{f}(\mathbf{x}_j, \mathbf{k})]^{\mathrm{T}} \mathbf{Q}_j [\mathbf{y}_j - \mathbf{f}(\mathbf{x}_j, \mathbf{k})]$$

在给定的初值 $\mathbf{k}^{(0)}$ 处，将数模按泰勒级数一阶展开，有

$$\mathbf{f}(\mathbf{x}_j, \mathbf{k}) \approx \mathbf{f}(\mathbf{x}_j, \mathbf{k}^{(0)}) + \left( \frac{\partial \mathbf{f}}{\partial \mathbf{k}} \right)^{\mathbf{k}^{(0)}} \Delta \mathbf{k} \qquad (4-78)$$

将其代入目标函数式，得

$$s(\Delta \mathbf{k}) \approx \sum_{j}^{M} [\mathbf{y}_j - \mathbf{f}(\mathbf{x}_j, \mathbf{k}^{(0)}) - \left( \frac{\partial \mathbf{f}}{\partial \mathbf{k}} \right)^{\mathbf{k}^{(0)}} \Delta \mathbf{k}]^{\mathrm{T}} \mathbf{Q}_j$$

$$[\mathbf{y}_j - \mathbf{f}(\mathbf{x}_j, \mathbf{k}^{(0)}) - \left( \frac{\partial \mathbf{f}}{\partial \mathbf{k}} \right)^{\mathbf{k}^{(0)}} \Delta \mathbf{k}] \qquad (4-79)$$

上式中，在 $\mathbf{k}^{(0)}$ 给定的情况下，又已知状态变量 $x_j$，所以 $\mathbf{f}(\mathbf{x}_j, \mathbf{k}^{(0)})$ 与 $\left( \frac{\partial \mathbf{f}}{\partial \mathbf{k}} \right)^{\mathbf{k}^{(0)}}$ 为常数，目标函数就成为 $\Delta \mathbf{k}$ 的线性函数。按矩阵求导法则，套用线性最小二乘法的概念，令导数为零。有

$$\frac{\partial s(\Delta \mathbf{k})}{\partial (\Delta \mathbf{k})} = -2 \sum_{j}^{M} \left( \frac{\partial \mathbf{f}}{\partial \mathbf{k}} \right)^{\mathrm{T}}_{\mathbf{k}^{(0)}} \mathbf{Q}_j [\mathbf{y}_j - \mathbf{f}(\mathbf{x}_j, \mathbf{k}^{(0)}) - \left( \frac{\partial \mathbf{f}}{\partial \mathbf{k}} \right)_{\mathbf{k}^{(0)}} \Delta \mathbf{k}] = 0$$

$$(4-80)$$

又可整理为

$$2\sum_{j}^{M}\left(\frac{\partial f}{\partial \boldsymbol{K}}\right)_{\boldsymbol{k}^{(0)}}^{\mathrm{T}}\boldsymbol{Q}_{j}\left(\frac{\partial f}{\partial \boldsymbol{k}}\right)_{\boldsymbol{k}^{(0)}}\Delta\boldsymbol{k}=2\sum_{j}^{M}\left(\frac{\partial f}{\partial \boldsymbol{k}}\right)_{\boldsymbol{k}^{(0)}}^{\mathrm{T}}\boldsymbol{Q}_{j}[\boldsymbol{y}_{j}-f(\boldsymbol{x}_{j},\boldsymbol{k}^{(0)})]$$

$$(4-81)$$

业已提及,上式右端在给定 $\boldsymbol{k}^{(0)}$ 的条件下为已知值,令

$$\boldsymbol{T}^{(0)}=2\sum_{j}^{M}\left(\frac{\partial f}{\partial \boldsymbol{k}}\right)_{\boldsymbol{k}^{(0)}}^{\mathrm{T}}\boldsymbol{Q}_{j}\left(\frac{\partial f}{\partial \boldsymbol{k}}\right)_{\boldsymbol{k}^{(0)}}$$

因为 $\left(\frac{\partial f}{\partial \boldsymbol{k}}\right)_{\boldsymbol{k}^{(0)}}^{\mathrm{T}}$、$\boldsymbol{Q}_{j}$、$\left(\frac{\partial f}{\partial \boldsymbol{k}}\right)_{\boldsymbol{k}^{(0)}}$ 分别为 $p\times m$、$m\times m$、$m\times p$ 维矩阵,故 $\boldsymbol{T}^{(0)}$ 为 $p\times p$ 矩阵。所以

$$\boldsymbol{T}^{(0)}\Delta\boldsymbol{k}=2\sum_{j}^{M}\left(\frac{\partial f}{\partial \boldsymbol{k}}\right)_{\boldsymbol{k}^{(0)}}^{\mathrm{T}}\boldsymbol{Q}_{j}[\boldsymbol{y}_{j}-f(\boldsymbol{x}_{j},\boldsymbol{k}^{(0)})]$$

为 $p$ 维线性方程组,在 $\boldsymbol{T}$ 正定时可求 $S(\Delta\boldsymbol{k})$ 的极小点。即

$$\Delta\boldsymbol{k}=\boldsymbol{T}^{(0)-1}2\sum_{j}^{M}\left(\frac{\partial f}{\partial \boldsymbol{k}}\right)_{\boldsymbol{k}^{(0)}}^{\mathrm{T}}\boldsymbol{Q}_{j}[\boldsymbol{y}_{j}-f(\boldsymbol{x}_{j},\boldsymbol{k}^{(0)})] \quad (4-82)$$

如用 $i$ 表示迭代次数,则 $i+1$ 次迭代时初值由校正值 $\Delta\boldsymbol{k}^{(i)}$ 得到

$$\boldsymbol{k}^{(i+1)}=\boldsymbol{k}^{(i)}+\Delta\boldsymbol{k}^{(i)}$$

即

$$\boldsymbol{k}^{(i+1)}=\boldsymbol{k}^{(i)}+\boldsymbol{T}^{(i)-1}2\sum_{j}^{M}\left(\frac{\partial f}{\partial \boldsymbol{k}}\right)_{\boldsymbol{k}^{(0)}}^{\mathrm{T}}\boldsymbol{Q}_{j}[\boldsymbol{y}_{j}-f(\boldsymbol{x}_{j},\boldsymbol{k}^{(i)})] \quad (4-83)$$

判别迭代是否结束的标准至少有两条。一个是

$$|s^{(i+1)}-s^{(i)}|<\varepsilon_{1} \quad (4-84)$$

即连续两次迭代的目标函数绝对值之差小于很小的正数;另一个是

$$|\Delta\boldsymbol{k}^{(i)}|<\varepsilon_{2}$$

即待估参数向量各分量连续两次迭代结果之差的绝对值均小于某一很小的正数。在满足精度要求时,由式(4-83)即得到最终的待

估参数值。

回到实例,加权矩阵

$$Q_j=Q=\begin{pmatrix} 1 & 0 \\ 0 & 4.9 \end{pmatrix}$$

目标函数

$$s(k)=\sum_{j=1}^{9}(c_{Aj}-e^{-k_1t_j})^2\times 1+\sum_{j=1}^{9}\left[c_{Bj}-\frac{k_1}{k_2-k_1}(e^{-k_1t_j}-e^{-k_2t_j})\right]^2\times 4.9$$

对 $k$ 赋不同初值的计算结果见表 4-8。当取 $k_1=0.0415$ 与 $k_2=0.0121$ 为模型估计值时,相应实验序号的残差见表 4-9。

表 4-8 表明,不同的初值所得的估计值不同,最终的目标函数值也不同。通过分析可以判别哪一个合理,哪一个不合理。业已

表 4-8

| 赋初值 序号 | (1) | | (2) | | (3) | | (4) | |
|---|---|---|---|---|---|---|---|---|
| | $k_1$ | $k_2$ | $k_1$ | $k_2$ | $k_1$ | $k_2$ | $k_1$ | $k_2$ |
| 初值 | 0.0004 | 0.0001 | 0.004 | 0.001 | 0.8 | 0.1 | 4 | 1 |
| 估计算 | 0.0415 | 0.0121 | 0.0416 | 0.0121 | 0.0417 | 0.0121 | 3.9750 | 0.0835 |
| $s_{\min}$ | $0.15\times 10^{-1}$ | | $0.15\times 10^{-1}$ | | $0.15\times 10^{-1}$ | | 9.05 | |

表 4-9

| 实验序号 残差 | $\varepsilon_A$ | | $\varepsilon_B$ | |
|---|---|---|---|---|
| | (1) | (4) | (1) | (4) |
| 1 | 0 | 0 | 0 | 0 |
| 2 | $0.27\times 10^{-1}$ | 0.84 | $-0.27\times 10^{-1}$ | $-0.52$ |
| 3 | $0.18\times 10^{-1}$ | 0.68 | $0.87\times 10^{-2}$ | $-0.12$ |
| 4 | $-0.34\times 10^{-1}$ | 0.50 | $0.65\times 10^{-2}$ | 0.13 |
| 5 | $-0.12\times 10^{-1}$ | 0.43 | $-0.15\times 10^{-1}$ | 0.28 |
| 6 | $0.1\times 10^{-1}$ | 0.14 | $-0.23\times 10^{-1}$ | 0.56 |
| 7 | $-0.63\times 10^{-2}$ | $0.3\times 10^{-1}$ | $0.17\times 10^{-1}$ | 0.50 |
| 8 | $-0.98\times 10^{-3}$ | $0.6\times 10^{-2}$ | $-0.14\times 10^{-1}$ | 0.38 |
| 9 | $-0.25\times 10^{-3}$ | 0 | $0.20\times 10^{-1}$ | 0.15 |

算得 $c_A$ 的实验误差方差为 $7.67 \times 10^{-4}$，而 $c_B$ 的实验误差方差为 $1.57 \times 10^{-4}$，各 9 个。在对 $c_B$ 项加权的情况下所有的实验误差平方和约为 $1.38 \times 10^{-2}$，残差平方和即目标函数值不应与其偏离太远。用这个尺度对不同的初值计算结果进行度量就会发现，$s_{\min} = 0.15 \times 10^{-1}$ 要合理些；9.05 就不合理，系 $k_1$、$k_2$ 偏离真值造成的。

表 4 - 9 表明，第四次初值的估计值对各实验点的残差大都呈正值，这显然非实验误差即随机误差所致，据此也可以否定该估计值为真值。相反，第一次初值的估计值，使各实验的残差呈均匀分布，从另一个侧面肯定该估计值为真值。

### 4.2.3 常微分模型的参数估计

常微分模型的参数估计涉及到许多复杂的数学问题，对一般的化工过程开发工作者来说，其精力并不在于了解这些算法的来龙去脉。因此，本文拟结合一个实例，以体现应用要点为主旨。

在硫化钼催化剂上进行甲烷化本征动力学研究时[6]，发现同时存在着如下两个化学反应

$$3H_2 + CO \Longrightarrow CH_4 + H_2O \qquad (4-85)$$

$$CO + H_2O \Longrightarrow CO_2 + H_2 \qquad (4-86)$$

其幂函数型动力学方程式可分别写为

$$r_1 = \frac{dn_{CH_4}}{dW} = k_{10} e^{\frac{-E_1}{RT}} p_{CO}^a p_{H_2}^b p_{CH_4}^c p_{H_2O}^d (1 - \beta_1) \qquad (4-87)$$

$$r_2 = \frac{dn_{CO_2}}{dW} = k_{20} e^{\frac{-E_2}{RT}} p_{CO}^{a_2} p_{H_2O}^{b_2} p_{CO_2}^{c_2} p_{H_2}^{d_2} (1 - \beta_2) \qquad (4-88)$$

而

$$\frac{dn_{CO}}{dW} = -r_1 - r_2 \qquad (4-89)$$

上述诸式中 $r_1$、$r_2$——分别表示甲烷化过程中，$CH_4$、$CO_2$ 的生

成反应速率，mol/g 催化剂；

$k_{10}$、$k_{20}$——分别表示两个反应的频率因子；

$E_1$、$E_2$——分别表示两个反应的活化能，kJ/kmol；

$R$——气体常数，8.314kJ/(kmol·K)；

$T$——催化剂温度，K；

$W$——催化剂质量，g；

$p_i$——下标 $i$ 所示组分的分压，Pa；

$\beta_1$、$\beta_2$——分压商与平衡常数之比。

$a_1$、$b_1$、$c_1$、$d_1$、$a_2$、$b_2$、$c_2$、$d_2$ 为对应组分的反应级数。

动力学测试是在等温积分反应器中完成的。进口的流量与各组分的浓度是已知的，即各组分的进口摩尔流量是已知的。若反应器中任一截面的 $CH_4$、$CO$ 摩尔百分为 $y_{CH_4}$、$y_{CO}$，通过物料衡算与之相应的各组分摩尔流量示于表 4-10。

表 4-10

| 组分 | 进口组成 | 进口组分流量 | 用进口组成和 $y_{CO}$、$y_{CH_4}$ 表示的流量[mol/h] |
|------|---------|------------|------------------------------------------|
| $H_2$ | $y_{H_2}^0$ | $N_0 y_{H_2}^0$ | $N_0 y_{H_2}^0 - 4(N_T y_{CH_4} - N_0 y_{CH_4}^0) + (N_0 y_{CO}^0 - N_T y_{CO})$ |
| $N_2$ | $y_{N_2}^0$ | $N_0 y_{N_2}^0$ | $N_0 y_{N_2}^0$ |
| $CO$ | $y_{CO}^0$ | $N_0 y_{CO}^0$ | $N_T y_{CO}$ |
| $CH_4$ | $y_{CH_4}^0$ | $N_0 y_{CH_4}^0$ | $N_T y_{CH_4}$ |
| $CO_2$ | $y_{CO_2}^0$ | $N_0 y_{CO_2}^0$ | $N_0 y_{CO_2}^0 + (N_0 y_{CO}^0 - N_T y_{CO}) - (N_T y_{CH_4} - N_0 y_{CH_4}^0)$ |
| $H_2O$ | $y_{H_2O}^0$ | $N_0 y_{H_2O}^0$ | $N_0 y_{H_2O}^0 + 2(N_T y_{CH_4} - N_0 y_{CH_4}^0) - (N_0 y_{CO}^0 - N_T y_{CO})$ |
| $\sum$ | 1 | $N_0$ | $N_T = N_0(1 + 2y_{CH_4}^0) - 2N_T y_{CH_4}$ |

由上表

$$N_T = \frac{N_0(1 + 2y_{CH_4}^0)}{1 + 2y_{CH_4}} \tag{4-90}$$

$$y_{H_2} = \frac{(y_{CO}^0 + y_{H_2}^0 + y_{CH_4}^0)(1 + 2y_{CH_4})}{(1 + 2y_{CH_4}^0)} - (4y_{CH_4} + y_{CO}) \tag{4-91}$$

$$y_{H_2O} = 2y_{CH_4} + y_{CO} - \frac{(2y_{CH_4}^0 + y_{CO}^0)(1 + 2y_{CH_4})}{(1 + 2y_{CH_4}^0)} \quad (4-92)$$

$$y_{CO_2} = \frac{(y_{CO}^0 + y_{CO_2}^0 + y_{CH_4}^0)(1 + 2y_{CH_4})}{(1 + 2y_{CH_4}^0)} - (y_{CO} + y_{CH_4}) \quad (4-93)$$

凭经验略去(4-85)的逆反应,即 $\beta_1 = 0$,将 $c_1$、$d_1$、$c_2$、$d_2$ 均视为零;不计阻力损失,即总压 $p$ 不变,有

$$\frac{dy_{CH_4}}{dW} = \frac{(1 + 2y_{CH_4})^2}{N_0(1 + 2y_{CH_4}^0)} k_{10} \exp\left(-\frac{E_1}{RT}\right) p^{(a_1 + b_1)} y_{CO}^a y_{H_2}^b \quad (4-94)$$

$$\frac{dy_{CO}}{dW} = \left[ (y_{CO} - 1)k_{10}\exp\left(-\frac{E_1}{RT}\right) p^{(a_1+b_1)} y_{CO}^a y_{H_2}^b \right] \frac{(1 + 2y_{CH_4})}{N_0(1 + 2y_{CH_4}^0)}$$

$$- \left[ k_{20}\exp\left(-\frac{E_2}{RT}\right) p^{(a_2+b_2)} y_{CO}^a y_{H_2O}^b \right] \frac{(1 + 2y_{CH_4})}{N_0(1 + 2y_{CH_4}^0)} \quad (4-95)$$

将上述两式用通式表示,有

$$\frac{d\boldsymbol{x}}{dW} = \boldsymbol{f}(W, \boldsymbol{x}(W), \boldsymbol{k}) \quad (4-96)$$

式中　$W$——自变量,指催化剂体积或反应时间;为标量;

　　　$\boldsymbol{x}$——$n$ 维状态变量的列向量,为自变量 $W$ 的函数,已知初始条件 $\boldsymbol{x}(0) = \boldsymbol{x}$,对本例来说,$\boldsymbol{x} = (y_{CH_4}, y_{CO})^T$;

　　　$\boldsymbol{f}$——$n$ 维已知模型函数形式的列向量,例如实例中的式(4-94)、式(4-95);

　　　$\boldsymbol{k}$——$p$ 维待估参数列向量,实例中
　　　　　$\boldsymbol{k} = (k_{10}, E_1, a_1, b_1, k_{20}, E_2, a_2, b_2)^T$

　　实验观测值与状态变量往往是不同的。例如就气体成分而论,状态变量为湿基,而观测值则为干基;有时状态变量为转化率,而观测值为浓度。本例属于前者,入口态即已知条件和出口的干基 $CH_4$、$CO$ 观测值载于表 4-11。

表 4 - 11

| 序号 | $T$°C | MPa | $y^{\ell}_{CH_4}$ | $y^{\ell}_{H_2}$ | $y^{\ell}_{CO_2}$ | $y^{\ell}_{CO}$ | $y_{CO}$ | $y_{CH_2}$ |
|---|---|---|---|---|---|---|---|---|
| 1 | 439.9 | 0.853 2 | 0.018 28 | 0.416 3 | 0.601 14 | 0.157 8 | 0.140 1 | 0.053 24 |
| 2 | 413.0 | 0.588 4 | 0.018 28 | 0.416 3 | 0.060 14 | 0.157 3 | 0.150 0 | 0.036 26 |
| 3 | 377.5 | 0.392 3 | 0.018 28 | 0.416 3 | 0.060 14 | 0.157 3 | 0.154 1 | 0.024 48 |
| 4 | 351.1 | 0.196 2 | 0.018 28 | 0.416 3 | 0.060 14 | 0.157 3 | 0.156 8 | 0.020 18 |
| 5 | 349.9 | 0.392 3 | 0.020 51 | 0.431 3 | 0.065 44 | 0.212 7 | 0.211 8 | 0.023 75 |
| 6 | 382.0 | 0.196 2 | 0.020 51 | 0.431 3 | 0.065 44 | 0.212 7 | 0.211 6 | 0.024 47 |
| 7 | 411.1 | 0.784 6 | 0.020 51 | 0.431 3 | 0.654 4 | 0.212 7 | 0.203 3 | 0.047 87 |
| 8 | 441.1 | 0.588 4 | 0.020 51 | 0.431 3 | 0.065 44 | 0.212 7 | 0.197 4 | 0.058 94 |
| 9 | 440.9 | 0.392 3 | 0.048 88 | 0.358 0 | 0.043 37 | 0.223 9 | 0.213 8 | 0.076 61 |
| 10 | 410.1 | 0.196 2 | 0.048 88 | 0.358 0 | 0.043 37 | 0.223 9 | 0.223 4 | 0.057 25 |
| 11 | 380.5 | 0.784 6 | 0.048 88 | 0.358 0 | 0.043 37 | 0.223 9 | 0.219 8 | 0.064 50 |
| 12 | 349.6 | 0.588 4 | 0.048 88 | 0.358 0 | 0.043 37 | 0.223 9 | 0.222 8 | 0.054 50 |
| 13 | 350.7 | 0.784 6 | 0.077 75 | 0.439 1 | 0.097 50 | 0.247 6 | 0.254 8 | 0.087 12 |
| 14 | 380.6 | 0.588 4 | 0.077 75 | 0.439 1 | 0.097 50 | 0.247 6 | 0.244 7 | 0.091 85 |
| 15 | 410.0 | 0.392 3 | 0.077 5 | 0.439 1 | 0.097 50 | 0.247 6 | 0.244 1 | 0.097 21 |
| 16 | 440.6 | 0.196 2 | 0.077 75 | 0.439 1 | 0.097 50 | 0.247 6 | 0.245 8 | 0.094 87 |
| 17 | 442.3 | 0.784 6 | 0.077 75 | 0.439 2 | 0.099 35 | 0.247 1 | 0.229 4 | 0.137 3 |
| 18 | 410.7 | 0.588 4 | 0.077 73 | 0.439 2 | 0.099 35 | 0.247 1 | 0.242 3 | 0.101 40 |
| 19 | 380.4 | 0.392 3 | 0.077 73 | 0.439 2 | 0.099 35 | 0.247 1 | 0.245 5 | 0.086 73 |
| 20 | 351.2 | 0.196 2 | 0.077 3 | 0.439 2 | 0.099 35 | 0.247 1 | 0.246 6 | 0.080 56 |
| 21 | 350.9 | 0.392 3 | 0.050 71 | 0.378 6 | 0.083 82 | 0.196 8 | 0.194 1 | 0.053 80 |
| 22 | 380.4 | 0.196 2 | 0.050 71 | 0.378 6 | 0.838 2 | 0.196 8 | 0.194 4 | 0.054 16 |
| 23 | 410.0 | 0.774 7 | 0.050 71 | 0.378 6 | 0.838 2 | 0.196 8 | 0.187 9 | 0.072 48 |
| 24 | 440.3 | 0.588 4 | 0.050 71 | 0.378 6 | 0.838 2 | 0.196 8 | 0.185 3 | 0.079 88 |
| 25 | 442.8 | 0.392 3 | 0.025 27 | 0.479 9 | 0.055 27 | 0.166 9 | 0.159 1 | 0.048 32 |
| 26 | 410.4 | 0.196 2 | 0.025 27 | 0.479 9 | 0.055 27 | 0.166 9 | 0.165 0 | 0.033 03 |
| 27 | 380.5 | 0.784 6 | 0.025 27 | 0.479 9 | 0.055 27 | 0.166 9 | 0.161 4 | 0.038 99 |
| 28 | 350.2 | 0.588 4 | 0.205 27 | 0.479 9 | 0.055 27 | 0.166 9 | 0.165 5 | 0.030 31 |
| 29 | 350.2 | 0.784 6 | 0.013 86 | 0.307 9 | 0.046 23 | 0.166 2 | 0.161 0 | 0.017 73 |
| 30 | 379.4 | 0.588 4 | 0.013 36 | 0.307 9 | 0.046 23 | 0.162 2 | 0.158 7 | 0.019 37 |
| 31 | 410.5 | 0.392 3 | 0.013 36 | 0.307 9 | 0.046 23 | 0.162 2 | 0.159 2 | 0.020 95 |
| 32 | 439.1 | 0.196 2 | 0.013 36 | 0.307 9 | 0.046 23 | 0.162 2 | 0.161 2 | 0.019 89 |

计算模型式(4-94)、式(4-95)中 $y_{CH_4}$、$y_{CO}$、$y_{H_2O}$、$y_{H_2}$、$y_{CO_2}$ 均为湿基，它们均可用 $y_{CH_4}$、$y_{CO}$ 两个关键组分以及 $y^0_{CH_4}$、$y^0_{CO}$、$y^0_{H_2}$、$y^0_{CO_2}$ 加以表达，见式(4-90)~式(4-93)。如果用模型中湿基来表达相应的干基 $CH_4$、$CO$ 摩尔分率的话，有

$$\frac{y_{CH_4}}{1-y_{H_2O}}$$

$$\frac{y_{CO}}{1-y_{H_2O}}$$

借助式(4-92)，它们分别为

$$\frac{y_{CH_4}(1+2y^0_{CH_4})}{(1+2y^0_{CH_4})(1-2y_{CH_4}-y_{CO})+(1+2y_{CH_4})(y^0_{CO}+2y^0_{CH_4})}$$

$$(4-97)$$

$$\frac{y_{CO}(1+2y^0_{CH_4})}{(1+2y^0_{CH_4})(1-2y_{CH_4}-y_{CO})+(1+2y_{CH_4})(y^0_{CO}+2y^0_{CH_4})}$$

$$(4-98)$$

将实验测定干基记为 $y'_{CH_4}$、$y'_{CO}$，其与模型计算值之差记为 $\varepsilon_1$、$\varepsilon_2$，表达式为

$$y'_{CH_4}=\frac{y_{CH_4}(1+2y^0_{CH_4})}{(1+2y^0_{CH_4})(1-2y_{CH_4}-y_{CO})+(1+2y_{CH_4})(y^0_{CO}+2y^0_{CH_4})}+\varepsilon_1$$

$$(4-99)$$

$$y'_{CO}=\frac{y_{CO}(1+2y^0_{CH_4})}{(1+2y^0_{CH_4})(1-2y_{CH_4}-y_{CO})+(1+2y_{CH_4})(y^0_{CO}+2y^0_{CH_4})}+\varepsilon_2$$

$$(4-100)$$

若将式(4-99)、式(4-100)用通式表示，有

$$\boldsymbol{y}_j=\boldsymbol{h}(W_j,\boldsymbol{x}(W_j,\boldsymbol{k}))+\boldsymbol{\varepsilon}(W_j) \qquad (4-101)$$

式中　$\boldsymbol{y}_j$——第 $j$ 次实验观测值列向量，共 $m$ 维。本例 $m=2$，

$$\boldsymbol{y}_j = (y'_{CH_4,j}, y'_{CO,j})^T;$$

$\boldsymbol{h}$ —— $m$ 维观测变量 $\boldsymbol{y}$ 用状态变量 $\boldsymbol{x}$ 表示的已知函数形式
  向量。本例式(4-97)、式(4-98);

$\boldsymbol{\varepsilon}$ —— 模型计算值与实验测定值的残差列向量。本例,
  $\boldsymbol{\varepsilon} = (\varepsilon_1, \varepsilon_2)^T$。

对微分模型进行参数估计时,广泛使用而且有效的是非线性
最小二乘法,其判别准则为

$$S = \sum_{j=1}^{M} [\boldsymbol{y}_j - \boldsymbol{h}(W_j, \boldsymbol{x}(W_j, k))]^T \boldsymbol{Q}_j [\boldsymbol{y}_j - \boldsymbol{h}(W_j, \boldsymbol{x}(W_j, k))]$$

$$(4-102)$$

有多种方法可以在 $S$ 最小意义下求得 $k$。下面是高斯-牛顿法的要
点。

在给定 $k^{(i)}$ 值下,将 $h$ 按泰勒一阶展开,因 $h$ 是 $\boldsymbol{x}$、$k$ 的复合函
数,故

$$\boldsymbol{h}(W, k) \approx \boldsymbol{h}(W, \boldsymbol{x}(W, k^{(i)})) + \left(\frac{\partial \boldsymbol{h}}{\partial \boldsymbol{x}}\right)^{(i)} \left(\frac{\partial \boldsymbol{x}}{\partial k}\right)^{(i)} \Delta k \quad (4-103)$$

上式中 $\dfrac{\partial \boldsymbol{h}}{\partial \boldsymbol{x}}$ 为 $m \times n$ 矩阵,$\boldsymbol{h}$ 是 $\boldsymbol{x}$ 与 $k$ 的函数。形式是已知的,$k^{(i)}$ 给

定后,其值可以计算。而 $\dfrac{\partial \boldsymbol{x}}{\partial k}$ 是 $n \times p$ 矩阵,记为 $\Lambda$。其中每一元素称

作状态 $x_l$ 对 $k_r$ 的敏感系数

$$\frac{\partial \boldsymbol{x}_l}{\partial \boldsymbol{k}_r} \quad (l=1,2,\cdots,n; r=1,2,\cdots,p)$$

将式(4-103)代入式(4-102)得

$$S(\Delta k) = \sum_{j=1}^{M} [\boldsymbol{y}_j - \boldsymbol{h}^{(i)} - \left(\frac{\partial \boldsymbol{h}^{(i)}}{\partial \boldsymbol{x}}\right) \Lambda^{(i)} \Delta k^{(i)}]^T$$

$$\times \boldsymbol{Q}_j [\boldsymbol{y}_j - \boldsymbol{h}^{(i)} - \left(\frac{\partial \boldsymbol{h}^{(i)}}{\partial \boldsymbol{x}}\right) \Lambda^{(i)} \Delta k^{(i)}] \quad (4-104)$$

当 $\dfrac{\partial S(\Delta k)}{\partial (\Delta k)} = 0$,得 $p$ 个线性代数方程组。用向量表示,则

$$\sum_{j}^{M}\left[\left(\frac{\partial \boldsymbol{h}}{\partial \boldsymbol{x}}\right)^{(i)}\boldsymbol{\Lambda}^{(i)}\right]^{\mathrm{T}}\boldsymbol{Q}_j\left[\boldsymbol{y}_j-\boldsymbol{h}^{(i)}-\left(\frac{\partial \boldsymbol{h}}{\partial \boldsymbol{x}}\right)^{(i)}\boldsymbol{\Lambda}^{(i)}\Delta \boldsymbol{k}^{(i)}\right]=0$$

$$(4-105)$$

令

$$\theta_j^{(i)}=\left(\frac{\partial \boldsymbol{h}}{\partial \boldsymbol{x}}\right)^{(i)}\boldsymbol{\Lambda}_j^{(i)} \qquad (4-106)$$

式(4-105)可写为

$$\sum_{j}^{M}\theta_j^{(i)\mathrm{T}}\boldsymbol{Q}_j[\boldsymbol{y}_j-\boldsymbol{h}^{(i)}]=\sum_{j}^{M}\theta_j^{(i)\mathrm{T}}\boldsymbol{Q}_j\theta_j^{(i)}\Delta \boldsymbol{k}^{(i)} \qquad (4-107)$$

令

$$\boldsymbol{T}^{(i)}=\sum \theta_j^{(i)\mathrm{T}}\boldsymbol{Q}_j\theta_j^{(i)} \qquad (4-108)$$

为 $p\times p$ 矩阵,代入式(4-108),得 $p$ 维线性方程组

$$\boldsymbol{T}^{(i)}\Delta \boldsymbol{k}^{(i)}=\sum_{j}^{M}\theta_j^{(i)\mathrm{T}}\boldsymbol{Q}_j[\boldsymbol{y}_j-\boldsymbol{h}^{(i)}] \qquad (4-109)$$

进而得 $\Delta \boldsymbol{k}^{(i)}$

$$\Delta \boldsymbol{k}^{(i)}=\boldsymbol{T}^{(i)-1}\sum_{j}^{M}\theta_j^{(i)\mathrm{T}}\boldsymbol{Q}_j[\boldsymbol{y}_j-\boldsymbol{h}^{(i)}] \qquad (4-110)$$

由此及修正 $\boldsymbol{k}^{(i)}$ 的依据

$$\boldsymbol{k}^{(i+1)}=\boldsymbol{k}^{(i)}+\Delta \boldsymbol{k}^{(i)} \qquad (4-111)$$

按照上述方法,反复迭代,直至

$$|s^{(i+1)}-s^{(i)}|<\varepsilon_1$$

或

$$\Delta \boldsymbol{k}^{(i)}<\varepsilon_2$$

则计算完成。

以计算实例来说,最终得到:

$k_{10} = 1.120 \times 10^{-6} \, \text{mol}/(\text{h} \cdot \text{g} \cdot \text{Pa}^{1.13})$;

$E_1 = 7.788 \times 10^4 \, \text{J/mol}$;

$a_1 = 0.73$; $\qquad b_1 = 0.4$;

$k_{20} = 1.767 \times 10^{-7} \, \text{mol}/(\text{h} \cdot \text{g} \cdot \text{Pa}^{1.39})$;

$E_2 = 7.423 \times 10^4 \, \text{J/mol}$;

$a_2 = 0.16$; $\qquad b_2 = 1.23$

## 4.3　工艺条件与反应器选择

前已述及,小型工艺试验的任务是:确定工艺条件框架(含最优工艺条件),优选反应器型式,确定设计、放大依据。上述三项任务的基础是开发对象的特征,即反应类型(简单反应,复杂反应,串联副反应,并联副反应等)、热力学行为(可逆反应、不可逆反应、放热反应、吸热反应、平衡常数与平衡组成等)、动力学行为(快反应、慢反应、与传递过程的相对关系、相态等)以及工程环境(材质、杂质、寿命、加热、冷却、惰性组分、上下游工况变化范围等)。上述三项任务的目标是:经济效益、社会效益、环境保护、安全等。鉴于化工过程的原料一般占产品成本的 70%～80%,所以衡量经济效益时往往以转化率、选择性为指标,而社会效益、环境、安全则难以定量表达。

换言之,小型工艺试验这种科学、技术行为有其特定的前提和出发点,也有其特定的追求目标,只能在给出的约束领域内工作。而三项任务虽全都立足于开发对象特征,但彼此并不独立,而是相互交联与协同的,不过有程度强弱之分。

### 4.3.1　工艺条件选择

工艺条件主要指温度、压力、浓度、进料组成、空速(流量)、循环(返回)比、放空(排放)量与组成等,工艺学对特定过程的工艺条件选择均有详细的论述,本文仅从开发角度笼统地介绍一般原则。

（1）在上述工艺条件中,以温度、浓度最为重要。从微观看,是反应场所（反应发生处）的温度、浓度;从较大尺度看是催化剂颗内、滴内、泡内、膜内、孔内、界面的温度与浓度分布;从宏观的角度看,就是反应器内、塔内、炉内、床内的温度与浓度分布。读者早已熟悉,但必须记住的下述两点结论。

① 上述三级（反应场所级,滴、粒、膜级,反应器级）温度分布与浓度分布,与反应特征有关,更主要的是与工程因素（由反应器型式、尺寸、操作方式、工艺条件综合生成）有关。所以小试优选的工艺条件,在不同级别的模试与工业反应器中,未必还是最优。原因很简单,上述三个级别的温度与浓度分布变了。

② 就本征反应速率而论,其值仅与催化剂（或理解为反应自身特征——涉及频率因子与活化能）、浓度、温度有关,而且一般情况下,它们是相互独立的。但如果因其中之一变化引起反应机理变化（例如,催化剂的催化机理变化;由反应控制转化为扩散控制等）;温度变化,除自身通过阿累尼斯关系影响反应速率外,还通过物性→传递→浓度分布,影响反应结果;浓度变化,除自身通过反应级数影响反应速率外,还通过物性（热容）→传递→温度分布,影响反应结果,则产生协同效应的。还应指出,在多数情况下,这种协同效应可以略而不计。

（2）以反应结果最优为目标,工艺条件、反应器型式、几何尺寸、操作方式应相互补充、彼此匹配,以体现综合效果。见图4－6,就它们自身而言,均属第一层次因素,通过反应器的加热、冷却、催化剂的粒度、原料固体的粒度尺寸、液体原料的雾化与分布,填充床的结构与流体分布,塔式反应器结构,搅拌反应器的桨叶结构等等,有可能营造出满意的第二、第三层次因素。因此,在选择工艺条件时,应充分考虑第一层次因素之间既独立、又联合的效果。下面几个实例是颇有启迪的。

① 进反应器原料温度,是工艺问题。陈敏恒在开发丁二烯氯化制二氯丁烯时,期望反应器内温度不出现低于270℃的区域,原

料预热与采用全混反应器都可以达到相同的工艺目标,但原料丁二烯在预热时容易自聚,通过采用射流反应器,回避了原料预热问题,取得了成功,体现了工程、工艺的匹配效益。

② 早期的氨合成塔为轴流式,压降多达 $1.5\sim2.0$MPa,影响氨产量、功耗与氨分离,出现了工艺问题。近 30 年来出现了径向(流)合成塔,床层压力降大幅度降低,为使用小颗度催化剂和降低单耗以及提高生产强度创造了前提。试估算如下:见图 4-26 为轴向流,床层高为 $H$,半径为 $R$,处理气量为 $V$,略去流速对摩擦系数的影响,床层轴向的压力降 $\Delta p_a$ 可表示为

$$\Delta p_a \propto \left(\frac{V}{\pi R^2}\right)^2 H \qquad (4-112)$$

见图 4-27,高度与直径相同的径向(流)床,如果 $R_0$ 很小,径向的

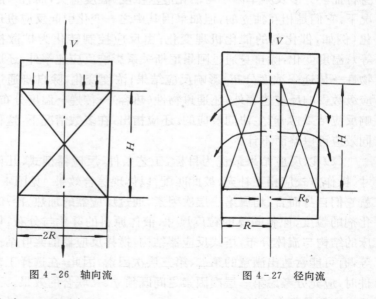

图 4-26  轴向流          图 4-27  径向流

压力降 $\Delta p_r$ 可表示为

$$\Delta p_r \propto \int_{R_0}^{R} \left(\frac{V}{2\pi RH}\right)^2 dR \qquad (4-113)$$

化简为

$$\Delta p_{\mathrm{a}} \propto \frac{V^2}{4\pi^2 H^2}\left(\frac{1}{R_0} - \frac{1}{R}\right)$$

令 $R_0 = \dfrac{R}{17}$，有

$$\frac{\Delta p_{\mathrm{a}}}{\Delta p_{\mathrm{r}}} = \frac{1}{4}\left(\frac{H}{R}\right)^3 \qquad (4-114)$$

计算表明，当高与半径比为 4 的固定床反应器，由轴向流改变为径向流时，压力降可减少 16 倍。这再次表明，为完成技术目标，工艺与工程是相辅相成的。

（3）在选择工艺条件时，应进行热力学计算，以掌握反应进行的极限。如果某组工艺条件预示的平衡状态与技术目标不符，则应设法改变工艺条件或反应器型式。有时候，希望反应在新的工艺条件下达到或趋近平衡；也有时候，则希望新的工艺条件能通过反应动力学抑制平衡出现。举例说明如下。

① 对于可逆放热反应，诸如氨合成、二氧化硫氧化、一氧化碳变换等，随温度增加，反应平衡常数降低，反应速率增加到一定程度则出现相反趋势，逆反应速率大于正反应速率，产物浓度不是增加，而是降低。为了扭转这一局面，提高转化率，可采取的工艺措施是改变进反应器的工艺条件（如温度、组成）；工程措施是分段换热、连续换热；操作方式则可采用分段激冷。

② 在工艺与工程上，有时并不希望某些反应进行或达到平衡。例如乙烯裂解炉出口气温度约 820℃，所含乙烯容易进行二次反应，脱氢、环化、缩合最终成焦。这一反应为放热反应，降低温度在热力学上是有利的。工程上采用急冷换热器，在 0.03～0.07 秒的时间内，将出口气降到 300℃～600℃，大幅度地降低二次反应速率，抑制平衡状态出现。类似地，为了抑制一氧化碳歧化析炭，同样采用激冷措施。

（4）选择工艺条件时还必须考虑材质等因素的约束。如果开发对象为吸热反应，提高温度对热力学和动力学都是有利的。处于

工艺上的要求，有的为了防止或减缓副反应；有的为了提高设备生产强度，希望反应在高温下进行。此时，必须考虑材质承受能力，在材质的约束下选择工艺条件。例如，柴油裂解制乙烯，早期曾采用不锈钢(1Cr 18 Ni 9 Ti)，只能承受 700℃～800℃。50 年代，采用 HK—40(Cr 25 Ni 20)离心浇铸管，可在 1 050℃ 下长期使用，70 年代末采用 HP—40(Cr 25 Ni 35，可加适量 Nb)，长期工作温度为 1 150℃。随着材料的进步，Lumus 的 SRT—Ⅱ 型炉(炉管采用 HK—40)沿变为 SRT—Ⅲ 型炉(炉管采用 HP—40)，停留时间大约由 0.45 秒降为 0.4 秒，以轻柴油为原料的乙烯质量收率大约从 23%，提高到 24.5%。

又例如，以渣油、水煤浆、干煤粉为原料部分氧化法制合成气，为了提高碳的转化率，降低甲烷含量，期望气化炉出口温度约为 1 350℃。当采用国产砖时，其寿命仅 10 个月左右。为了将其寿命延长为一年，以满足一年的检修周期，只得将出气化炉出口温度降为 1 250℃～1 300℃，牺牲碳转化率和甲烷指标，以换取耐火砖较长的工作寿命。

（5）在系统工程观点指导下选择工艺条件。选择工艺条件既要着眼于具体的化工过程，又要立足于全系统最优，必要时要牺牲局部，保证全局。

压力，特别是对大系统气体为原料过程而言是全局性因素。系统压力不可能时高、时低，多次起伏。因此，在选择系统压力时，一定要立足于系统，不仅要考虑一个反应过程，而是要考虑全部反应过程；还要考虑净化、分离过程，在发生矛盾时，要以系统最优（投资、成本、单耗、效益）决定弃取。以天然气为原料蒸汽转化制合成气生产合成氨系统为例，从转化局部看，降低压力有利于甲烷转化。从全局看，提高转化压力有利于降低产品能耗。目前世界各国的做法是，适当提高转化压力，服从全局；由于提高压力带来的负面影响，通过提高转化温度，或过量空气二段转化加以弥补，收到了较好的节能效果。循环量、放空（排放）量与组成、净化与分离指标都会产生局部与整体的矛盾，选择工艺条件只能立足于系统最优。

### 4.3.2 反应器型式选择

化学反应工程原理及反应器是化学反应工程学科的主要研究内容,此处仅以列举的方式,作为化工过程开发反应器型式选择的参考。

A 气固相反应器

这类反应器用得极为广泛。固体或为原料之一,或为催化剂。按固体运动方式,又分为固定床、流化床、移动床、气流床、回转窑等。

a 固定床

当催化剂为负载型,为防止磨碎与损失,在温度对选择性并不十分敏感的情况下,多采用固定床反应器。又可按绝热、换热,流体流动方向不同进一步分类。如绝热固定床反应器、多段换热式(间接——段间采用换热器换热,直接——段间采用原料气或非原料气激冷或激热)固定床反应器,连续换热式固定床反应器,以及轴向反应器,径向反应器等等。

此处还是以 4.1.1 节介绍的乙苯脱氢生成苯乙烯为例。它是一个吸热反应,热力学与反应动力学行为研究认为原料中乙苯与水蒸气质量比为 1:3,620℃,约 51kPa,催化剂颗度为 0.5～1mm 为宜,即乙苯的转化率能达到 50%～70%;选择性期望达到 90%,甚至更高。

针对反应过程的上述特点,世界上许多著名公司开发了各具特色的反应器。图 4-28,为德国 BASF 公司开发的乙苯等温脱氢炉,事实上是一个连续加热反应器。因为是连续加热,所以进床层温度可适当降低,一般维持在 585℃～610℃,有效地抑制了乙苯热裂解副反应,选择性可高达 92%～94%。其最大缺点是压降大(管式反应,尤其小粒径催化剂),使设备生产能力受到限制。

美国环球油品公司(UOP)为解决床层压降过大问题,提出了径向(流)反应器(见图 4-29),以及多段径向热激式反应器(见图

4-30)，乙苯转化率约为 50%～73%，苯乙烯的选择性约为 92%。

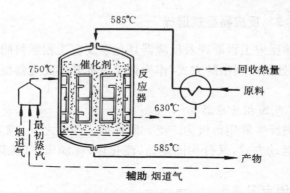

图 4-28 乙苯等温脱氢炉

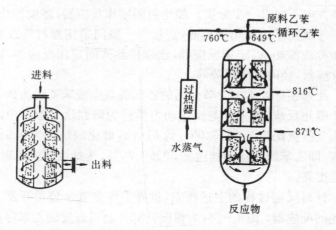

图 4-29 UOP 径向反应器　　　图 4-30 UOP 多段径向热激式反应器

孟山都开发的两段绝热式（段间蒸汽热激）反应器较为简单可靠，乙苯转化率高达 70%，苯乙烯选择性为 95%，单炉生产能力为 34 万吨/年。第一段为高选择性催化剂，第二段为高活性催化剂。见图 4-31。此外，孟山都还与鲁姆斯公司合作，开发了带蒸汽再沸器的双段径向流动反应器；Badger 开发了圆筒辐射流动式反应器,见图4-32,可谓流派纷呈。这也启迪人们,反应器是服务于反应特征的,在这大前提下,没有固定不变的模式。

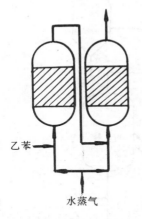

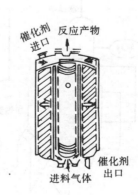

图4-31　孟山都两段绝热式反应器　　图4-32　圆筒辐射流动式反应器

b　流化床

与固定床相反,当流体通过床层时,固体颗粒处于悬浮运动状态。加工的对象可以是固体颗粒,例如矿石焙烧、煤的气化与燃烧;也可以是流体,此时固体为催化剂,例如,重质油催化裂化、丙烯氨氧化、萘氧化制邻苯二甲酸酐、正丁烷或正丁烯氧化制顺丁烯二酸酐。

流化床有如下优点。其一,可以实现固体物料连续输入和输出,从而为大量固体颗粒再生、循环使用提供了可能。例如,近年来人们正致力于研究开发重质油柔性焦化提高汽油、柴油产量新技术,柔性焦化含反应器、加热器、再生器三个流化床,见图4-33。

高碳氢比且含硫、氮以及会使催化剂中毒的镍、钒、沥青残余物的重质油进入反应器,进行催化裂解反应。与此同时,催化剂为沥青质包裹、覆盖,丧失活性。为使其再生,也为了从重质油中移走部分碳,催化剂经密相输送,进入加热器,并相继进入再生器,在该流化床中完成燃烧去碳、催化剂再生过程,经加热器,返回反应器。

其二,床层内温度均匀,为抑制对温度敏感的副反应创造了前

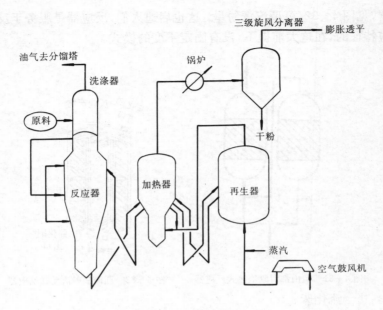

图 4-33  柔性焦化流化床

提;床层传热系数较大,一般要比固定床大 10 余倍,有利于床层的
热量输入、输出。流化床的这些优点使其成为丙烯氨氧化制丙烯腈
的首选反应器。丙烯氨氧化是一个复杂的反应系统,除主反应外,
还会生成氰化物、有机含氧化物、其他含氧化合物,如

$$C_3H_6+NH_3+1.5O_2 = CH_2 = CHCN(气)+3H_2O(气)$$
$$\Delta H = -514.8kJ/mol$$
$$C_3H_6+1.5NH_3+1.5O_2 = 1.5CH_3CN+3H_2O$$
$$C_3H_6+3NH_3+3O_2 = 3HCN+6H_2O$$
$$C_3H_6+O_2 = CH_2CHCHO+H_2O$$
$$C_3H_6+1.5O_2 = CH_2 = CHCOOH+H_2O$$
$$C_3H_6+O_2 = CH_3CHO+HCHO$$
$$C_3H_6+3O_2 = 3CO+3H_2O$$
$$C_3H_6+4.5O_2 = 3CO_2+3H_2O$$

$$2NH_3 + 1.5O_2 \xlongequal{\hspace{1cm}} N_2 + 3H_2O$$

使用的催化剂为 P—Mo—Bi—Fe—Co—Ni—K—O(C—41 型),选择性良好,丙烯腈收率为 74% 左右,反应温度约为 435℃。氨、空气、丙烯分别进入流化床反应器,比较安全;流化床内设置 U 形或直形冷却管,以维持操作温度;催化剂颗度为 $1\sim100\mu m$,颗内及床层温度均匀,有效地防止副反应,抑制了飞温事故。

流化床也有若干缺点:其一,固体颗粒、流体都存在返混现象,使除并联副反应的反应级数高于主反应级数外的其他反应的转化率、选择性下降。弥补的措施是对反应器进行轴向、径向分割。其二,固体颗粒磨损严重,大量粉尘带出器外,为后工序留下隐患。其三,因为气泡存在,使气固接触的相界面降低,气体的单程转化率受到限制。弥补的办法是增加构件,破碎气泡。

c 移动床

反应器的固体颗粒(原料、催化剂、惰性物料)在工作过程中是移动的,例如鲁奇、UGI 煤气化炉,此时,煤参与反应;铂重整反应器,固体颗粒为催化剂,随过程进行,催化剂逐渐为碳覆盖而失活,移动床为催化剂及时再生、循环使用创造了条件。

d 气流床

又称携带床、喷流床。固体或液体颗粒很小,约 0.04mm,对气流的跟随性良好,在床层中气固相基本上没有相对运动。这类反应器在干煤粉气化、水煤浆气化、渣油气化中得到广泛应用。该类反应器有如下主要特点:

(1) 炉内存在温度分布与浓度分布。温度一般很高,介于 1300℃~1900℃,所以化学反应速率极快,约 100ms 即可完成,属飞速反应。这意味着,传递是过程的控制步骤。为提高传递速率,减小颗度是重要途径。

(2) 炉内流场结构与喷嘴结构及尺寸、炉膛结构及尺寸、两者间的综合结果或称匹配与工艺条件有密切关系。一般存在射流区、回流区与管流区。流场结构决定了每个区中可能参与化学反应的组分,也就决定了炉内的化学反应的区域模型。

(3) 气流床存在返混,停留时间分布测试表明,其流型较为趋近全混流,对高转化率的过程(例如气化过程中,碳的转化率均在95%以上)进一步提高转化率带来困难。

### B 气液相反应[7]

在气液反应系统中,气体与液体体积比变化较大,当气液比大时,一般气体为连续相,液体为分散相,此时单位液体具有较大的气液相界面;反之,液体为连续相,气体为分散相,此时单位液体具有较小的气液相界面。依气液比大小顺序,气液反应器可区分为:喷雾塔、填料塔、膜式反应器(含降膜反应器、升膜反应器、旋转气液膜反应器)、板式塔、搅拌釜(槽)、管式反应器、鼓泡塔、气体升液式反应器等。

按气液本征化学反应快慢依次区分为如下类型:

(1) 瞬时不可逆反应,本征反应速率比扩散速率大很多倍,反应在液膜内的某个面上完成,不是在一个区间完成;

(2) 快反应,它比瞬时反应的速率要慢,在液膜内的某个区间中完成;

(3) 中速反应,它比快速反应稍慢,在液膜与液相主体中均有反应;

(4) 慢反应,反应主要发生在液相主体中,液膜中反应极少;

(5) 极慢反应,反应完全在液相主体中完成,气膜、液膜的传质阻力已可略而不计,过程属于反应动力学控制。

化工过程研究与开发工作者可能在两种情况下遇到气液反应,一种是用于净化、分离。还有一种情况则是开发主体,生产某种产品,例如生工、聚合、氯化、氧化、酯化、烷基化、羰基合成(甲醇羰基化生产醋酸)等。通过预实验,在认识了开发对象特征后,开始构思反应器的选型。列入表 4 - 12 的归纳经验,可资参考,或在此基础上创新出更适合开发对象的反应器。

表 4-12　主要气液反应器特性与适应范围

| 型式 | 相界面积液相体积 m²/m³ | 气液比 | 液相占体积百分 | 液相体积膜体积 | 适 应 范 围 |
|------|----------------------|--------|--------------|--------------|-------------|
| 喷雾塔 | 1 200 | 19 | 5% | 2~10 | 极快反应和快反应；气相浓 |
| 填料塔 | 1 200 | 11.5 | 8% | 10~100 | 度低；气液比大；提高液相利用率，增加膜体积 |
| 板式塔 | 1 000 | 5.67 | 15% | 40~100 | 中速反应与慢反应；气相浓 |
| 鼓泡搅拌釜 | 200 | 0.111 | 90% | 150~800 | 度高，气液比小的快反应 |
| 鼓泡塔 | 20 | 0.0204 | 98% | (4~10)×10³ | 极慢反应和中速反应 |

C　管式反应器与釜式反应器

上述分类中分别涉及了管式固定床反应器、膜式反应器、搅拌釜(槽)式反应器。但两类反应器用得较广,下文再稍事说明。

a　管式反应器

管式反应器适合于单一的气相、液相或气固相。其几何特征是高径比较大,一般为数十倍,甚至上千上万倍。有单管或多管并联;也有空管或充填催化剂的区别。当空管长径比大于 50,填充床高度与粒径之比大于 100 时(气相介质),填充床高度与粒径之比大于 200(液相介质),物料在管内流动的流型可视为平推流。与几何特征相对应的是该类反应器比表面积较大,适应于热负荷较大的加热或冷却系统。对多管并联的管式反应器,流体均布是重要而困难的。当反应介质为液相时,工程上的均布措施是:等溢流堰高度,等溢流口形状与尺寸;当反应介质为气相时,除应关注各分管具有相同的形状与尺寸外,还应保持较大的压降。

b　釜式反应器

几何特征是高径比较小,广泛适用于单一液相、气液相、液液两相反应系统。通常是以机械搅拌、射流等方式实现混合,属全返混流型。该种类型反应器不适合于要求较高转化率的过程;不适合于存在串联副反应的系统;也不适宜于存在反应级数较低的并联副反应的复杂反应体系。为克服上述缺点,派生出多级串联釜式反应器。

　　釜内可设置有限的传热面,影响流型的参数有桨叶形状、几何尺寸、桨叶数目、槽釜形状及其高径比、挡板数目及宽度等,在生工、精细化工、聚合、甲醇羰基化制醋酸、反应-精馏一体化等领域和工艺中得到应用。

# 参 考 文 献

[1] 陈敏恒,袁渭康. 工业反应过程的开发方法. 北京:化学工业出版社,1983. 第五章

[2] Briger G W, Wyrwas W. Chemical Process Engineering, 1967,48(9),101

[3] Willi am Resnick. Process Analysis and Design for Chemical Engineers. Chapter 11, New York:McGraw - Hill Book Company, 1981

[4] 同[1],第三章

[5] 朱中南,戴迎春. 化工数据处理与实验设计. 第四章,北京:烃加工出版社,1989

[6] 于建国. 城市煤气部分甲烷化耐硫催化剂的开发及本征动力学研究:[硕士论文],上海:华东化工学院,1987

[7] 邹仁鋆主编. 基本有机化工反应工程. 第十章,北京:化学工业出版社,1993

# 5  大型冷模试验

## 5.1  概述

在科学方法论指导下拟定的化工过程开发工作框图（见图 3 - 9）中，将大型冷模试验列为过程研究的环节之一，表明了大型冷模试验的重要作用，本章以此为题加以介绍。为了承上启下，正文之前说明三点：传递规律是过程研究成果的组成部分、数学方法功能的局限性以及模化试验的优势。

A  传递规律是过程研究成果的组成部分

按图 3 - 9 所示的化工过程开发工作框图，过程研究包含三个环节。小型工艺试验研究化学反应规律；大型冷模研究传递规律；在计算机上综合前两者的研究成果，形成设计与放大依据（软件），即过程研究成果。为了验证其可靠性，中间试验环节担负着检验模型，并为软件修改提供事实材料（含数据、工程现象等）的任务。

形成上述开发方法的理论依据是：化工过程虽然同时含有反应规律和传递规律，但两者是可分的，是基本独立的。前者是化学过程，化学反应规律仅与反应场所的温度与浓度有关，而与物理传递过程无关。后者是物理过程，当体系的性质一定，传递规律则与化学过程无关。至于，化学反应引起的飞温、爆震则另当别论，属于非稳态传递规律的研究范围。

如此说来，传递规律是过程研究，或者说是化工过程开发必不可少、无法回避的一部分技术内容，只有它与化学反应规律组合才能形成过程研究的技术成果，才能为工程研究奠定基础。诚然，这并不是说，凡过程开发都要建设冷模装置、进行冷模试验。事实上，凡具备下述条件之一者，即可免去这一环节。

（1）文献已经提供完整、可信的资料，开发者据此可以形成设计与放大依据。

（2）借鉴已有工业装置经验，开发者可以提出设计与放大依据。但如果这种经验是综合型的，则蹈入逐级经验放大路线之中了。

（3）开发对象简单，容易驾驭，例如反应器内流体流动属活塞流、全混流理想流型；均相、简单、速率较慢的反应。简而言之，流动规律已经掌握，或传递规律对反应结果没有什么影响的开发对象。

（4）用数学方法或其他物理模拟（例如60年代曾风靡一时的电模拟）提供的成果足以描述传递过程。换言之，当其他途径还不能提供传递过程规律时，即使冷模试验费时耗资，为了过程研究成果的可靠性，目前还只能进行这一环节。

B　数学方法功能的局限性[1]

陈敏恒、袁渭康对数学方法在过程开发中至今未获成效的原因进行了透彻的解释。反应器内进行的过程是比较复杂的，既有化学反应过程，又有流动、传热和传质等传递过程，即既有化学过程又有物理过程。但是，真正妨碍数学解析方法成功的原因主要还不在过程本身的复杂性，而在于过程所处的几何边界的复杂性。任何微分方程都必须有确定的边界条件才能求解，而反应器构成的几何形状往往难以用数学手段作出描述。例如，流体通过固定床乱堆、且形状不规整的催化剂层，通道如网状结构，时缩、时扩，对它们进行如实的数学描述几乎是不可能的。如果再计入千变万化的物性，难度就更大了。

用数学方法描述固定床反应的难度诚然如此，还有一系列问题（见下），单纯的数学方法迄今也几乎束手无策。

（1）苛刻条件（例如高温，约1 000℃、高压、多相）的流体流动、传质、宏观混合、微观混合、传热、动量传递，这类过程常见于高温反应工程、燃烧装置。

（2）大型罐、槽（上千上万立方米）的流动、混合、传热，常见于石油化工、无机化工大宗产品装置。

（3）流体均布。例如上千上万根并联管式反应器，管内进行的是复杂反应，而选择性对温度、空速又极为敏感；大型流化床的气体均布、轴向与径向分隔；大型填料塔、板式塔的流体均布；径向反应器中流体在上万个小孔中的均布问题等等。

（4）物性难以确定的系统。例如高分子聚合物、水煤浆、含固悬浮体等。

总之，单纯的数学方法对如实描述固定床、流化床、气流床、填料塔、板式塔、流体均布、苛刻条件下的传递过程等是难以奏效的，或者说是无法进行的。而当今在教科书、文献中看到的数学模拟，已经是数学方法与物理模拟的组合方法，或经过简化、假设的数学方法，当然也有系统较为简单（例如水、空气在直管或弯管中流动）的纯数学模拟。

C　模化试验的优势

近百年来国外科技工作者在相似理论、及其指导下的物理（事物之理）模拟实验（又称模化）领域中进行了大量工作，并取得显著成果。实践表明，该方法有如下功能：

（1）用少量试验，配合方程分析或因次分析，可以求得各物理量之间的关系，减少很多实验工作量。例如[2]对湍流直管阻力损失有影响的因素是

$$h_f = f(d, l, \mu, \rho, w, \varepsilon) \qquad (5-1)$$

即与流体性质有关的因素是：密度 $\rho$、粘度 $\mu$；几何尺寸是：管径 $d$、管长 $l$，管壁粗糙度 $\varepsilon$；流动条件：流速 $w$。在相似论指导下，式（5-1）改写为

$$\left(\frac{h_f}{w^2}\right) = \varphi\left(\frac{dw\rho}{\mu}, \frac{l}{d}, \frac{\varepsilon}{d}\right) \qquad (5-2)$$

自变量数目由 6 个减为 3 个，实验工作量大为减少；按式（5-1）进行实验时，为改变 $\rho$、$\mu$ 需更换流体；改变 $d$，则要改变装置。而按式（5-2）组织实验时，通过改变 $w$，即可改变 $\dfrac{dw\rho}{\mu}$；通过改变两测压

点距离,即可改变 $\frac{l}{d}$。

(2)只要相似准数相同即可将冷态(空气、水、砂子为试验介质)的试验结果应用到热态,用小型试验结果预测大型装置的过程规律。

(3)自模性。当原型(模拟对象)的雷诺数 $Re$ 处于第二自模区内(因系统而异,例如 $Re=10\ 000$),流体的流动状态、速度分布不再与 $Re$ 有关,模型的 $Re$ 只要大于第二自模区临界值,不一定要与原型的 $Re$ 相等,其相关研究成果即可应用于原型装置。

(4)近似模化。某些准数在一定条件下,明显影响研究对象的过程;但在另外一些条件下,则很少或不影响过程。此时,这些准数可不予考虑。如果准数较多,而又不可忽略时,则采用:近似复制,即模型与原型基本一样,介质、介质参数、质量流率、几何尺寸基本相同,仅减少平行、并列元件;近似仿效,即仅保证容易实现的个别模化条件,如几何相似、质量流速与原型相等,作为方案比较、结构改进的一种试验手段。

(5)物理模化在航空、船舶、卫星或空间科学站、坦克对新式武装防御性能、核爆炸后果等领域应用并取得成果。

总之,当单一的数学方法在化工过程开发不能奏效时,作为一种相辅相成的方法——大型冷模试验,可以提供传递规律、或方案比较、结构改进的参考。作为学科交叉渗透的成果,相似论及物理模拟试验被引进化工领域已在单元过程(例如流体流动、传热、传质)规律研究中发挥了巨大作用。

## 5.2  大型冷模试验的理论基础

### 5.2.1  相似原理[3]

A  相似的概念

大型冷模试验的目的是用"模型"试验获得的传递规律和现象

去认识、推测"原型"的行为。这是一种间接认识，或者说是一种认识上的转换，其效果如何，与模型与原型是否相似关系极大，或者说这种间接认识是以模型与原型相似为基础的。

相似概念脱胎于几何学。在几何学中，两个三角形相似的条件是：三条对应边成比例，且比例常数相等；相似性质是：对应边的高成比例，比例系数与对应边比例系数相等；三个对应角相等。由几何相似出发，引伸出时间相似、速度相似、力相似、压力相似、浓度相似、温度相似等等。

时间相似是指在两个几何相似的空间中，任两对应点间对应的时间间隔成比例，且比例常数与对应距离的比例常数相等。速度相似可理解为速度场的几何相似，即对应点、对应时刻的速度方向相同、大小成比例。类似地，压力相似、力相似、浓度相似、温度相似都可以理解为对应场的几何相似。

值得注意的是现象相似。诸如流体流动、传质、传热都是一种现象，都伴随着许多物理量（如温度、压力、速度、粘度、浓度、密度等）的变化。当表述某种现象的所有量，在相似空间中对应的各点以及在时间上相对应的各瞬间，各自互成一定的比例关系，则称为现象相似。

B　现象的数学描述与单值条件

在 3.1.3 中曾介绍过描述粘性、不可压缩流体的等温、稳定流动的运动方程，式(3-26)～式(3-28)，即奈维-斯托克斯方程。此处与 5.2.2 将要用到，复写如下。

对 $x$ 轴

$$\rho\left(w_x\,\frac{\partial w_x}{\partial x}+w_y\,\frac{\partial w_x}{\partial y}+w_z\,\frac{\partial w_x}{\partial z}\right)=\rho g_x-\frac{\partial p}{\partial x}+\mu\left(\frac{\partial^2 w_x}{\partial x^2}+\frac{\partial^2 w_x}{\partial y^2}+\frac{\partial^2 w_x}{\partial z^2}\right)$$

$$(5-3)$$

对 $y$ 轴

$$\rho\left(w_x\,\frac{\partial w_y}{\partial x}+w_y\,\frac{\partial w_y}{\partial y}+w_z\,\frac{\partial w_y}{\partial z}\right)=\rho g_y-\frac{\partial p}{\partial y}+\mu\left(\frac{\partial^2 w_y}{\partial x^2}+\frac{\partial^2 w_y}{\partial y^2}+\frac{\partial^2 w_y}{\partial z^2}\right)$$

$$(5-4)$$

对 z 轴

$$\rho\left(w_x\,\frac{\partial w_z}{\partial x}+w_y\,\frac{\partial w_z}{\partial y}+w_z\,\frac{\partial w_z}{\partial z}\right)=\rho g_z-\frac{\partial p}{\partial z}+\mu\left(\frac{\partial^2 w_z}{\partial x^2}+\frac{\partial^2 w_z}{\partial y^2}+\frac{\partial^2 w_z}{\partial z^2}\right)$$

$$(5-5)$$

根据质量守恒定律导出的连续性方程

$$\frac{\partial w_x}{\partial x}+\frac{\partial w_y}{\partial y}+\frac{\partial w_z}{\partial z}=0 \qquad (5-6)$$

上述方程组所描写的是普遍的共同现象,为求得某一具体问题的解,还必须给出附加条件,又称单值条件。单值条件包括如下内容:

(1) 几何条件。即现象发生的几何空间的特征尺寸。例如,流体在管道中流动,应该给出直径 $d$,及长度 $l$ 的具体数值。

(2) 物理(性)条件。即发生现象物体的性质,例如密度 $\rho$、粘度 $\mu$、热容 $c_p$、导热系数 $\lambda$ 等与研究对象有关的数值。

(3) 边界条件。流体入口和出口的速度、压力、浓度、温度分布,流体与周围介质(例如单射流还是双射流),流体与周围固体壁面的作用(例如方(形)射流还是圆(形)射流)等。

(4) 起始条件。起始条件指现象发生时系统中的速度、温度、浓度等。对于稳态过程,不存在此条件。

C   相似第一定理

如两个三角形几何相似一样,要满足相似条件、相似性质;两个现象相似也要满足相似条件与相似性质。相似第一定理是描述相似性质的。

上文指出,相似现象是指表述某种现象的一切量在相似空间中对应的各点以及在时间上相对应的各时间间隔各自互成一定的比例关系。从这个定义出发,可引伸出相似现象的相似性质。

(1) 由于相似现象属于同一类现象,例如流体流动,因此可用相同的数学物理方程及单值条件描述。

(2) 由"用来表述某种现象一切量,在相似空间中对应的各点以及在时间上对应的各瞬间，各自互成一定的比例关系"，对等温、粘性、不可压缩流体流动可表示为：

$$\frac{w''_x}{w'_x} = \frac{w''_y}{w'_y} = \frac{w''_z}{w'_z} = c_w$$

$$\frac{p''}{p'} = c_p$$

$$\frac{\rho''}{\rho'} = c_\rho$$

$$\frac{g''}{g'} = c_g$$

$$\frac{x''}{x'} = \frac{y''}{y'} = \frac{z''}{z'} = c_l$$

式中　$w_x$、$w_y$、$w_z$——速度在 $x$、$y$、$z$ 坐标轴上的分量；

$c_w$、$c_p$、$c_\rho$、$c_g$、$c_l$——下标所示量的相似倍数；

$x$、$y$、$z$——空间点的坐标；

$p$、$\rho$、$g$——对应点的压力、密度与重力加速度；

"$'$"、"$''$"——分别表示两个相似现象。

（3）由于数理方程与性质（2）的约束，相似倍数不是任意的，而是彼此约束的。例如，由 $w$，$l$（距离），$\tau$（时间）三个量表征物理量——速度，因为运动方程

$$w = \frac{\mathrm{d}l}{\mathrm{d}\tau} \tag{5-7}$$

的约束，则

$$c = \frac{c_w c_\tau}{c_l} = 1 \tag{5-8}$$

$c$ 称为相似指标，对于相似现象，其值为 1。

（4）对于彼此相似的现象，存在着同样数值的综合量，或称相似准（则）数。由

$$c_w w' = w'', c_l l' = l'', c_\tau \tau' = \tau'' \qquad (5-9)$$

将式(5-9)代入式(5-8)得

$$\frac{w' \tau'}{l'} = \frac{w'' \tau''}{l''} = idem（相似定数） \qquad (5-10)$$

由此引出相似第一定理——彼此相似的现象,必定具有数值相同的相似准数。这是彼此相似现象具有的重要性质。因为 $w, \tau$ 是空间点的函数, $l$ 为特征尺寸,所以(5-10)的无因次数群不宜称为常数。

D　相似第二定理

第二定理叙述满足什么条件,模型则与原型相似。亦即冷模实验所必须遵守什么样的条件,从而能用实验结果预测工业装置的传递行为。必须遵守的条件称为相似条件,它们是:

(1) 模型现象与原型现象可以用同一个数理方程描述。例如对粘性、不可压缩流体的等温、稳定流动可用式(5-3)~式(5-6)描述。

(2) 单值条件一定要相似。仍以粘性、不可压缩流体的等温、稳定流动为例,应满足:

① 几何条件相似,即边界处

$$\left( \frac{x''}{x'} \right)_{边界} = \left( \frac{y''}{y'} \right)_{边界} = \left( \frac{z''}{z'} \right)_{边界}$$

② 物理(性)条件相似,即

$$\frac{\rho''}{\rho'} = c_\rho, \quad \frac{\mu''}{\mu'} = c_\mu, \quad \frac{g''}{g'} = c_g$$

③ 边界条件相似,入口及出口处

$$\frac{w''_x}{w'_x} = \frac{w''_y}{w'_y} = \frac{w''_z}{w'_z}$$

(3) 相似准数相等。仍以粘性、不可压缩流体的等温、稳定流动,两个现象相似时

$$Re = \frac{\rho w l}{\mu} = idem$$

$$Eu = \frac{p}{\rho w^2} = idem$$

综上所述,得出相似第二定理——凡同一类现象,即可用同一个数理方程描述的现象,当单值条件相似,而且由单值条件的物理量所组成的相似准数(定性准数)在数值上相等时,现象必相似。

进行冷模实验的难点,或者说人们对模化持异议也在这里。试设想,如果只要一个定性相似准数相等,则两个现象相似,这是极易实现的。例如

$$\left[ Re = \frac{\rho w l}{\mu} \right]_{模型} = \left[ Re = \frac{\rho w l}{\mu} \right]_{原型} \qquad (5-11)$$

如采用相同(工业介质)进行实验,物性相同,只需调节流速以补偿尺寸的变化,就可满足 $Re$ 相等;若采用不同介质,例如用水模拟空气,也容易实现相似,具体计算见 5.2.3。总之,如果只有一个定性准数,模型介质可以任意选择,容易实现相似。

如果要满足两个定性准数,即两个定性准数相等,才能相似,在实践上是比较困难的。例如除满足式(5-11)外,还要满足

$$\left[ we = \frac{\rho w^2 l}{\sigma} \right]_{模型} = \left[ we = \frac{\rho w^2 l}{\sigma} \right]_{原型} \qquad (5-12)$$

式中　$we$——韦勃数;$\sigma$——表面张力。

在式(5-11)中 $w \propto 1/l$;在式(5-12)中,$w^2 \propto 1/l$。此时,模型采用与原型相同的介质显然是不可能的。但如果模型采用与原型不同的介质,即计入物性 $\rho$、$\mu$、$\sigma$ 的调节作用还是有可能的。

当如果要同时满足三个定性准数对应相等才能现实相似。此时,冷模实验是无法组织实施的。在这种情况下,只能略去次要定性准数,采用近似模化的途径,详见下文。

E　相似第三定理

相似第三定理可表述为描述某现象各种量之间的关系,通常

可表示为相似准数 $\pi_1, \pi_2, \cdots, \pi_n$ 之间的关系,即

$$f(\pi_1, \pi_2, \cdots, \pi_n) = 0 \qquad (5-13)$$

定性相似准数的个数等于物理方程定性量数减去基本因次数。

在相似准数 $\pi_1, \pi_2, \cdots, \pi_n$ 中,由单值条件的物理量(定性量)所组成的定性准数,以 $\pi_{定1}, \pi_{定2}, \cdots, \pi_{定m}$ 表示,而包含非单值条件的物理量(被决定量)的非定性准数(例如,努塞尔数 $Nu$,谢伍德数 $Sh$)用 $\pi_{非i}$ 表示,准数方程也可表示为

$$\pi_{非i} = f_i(\pi_{定1}, \pi_{定2}, \cdots, \pi_{定m}) \qquad (5-14)$$

例如

$$Eu = f(Re, Fr) \qquad (5-15)$$

式中　$Eu$——欧拉(Eular)数,$Eu = \dfrac{p}{\rho w^2}$;

　　　$Fr$——弗鲁德(Froude)数,$Fr = \dfrac{w^2}{gl}$。

也可以将(5-15)展开,有

$$\Delta p = f(l, \rho, \mu, g, w)$$

准数方程也可以表示为

$$\frac{l_i}{l} = f_i(\pi_{定1}, \pi_{定2}, \cdots, \pi_{定m}) \qquad (5-16)$$

式中　$l_i$——因变尺寸;

　　　$l$——定性尺寸。

例如,液体雾化器,$l_i$ 相当于滴径尺寸 $d$;$l$ 相当于雾化器定性尺寸(雾化器喷口直径)$D$,则数据关系式

$$\frac{d}{D} = f\left(\frac{\rho_g w^2 D}{\sigma}\right)$$

式中　$\rho_g$——气相介质密度;

　　　$w$——液体与气体介质相对速度;

$\sigma$——液体表面张力。

如欲求因变量场,例如速度场,准数方程又可表示为

$$\frac{w}{w_0}=f_w(Re,Fr,\frac{x}{l},\frac{y}{l},\frac{z}{l})$$

式中   $w$——速度变量;

      $w_0$——可为平均值,也可为某截面轴向最大速度;

      $l$——定性或特征尺寸;

      $\frac{x}{l},\frac{y}{l},\frac{z}{l}$——将 $x$、$y$、$z$ 坐标化为无因次尺寸。

概括起来说,第一定理指明了实验时应该测试哪些数,即各相似准数包含的一切量;第二定理指明了模型试验应遵守的条件,即单值条件相似、由单值条件物理量组成的准数相等;第三定理指明了如何整理实验结果,即整理成相似准数之间的关系式。

### 5.2.2 相似准数的导出[4]

已经述及,相似准数是模型与原型现象相似时,对应坐标上必须具有的数值相等的由单值条件物理量组成综合量,又称相似准则,或相似定数。是无因次数群,具有特定的物理意义,是经过严格推导得到的。因次分析,相似变换,积分类比(置换法)均可导出相似准数,但以后者较为简便,且物理意义明确。因次分析还常用于难以写出物理方程时。

#### A 流体流动的相似准数

相似第二定理指出,原型与模型两个现象相似是以这两个现象可以用同一个物理方程描述为基础(前提)的。现以粘性、不可压缩流体等温、稳定流动为例,推导相似准数。描述其运动的方程是奈维-斯托克斯(Navier-Stockes)方程,见 5.2.1。

积分类比法的步骤是:

(1)写出描述物理现象的基本微分方程和相似基本条件;

(2)所有各阶导数都用它的积分类比代替,即所有的微分符号全部去掉;

（3）方程中所有向量沿坐标轴的分量都用向量绝对值代替；坐标用系统的特征尺寸代替。一阶运算子

$$\nabla = \frac{\partial}{\partial x} + \frac{\partial}{\partial y} + \frac{\partial}{\partial z}$$

的积分类比是 $\nabla \sim \dfrac{1}{L}$；二阶运算子（Laplace 算子）

$$\nabla^2 = \frac{\partial^2}{\partial x^2} + \frac{\partial^2}{\partial y^2} + \frac{\partial^2}{\partial z^2}$$

的积分类比是 $\nabla^2 \sim \dfrac{1}{L^2}$

（4）所有加号、减号、等号都用相似符号（即比例符号）代替；

（5）积分类比的基本思想是：两个系统相似，流场的对应点上，式(5-3)～式(5-6)的各项必然成比例。*idem* 表示比例定数，不同项的比例定数各不相同。换言之，基本方程组对应项的比例定数相等，两系统相似。据此，将(2)～(4)得到的比例式除由(1)提供基本方程的每一项所对应的比例式，变成无因次数群，从而得到相似准数。

于是，式(5-3)～式(5-5)第一项用积分类比代替，有

$$\frac{\partial w_x}{\partial x} \sim \frac{w}{L}; \frac{\partial w_y}{\partial y} \sim \frac{w}{L}; \frac{\partial w_z}{\partial z} \sim \frac{w}{L}$$

惯性力项的积分类比

$$\rho \left( w_x \frac{\partial w_x}{\partial x} + w_y \frac{\partial w_x}{\partial y} + w_z \frac{\partial w_x}{\partial z} \right) \sim \rho \frac{w^2}{L} \tag{5-17}$$

$$\rho \left( w_x \frac{\partial w_y}{\partial x} + w_y \frac{\partial w_y}{\partial y} + w_z \frac{\partial w_y}{\partial z} \right) \sim \rho \frac{w^2}{L}$$

$$\rho \left( w_x \frac{\partial w_z}{\partial x} + w_y \frac{\partial w_z}{\partial y} + w_z \frac{\partial w_z}{\partial z} \right) \sim \rho \frac{w^2}{L}$$

压力项的积分类比（以 $x$ 轴为例，下同）

$$\frac{\partial p}{\partial x} \sim \frac{p}{L} \tag{5-18}$$

粘性力项的积分类比

$$\mu\left(\frac{\partial^2 w_x}{\partial x^2}+\frac{\partial^2 w_x}{\partial y^2}+\frac{\partial^2 w_x}{\partial z^2}\right)\sim\mu\frac{w^2}{L^2} \qquad (5-19)$$

由式(5-3)

$$\frac{第一项}{第二项}\sim\frac{\rho\dfrac{w^2}{L}}{\rho g}=\frac{w^2}{gL}=Fr=idem \qquad (5-20)$$

$Fr$ 为弗鲁德(Froude)数,是惯性力与重力之比,表示重力的影响;

$$\frac{第三项}{第一项}\sim\frac{\dfrac{p}{L}}{\rho\dfrac{w^2}{L}}=\frac{p}{\rho w^2}=Eu=idem \qquad (5-21)$$

如果相似系统的压力用相应两点之间的压力差 $\Delta p$ 代替,上式又可写为

$$Eu=\frac{\Delta p}{\rho w^2}=idem \qquad (5-22)$$

$Eu$ 为欧拉(Eular)数,是静压力与惯性力之比,表示压力的影响;

$$\frac{第一项}{第四项}\sim\frac{\rho w\dfrac{w}{L}}{\mu\dfrac{w}{L^2}}=\frac{\rho wL}{\mu}=Re=idem \qquad (5-23)$$

$Re$ 为雷诺(Renolds)数,是惯性力与粘性力之比,表示粘性力的影响。

概括起来说,粘性、不可压缩流体在模型与原型系统中定常等温流动,若两现象相似,流体质点所受力的比例在两个系统中一样,即上述 $Re$、$Fr$、$Eu$ 数相同,其轨迹必然相似,则两个系统的流动现象相似。其实,两个系统中 $Re$、$Fr$ 一旦确定(它们是由单值条件的物理量所组成的相似准数),$Eu$ 数也必然相等。这是因为,流场中每一个点的重力、粘性力、惯性力、压力差四者的矢量和为零,

当其中三个力成比例后,剩下一个力也必然成比例。因此,上述系统流动现象相似的条件是:

(1) 单值条件相似;

(2) $Re=idem$;

(3) $Fr=idem$。

该三个条件亦即相似第二定理所描述的内容。

B 燃烧过程的相似准数

由于燃烧过程中还伴有热量、质量、动量传递过程,所以燃烧过程(现象)相似,要求流动、传热、传质等过程相似。

$$Re=\frac{\rho wL}{\mu}=\frac{wL}{\nu} \qquad (5-24)$$

$$Pr=\frac{Pe}{Re}=\frac{\dfrac{wL}{a}}{\dfrac{wL}{\nu}}=\frac{\dfrac{wL}{\dfrac{\lambda}{c_p\rho}}}{\dfrac{wL}{\nu}}=\frac{c_p\mu}{\lambda} \qquad (5-25)$$

$$S_c=\frac{\nu}{D} \qquad (5-26)$$

$$Fr=\frac{w^2}{gL} \qquad (5-27)$$

式中　$\nu$——运动粘性系数,$m^2/s$;

$Pe$——贝克利(Peclet)数,$Pe=\dfrac{wL}{\dfrac{\lambda}{c_p\rho}}$;

$S_c$——施密特(Schmit)数;

$a$——热扩散率,$m^2/s$,$a=\dfrac{\lambda}{\rho c_p}$;

$Pr$——普朗特(Prandtl)数。

在上述基础上,再计入同燃烧有关的相似准数。在定常状态下,组分 $i$ 的连续方程

$$D\left(\frac{\partial^2 c_i}{\partial x^2}+\frac{\partial^2 c_i}{\partial y^2}+\frac{\partial^2 c_i}{\partial z^2}\right)-\left[\frac{\partial}{\partial x}(c_i \boldsymbol{w}_x)+\right.$$

$$\left. \frac{\partial}{\partial y}(c_i w_y) + \frac{\partial}{\partial z}(c_i w_z) \right] = -R_m \qquad (5-28)$$

式中　$D$——扩散系数，$m^2/s$；

　　　$c_i$——$i$ 组分浓度，$mol/m^3$；

　　　$R_m$——燃烧速率，$mol/(s \cdot m^3)$。

能量方程

$$\lambda \left( \frac{\partial^2 T}{\partial x^2} + \frac{\partial^2 T}{\partial y^2} + \frac{\partial^2 T}{\partial z^2} \right) - \left[ \frac{\partial}{\partial x}(\rho c_p w_x T) + \right.$$

$$\left. \frac{\partial}{\partial y}(\rho c_p w_y T) + \frac{\partial}{\partial z}(\rho c_p w_z T) \right] = QR_m \qquad (5-29)$$

式中　$\lambda$——导热系数，$W/(m \cdot K)$；

　　　$T$——温度，$K$；

　　　$Q$——反应热，$J/mol$；

　　　$\rho$——密度，$kg/m^3$；

　　　$c_p$——热容，$J/(kg \cdot K)$。

由式(5-28)，用积分类比法，有

$$\frac{\text{对流所造成的物质迁移}}{\text{分子扩散所造成的物质迁移}} = \frac{\text{第二项}}{\text{第一项}} \sim \frac{\dfrac{c_i w}{L}}{D \dfrac{c_i}{L^2}} = \frac{wL}{D}$$

$$(5-30)$$

参见式(5-28)，第二项中 $w$ 与以摩尔浓度为推动力的对流传质分系数具有相同的物理意义，即

$$\frac{wL}{D} = \frac{kL}{D} = Sh \qquad (5-31)$$

式中　$Sh$——谢伍德(Sherwood)数；

　　　$k$——对流传质分系数，$m/s$。

式(5-30)除以 $Re$ 数，得 $Sc$ 数

$$Sc = \frac{\dfrac{wL}{D}}{\dfrac{\rho wL}{\mu}} = \frac{\mu}{\rho D} \qquad (5-32)$$

再由式(5-28),应用积分类比,有

$$\frac{燃烧速率}{对流所造成的物质迁移} = \frac{第三项}{第二项} \sim \frac{R_m}{\dfrac{c_i w}{L}}$$

$$= \frac{R_m L}{c_i w} = D_I \qquad (5-33)$$

式中 $D_I$—— 达姆克勒(Damköhler)第一准数。

当 $R_m$ 不变,即按该速率进行燃烧反应,将 $i$ 组分燃烬的时间为

$$\tau_r = \frac{c_i}{R_m} \qquad (5-34)$$

代入式(5-33),有

$$D_I = \frac{L}{w\tau_r} \qquad (5-35)$$

对式(5-29)进行积分类比,有

$$\frac{对流造成的热传递}{导热造成的热传递} = \frac{第二项}{第一项} \sim \frac{\dfrac{\rho c_p \dot{w} T}{L}}{\lambda \dfrac{T}{L^2}}$$

$$= \frac{wL}{a} = Pe \qquad (5-36)$$

参见式(5-29),第二项中 $\rho c_p w$ 与对流给热系数具有相同的物理意义,即

$$\frac{wL}{\dfrac{\lambda}{\rho c_p}} = \frac{\alpha L}{\lambda} = Nu \qquad (5-37)$$

式中 $\alpha$—— 对流给热系数,$W/(m^2 \cdot K)$;

$Nu$——努塞尔(Nusselt)数,无因次。

如将式(5-36)除以 $Re$,有

$$\frac{\dfrac{wL}{a}}{\dfrac{\rho wL}{\mu}}=\frac{c_p\mu}{\lambda}=\frac{\nu}{a}=Pr \tag{5-38}$$

式中　$Pr$——普朗特(Prandtl)数,无因次。

再对式(5-29)进行积分类比,有

$$\frac{燃烧放热率}{对流造成的热传递}=\frac{第三项}{第二项}\sim\frac{R_mQ}{\dfrac{\rho c_p wT}{L}}$$

$$=\frac{R_mQL}{\rho c_p wT}=D_{\mathbb{I}} \tag{5-39}$$

式中　$D_{\mathbb{I}}$——达姆克勒第三准数。

令

$$\tau_r=\frac{\rho}{R_m}$$

则

$$D_{\mathbb{I}}=\frac{QL}{\tau_r c_p wT} \tag{5-40}$$

由式(5-28)

$$\frac{\dfrac{燃烧速率}{分子扩散造成的物质迁移}}{\dfrac{燃烧速率}{对流造成的物质迁移}}\sim\frac{wL}{D}=ReSc=\frac{D_{\mathrm{I}}}{D_{\mathrm{I}}} \tag{5-41}$$

由式(5-29)

$$\frac{\dfrac{燃烧放热率}{传导造成的热传递率}}{\dfrac{燃烧放热率}{传导造成的热传递率}}\sim\frac{wL}{a}=RePe=\frac{D_{\mathbb{N}}}{D_{\mathbb{I}}} \tag{5-42}$$

表 5 - 1　常用无因次准数

| 名　　称 | 符号 | 数　群 | 意　义 | 应　用 |
|---|---|---|---|---|
| 阿基米德准数 | $Ar$ | $gL^3\rho(\rho-\rho_0)/\mu^2$ | 重力/摩擦力 | 具有不同密度的流体流动 |
| 阿累尼斯准数 | | $E/RT$ | 活化能/热能 | 反应速率 |
| 伯恩斯坦准数 | $B_0$ | $wL/D_a$ | 宏观运动的物质/返混物质 | 流动介质中的混和过程 |
| 达姆克勒准数 I | $D_1$ | $L/w\tau_r$ | 反应掉的物质/加入的物质 | |
| 达姆克勒准数 II | $D_{II}$ | — | 反应掉的物质/扩散的物质 | |
| 达姆克勒准数 III | $D_{III}$ | $R_mQL/\rho c_p wT$ | 反应热/对流传递热量 | 化学反应 |
| 达姆克勒准数 IV | $D_N$ | — | 反应热/传导的热量 | |
| 得拉格(Drag)准数 | $C_D$ | $(\rho-\rho_0)L/\rho w^2$ | 重力/动能 | 多相流动 |
| 欧拉准数 | $Eu$ | $\Delta p/\rho w^2$ | 压力降/惯性力 | 流体在管道中的摩擦 |
| 费鲁德准数 | $Fr$ | $w^2/gL$ | 惯性力/重力 | 搅拌器,气力输送,相界面 |
| 伽利略准数 | $Ga$ | $L^3 g\rho^2/\mu^2$ | 重力/摩擦力 | 流体在重力场内运动 |
| 格拉斯霍夫准数 | $Gr$ | $L^3\rho^2 g\beta\Delta T/\mu^2$ | 密度差引起的浮力/摩擦力 | 自由对流 |
| 莱维斯准数 | $Le$ | $Sc/Pr$ | 热传导/扩散 | 同时进行热质传递 |
| 努塞尔准数 | $Nu$ | $\alpha L/\lambda$ | 总给热/热传导 | 给热过程 |
| 贝克利准数 | $Pe$ | $Lw\rho c_p/\lambda$ | $Pe=Re\cdot Pr$ | 给热过程 |
| 普朗特准数 | $Pr$ | $c_p\mu/\lambda$ | 分子动量传递/热量传递 | 给热过程 |
| 雷诺准数 | $Re$ | $Lw\rho/\mu$ | 惯性力/粘性力 | 流体流动 |
| 施密特准数 | $Sc$ | $\mu/\rho D$ | 分子动量传递/物质传递 | 传质过程 |
| 谢伍德准数 | $Sh$ | $kL/D$ | 总传质/扩散 | 传质过程 |
| 韦勒准数 | $We$ | $w^2\rho L/\sigma$ | 惯性力/表面张力 | 气泡、雾化 |
| 流体混合准数 | $H$ | $\rho_1 w_1^2/\rho_2 w_2^2$ | 两股流体动量比 | 射流混合 |
| 西勒(Thiele)准数 | $\varphi$ | $Q^{0.5}L/(\lambda\cdot T)^{0.5}$ | $D_{th}^{0.5}$ | 催化剂中反应 |

$\beta$——膨胀系数,$K^{-1}$;$\rho_0$——较稀介质密度,$kg/m^2$;$\sigma$——表面张力,$J/m^2$,$N/m$。

$D_1$、$D_{II}$ 为决定性相似准数；$D_1$、$D_N$ 为非决定性准数，即可由 $D_1$、$D_{II}$ 导出。

至此，业已涉及许多准数，还有一些准数并没有专事介绍，但较为常用，一并列入表 5－1，以资参考。

### 5.2.3　相似分析

#### A　单一流体的流动

单一流体流动时，有五个定性量——$\rho$、$w$、$\mu$、$g$、$L$，其基本因次有三个，由相似第三定理，决定性准数有两个。已与上述，即

$$f(Eu, Re) = 0 \qquad (5-43)$$

当 $Re > 10^5$ 时，流动进入第二自模化区，速度与浓度分布不再随雷诺数的变化而变化，即与雷诺数无关，上式又可简化为

$$f(Eu) = 0，或 Eu = idem \qquad (5-44)$$

即只要欧拉数相等，模型与原型相似。将上式具体化为

$$\left[\frac{P}{\rho w^2}\right]_I = \left[\frac{P}{\rho w^2}\right]_{II} \qquad (5-45)$$

上式左端代表模型，右端代表原型。当系统均为常压时，

$$[\rho w^2]_I = [\rho w^2]_{II} \qquad (5-46)$$

这意味着，在上述条件下，为使模型与原型相似，欧拉数相等与气流的动压头相等是等价的。又，如果模型与原型系等温而压力不同，由式(5－45)得

$$[Mw^2]_I = [Mw^2]_{II}$$

式中 $M$ 为气体的分子量。利用上式，低压模型可以模拟高压原型。

#### B　两股气体射流交叉

此时共九个定性量，即 $\rho_1$、$\rho_2$、$w_1$、$w_2$、$\mu_1$、$\mu_2$、$L_1$、$L_2$、$g$；三个基本因次。由相似第三定理，决定性准数为 6 个；除 $R_1$、$R_2$、$Fr_1$、$Fr_2$ 外，还有

$$\frac{\rho_1 w_1^2}{\rho_2 w_2^2} = idem; \quad \frac{\rho_1 w_1}{\rho_2 w_2} = idem \qquad (5-47)$$

两个。如果冷模试验主要关注两股交叉射流的混合效果；在两股射流流股中，$Re_1$、$Re_2$ 均大于 $10^5$，即进入第二模化区；对气体而言，$Fr_1$、$Fr_2$ 可略而不计；$\frac{\rho_1 w_1}{\rho_2 w_2}$ 为两股射流的流量比，对混合效果影响不明显。于是，只剩下混合准数

$$H = \frac{\rho_1 w_1^2}{\rho_2 w_2^2} = idem \qquad (5-48)$$

设模型两股射流通道面积为 $f_1$ 与 $f_2$；原型的两股射流通道面积为 $F_1$ 与 $F_2$。当两者相似时，有

$$\left[\frac{f_1}{f_2}\right]_{\mathrm{I}} = \left[\frac{F_1}{F_2}\right]_{\mathrm{I}} \qquad (5-49)$$

由式（5-48）、式（5-49）可得

$$\left[\frac{f_1}{f_2}\right]_{\mathrm{I}} \left[\frac{\rho_1 w_1^2}{\rho_2 w_2^2}\right]_{\mathrm{I}} = \left[\frac{F_1}{F_2}\right]_{\mathrm{I}} \left[\frac{\rho_1 w_1^2}{\rho_2 w_2^2}\right]_{\mathrm{I}} \qquad (5-50)$$

记 $m$ 为质量流率，$m_1 = f_1 \rho_1 w_1$；而 $m_1 w_1$ 为动量。对应地，$m_2 = f_2 \rho_2 w_2$，代入上

$$\left[\frac{m_1 w_1}{m_2 w_2}\right]_{\mathrm{I}} = \left[\frac{m_1 w_1}{m_2 w_2}\right]_{\mathrm{I}} \qquad (5-51)$$

总起来说，当原型中有两股交叉射流，欲用模型模拟（即模化）其行为，例如混合物的速度分布与浓度分布。相似条件是：对应的两股物流能用同一物理方程描述；单值条件（几何、物性、边界）相似；$Re_1$、$Re_2$、$Fr_1$、$Fr_2$、两股射流的流量比与动量比共六个数群对应相等，而其中两股射流动量比（即混合准数 $H$）最为关键。此外，还与交叉射流的混合环境有很大关系。要同时做到上述诸点是极困难的，一般只能采取近似模化。

C　水力模化

在模型中以水为介质模拟原型中气体介质的流动规律具有如下优点。由相似条件

$$\left[\frac{wL}{\nu}\right]_{\mathrm{I}}=\left[\frac{wL}{\nu}\right]_{\mathrm{I}}$$

由物性知,水的运动粘度 $\nu$ 为热烟气的 1/120,是空气的 1/10。如模型的特征尺寸为原型的 1/12,为保持与热烟气的雷诺数相等,由上式

$$\frac{[w]_{\mathrm{I}}}{[w]_{\mathrm{I}}}=\frac{[\nu]_{\mathrm{I}}}{[\nu]_{\mathrm{I}}}\frac{[L]_{\mathrm{I}}}{[L]_{\mathrm{I}}}=\frac{1}{120}\times 12=\frac{1}{10}$$

即模型以水为介质时,只需较低速度即可与原型雷诺数相等,或进入第二自模化区。

水力模化还为多种示踪方法提供可能。诸如:在水中加入空气气泡;水局部电解产生氢气泡;以苯与氯化碳、橄榄油和乙烯为乳化剂,均能示踪流线。

# 5.3　冷模试验实例

## 5.3.1　受限射流流场结构

A　自由射流

流体自喷口喷出,射入无限空间,其与周围流体(静止或流动)相互作用,称为自由射流。如果喷口为圆形,则称圆射流,实验测得其流场呈轴对称;如果喷口为条形,则称平面射流。如果研究开发对象的喷口与反应器截面的比值很小,可近似看成自由射流;如果比值大于 0.1,则应视为受限射流。自由射流流场结构(含混合)比较简单,迄今已有深刻的了解,例如典型的径向速度梯度为 6 000/s;约在 3mm 距离内,将静止流体加速到 20m/s。而受限射流则因环境差异有诸多特殊性,往往要通过实验才能了解某一环境下的

流场结构。但前者是后者的基础，所以本文先对自由射流做一般介绍。

流体（例如反应介质之一，或气体燃料）以速度 $w_0$ 从直径为 $d_0$ 的喷口中射出，若周围流体（例如另一反应介质，或空气）静止，当以 $d_0$ 为特征尺寸的雷诺数 $\geqslant 300$ 时，则为湍流射流。由于射流与周围流体之间有速度差，流体有粘性，则产生湍流旋涡，卷吸周围流体向下游流动，射流宽度不断扩展，扩张角约 $12°\sim14°$，速度不断减慢。射流结构示意图见图 5-1。

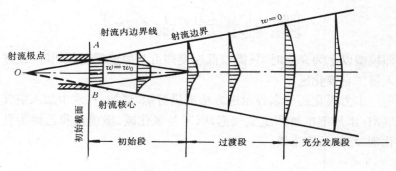

图 5-1　自由射流结构

起始（初始）段。刚出喷口（$AB$ 截面）速度是均一的，由于卷吸，下游逐渐变宽，中心有一个楔形区，称为势流核心。核内各截面仍保持喷口速度 $w_0$，楔形轮廓线称为射流内边界线，其与射流（外）边界线（速度为零）之间的空间称为混合区，混合区内有速度梯度。流动速度沿径向逐渐降低，至外边界线处速度为零。从水煤浆、渣油气化、燃烧角度看，起始段相当于黑区或黑根，长度约为 $4\sim6.5d_0$，势核内为纯燃料，射流外边界线上燃烧速度为零。

过渡段。该段射流轴线速度已不再保持起始速度 $w_0$，整个区域均为混合区。射流轴线上速度与射流介质浓度最大，射流边界线上流速与射流介质浓度均为零。在过渡段内，轴线各截面上速度分布不断变化。该段面长度约为 $6.4\sim8d_0$。

基本段。又称自模段、充分发展段。射程各截面上，速度与浓度分布对应相似,呈正态分布。与过渡段相同,轴线上速度、浓度最大,射流边界线上两者均为零。该段约 $100d_0$ 或更长。射流边界线的交点,称为射流极点。自射流极点至喷口的距离约 $4\sim5d_0$。

自由射流有如下卷吸特性。沿射程,湍流混合边界层不断扩展,但射流总动量守恒

$$G_x = 2\pi \int_0^\infty \rho \, \overline{w}^2 r \mathrm{d}r \qquad (5-52)$$

$$G_0 = \frac{\pi}{4} d_0^2 \rho_0 w_0^2 \qquad (5-53)$$

式中　$G_x$——沿喷口轴线距喷口距离为 $x$ 处射流动量通量,
　　　　　$(\mathrm{kg \cdot m})/\mathrm{s}^2$;

　　　$G_0$——出喷口处射流动量通量,$(\mathrm{kg \cdot m})/\mathrm{s}^2$;

　　　$\overline{w}$——沿喷口轴线距离喷口为 $x$ 处射流平均速度,$\mathrm{m/s}$;

　　　$w_0$——出喷口射流速度,$\mathrm{m/s}$;

　　　$r$——$x$ 截面处的径向坐标,$\mathrm{m}$;

　　　$d_0$——喷口直径,$\mathrm{m}$;

　　　$\rho_0$、$\rho$——射流在喷口和 $x$ 轴距处的密度,$\mathrm{kg/m^3}$。

即 $G_x = G_0$。由于卷吸,射流质量不断增加,卷吸量与射流的湍流粘性、速度梯度以及自身与被卷吸介质的密度比有关,实验测试基本段卷吸量并回归出如下方程

$$\frac{m_e}{m_0} = 0.32 \left( \frac{\rho_a}{\rho_0} \right)^{0.5} \left( \frac{x}{d_0} \right) - 1 \qquad (5-54)$$

式中　$m_e$——被卷吸入主射流中流体的质量流率,$\mathrm{kg/s}$;

　　　$m_0$——自喷口喷出的射流介质质量流率,$\mathrm{kg/s}$;

　　　$\rho_a$——环境介质密度,$\mathrm{kg/m^3}$;

　　　$x$——沿喷口轴线,自喷口计起的 $x$ 坐标。

　　B　受限射流[5]

为了探索受限射流的流场结构,人们进行了大量冷模实验,下面摘引 Becker 等人的研究结果,以资参考。

a 实验装置

见图 5 - 2，透明玻璃管为受限射流通道，长 125cm，内直径 19.7cm，射流源为一理想喷嘴，喉部为 6.35mm，直管为 2.41cm（均为内径），射流由喷嘴射出，二次流为静止空气，其吸入量可由筛网调节，出通道气体排入大气，流场速度分布用探针测定。

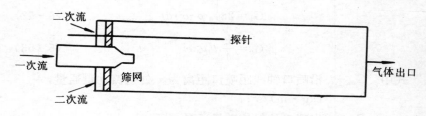

图 5 - 2　受限射流测试装置

b 流场结构

测得流场结构有两种极端情况：当周围流体有丰富的来源，例如丝网空隙率大，阻力小时，不产生回流，即射流扩展到管壁之前引射量不受到阻碍；当周围流体来源有限，实验用的丝网空隙率小，阻力大时，周围流体不能满足射流的引射量，此时产生回流，见图 5 - 3 所示。$N$ 点上游才有二次流的引射，回流涡从 $P$ 点处的下游边界一直延伸到它的上游极限点 $N$。反向流动的流量，相当于整个横截面上反向流的积分，$N$、$P$ 两点处回流量为零，$C$ 点处最大。

c 数据处理

记 $u$ 为射流速度，二次流的平均速度为 $u_s$，射流轴线上的速度为 $u_m$，射流主体内，即射流边界线内任意半径上的剩余速度为

$$\Delta u = u - u_s \qquad (5 - 55)$$

轴线上的剩余速度为

$$\Delta u = \Delta u_m = u_m - u_s \qquad (5 - 56)$$

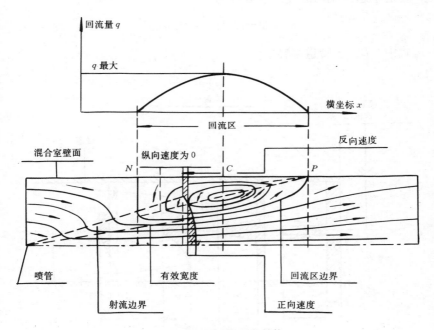

图 5-3 受限射流流场结构

不同轴向位置上的剩余速度见图5-4。剩余速度剖面的相似性可表示为

$$\frac{\Delta u}{\Delta u_m} = f\left(\frac{y}{l}\right) \tag{5-57}$$

式中 $l$ 为有效宽度（参考宽度），其值与轴向距离 $x$ 有关，且其变化反映射流的扩展情况，可由下式求出

$$\pi l^2 \Delta u_m = q = \int_0^b 2\pi y \Delta u \mathrm{d}y \tag{5-58}$$

式中　$q$——剩余流量；

　　　　$b$——$\Delta u = 0$ 处的射流边界半径；

　　　　$y$——径向坐标。

管道中总体流动的连续性方程为

$$Q = \pi l^2 \Delta u_{\mathrm{m}} + \pi L^2 u_{\mathrm{s}} \qquad (5-59)$$

式中  $L$——管道半径。

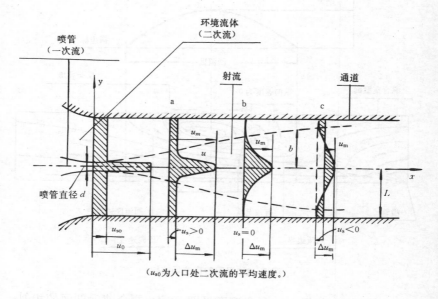

（$u_{s0}$ 为入口处二次流的平均速度。）

图 5-4  剩余速度剖面

与流体在管道中流动相比，如果仍将流体看成粘性不可压缩，流动过程仍为等温、稳态，其物理方程没有变，而是单值条件中的几何条件与边界条件变了，此时 $f(Re, Eu) = 0$ 流动现象相似的规律不再适应了。所以，需另外寻找相似准数，作为现象相似的判据（条件）。

柯瑞亚-克台特（Craya–Cutet）提出的准数，即 $Ct$ 数为较多的人所接受，它是这样被定义的。

$$u_{\mathrm{k}} = \frac{m_{\mathrm{N}} + m_{\mathrm{i}}}{\rho A_{\mathrm{T}}} \qquad (5-60)$$

式中 $u_k$——气体在射流通道中的平均速度,运动学速度,m/s;

       $m_N$——通过喷口的质量流率,kg/s;

       $m_i$——被引射的二次流的质量流率,kg/s;

       $\rho$——流体密度,假设一次流、二次流密度相等,kg/m³;

       $A_T$——射流通道面积,m²。

$$u_d^2 = \frac{I_N + 0.5I_i}{\rho A_T} \tag{5-61}$$

式中 $u_d$——流体的动力学速度,m/s;

       $I_N$——射流动量,$(kg \cdot m)/s^2$;

       $I_i$——二次流动量,$(kg \cdot m)/s^2$。

若记

$$u_0^* = \sqrt{u_d^2 - \frac{1}{2}u_k^2} \tag{5-62}$$

则柯瑞亚-克台特准数为

$$Ct = \frac{u_k}{u_0^*} \tag{5-63}$$

或表示为

$$Ct = \frac{1 + \dfrac{m_i}{m_N}}{\sqrt{\left(\dfrac{m_i}{m_N}\right)^2\left(\dfrac{I_N}{I_i}\right) - \dfrac{m_i}{m_N} - \dfrac{1}{2}}} \tag{5-64}$$

即受限射流的流动特征(现象)由一次流和二次流的动量与质量比决定。从物理含义上看,它与式(5-47)是一致的,只是表达形式不同而已。当 $Ct$ 数趋于零时,意味着射流动量较高,回流量增大,见图 5-5;当 $Ct$ 大于 0.74 时,回流停止。随 $Ct$ 数变化,涡眼位置也在变化,见图 5-5。

为了使关联的经验方程具有通用性,习惯上采用无因次速度,记

$$w = \frac{u - u_s}{u_0^*} = \frac{\Delta u}{u_0^*} \qquad (5-65)$$

$$w_m = \frac{u_m - u_s}{u_0^*} = \frac{\Delta u_m}{u_0^*} \qquad (5-66)$$

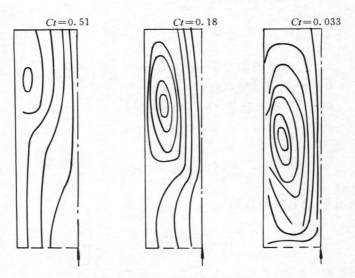

图 5-5 不同 $Ct$ 数的平均流动模型

$$w_s = \frac{u_s}{u_0^*} \qquad (5-67)$$

记通道半径为 $L$,任意半径(半径坐标)为 $r$,轴向坐标为 $x$,则无因次几何量

$$R = \frac{r}{L} \qquad (5-68)$$

$$X = \frac{x}{L} \qquad (5-69)$$

将 $u - u_s = \frac{1}{2}(u_m - u_s)$ 处的通道半径表示为 $r_{0.5}$,称速度半半径,其

无因次值为

$$R_{0.5} = \frac{r_{0.5}}{L} \qquad (5-70)$$

系统地测试发现受限射流径向增长与轴向位置的关系如图 5-6

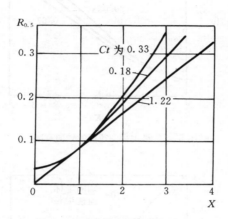

图 5-6　速度半半径与轴距的关系

所示,当 $0 < Ct < 0.7$ 时,即在回流区参见中,其关系式

$$R_{0.5} = 0.084X \left[ 1 + \left( \frac{X}{X_r} \right) \right]^{5/3} \qquad (5-71)$$

$$X_r = 4.07\exp(3.54Ct) \qquad (5-72)$$

当 $Ct > 1.0$ 时,其关系式

$$R_{0.5} = 0.0813X \qquad (5-73)$$

随轴距增加,射流速度逐渐衰减,测试结果示于图 7-7,当 $0 < Ct < 5$ 时,拟合实验结果得

$$\frac{1}{W_m} = 0.072\,5X \left[ 1 + \left( \frac{X}{X_u} \right)^{5/3} \right] \qquad (5-74)$$

$$X_u = 5.95\exp(3.54Ct) \qquad (5-75)$$

系统实验还测得径向速度分布,示于图5-8。当$0 < R < 1.2R_{0.5}$时,其回归方程

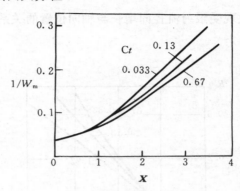

图 5-7 最大径向速度的轴向衰减

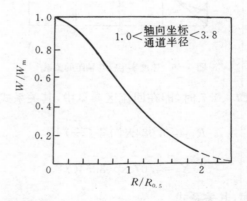

图 5-8 当$Ct = 0.345$时受限射流径向速度分布

$$\frac{W}{W_m} = \exp\left[-\ln 2\left(\frac{R}{R_{0.5}}\right)^{1.82}\right] \qquad (5-76)$$

当$R > R_{0.5}$,且$Ct > 0.5$,即回流量较小时,自该径向位置到通道壁之间湍端区的速度分布为

$$\frac{W}{W_m} = \left[1 - (1 - 2^{-\frac{1}{2}})\left(\frac{R}{R_{0.5}}\right)^{1.5}\right]^2 \qquad (5-77)$$

在受限射流混合区中,上述关系式并不因轴向位置变化而变化,即 $Ct$ 数一定时,这种自模性不变,如图 5-8 所示。

如果把射流的外缘与射流通道之间的流体称为自由流,在该环形区中的平均无因次速度 $W_s$ 沿轴向分布示于图 5-9。

当二次流量小于受限射流的携带能力时,通道中出现回流,当 $Ct \geqslant 0.74$ 时,回流量为零。出现回流时,流体烧回流界面(平面时为回流边界线)旋转,回流界面的轴向速度为零。回流的上游轴向起始位置为

$$X = 6.5Ct \qquad (5-78)$$

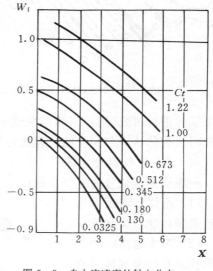

图 5-9　自由流速度的轴向分布

回流下游径向结束位置

$$R_{0.5} = 0.5 \qquad (5-79)$$

回流涡眼位置

$$X = 2.8 + 4.6Ct \qquad (5-80)$$

### 5.3.2　液体雾化

雾化在液体燃料燃烧、气化,吸收、干燥、蒸发等过程中应用极为广泛。其根本原因是传递面积大幅度增加,例如,一千克燃油的

球表面积为 0.052m²，当破碎为 30μm 微滴群时，总表面积约为 223m²，增加 4 300 倍。为强化传递控制的过程奠定了基础。

雾化是一个极为复杂的过程，人们还远不能通过数学分析计算雾化结果，还必须依赖于实验，一般都是在冷模试验中完成的。尽管如此，这并不是说没有必要进行雾化过程（机理）研究。事实上，人们还是尽可能的进行研究，用得到的定性或半定量认识以指导雾化研究。下文将已有的认识与实验结合起来介绍。

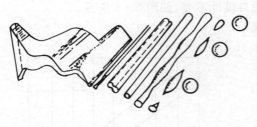

图 5 - 10　雾化过程示意图

A　雾化过程因素分析

一般认为雾化分为五个步骤：

（1）液体自喷嘴喷出时形成圆柱状或膜状流；

（2）液体的初始湍流横向扰动和环境气体对流股的作用，使流股表面弯曲、波动；

（3）液体经成膜、膜成丝、丝成滴三个阶段或其中一二个阶段，见图 5 - 10。如果液体自离心式机

图 5 - 11　离心式机械雾化

械雾化喷嘴喷出时，见图 5 - 11，第一组波沿射流运动方向发展，力图把油膜分裂成贯穿于射流轴心线的一系列环圈。第二组波沿切线方向发展，使油膜呈扇形流。

（4）颗粒在气流中继续破碎，直至雾滴内外压力平衡，见图 5 - 12；

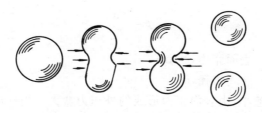

图 5-12　油粒雾化示意图

（5）雾滴在相互碰撞时聚合长大。

液体雾化所受的力有：液体和雾化介质压力转化成为流体动力（向前的推进力或冲击力）；与之反向的环境气体阻力（摩擦力）；与液体性质有关的粘性力和

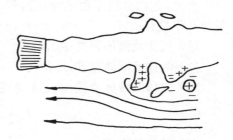

图 5-13　脉动射流外形

表面张力。在不同雾化方法中，这些力以不同贡献影响着雾化过程。在介质（气流）雾化条件下，雾化介质以较大的速度与质量喷出，液体受到冲击和摩擦，导致液体被撕裂、破碎；在压力雾化条件下，液体因高速而脉动强烈，与图 5-11 相似，图 5-13 则为圆柱状湍动射流外形示意图。在远离液体流股处，画一根未受扰动的流线，在流线与液体射流之间的气体与流股表面的作用机制如下：波峰处，气体速度较高，其压力低于平均值；波谷处，与之相反。因此，液体射流表面上的峰与谷在气流动力作用下，总是力图增大。当液体与环境气体相对速度愈大，这种作用愈明显，最终导致射流破碎、雾化。

当液滴处于平衡态时，外表面受到环境介质压力 $p$ 及由表面张力形成的压力 $p_s$。与它们相平衡的是液滴内部压力 $p_i$[6]。即

$$p + p_s = p_i \tag{5-81}$$

对球形液滴

$$p_s = \frac{2\sigma}{r} \qquad\qquad (5-82)$$

式中  $\sigma$ ——表面张力，N/m；

      $r$ ——液滴半径，m。

可见，滴径愈小，由表面张力形成的外压力愈大。当环境压力 $p$ 波动时，$p_s$ 必然与之呼应，导致变形、破碎，最终达成新的平衡。

至此，业已分析了影响雾化过程（或称之为现象）的定性物理量与几何量有：

（1）气体及液体密度：$\rho_g$、$\rho_L$；

（2）气体及液体粘度：$\mu_g$、$\mu_L$；

（3）气体及液体速度：$w_g$、$w_L$，或它们之间的相对速度

$$\Delta w = |w_g - w_L| \qquad\qquad (5-83)$$

（4）液体的表面张力：$\sigma$；

（5）喷嘴及液滴特征尺寸：$d_0$、$d$。

共九个定性量，而基本因次为三个，由第三相似定理，应有 6 个定性准数，一般将其写为通式

$$\frac{\overline{d}}{d_0} = f\left(Re, w_e, \frac{\rho_g}{\rho_L}, \frac{\mu_g}{\mu_L}, \frac{w_g}{w_L}, A\right) \qquad\qquad (5-84)$$

式中雷诺数有几种表达方法：以液体物性（$\rho_L$、$\mu_L$）、相对速度 $\Delta w$、滴径为特征尺寸，有

$$Re_L = \frac{\rho_L \Delta w d}{\mu_L} \qquad\qquad (5-85)$$

有时，不用相对速度，直接用液滴的运动速度 $w_L$，此时

$$Re'_L = \frac{\rho_L w_L d}{\mu_L} \qquad\qquad (5-86)$$

如果采用描述气体阻力的雷诺数，则采用气体物性（$\rho_g$、$\mu_g$）以及滴径（$d$）和液滴的运动速度

$$Re_g = \frac{\rho_g w_L d}{\mu_g} \tag{5-87}$$

式(5-84)中，$we$ 为韦勃(Weber)数

$$we = \frac{\rho_g \Delta w d_0}{\sigma} \tag{5-88}$$

表示惯性力与表面张力之比，式中喷嘴直径($d_0$)又可更换为液滴特征尺寸($d$)；相对速度($\Delta w$)，有时被表征为液滴速度。

还有人将 $Re$ 与 $we$ 组合成拉普拉斯(Laplace)数，突出粘性力因素

$$Lp = \frac{we}{Re} = \frac{\mu_L^2}{\rho_L \sigma d_0} \tag{5-89}$$

式(5-84)中的 $A$ 为无因次特征尺寸，例如表征喷嘴结构、滴径等。

研究者基于对研究对象特征的理解，以及对雾化过程因素的认识，在组织雾化实验、整理数据时各有取舍，极而言之，有关雾化的经验公式几乎面貌全非，不像传热的努塞尔数与雷诺数、谱朗特数有确定的关系式；也不像传质的谢伍德与雷诺数、施密特数那样，对同一系统，不同研究者的经验公式几乎是不同的。

B　实验结果

a　雾化滴径与雾化因素的经验方程

双流体雾化且液体孔径≤2mm，Nukiyama 和 Tanasawa 的研究成果为，

$$SMD = \frac{585}{\Delta w}\left(\frac{\sigma}{\rho_L}\right)^{0.50} + 1\,683\left(\frac{\mu_L}{\sqrt{\sigma\rho_L}}\right)^{0.45}\left(1\,000\,\frac{m_L}{m_g}\frac{\rho_g}{\rho_L}\right)^{1.5}$$

$$\tag{5-90}$$

式中　　$SMD$——索太尔(Sauter)平均直径，$\mu$m；

　　　　$\sigma$——表面张力，mN/m(dyn/cm)；

　　　　$\rho_L$——液体密度，g/cm³；

$\rho_g$——气体密度，$g/cm^3$；

$\mu_L$——液体粘度，$Pa \cdot s$；

$\Delta w$——相对速度，$m/s$；

$m_L$——液体的质量流率，$kg/s$；

$m_g$——气体的质量流率，$kg/s$。

还有人建立了如下准数式，当 $Lp < 0.5$ 时

$$\frac{\overline{d}}{D}\left(\frac{\rho_g \Delta w^2 D}{\sigma}\right)^{0.45} = A_0 + 1.24\left(\frac{\mu_L^2}{\rho_L \sigma D}\right)^{0.62} \tag{5-91}$$

当 $Lp > 0.5$ 时

$$\frac{\overline{d}}{D}\left(\frac{\rho_g \Delta w^2 D}{\sigma}\right)^{0.45} = A_0 + 0.94\left(\frac{\mu_L^2}{\rho_L \sigma D}\right)^{0.28} \tag{5-92}$$

式中　$\overline{d}$——液滴平均直径 m；

　　　$D$——喷口直径，m；

　　　$A_0$——与结构有关的系数。

如液体的粘滞力远较惯性力与表面张力的影响为小，$Lp$（粘滞力准数）可以略去，(5-91)与(5-92)可简化为

$$\frac{\overline{d}}{D} = A_1\left(\frac{\rho_g \Delta w^2 D}{\sigma}\right)^{0.45} \tag{5-93}$$

式中　$A_1$——与结构有关的系数。

预成膜雾化器[7]

$$SMD = 0.17\left[\left(\frac{\sigma}{\rho_g \Delta w^2}\right)^{0.45} D^{0.35}\left(1 + \frac{m_L}{m_g}\right)^{0.5} + \right.$$

$$\left. 0.1\left(\frac{\mu_L}{\rho_L \sigma}\right)^{0.375} D^{0.625}\left(1 + \frac{m_L}{m_g}\right)^{0.8}\right] \tag{5-94}$$

式中　$D$——预成膜直径，$\mu m$；其他符号参见式(5-90)说明。

　　　在管道中雾化[8]

$$D_{vm} = 0.023\left(\frac{D_t \sigma}{w_g^2 \rho_g f}\right)^{1.0} \tag{5-95}$$

式中  $D_{vm}$ ——体积平均液滴直径，m；

$D_t$ ——管道直径，m；

$\sigma$ ——表面张力，mN/m；

$w_g$ ——气体速度，m/s；

$\rho_g$ ——气体密度，kg/m³；

$f$ ——阻力因子；$f = \dfrac{0.046}{Re^{0.2}}$。

b  雾化角

又称雾化锥角。自喷嘴出口圆心向油雾炬外包络线做切线，两条切线夹角即为雾化角。为表达雾炬收缩情况，工程上沿用条件雾化角概念。即以喷口为中心，以 100～250mm 为半径划弧与外包络线相交，见图 5-14，交点与喷口中心连线的夹角。使用时应注

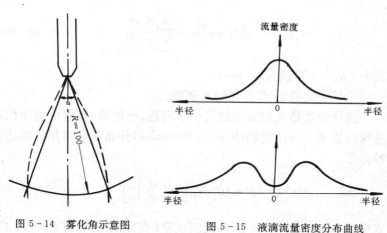

图 5-14  雾化角示意图          图 5-15  液滴流量密度分布曲线

明得到该雾化角相应半径，例如条件雾化角 $\alpha_{100}$ 表示弧的半径为 100mm。

雾化角在一定程度上表示液体在空间的分布，对燃烧而言，则直接影响火炬形状和长度，即影响混合。视工艺要求，一般为 60℃～120℃。

c  流量密度

其定义为单位时间内通过垂直于液体流动方向单位面积的液体体积或质量。见图 5-15，一般旋流及按同心圆排布的多喷口雾化器为双峰（马鞍）形，中心液滴流量密度低，在径向某一位置上流量密度最大且对称，此时的雾化角也较大。介质（气流）雾化器的液滴流量密度曲线一般呈单峰形，雾化角相对较小，见图 5-15 上图。

d　滴径

滴径是雾化质量的主要指标。雾群中滴径不均匀，有时相差 50～100 倍。通常有两种方法表示平均直径。其一，为质量中间直径（MMD），为一假设直径。大于该直径的所有液体总质量正好等于小于该直径的所有液体总质量。其二，索太尔（Sauter）直径（SMD），记雾群的总体积为 $V$，总表面积为 $S$，索太尔平均直径

$$SMD = \frac{6V}{S} = \frac{\sum N_i d_i^3}{\sum N_i d_i^2} \tag{5-96}$$

式中　$d_i$——雾滴直径，$\mu m$；

$N_i$——具有 $d_i$ 直径的雾滴数。

滴径分布是人们关注的又一个问题。一般说，雾群中滴径相差悬殊。罗辛——拉姆勒（Rosin-Rammler）分布函数可用于描述这种分布。

$$R = 100\exp\left[-\left(\frac{d_i}{d_m}\right)^n\right] \tag{5-97}$$

式中　$R$——为直径大于 $d_i$ 液滴质量（或容积）占取样总质量（总容积）的百分数；

$d_i$——与 $R$ 相应的液滴直径；

$d_m$——液体特性直径，相当于 $R=36.8\%$ 的直径，此时 $\dfrac{d_i}{d_m}=1$；

$n$——均匀性指数，对机械（压力）雾化，$n=1\sim4$。

基于上述概念，掌握雾化角、液滴流量密度分布、滴径及其分

布规律则全依赖实验测试,一般都是在"雾化试验台"上完成的。

### 5.3.3　固体颗粒在气流中运动[9]

它在煤粉气化、气固分离过程中有重要价值。因机理极为复杂,例如,颗粒形状不大;在气流运动时,颗粒还将产生旋转运动,消耗能量;旋转运动还给气体以反作用;大小颗粒对气体的跟随性不一,颗粒含量高时,颗粒间将会相互作用,一般是小颗子拖拽大颗粒;粒子的存在还将影响气体的速度、浓度、压力分布,影响摩擦力等等,立足于单纯的数学方法显然还不能回答这些问题,迄今还只能立足于冷模试验。

A　相似准数的导出

对疏相而言,研究者面临着建立两种类型的运动方程,一个是气相运动的微分方程,见式(5-3)~(5-6);另一个是描述固相运动的方程,总体思路是立足于牛顿第二定律,重点是描述作用于颗粒上的外力,也就是说,取单一颗粒为研究对象。为了简化,向量均以 $x$ 轴分量为准,类似地可写出 $y$、$z$ 轴对应方程。

a　阻力

颗粒与气体相对运动,所受阻力

$$F_1 = -c_1 f \rho_g \frac{\Delta w^2}{2} \qquad (5-98)$$

$$\Delta w = w_s - w_g$$

式中　$F_1$——气体对颗粒的阻力在 $x$ 轴的分量;

$c_1$——阻力系数,具体数值见下文;

$f$——颗粒截面积;

$\rho_g$——气相密度;

$w_s$——颗粒速度在 $x$ 轴的分量;

$w_g$——气体速度在 $x$ 轴的分量;

$\Delta w$——颗粒与气体相对速度在 $x$ 轴上的投影。

以颗粒特征尺寸表示的雷诺数

$$Re = \frac{\rho_g \Delta w d}{\mu_g}$$

式中　$d$——颗粒直径；

　　　$\mu_g$——气体粘度。

阻力系数与颗粒雷诺数的关系式

$$c_1 = \frac{c_0}{Re^n} \qquad (5-99)$$

① 当 $Re < 1$，$c_0 = 24$，$n = 1$，即斯托克斯阻力区；

② $1 < Re < 50$，$c_0 = 23.4$，$n = 0.725$；

③ $50 < Re < 700$，$c_0 = 7.8$，$n = 0.425$；

④ $700 < Re < 2 \times 10^5$，$c_0 = 0.48$，$n = 0$，即平方阻力区；

⑤ $Re > 2 \times 10^5$，$c_0 = 0.18$，$n = 0$。

将式(5-99)代入(5-98)，有

$$F_1 = \frac{c_0}{Re^n} f \rho_g \frac{\Delta w^2}{2} \qquad (5-100)$$

b　附加惯性力

当颗粒改变运动速度时，流体质点必然产生反作用力，与此同时，流体速度也发生改变，故称附加惯性力，其表达式为

$$F_2 = \lambda \frac{\mathrm{d}w_s}{\mathrm{d}\tau} \qquad (5-101)$$

式中，$\lambda$ 为附加质量，其值仅与颗粒的几何形状有关，表达式为

$$\lambda = c_2 m_g \qquad (5-102)$$

式中　$c_2$——与颗粒形状有关的系数。球形时，$c_2 = 1/2$；对于横向冲刷的无限长圆柱体，$c_2 = 1$；对于正面冲刷的圆盘体，$c_2 = 10$；

　　　$m_g$——颗粒所占空间的气体质量，其值为

$$m_g = \frac{1}{6} \pi d^3 \rho_g$$

由式(5-101),固体颗粒为匀速运动时,附加惯性力 $F_2$ 为零;当流体为气体时,$F_2$ 很小,可以略而不计。

c 升力

升力为重力与浮力之差,其表达式为

$$F_3 = g(m_s - m_g) \tag{5-103}$$

式中 $g$——重力加速度在 $x$ 轴上的分量;

$m_s$——颗粒质量。

综合作用于颗粒上的外力——阻力 $F_1$、附加惯性力 $F_2$、升力 $F_3$,根据牛顿第二定律,即作用于颗粒的外力和等于颗粒质量乘加速度,以 $x$ 轴为例

$$m_s \frac{\mathrm{d}w_s}{\mathrm{d}\tau} = g(m_s - m_g) - \frac{c_0}{Re^n} f\rho_g \frac{\Delta w^2}{2} - c_2 m_g \frac{\mathrm{d}w_s}{\mathrm{d}\tau} \tag{5-104}$$

$$w_s = \frac{\mathrm{d}x}{\mathrm{d}\tau} \tag{5-105}$$

从而得到固体颗粒运动方程,即式(5-104)与式(5-105)。

针对研究系统的两类物理方程(气体运动微分方程与固体颗粒运动方程)的单值条件有

(1) 几何条件——特征尺寸,例如直径 $D$ 及长度 $l$;固体颗粒直径 $d$。

(2) 物理条件——气体的密度 $\rho_g$、粘度 $\mu_g$、导热系数 $\lambda_g$、热容 $c_p$;固体颗粒密度 $\rho_s$。

(3) 边界条件——进口或出口处速度、压力、温度均值及其分布,稳态时不计其随时间变化规律;进口处固体粒度分布规律、稳态时也不计颗粒分布随时间变化规律。此外,还应给出

$$w_s = kw_g \tag{5-106}$$

或

$$w_s = k'(w_s - w_g) = k'\Delta w \tag{5-107}$$

式中　$k$、$k'$ —— 比例系数。

基于方程(5-104),用积分类比法导出相似准数,自左向右,不计等号,依次称第一项,第二项……第五项。

$$\frac{第一项}{第二项} = \frac{m_s \dfrac{dw_s}{d\tau}}{gm_s} \sim \frac{w_s}{g\tau} = idem \qquad (5-108)$$

$$\frac{第二项}{第三项} = \frac{gm_s}{gm_g} \sim \frac{\rho_s}{\rho_g} = idem \qquad (5-109)$$

$$\frac{第一项}{第四项} = \frac{m_s \dfrac{dw_s}{d\tau}}{\dfrac{c_0}{Re^n} f\rho_g \dfrac{\Delta w^2}{2}} \sim \frac{\rho_s d^3 w_s \tau^{-1}}{c_0 d^2 \rho_g \Delta w^2 Re^{-n}}$$

$$= \frac{\rho_s d^{1+n} w_s}{c_0 \rho_g^{1-n} \Delta w^{2-n} \mu_g^n \tau} = idem \qquad (5-110)$$

$$\frac{第一项}{第五项} = \frac{m_s \dfrac{dw_s}{d\tau}}{c_2 m_g \dfrac{dw_s}{d\tau}} \sim \frac{m_s}{m_g}$$

$$= \frac{\rho_s}{\rho_g} = idem \qquad (5-111)$$

由式(5-105),得

$$\frac{w_s \tau}{l} = idem \qquad (5-112)$$

由式(5-106)得

$$\frac{w_s}{w_g} = idem \qquad (5-113)$$

由式(5-107)得

$$\frac{w_s}{\Delta w} = idem \qquad (5-114)$$

已如前述,由气体运动物理方程式还可得出稳态时的相似准数,有

$$\frac{w_g^2}{gl} = idem = Fr_g \qquad (5-115)$$

$$\frac{p}{\rho_g w_g^2} = idem = Eu_g \qquad (5-116)$$

$$\frac{\rho_g w_g l}{\mu_g} = idem = Re_g \qquad (5-117)$$

$$\frac{\mu_g g c_{pg}}{\lambda_g} = idem = Pr_g \qquad (5-118)$$

共计 11 个相似准数。鉴于颗粒速度 $w_s$ 难以测量,利用式(5-112)、式(5-113)、式(5-114)将式(5-110)变形为

$$\frac{\rho_s w_g^n d^{n+1}}{c_0 \mu_g^n l \rho_g^{1-n}} = idem \qquad (5-119)$$

称为斯托克斯(Stockes)准数,简写为 $Stk$,体现了颗粒惯性力与气流对颗粒阻力比值。对离心分类除尘而言,前者为引起分离的力,后者为阻止分离的力。$d = 96 \sim 2400\mu m$ 时,$n = 0.625$;$d = 20\mu m$ 时,$n = 1.0$。

接下来评述各准数的重要性。

描述颗粒在气相中运动的物理量有:$w_s$、$w_g$;$\rho_s$、$\rho_g$、$\mu_g$、$\lambda_g$、$c_{pg}$;$d$、$l$、$g$、$p$,共 11 个。含质量、长度、时间三个基本因次,按照相似第二定理,模型与原型相似准数相同是两者相似的条件之一;根据相似第三定理,相似准数的个数应为 8 个,即 $11 - 3 = 8$ 个,现将其归纳如下:

$$Stk = \frac{\rho_s w_g^n d^{n+1}}{c_0 \mu_g^n l \rho_g^{1-n}}; \quad \frac{w_s}{w_g}; \quad \frac{\rho_s}{\rho_g}; \quad H_{0,s} = \frac{w_s \tau}{l}; \quad \frac{w_s}{g\tau}$$

$$Fr_g = \frac{w_g^2}{gl}; \quad Re_g = \frac{\rho_g w_g l}{\mu_g}; \quad Pr_g = \frac{\mu_g g c_{pg}}{\lambda_g}$$

要同时满足 8 个准相等才能实现模型与原型相似是太困难了。只能采用近似模拟,略去次要准数。假设颗粒也属于稳定流动,$H_{0,s}$

不应计入；气体物性准数一般变化不大，可略去（即作为常量并入系数中）。重要的准数为 $Stk$、$Fr_g$、$Re_g$，而其中以 $Stk$ 最为重要，于是，关于颗粒在气流中运动的准数方程可写为

$$f(Stk, Fr_g, Re_g) = 0 \qquad (5-120)$$

$$f(Stk) = 0 \qquad (5-121)$$

B 冷模实验

（1）$Fr_g$ 是气相介质的惯性力与重力的比值。离心分离试验发现：$d < 100\mu m$ 时，分离效率不变，表明该条件下，$Fr_g$ 已可略而不计；实验还发现，$d < 200\mu m$ 时，$Fr_g$ 不影响燃烧器出口煤粉的分布规律；携带颗粒的气体转弯时，$w_g = 2.5 \sim 20 m/s$，$d = 9 \sim 16.5\mu m$，$Fr_g$ 取值大小对分离无影响；$d = 25 \sim 189.5\mu m$ 时，则有影响；对旋风分离器，当 $Re_g > 700$（以颗粒直径计的雷诺数），$Fr_g$ 大小不影响分离效果；即使 $Re < 1$，在 $Fr_g = 1.635 \sim 2.65$ 的范围内也不影响分离效率；实验还发现，$Stk < 0.4$ 时，$Fr_g = 2.2 \sim 136$，也不影响颗粒运动规律。

总之，在旋风分离、旋风炉、旋风除尘等气固共存设备中，$Fr_g$ 可不予考虑。即使考虑，其作用也很小。

（2）实验发现，气流中存在颗粒时，当 $Re_g$ 大于某一临界值，则与单一气相一样，$Re_g$ 不影响颗粒的运动规律，这为认识、研究燃烧器、炉膛、烟道、旋风分离设备中颗粒运动规律将带来巨大方便。

$\rho_g/\rho_s$ 为固体颗粒所受浮力与重力之比，工业装置上该比值由（1/100～1/10 000），但在强制对流中，该比值不影响实验结果，可略去不计。

（3）以叶片式离心分离为例的准数方程。

当以质量比为基准，气相中含颗粒为 3% 时

$$\frac{\rho_s d_m}{\rho_g L} = 1.1 \left( \frac{\rho_s d}{\rho_g L} \right)^{0.425} \left( \frac{w_g}{gL} \right)^{0.093} \left( \frac{\rho_g w_g d}{\mu_g} \right)^{-0.357} \qquad (5-122)$$

当颗粒与气体质量比为 50% 时

$$\frac{\rho_s d_m}{\rho_g L} = 3.72 \left( \frac{\rho_s d}{\rho_g L} \right)^{0.72} \left( \frac{w_g}{gL} \right)^{0.085} \left( \frac{\rho_g w_g d}{\mu_g} \right)^{-0.352} \qquad (5-123)$$

式中　$d_m$——分离后颗粒的最大尺寸；

　　　$L$——特征尺寸，例如离心分离器直径；

　　　$w_g$——直径为 $L$ 处，气体的径向速度；

　　　$d$——颗粒特征直径。

# 参 考 文 献

[1] 陈敏恒，袁渭康. 工业反应过程的开发方法. 上海：华东化工学院印刷厂，1983. 第一章

[2] 华东化工学院，化工原理教研组. 化工原理：上册. 第五章，上海：华东化工学院印刷厂. 1983

[3] 李之光编著. 相似与模化. 北京：国防工业出版社

[4] 许晋源，徐通模合编. 燃烧学. 第八章，北京：机械工业出版社，1990

[5] Becker H A, Hottel H E, Williams G. C. Mixing and Flow in ducted Turbulent Jets. Ninth Symposium (International) on Combustion

[6] Lefebvre A. H. Atomization and Sprays. New york：Hemisphere Publishing Co. , 1989

[7] Jasuja. Trans Am Soc Mech Eng, 1981 103,514

[8] Tatterson. Dauman and Hanratty. Am Inst Chemv Eng J, 1977,23(1), 68

[9] 同[3]，第十章

# 6   过程分析与合成

本书的第 4、5 章业已对小型工艺试验和大型冷模试验进行了讨论。在化工过程开发的科学与技术活动中,在完成上述两个环节之后,一般地讲,对核心技术——化学反应过程已经有了深刻的认识,主要标志是已经掌握了设计与放大规律。无论是为了完成过程研究另一个环节——中间试验,还是进行工程研究,开发者面临的主要任务是工艺流程开发,或称为系统结构设计。本章内容立足于工程研究,其基本思想也适用于中试流程开发。

除化学工程之外,过程分析与合成的理论基础是方法论,特别是系统工程理论。后者在 3.1.4 节中已作了简要介绍。

完成流程结构设计要从两个方面着手。其一,在功能分析的基础上对技术方法进行决策,选择实现该功能的单元设备,确定进入该单元设备的条件和输出结果,掌握其设计方法。其二,把不同功能的单元设备按一定方式连结起来,即确定系统的结构,得到含物料流程和能量流程的工艺流程图,以体现系统的功能,即完成由原料到产品的转化;各单元设备之间应做到温度、压力、组成、相态衔接匹配。

这种在给定条件的基础上,通过选择单元设备,并确定其连结关系,以实现某种功能为目的,被称为过程合成。在过程合成的全过程中,应自始至终满足评价标准的约束。评价标准的通俗说法是技术上先进、经济上合理,或者说系统最优。

原则流程图示于图 6-1。它仅包含了过程的主要阶段,而每一个阶段都可以重复。相对整个过程而言,每一个阶段都可称为一个子系统,除已经示出的子系统外,常见的还有冷却介质子系统、加热介质子系统、辅助材料,例如吸收剂处理子系统、惰气制备、三废处理子系统等,每一个子系统由若干单元设备组成。

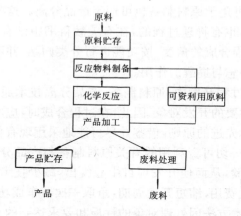

图 6-1　原则流程图

　　过程合成是一个由粗到细，由浅入深的过程。开始之初，只需画出方块流程图，从全局（系统）的角度审视每一技术单元，依次考虑匹配衔接、技术可靠性、技术性能极限、经济因素、设计方法。

　　在进行过程设计时，确定技术方法与确定过程结构是相互渗透的。如果不是十分熟悉的话，最好有一张单元操作一览表，并知道工业规模的使用经验，以备筛选。本章分三节进行讨论，6.1 归纳反应物料制备与产品分离的主要技术方法；6.2 叙述在过程分析的基础上进行过程合成；6.3 列举两个实例。

# 6.1　原料制备与产品分离的主要单元方法

　　小型工艺与大型冷模试验已对主要反应过程的反应器型式、工艺条件、放大依据进行了研究。因而向工程研究提供的有关资料是详细和全面的。但有关原料制备、产品分离的信息则是极为有限的，或者是不确定的。在工程研究时，这部分内容要由工艺设计者决策。

　　有关原料制备、产品分离以至辅助材料制备、加热介质、冷却介质、三废处理等子系统所使用的主要技术方法是相同的,即有些技术方法既可用于原料制备也可用于产品分离。这些技术方法有化学过程的,也有物理过程的,在有关教科书中已有详细的介绍。本文仅从过程合成的角度,按功能进行分类归纳,并不涉及设备计算,仅起到备忘与提醒的作用。

在化工过程开发中,原料制备、产品分离技术通常(当然也有例外)不是主要的开发对象。因此,在过程合成时,应本着技术上可靠、经济指标先进的原则,借鉴并尽可能地采用现有化工生产中或其他领域中一切可资利用的有关原料制备与产品分离的成熟、成功技术与经验,从而使开发项目中心突出,减少技术风险,以便做到:减少开发费用、缩短开发周期,争取一次开车成功。

典型技术方法因处理对象的性质和要求达到的工艺目的不同而异。就一般而论,开发者在构思工艺流程时,无疑已经掌握了对象的相态与目的要求。为方便技术方法选择,下文就按目的与相态对典型的技术方法进行分类。

### 6.1.1 增加表面积与介质混合的典型方法

显然,增加接触面积,有利于增加相际传质速率和化学反应速率。所以在过程设计时,应当有意识地使用能实现固体颗粒粉碎、相际之间的分散与混合的工程手段。在全流程的恰当位置上设置具有上述功能的设备、元件,并前后衔接匹配,为后工序创造条件。

a 减少固体颗粒尺寸

按粉碎后的物料粒径,粉碎又分为破碎与磨碎。

破碎是借助挤压、冲击、劈裂、折断等方式将块状物料变成颗状,其粒径有 100mm、30mm、3mm 三个档次。使用的机械有颚式破碎机、锥式破碎机、辊式破碎机、锤式破碎机、反击式破碎机等。

磨碎是借助压力与剪切(研磨)、撞击、挤压、弯曲(击碎)将颗粒状物变为粉状物,其粒径有 0.1mm、$60\mu m$、$5\mu m$ 三个档次。使用的机械有球磨机、研磨机等。

b 固体与固体的混合(掺合)

粉碎是实现固体物料间混合的前提。实现固体物料混合的设备有:转筒式混合器、螺旋式混合机、叶片式混合机、撞击式混合机、气流混合机(沸腾床)。

c 液体与液体间的混合

借助机构或(和)流体动力的方法,使待混合的液体在设备内呈宏观流动。由于总体流动,湍流脉动(旋涡)和速度梯度形成的剪切力从而导致微团级或称宏观混合均匀。如果依靠分子扩散达到分子尺度上的均匀,则称微观混合均匀。本文指宏观混合意义上的技术方法。

若搅拌器的形状为片式、锚式则流体宏观流动呈切向运动;若搅拌器的形状为螺旋式,则宏观流动呈轴向运动;若搅拌器的形状为涡轮式、盘式,则流体呈径向宏观流动。

此外,在筛状带孔底板、带孔管子中通入气体也能引起液液混合,习称其为气动搅拌;用泵使容器内液体循环也会达到液液混合;静态混合器则是依靠众多的螺旋片迫使液体分流与汇合来达到混合的手段;超声波乳化器、机械振动乳化器、射流、甚至管道、管件都有实现液液混合的功能。

d 气液混合

将液体分散于气相并混合均匀的必要条件是使液体呈湍流运动,组成湍流的旋涡各具脉动速度,意味着液体中各质点的速度不同,亦即各点的动压头不同。当它超过液体的表面张力时,液体分解成液滴。湍流程度愈甚,旋涡愈小,液滴亦愈小。

喷嘴是工程上借助流体动力实现气液混合的元件,有内混与外混两种形式,习称压力雾化。除流体动力外,还借助叶片、圆盘等机械作用来实现气液混合,习称该元件为机械雾化。

此外,板式或填料式的气液混合器以及气体动力搅拌器均有实现气液混合的功能。

e 气气混合

与实现液液混合、气液混合相似,搅拌器、喷嘴、管道与阀件都是工程上常用的实现气气混合的设备与元件。此外,蒸发、气化的设备与塔器以及填充床均有实现气气混合的功效。

当原料中含有杂质,如该杂质会使管线堵塞、设备腐蚀、催化剂中毒、导致副反应、影响反应速率与转化率,则应在流程的适当部位将其分离。当反应器出口为一多组分的混合物,为保证产品规格、回收或循环使用反应物,也必须采用分离的方法将产物、联产物、废物、反应物分开。因此,分离的方法既可用于反应物料的制备,也可用于产物的分离。

可资进行分离的物性包括:沸点、熔点、挥发度;在各种溶剂中的溶解度与吸收率;密度、粒度、相态;磁性、静电性;化学反应活性等等。

### 6.1.2 气固相分离方法

气固分离可能的目的有二。其一,捕集悬浮于气相中的固体物质,以净化气体为目的。其二,以回收气相中的固体物质为目的。工程上常用的分离方法有

a 沉降

在重力作用下,气固相因密度差异而产生相对运动,从而实现两相分离的过程,被称为重力沉降。被分离的颗粒直径约在60~1 000μm。常见设备有沉降室、折流挡板(墙)、百叶片分离器、撞击式分离器等。

在离心力作用下,因两相密度差而产生相对运动,从而实现两相分离的过程,被称为离心沉降。被分离的粒径5~1 000μm,常见设备为旋风分离器。

b 过滤

使气固悬浮系通过多孔过滤介质,因固体被截留而实现两相分离的过程,被称为气体过滤。常见的设备有:布袋过滤器、素瓷过滤器、纤维过滤器等。它们具有截留1~1 000μm 粒径的颗粒功能。

c 湿法除尘

使气相悬浮系与水或其他液体接触,悬浮物由气相转移到液

相,从而实现两相分离的过程,被称为湿法除尘。它能分离0.5~1 000μm 的粒径固体。常见的设备有文氏管洗涤器,喉径气速为40~90 m/s,液气体积比为(0.7~0.9)/1 000,阻力降为200~600mmH$_2$O,气相中可达到含尘 0.03 g/m$^3$。此外,鼓泡除尘、水洗除尘、射流洗涤器、板式塔洗涤器、填料塔(木栅)洗涤器等,在工业中均有广泛应用。

d 电除尘

将气固悬浮系通过 2 万~7 万伏的高压电场,固相带正电荷,向负极运动、堆积、沉降。一般丝极为负极,板极为正极,电流为250mA。具有清除粒径为 0.1~100μm 的颗粒。

### 6.1.3 液固相分离方法

a 过滤

在压差和离心力作用下,液固悬浮系通过多孔性过滤介质,其中固相被截留,从而实现两相分离的过程被称为液体过滤。

工业中常用的过滤介质有:编织材料。截留最小粒径为 6~65μm;多孔性固体,例如素瓷,由塑料粉粘结而成的构件等,可截留最小粒径为 1~3μm 的固体;堆积介质:例如砂、砾石、木炭等,用于固体含量较少的悬浮液。如用超滤膜,可截留的粒径为 0.01~0.1μm;如用微孔滤膜,可截留的粒径为 0.1~1μm。

常用的过滤设备有:砂滤器、板框压滤机、转鼓真空过滤机、转台真空过滤机、水平带式真空过滤机、加压叶滤机以及三足式离心机、刮刀卸料离心机等。

b 干燥

如果固液两相共存,而液相较少,则可用干燥的方法达到两相分离之目的。干燥是通过创造条件,使液相的蒸汽压大于周围环境,该液相蒸汽压从而导致液相蒸发来实现。

根据提供热量的方式不同,干燥设备可分为:对流干燥器:例如流化干燥器、气流干燥器、厢式干燥器、喷雾干燥器、隧道式干燥器等;传导干燥器:例如螺旋输送干燥器、滚筒干燥器、冷冻干燥器等;辐射干燥器:例如电加热辐射干燥器、煤气加热干燥器等;还有介电干燥器等。

c 沉降

与气固分离相似,在重力和离心力作用下,液固相因密度不同而产生相对速度,从而实现两相分离。

工业上常用的设备有:静电分离器、磁性分离器、浮选设备、分离器、稠厚器、液体旋风分离器、离心分离机等。

### 6.1.4 液相分离方法

a 蒸发

当液相混合物中含有不挥发的溶质,在加热溶液并使之沸腾时,溶剂挥发而浓缩,从而实现了部分的液液分离,人们习称该过程为蒸发。

工业中常用的蒸发设备有:中央循环管式蒸发器、外沸式蒸发器、强制循环蒸发器、外加热式蒸发器、升膜蒸发器、降膜蒸发器、刮膜蒸发器等。

b 蒸馏与精馏

当液相混合物中各组分均有挥发性。但其挥发度有差异。在加热的情况下,溶液部分气化,易挥发组分在气相中得到增浓。难挥发组分在液相中得到增浓,从而实现了液相组分的分离。

工业上用蒸馏实现液相分离的方法:简单蒸馏(微分蒸馏)、闪急蒸馏以及利用回流使液体混合物得到高纯度分离的蒸馏方法——精馏。如在混合物中加入影响汽液平衡的填加剂,则成为特殊精馏。例如,萃取精馏、恒沸精馏、加盐精馏等。

近年来又出现了反应-精馏一体化,或称为反应精馏。

c 结晶

通过冷却、蒸发、真空闪急蒸发、向液相中加溶解度大的盐类等手段。使溶液中某一组分达到过饱和,从而析出结晶,以实现液相组分间的分离。

工业上常用的结晶设备有:结晶槽、强制晶浆循环蒸发晶器、

$DTB$（晶浆循环）型蒸发结晶器、奥斯陆型（母液循环式）蒸发结晶器等。

d　解吸（汽提）

如液相中含溶质，通过减压、升温、施加气体（水蒸气、空气），使溶质平衡分压大于其气相分压，从而实现液相组分分离的过程。

工业上常用的加热、沸腾、抽真空、汽提塔。

e　膜分离

液相各组分，在单位浓差为推动力的条件下，单位时间，通过单位固体膜面积的数量是不同的。利用这种渗透率的差异，可以实现液相分离。

常用的固体膜有：无机多孔膜、合成膜（醋酸纤维素、芳香族聚酰胺、聚砜、聚乙烯、聚丙烯）。常用的设备有：超过滤器、渗透器、渗析器、电渗析（淡化器）等。

f　萃取

向待分离的液相中加入与之不互溶或部分互溶的萃取剂，形成共存的两个液相。利用组分对原溶剂和萃取剂溶解度的差异，从而实现组分的分离。

工业上常用的萃取设备有：萃取塔（填充塔、筛板塔、转盘塔、脉动塔、振动板塔）、离心萃取机以及混合澄清器等。

g　沉降

工业上常用的设备有：管式高速离心机（$RPM = 15\ 000$）、碟式分离机（$RPM = 4\ 700 \sim 8\ 500$）、重力倾析器、离心分离器等。

## 6.1.5　气相分离方法

a　吸附

固体表面对气体都有吸附现象。借助气体混合物中各组分在同一固体（吸附剂）上的平衡吸附量不同，从而实现组分分离的单元操作被称为吸附。

工业上常用的吸附设备有：固定床、流化床、移动床等。常用的吸附剂有：活性炭、硅胶、活性氧化铝、合成沸石、合成树脂等。按操作方式分为变压吸附(PSA)、变温吸附。

b　吸收

根据气体混合物中各组分在液体(吸收剂)中的溶解度的差别。以实现气体中组分分离的单元操作被称为吸收。

工业上常用的吸收设备有:喷洒式吸收器、表面吸收器(陶瓷吸收罐、石英管吸收器、石墨板吸收器)、搅拌吸收器、填料塔(环形填料,例如拉西环、鲍尔环、阶梯环;鞍形填料,例如弧鞍形、矩鞍形、环鞍形;其他填料,例如格栅填料、波纹填料、丝网填料等)、板式塔(泡罩塔、筛板塔、浮阀塔、舌形塔板、斜孔塔板、网孔塔板、林德塔板、多降液管塔板、旋转塔板等)。

c　色谱分离

又称色谱法。借助填充的多孔性固体颗粒(吸附柱)对气体混合物中各组分吸附性等方面的差异,实现物理、化学性质非常相近的组分间分离的单元操作。

混合物的进料和色谱带(固定相中含有被分离组分的区段)在填充柱中有三种移动方式:连续法,原料连续地通入填充柱;顶替法,先将一定量的原料引入柱的顶部,再用顶替剂洗脱吸附组分;冲洗法,将一定量的原料引入吸附柱后,用不被吸附的介质作为流动相来洗脱吸附的组分。

d　膜分离

利用气体混合物各组分对固体膜渗透率的差异,还可以实现气体混合物的分离。

工业上常用的膜分离设备有中空纤维式装置,中孔纤维的直径为 $0.1\sim1mm$,数百万根并列,宛若管式换热器。

诚然,采用精馏的方法也可以达到气相分离的目的。

### 6.1.6　气液相分离方法

与气固分离相似,采用沉降(重力、离心力)、过滤、电除雾等方法可以达到气液相分离的目的。

## 6.2 过程分析与合成

作为认识论的方法论之一，人们对分析的内涵是熟知的。分析是为了了解一个复杂事物的性质，通过将整体分割成若干基本要素或组成部分的办法，逐一研究要素与要素之间、要素与整体之间的内部联系，以期得到事物有什么性质以及何以有这种性质的解答。综合则正相反，沿用分析的结论，将要素或各个部分组合起来，形成一个整体，而该整体有所期望的性质。可见，在开发过程中，分析与综合是分不开的，它们相互作用，相互补充，相互促进。

因方式与目的差异，分析又有若干称谓，陈述如下。

### 6.2.1　推论分析[1]

为了对推论分析有一个通俗而深刻的理解，引用鲍利（Polya）虚构的例子。一个原始人想过一条小河，由于河水上涨，涉水过河归于无效。因此，过河就成为问题的焦点。此人想起，他曾经（直接经验）或看到他人曾经（间接经验）沿着一棵横跨在河上的树爬过小河。于是，他便在附近寻找倒下的树干。他没有找到合适的倒下的树干，但他发现河边有大量的树，他要设法使树倒下，再设法使树干横跨到河上。上述，发生在原始人脑海中的思维活动就是推论分析。

为了从该例中得到启迪，还可将其解释得更具体些。原始人的目标是过河，被认为是合理的，是可以实现的，这就是把问题的要求（欲望）看成结果。为了使过河成为现实，应当有一棵横跨河的树干作为前提，这是寻求实现结果的前提。为了使树倒下，原始人应成为斧子或锯的发明者。这就是把前提（树倒下）视为结果，再寻求实现该结果的前提（斧子或锯）。如此循环不已，如果最后找到公认的或已知的起点，例如树、斧子、锯，沿分析的路程返回，把树砍倒，架到河上，这叫做过程合成或过程综合，原始人过河无疑。反之，如果推论分析最终找不到已知或公认的起点，过河要求不会变成现实,即问题无解。

在 Polya 虚构的例子中,既有分析又有综合。在分析中运用人的思想,在综合中则运用人的体力。分析在于思想,综合在于行动。分析与综合次序是相反的。过河是期望,分析由此开始;过河是行动,以综合告终。总之,分析在前,想办法、制定计划,形成框架;综合在后,实施计划,并达到目标。

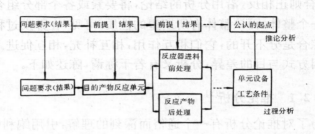

图 6－2　过程分析工作框图

如果确认推论分析思想,并以此为指导,就形成了图 6－2 所示的过程分析工作框图。上列为推论分析,即认为要求(结果)是理所当然的,是能够达到的,并以此为出发点,需要什么条件,就创造什么条件,如果真的创造了所需要的条件,则达到了目的;反之,则失败。与之相对应,在化工过程开发中问题要求(结果)一般总是体现在目的产物反应单元中,小试与大型冷模试验已经明确了工艺条件、反应器型式和几何尺寸,像推论分析那样,认为它们是合理的,能够达到的。在此基础上,进行原料前处理与反应产物后处理两个问题的推论分析。即一个问题是:沿进主反应器(目的单元)物流向前,分析创造什么条件(前提)才能满足进反应器介质的温度、压力、组成、相态、流量;另一个问题是:自出主反应器物流向后,分析创造什么条件(前提),才能使目的产物达到期望的温度、压力、组成、相态、流量。一般地说,在化工领域中,总能找到已知或公认的起点,即原料、能源、机械、材料、单元设备与过程、仪器与仪表等等,从而保证目的反应单元的要求。沿分析路线返回,即综合,实施计划,则完成过程开发。反之,如果找不到公认或已知的起点,就无法形成方案与计划,则过程开发失败。

勿庸讳言,上述方法得到的化工过程仅仅是一个骨架,有待细化与具体化,在经济评价中还将受到检验,同时存在成功与失败的可能。如果框架是好的,经过补充、完善与优化,最终定能取得成功;反之,如果分析脱离实际,或不合逻辑,则终将失败。

现以甲醇羰基化生产醋酸为例进行说明[2]。

1968 年孟山都公司鲍利克(Paulik)完成了在 2.8MPa(一氧化碳分压为 1.4MPa),175℃～200℃,以活性铑种(一价铑)为催化剂,以碘甲烷为助催化剂,甲醇羰基化,均相法生产醋酸的小型工艺试验。这一技术的经济价值极高,后被英国 B.P(British Petroleum Co.)公司买断专利权。1970 年第一座工业装置(年产 18.1 万吨醋酸)投运,成为世界醋酸生产瞩目的中心。

从文献中得知,其主反应为

$$CH_3OH + CO \Longrightarrow CH_3COOH \qquad \Delta H = -134.4 kJ/mol$$

还有大量副反应

$$CH_3COOH + CH_3OH \Longrightarrow CH_3COOCH_3 + H_2O$$

$$2CH_3OH \Longrightarrow CH_3OCH_3 + H_2O$$

$$4HI + O_2 \Longrightarrow 2I_2 + 2H_2O$$

$$CO + I_2 + H_2O \Longrightarrow CO_2 + 2HI$$

$$CH_3I + HI \Longrightarrow CH_4 + I_2$$

$$CH_3OH + HI \Longrightarrow CH_3I + H_2O$$

$$CH_3COOCH_3 + HI \Longrightarrow CH_3I + CH_3COOH$$

一般认为主反应的机理如图 6-3 所示,氧化加成为控制步骤。一价铑有活性〔400×10$^{-6}$(质量比)〕,三价铑、金属铑均无活性。以甲醇计醋酸收率为 99%，以 CO 计醋酸收率在 90% 以上。国外的报道指出系统的腐蚀性极强，一般不锈钢、钛材都不行，要用含锆哈氏（Hastelloy）合金。

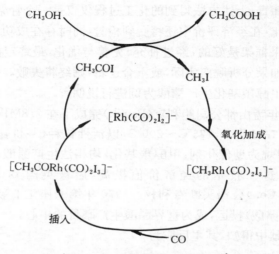

图 6-3　甲醇羰基化反应机理

根据小试提供的部分信息，可归纳出如下反应特征：

（1）气液非均相反应，气相组分（原料 CO，副产物 $CH_4$、HI、$CO_2$ 等）一定存在溶解度问题；液相组分（$CH_3OH$、$CH_3COOH$、$CH_3I$、$CH_3COOCH_3$ 等）沸点较低，也一定有一个挥发问题。

（2）催化剂与反应物及产物互溶，属均相催化系统。而铑的价格十余倍于黄金，催化剂充分回收与循环使用是影响经济指标的主要因素。

（3）产物中并存 $CH_3COOH$、$CH_3OH$、$CH_3COOCH_3$、$CH_3OCH_3$、$H_2O$ 等，利用沸点差异，可将醋酸从系统中分离出来。

（4）小试指出，甲醇的选择性为 99%，不论是单程还是循环，可以断定，即便生成较多副产物，它们在循环过程中，仍可通过适当的反应途径最终转化为目的产物。

（5）原料一氧化碳中不应含氧、硫等杂质；微量的 $H_2$、$CO_2$、

$H_2O$ 对反应过程无害。原料甲醇中不应含高级醇,微量水对过程没有影响。

（6）参见图 6-3,铑的活性形态为$[Rh(CO)_2I_2]^-$,舍此则没有活性,因此凡铑存在的环境应保持足够高的一氧化碳分压,防止析出金属铑,造成经济损失。

基于上述认识,沿用推论分析的方法,就可以初步构思甲醇羰化生产醋酸工艺流程的骨架——方块流程图。见图 6-4,羰化反应器为带搅拌桨的连续(加料与出料)釜式反应器。以此为基准,首先考虑反应物进料前处理的工艺流程。已如前述,采用精甲醇和脱碳($CO_2$)、脱硫($H_2S$、$COS$)与分子筛分离($H_2$)的一氧化碳气,只需将两者升压到 3.5MPa 左右,从而在温度(常温)、压力、组成、相态上满足羰化工艺要求,至于流量则要视装置规模与单耗指标而定。

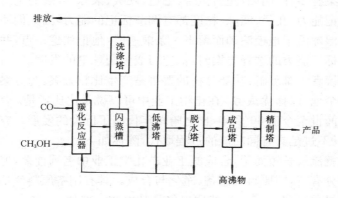

图 6-4　甲醇羰化生产醋酸方块流程图

再考虑出羰化反应器产物的后处理。根据上述特征(1),一定要设置闪蒸单元,将溶解的气体和部分低沸物闪蒸出来,分离,并考虑循环使用或排除系统。闪蒸之后的液相进低沸塔,分离低沸物与高沸物,高沸物中含铑络合物,由特征(6),在一氧化碳分压降低后,防止铑析出,应及时返回反应器。由上述特征(3),将水从系统中分离出来;在剩余物中脱除高沸物,再进行产品精制。初步估计,至少应是一个反应器、一个闪蒸器、四个精馏塔、一个洗涤塔的流程。

### 6.2.2　功能分析

所谓功能分析是指把一个过程分解成若干基本部分,慎密的研究它们的功能和基本属性,然后分别考虑能够实现这些基本功能可供选择的方案,并寻找这些新方案的可能组合。

举一个日常生活中的例子有助于对功能分析的理解。对铅笔进行细致的观察后,不难得出它有四个基本部分,或称要素,且各具其功能。铅芯用于标记;不同硬度的铅芯用于调节标记;铅芯的长度用于保持标记力;而木杆是为握持的方便。

在将铅笔作了上述的功能分析之后,不难发现,具有上述功能的方案有多种。例如,塑料微管、毛毡、硬尖、滚球、分裂的金属片都有标记能力;孔径、间隙、粘度都有调节标记的能力。当人们注意到一个湿球沿干地板滚动而留下一条痕迹时,他记住这一点,并作为一种标记能力的选择方案时,他应当成为圆珠笔的发明者。

读者不难理解,功能分析的要害是产生比较方案。为方案筛选提供余地,以择优汰劣。在化学工业中可以说是比比皆是。合成氨工业闻世至今已 80 多年,比之哈柏年代有了巨大的发展。究其细节,只不过是具有同功能的过程取代,陈述如下。

就流线长短而论,合成氨工业在化学工业中名列前茅,但其基本部分有三,即原料气制备、净化与合成。具有制备原料气功能的工艺过程见图 6－5。当然这仅仅是其中的一部分。

再看具有净化合成氨原料气功能的工艺,择其常用部分示于图 6－6。

具有氨合成功能的工艺,常见部分示于图 6－7。

排列组合上文中的基本部分,就形成了不同的合成氨工艺,但它们都有明确的目标函数,或降低单耗或立足于节能,以期得到较好的经济效益。

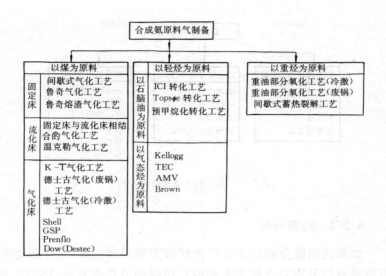

图 6-5 具有制备合成氨原料气功能的工艺

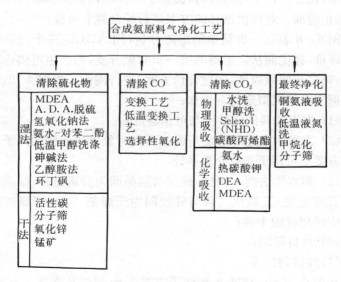

图 6-6 具有净化合成氨原料气功能的工艺

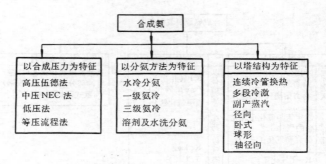

图 6-7　具有氨合成功能的工艺

### 6.2.3　形态分析

如果说功能分析是为了产生比较方案以供选择,那末形态分析就是对每种可供选择的方案进行精确的分析和评价,以得出最佳结果。在方法论上,形态分析提供了一种逻辑结构以取代随机想法,防止遗漏。对可供选择的方案进行综合就有可能产生新过程。

图 6-8 表示一种简单的形态分析,用 A、B、C 三个判据进行方案评价,择优而从。运筹的第一步叫做分支,即产生可供选择的方案,第二步叫做收敛,通过评价方案,进行淘汰。判据 A、B、C 等是根据实践情况拟定的。例如:

(1) 方案资料的完整性与可信程度;

(2) 方案所描述的系统是否与研究对象矛盾。例如离子交换分离方案不可用于非电介质系统;

(3) 相容性法则。例如,蒸发与结晶同为分离过程,结晶之后不能直接蒸发;五氧化二磷与硅胶同为干燥剂,$P_2O_5$ 干燥过的气体不应再用硅胶干燥;

(4) 材料限制;

(5)经济判据等。

在图 6-8 中,判据 A 淘汰了方案 3、6;判据 B 淘汰了方案 4

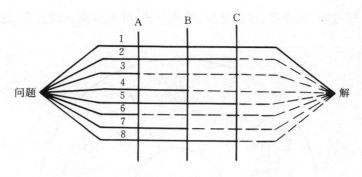

图 6-8　形态分析示意图

与 7；判据 C 淘汰了方案 2、5、8；方案 1 成了问题的解。

以硫酸生产流程的构筑作为形态分析的应用实例。以尾砂为原料生产硫酸可分为四个基本部分，或称为四级。它们是：焙烧、净化、转化、吸收。仿照图 6-8，逐一将每级展开。

原料焙烧可供选择的反应器方案有块矿炉、机械炉、沸腾炉、熔渣炉、高气速返渣炉等。因约定原料为浮选硫铁矿的尾砂，块矿炉与研究对象不符，自然应立即排除。高气速返渣炉事实上是一种气流床，用旋风分离器将带出粉尘与气相分离，并将矿渣返回焙烧炉，虽然强度高，但缺乏完整资料，也应将该方案排除。熔渣炉类似炼铁炉，矿渣可用于炼铁。为达到 1 200℃ 的高温，需外加燃料，该方案亦在排除之列。留下来两个方案是机械炉与沸腾炉，前者能耗低，气相中含尘少，但生产强度低；沸腾炉正好与之相反。经济评价证明，选择沸腾床焙烧反应器是合适的。

出沸腾炉的气相中含尘约 $200 \sim 300 g/m^3$；因原料不同还含有 $As_2O_3$、$SeO_2$ 蒸汽，在 50℃ 以下它们全部变成固体而悬浮于气相中；气相中的 $SO_3$ 与水蒸气作用生成酸雾。由于转化工序的要求，粉尘、$As_2O_3$、$SeO_2$、酸雾、水蒸气都在清除之列。查找有关物理分离工艺资料，可归纳为图 6-9。

鉴于研究的系统是气固相，因此，有关气液相、液液相、液固相、固固相的分离工艺暂时不予考虑。剩下气固相分离工艺有五

种,即过滤、沉降室、冲击分离、旋风分离、静电分离五种方案。这些

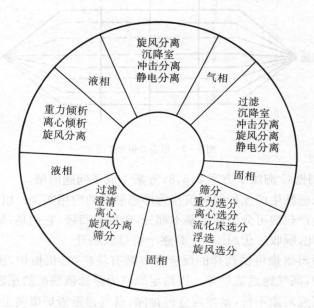

图 6-9　物理分离工艺

分离方法资料是齐全的,材质也易于解决。筛选的判据有两个:其一,要满足工艺指标,即达到净化要求;其二,经济效益好。

　　冲击分离可用管路的突然转折来实现,投资、能耗都少,但除尘效果差。可采用作为初级除尘方案,排除较大尘粒。

　　沉降室具有阻力小的特点,但占地面积大,除尘效果差,当尘粒小于 $50\mu m$ 时已无能为力,一般不予考虑。

　　离心分离器,习称旋风分离器。设备简单,可除掉总尘量的 $65\%\sim75\%$,应成为选择对象,即作为问题的解。但该种工艺对小于 $10\mu m$ 的尘粒已丧失分离能力。

　　净电除尘要求气体温度在 $270℃\sim450℃$,电压为 $50\sim70kV$,出口气体中含尘不大于 $0.3\ g/m^3$,但投资较大,在组合净化流程时可酌情考虑,作为把关设备。

素瓷过滤器、耐温布袋过滤器都有好的除尘效果,例如出口气体中含尘不大于 $1.5 \ g/m^3$,但阻力大,还需定期处理,因此这一方案应予淘汰。

通过对冲击分离、沉降室、旋风分离器、电除尘、素瓷过滤器、布袋过滤器的评价,不难发现它们虽都具有气固分离之功能,但所能达到的气体含尘指标与经济指标各异。一般说来,不应有唯一解,采取组合决策较为有利,即将投资少但除尘效果差的设置在前,投资高,但除尘效果好的串联其后,这一原则在气体与气体分离(气液吸收)中也很常见,先用价廉易得的吸收剂除去其中的大部分,再用高一层次的过程达到确保质量之目的。

回到构筑硫酸生产工艺流程的实例中来,除应将尘粒分离之外,还需将 $As_2O_3$、$SeO_2$ 移除系统,这就要降温,把 $As_2O_3$、$SeO_2$ 从气相变为固相。而水冷与酸洗都是通常采用的工艺措施。

如果将水从文氏管的喉部加入系统,它兼有降温与除尘双重功能,从资料中查得它的特性列如表 6-1。与此同时,大部分 $As_2O_3$、$SeO_2$ 与水一起排除系统。

表 6-1 文氏管的操作条件与降温除尘效果

| 类　　别 | 液气比 $m^3(H_2O)/m^3$ (入口态气) | 喉颈平均气速 m/s | 压　降 $mmH_2O$ | 效　　果 |
|---|---|---|---|---|
| 一文 | 0.7/1 000 ～ 0.9/1 000 | 40～60 | 120～160 | 炉气温度由 400℃ 降至 60℃～75℃,含尘从 50 $g/m^3$ 降至 0.1 $g/m^3$ |
| 二文 (串联于一文之后) | 0.75/1 000 ～ 0.85/1 000 | 80～90 | 500～600 | 风机出口酸雾小于 0.03 $g/m^3$ |

注:压降 $1mmH_2O=9.806Pa$。

经过文氏管,炉气净化由气固分离转为气液分离,以排除气相中的酸雾为目标,为使气相中含酸雾不大于 $0.025 \ g/m^3$,唯静电分离,从而保证除雾效果。

欲静化的炉气中还剩下最后一个组分,即水蒸气。采用气相干燥工艺可达到除水的目的,经验或资料表明,常见的气体干燥工艺有:冷冻干燥,分子筛吸附,活性炭吸附,烧碱吸附,浓硫酸吸收等等。

无疑,在硫酸厂中,最好的气体干燥工艺是浓硫酸吸收。

至此,完成了硫酸生产工艺流程中第二级形态分析,即气体净化过程。所得的解是:

继焙烧、净化之后,硫酸生产工艺流程的第三级是转化,即在催化剂的作用下,完成下述反应

$$SO_2 + \frac{1}{2}O_2 \Longrightarrow SO_3 \qquad \Delta H^0_{298} = -96.25 \text{kJ/mol}$$

可供筛选的方案有二。其一是一次转化,一次吸收。其二是二次转化,二次吸收。约略介绍如下:

鉴于 $SO_2$ 接触氧化是一个可逆放热反应,经典工艺是用多段固定床反应器,用间换换热或冷激的方式调节反应温度,以期使反应尽可能地沿最适宜温度线进行。进反应器的 $SO_2$ 约为9%,$O_2$ 约为8.6%,经三段或四段催化剂,$SO_2$ 的最终转化率约为97%～98%,转化气经 98%$H_2SO_4$ 吸收后,尾气中尚含 $SO_2 = 0.2\%$～0.3%,$SO_3 = 0.01\%$,如排放大气,宛若"白龙"。

为了解决环境污染,有治本与治标两种作法。如用氨水、碳酸氢铵水溶液吸收,属末端治理。60年代末,二次转化二次吸收工艺闻世。例如,经过三段催化剂之后,$SO_3 = 8.6\%$,$SO_2 = 0.7\%$,将气体引入吸收塔,吸收之后的气体中基本上不含 $SO_3$,$SO_2 = 0.8\%$,再回到第四段催化剂,出口气体中 $SO_2$ 不大于 $0.1\%$。再经过第二次吸收,排空气中 $SO_2$ 含量可锐减到 $100 \times 10^{-6} \sim 200 \times 10^{-6}$(体积比)。

筛选两个方案的判据是经济效益与环境保护。详细的经济评价表明:两转两吸方案的投资高于一转一吸,但无需尾气处理装置,两项相比总投资差不多,生产成本相近。但两转两吸方案简化了工艺,大大减少污染及其危害,作为采用方案是理所当然的。

生产硫酸工艺流程的最后一级是 $SO_3$ 的吸收过程。其反应为

$$nSO_3 + H_2O = H_2SO_4 + (n-1)SO_3$$

为了使 $SO_3$ 尽可能吸收完全,并不使 $SO_3$ 在吸收过程中变成酸雾,其必要条件是吸收剂液面上 $SO_3$ 与 $H_2O$ 的分压很低,而 98% 的 $H_2SO_4$ 恰恰具有上述特征,所以是当然的吸收剂,这可以说是第四级的唯一解。

这样,以构筑硫酸生产工艺流程为例,我们展示了形态分析中的分级、分支、确定判据、收敛四个环节。这里虽然未能对每一个方案进行细致入微的经济评价,但真实的分析过程则是不可逾越的。

形态分析的结果在很多情况下很可能与富有经验的工作者的直观解是相似的,或者说是显而易见的。但事实是,只要开发工作者详尽地研究每一过程的基本原理,通过形态分析,最终总能使一个新过程闻世。

### 6.2.4　调优过程合成[3]

其工作框图示于图 6-10。首先确定一个目标函数,例如总成本最低。设想一个简单过程作为起点,对其进行过程结构与工艺条件分析。发现存在问题,调动工程措施加以改进,产生一个新方案。用新方案取代上一次的方案,再进行结构与条件分析。多次循环,逐步完善,直到满足目标函数为止。读者从乙烯生产脱甲烷工序调优设计案例中可以看到这些步骤的应用。

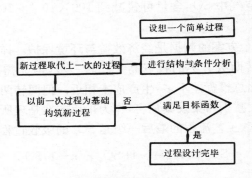

図6-10 调优过程合成工作框图

在乙烯生产厂中,来自管式裂解炉的工艺气中含 $H_2$、$CH_4$、$C_2H_4$、$C_2H_6$、$C_3H_6$、$C_3H_8$ 等。为得到纯 $C_2H_4$,需用分离的方法加以纯化,而脱甲烷是其中的第一步,从工艺气中将 $CH_4$、$H_2$ 脱出。塔的操作压力约为 3.0MPa,塔顶产品不高于 −101℃,以便与其他介质换热。甲烷塔的操作条件与物料平衡见表6-2。

表6-2 脱甲烷塔一览表

| | 进　　料 | | | 出　　料 | |
|---|---|---|---|---|---|
| | 总计 | 液体 | 蒸汽 | 塔顶 | 塔底 |
| 压力大气压(绝) | 30.8 | | | 4.4 | 30.8 |
| 温度　℃ | −29 | | | −101 | 46 |
| 流量 kmol/时 | 802.9 | 20.4 | 782.5 | 802.9 | |
| $H_2$ | 1 351.7 | 170.1 | 1 181.6 | 1 344.9 | 6.8 |
| $CH_4$ | 1 397.1 | 565.2 | 831.9 | $x$ | 1 397.1−$x$ |
| $C_2H_4$ | 335.7 | 171 | 164.6 | — | 335.7 |
| $C_2H_6$ | 585.1 | 456.8 | 128.4 | — | 585.1 |
| $C_3H_6$ | 63.5 | 51.2 | 12.3 | — | 63.5 |
| $C_3H_8$ | | | | | |
| 总　计 | 4 536 | 1 434.7 | 3 101.3 | 2 147.8+$x$ | 2 388.2−$x$ |

注:表中 $x$ 表示尾气中的甲烷量。

采用乙烯为制冷剂,不同冷冻温度下的成本示于表6-3。

再沸器中蒸汽的成本:47.4 美分/$10^3$MJ。

尾气中乙烯损失的成本:2.0 美元/磅。(1 磅=0.454 千克)

按照图 6-10 所示的调优过程设计步骤,设想一个简单过程作起点,示于图 6-11。按图示的工艺条件进行操作,其成本计算示于表 6-4 第 I 栏,总成本为 1 894 000 美元/年。由子项中看出,乙烯损失费与冷冻费分别为 1 025 000 美元/年、555 000 美元/年,是主要因素,应设法改进。

表 6-3 乙烯冷冻

| 冷冻温度℃ | 成　　本 |
|---|---|
| -68 | 1.99 美元/$10^3$MJ |
| -101 | 3.6 美元/$10^3$MJ |

表 6-4 脱甲烷流程方案比较

| | 流　　　　　程 | | | | | |
|---|---|---|---|---|---|---|
| | I | II | III | IV | V | VI |
| 塔顶回流 kmol/时 | 1 841.2 | 1 954.7 | 756.2 | 890 | 222.7 | 154.7 |
| 终分离器温度 ℃ | -96 | -97 | -99 | -98 | -101 | -107 |
| 尾气中乙烯 kmol/时 | 94.8 | 83.9 | 73.9 | 75.3 | 61.7 | 32.2 |
| 每年成本　美元 | | | | | | |
| 换热器 | 96 000 | 179 100 | 227 000 | 201 000 | 212 000 | 211 000 |
| 精馏塔 | 70 000 | 70 000 | 70 000 | 70 000 | 70 000 | 70 000 |
| $C_2H_4$ 冷冻　-68℃ | — | | 295 000 | 208 000 | 208 000 | 208 000 |
| 　　　　　-101℃ | 555 000 | 548 000 | 194 000 | 234 000 | 238 000 | 280 000 |
| 进再沸器的蒸汽 | 48 000 | 52 000 | 76 000 | 61 000 | 61 000 | 65 000 |
| 乙烯损失 | 1 025 000 | 905 000 | 800 000 | 812 000 | 665 000 | 348 000 |
| 总　　计 | 1 894 000 | 1 754 000 | 1 662 000 | 1 586 000 | 1 454 000 | 1 182 000 |

流程 II 是第一个改进方案,见图 6-12。改进的出发点是:

降低塔顶温度以减少尾气中 $C_2H_4$ 损失;回收节流膨胀后的冷量。预冷进最终分离器物流温度,以减少冷冻费用。采取的措施是增加一台换热器。

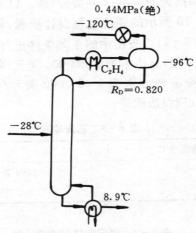

图 6 - 11　脱甲烷塔流程 I

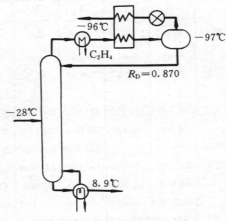

图 6 - 12　脱甲烷流程方案 II
（尾气膨胀产生附加冷量）

计算结果示于表 6 - 4 第 II 栏，相比方案 I ，乙烯损失费、冷冻费确有下降，但不明显，但换热器费用增加了近一倍。

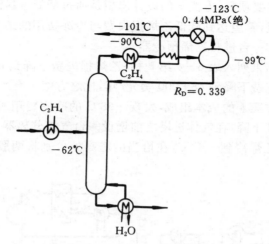

图 6-13 脱甲烷流程方案 III

（冷冻进料，提供塔顶附加进料）

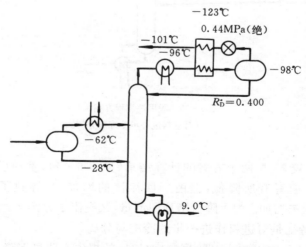

图 6-14 脱甲烷流程方案 IV

（进料分离与预冷相结合）

对方案Ⅱ的各项费用进行比较,可见尾气中乙烯损失与冷冻费用仍为主要项目。方案Ⅲ的设计思想是通过降低进料温度,以减少塔顶回流,希望达到降低乙烯损失费与冷冻费用的结果。采取的措施是增加一台进料乙烯预冷器。

计算结果列入表6-4第Ⅲ栏,乙烯损失费下降到800 000美元/年,冷冻费下降到489 000美元/年,比之方案Ⅱ有所改进。

分析方案Ⅲ的成本组成,发现-68℃的冷冻费用所占比重不小。为使其下降,在气体进塔之前增设一台气液分离器,将气相进料部分用乙烯冷到-62℃,在恰当的塔高处分别将两股物流引入精馏塔。

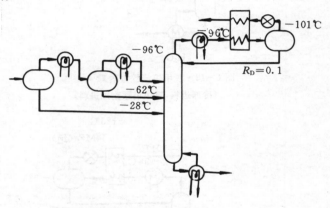

图6-15 脱甲烷流程方案Ⅴ
(对进料进一步冷冻与分离)

比较Ⅲ、Ⅳ两个方案的计算结果(见表6-4),发现后者冷冻费用比前者有所降低,但由于回流比的增加,又导致了尾气中$C_2H_4$损失增加。为了降低塔顶回流量,又提出了方案Ⅴ。见图6-15,其特征是对进料作进一步的冷冻与分离。

表6-4的数据表明,尾气中$C_2H_4$的损失有明显下降。为了进一步降低塔顶回流量,提出了方案Ⅵ,在塔顶附近加入一个中间回流,即在适当塔高处,该处气相温度高于-96℃,将蒸汽引出塔外,

用$-101℃$的乙烯冷冻介质冷却到$-96℃$,再返回塔内。由于这一中间冷凝器可提供足够的冷凝量,即使在去掉塔顶冷凝器的情况下,塔顶回流量也很小,尾气中$C_2H_4$损失较之方案 V 进一步减小。流程见图6-16。

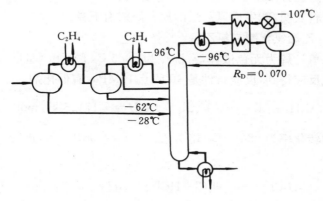

图6-16　脱甲烷流程方案Ⅵ
（在塔顶增设冷凝回流）

至此,完成了脱甲烷流程的调优设计。第Ⅵ方案与起点方案相比,年成本下降了近40%。设计中没有引入新概念。完全是精馏知识的运用。但由于正确的运用这一对原始设计的调优改进战略而受益匪浅。

## 6.3　过程分析与合成案例

### 6.3.1　氯乙烯生产过程[4]

氯乙烯的沸点为$-13.9℃$,室温下是无色气体,是合成聚氯乙烯的单体。如所知,聚氯乙烯塑料有硬质、软质、微孔、薄膜等多种,用途甚广,无疑这是一个饶有兴趣的课题。现对其进行过程分析,以构筑工艺流程。

按照推论分析,把要求视为理所当然的结果,然后寻找前提,如此等等,直至公认的起点。很显然,生产氯乙烯的第一个前提是完成这一化学反应。按照功能分析的要求,要提出可供筛选的方案。而这些方案来自于资料、试验或经验。

资料表明,能生成氯乙烯的反应路线有五条。

a 乙烯氯化制二氯乙烷

二氯乙烯为无色液体,常沸点为 83.5℃,它可由 $C_2H_4$ 与氯进行加成反应得到,反应条件是 90℃、0.15MPa,有催化剂。

$$C_2H_4 + Cl_2 = C_2H_4Cl_2 \qquad \Delta H = -171.5 \text{ kJ/mol}$$

乙烯的转化率为 98%。$C_2H_4Cl_2$ 在 500℃,2.6MPa 下,进行热裂解反应

$$C_2H_4Cl_2 = C_2H_3Cl + HCl \qquad \Delta H = 79.5 \text{ kJ/mol}$$

单程转化率可达 60%。

b 乙烯直接氯化

在数百度℃ 的温度下,不需催化剂

$$C_2H_4 + Cl_2 = C_2H_3Cl + HCl$$

就可进行。因为 $C_2H_4Cl_2$ 不可避免的生成,导致氯乙烯收率不高。

c 乙炔气相加氯化氢合成氯乙烯

加成反应

$$C_2H_2 + HCl = C_2H_3Cl \qquad \Delta H = -124.8 \text{ kJ/mol}$$

所用催化剂是以活性炭为载体的氯化汞。$HgCl_2$ 含量愈高,催化剂活性愈好,也愈易升华。一般取 10%~20%。该法的乙炔转化率为 98%。为了抑制副反应,减少 $HgCl_2$ 升华以及得到较高的 $C_2H_2$ 转化率,操作温度限制在 180℃~200℃。

d 乙烯的氧氯化制二氯乙烷

其化学反应可表示为

$$C_2H_4 + 2HCl + \frac{1}{2}O_2 \Longrightarrow C_2H_4Cl_2 + H_2O$$

$$\Delta H = -251 \text{ kJ/mol} \tag{6-1}$$

$$C_2H_4Cl_2 \Longrightarrow C_2H_3Cl + HCl \tag{6-2}$$

上两式相加有

$$C_2H_4 + HCl + \frac{1}{2}O_2 \Longrightarrow C_2H_3Cl + H_2O \tag{6-3}$$

反应(6-2)所用的催化剂是以 $\gamma - Al_2O_3$ 为载体的 $CuCl_2$，用浸渍法将 $CuCl_2$ 载于 $Al_2O_3$ 小球上，以适应流化床的需要。反应温度为 230°C～250°C，乙烯的转化率为 95%。

　　e　方案(1)与(4)相结合

　　由式(6-3)知，乙烯氧氯化制氯乙烯工艺需 HCl，为了平衡这一数量，可按方案(1)进行乙烯直接氯化反应。将二氯乙烷热裂解时生成的副产物 HCl 作为乙烯氯化的原料。其化学反应

$$C_2H_4 + Cl_2 \Longrightarrow C_2H_4Cl_2$$

$$C_2H_4Cl_2 \Longrightarrow C_2H_3Cl + HCl$$

$$C_2H_4 + 2HCl + \frac{1}{2}O_2 \Longrightarrow C_2H_4Cl_2 + H_2O$$

$$C_2H_4Cl_2 \Longrightarrow C_2H_3Cl + HCl$$

上述四个反应的总表达式

$$2C_2H_4 + Cl_2 + \frac{1}{2}O_2 \Longrightarrow 2C_2H_3Cl + H_2O \tag{6-4}$$

物料平衡关系图示于图 6-17，图中数字为实际质量比。

　　在五种可供选择的方案中，何者最优? 按照形态分析。要设定判据，进行筛选。若以毛利为第一判据，即从产品总销售费中扣除原料费(不计投资费与操作费)。另设定转化率为 100%。从表 6-5 所提供的原料单价，估出毛利，列入表 6-6。

表 6-5　原料与产品单价

| 原料 | $C_2H_4$ | $C_2H_2$ | $Cl_2$ | HCl | $H_2O$ | $O_2$ | $C_2H_3Cl$ |
|---|---|---|---|---|---|---|---|
| 美分/磅 | 4 | 9 | 3 | 4 | 0 | 0 | 6 |

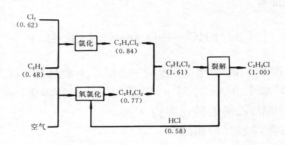

图 6-17　平衡 HCl 型氯乙烯生产

表 6-6　估算毛利

| 方　　案 | (1) | (2) | (3) | (4) | (5) |
|---|---|---|---|---|---|
| 毛利美分/磅 $C_2H_3Cl$ | 3.13 | 3.13 | -0.09 | 1.87 | 2.50 |

　　第一判据筛选表明:乙烯氯化制二氯乙烷,二氯乙烷再热分解制氯乙烯路线与乙烯直接氯化制氯乙烯两方案毛利相同,而且最大,似应作为问题的解。然而这两个方案都有共同的缺点,副产HCl,一个年产 30 万吨氯乙烯工厂,将副产近 20 万吨的 HCl,如无销路,(事实上也常常没有销路)工厂的继续生产就受到困扰。若以无副产 HCl 为第二判据,则方案(5)就是收敛点。

　　以上我们经历了推论分析、功能分析与形态分析的第一个循环。确定了平衡 HCl 型氯乙烯生产方案。第二轮应当是选择反应器。共有三个反应器有待选择。

　　其一,乙烯氯化生成二氯乙烷反应器。资料表明,在极性溶液中，氯分子发生极化，其带正电荷的一端攻击乙烯分子。相互结合而完成加成反应。可以想见，用产物二氯乙烷作为极性溶剂是最合适不过了，这可以省掉一次分离手续。盐类可以催化离子型反应，一般就选 $FeCl_3$ 为催化剂。氯与乙烯均为气相加料，为移走反应热和排除极性溶剂中的固相杂质，可采用氯化液外循环的方法。由于上述条件的约束，乙烯氯化反应器必然是一个溶剂外循环冷却的塔式反应器，大可不必再用形态分析进行筛选。

其二，二氯乙烷热裂解反应器。资料表明，这是一个吸热的均相反应。因此管式炉是合宜的，炉膛中燃料燃烧，以辐射传热的方式为管内提供热量，在对流段中烟气以对流的方式预热入炉的二氯乙烷。

其三，乙烯氧氯化反应器。如前所述这是一个强放热催化反应过程。反应的选择性与催化剂寿命都对温度极敏感。完成这类反应的反应器一般有两种方案，即固定床方案与流化床方案。对于固定床方案，无论是连续换热、间歇换热还是冷激，都难免出现热点，即使采用惰性固体物料稀释催化剂或惰性气体稀释气流，从根本上说也与事无补，反而增加不少麻烦。相比之下，只要催化剂有足够强度，要维持床层等温，则非流化床莫属了。

空气、乙烯与 HCl 均为使床层流化的介质。若将空气与后两者分开加料则可防止操作失误时发生爆炸。床层中敷设冷管以排除反应热，水是常用的冷却介质。为回收气相中携带的催化剂，在气体出口设置了三级旋风分离器，可使每天的催化剂损失量不大于 0.1%。

为醒目起见，应将单元反应过程及早地用框图表示出来，如图6－18 所示。

下面以单元反应过程为核心，寻找完成反应的前提，即原料的前处理与反应产物的后处理。

乙烯氯化制二氯乙烷对原料无特殊要求，保证进反应床的压力即可。设置乙烯氧氯过程的目的是平衡或吃掉二氯乙烷裂解时生成的 HCl。在从裂解炉返回的气相中有乙炔存在，为了防止副反

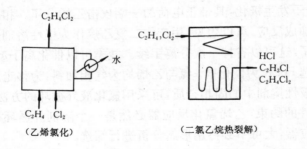

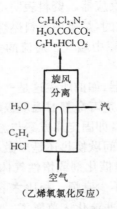

（乙烯氧氯化反应）

图 6 - 18　氯乙烯生产的单元反应过程

应,在进乙烯氧氯化反应器之前应将 $C_2H_2$ 加氢,将 HCl 预热到 177℃,在加氢反应器中完成这一过程。乙烯经预热后,135℃进入乙烯氧氯化反应器。空气经压缩,在压力为 0.1～1.0MPa 进入反应器。

　　进入二氯乙烷裂解炉的气体物料有两股。其一,来自乙烯氯化反应器;其二,来自乙烯氧氯化反应器。为了使这两股物流的工艺条件与裂解炉相匹配,无疑应调动加压、汽化、预热等工程措施使之得以实现。

　　出裂解炉的气相组成中,含有 $C_2H_3Cl$、HCl、$C_2H_4Cl_2$ 等组分。为得到氯乙烯产品,无疑应采用分离措施。精馏是最常用的单元过程,而且上述三个组分的沸点有明显的差别,见表 6 - 7。这里可供筛选的方案有两种,分别示于图 6‑19。

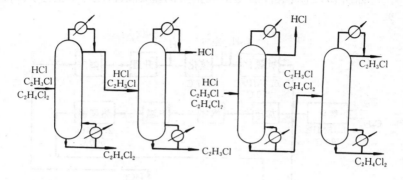

方案 I                                                  方案 II

图 6‑19  精馏方案比较

表 6‑7  不同压力下 HCl、$C_2H_3Cl$、$C_2H_4Cl_2$ 沸点

| 组　　分 | 沸　　点　　°C | | | |
|---|---|---|---|---|
| | 0.1MPa | 0.48MPa | 1.2MPa | 1.6MPa |
| HCl | −84.8 | −51.7 | −26.2 | 0 |
| $C_2H_3Cl$ | −13.8 | 33.1 | 72.5 | 110 |
| $C_2H_4Cl_2$ | 83.7 | 146.0 | 193 | 242 |

　　详细的计算表明,方案 II,即逐个地从蒸馏液中分离出各个组分的能量较方案 I 少。这几乎是多组分精馏的一条经验法则。

　　至此,业已完成了以氯和乙烯为原料生产氯乙烯的工艺流程构筑。如图 6‑20 所示。

　　在结束这一案例分析时还应指出,这里构筑的仅仅是一个工艺流程框图,是十分重要的,也是十分粗略的。诸如物料流、能量流、进一步的工艺细节、设备详细结构与尺寸、三废处理均应在此基础上深入研究,加以完善。

## 6.3.2  烃类裂解制乙烯过程

如所知,乙烯是石油化工最重要的基础原料之一。时至今日世界

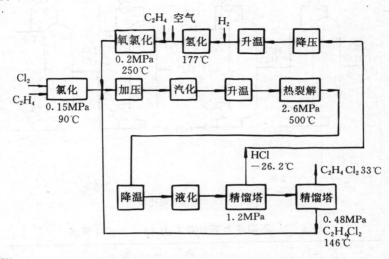

图 6-20　生产氯乙烯方块流程图

年产量已达 6 000 万吨。主要生产方法是烃类均相热裂解,主要原料是柴油、石脑油、煤油以至原油、重油、炼厂气、油田气、湿性天然气等。工业上现行的有 Lummus、S&.w、Kellogg、三菱等公司的专利技术。

现沿用上文介绍的方法,形成烃类裂解生产乙烯的方块流程图。

A　有关裂解反应的基本信息

(1)实验表明,烃类在高温下(600℃～800℃)能以显著的速度进行均相热裂解反应,产物分布因温度、反应时间、原料组成而异,有氢、甲烷、乙烷、乙烯、丙烷、丁烯、丁二烯、芳烃、稠环烃、焦、炭等等。有数十种乃至数百种之多。这就不难想见,烃类裂解是一个极复杂的反应网络,完成该系统的动力学研究已属不可能。也就是说,要靠走动力学来设计反应器的路是很难的。

(2)简单而单一的原料试验,例如乙烷裂解生成乙烯,乙烯聚

合生成丁二烯,苯缩合生成稠环烃等给人们以启迪,和惯常的复杂反应系统一样,可用一次反应和二次反应对烃类热裂解反应系统进行研究。为要强化一次反应,抑制二次反应,就必须了解它们的热力学与动力学特性。

① 脱氢反应。例如

$$C_2H_6 \Longrightarrow C_2H_4 + H_2 \qquad \Delta H^0_{1\,000K} = 144.4 \text{ kJ/mol}$$

这是一类强吸热反应,无疑采用高温对热力学、动力学都是有利的。

② 断链反应。例如

$$C_3H_8 \Longrightarrow C_2H_4 + CH_4 \qquad \Delta H^0_{1\,000K} = 78.3 \text{ kJ/mol}$$

同样是一个强吸热反应。这就意味着,不论是脱氢还是断链反应,为获得高的转化率和足够快的反应速率,均需创造高温环境,且传递大量的热能。

③ 环烷烃也可以发生断链与脱氢反应。例如

$$C_6H_{12} \Longrightarrow C_2H_4 + C_4H_8$$

$$C_6H_{12} \Longrightarrow C_4H_6 + C_2H_6$$

$$C_6H_{12} \Longrightarrow C_6H_6 + 3H_2$$

不言而喻,这些都是吸热反应。单一试验表明,环烷烃的热稳定性较强,在烃类混合物裂解时,由于其他来源的自由基存在,使其裂解速度增加了许多。但总的来说环烷烃的裂解转化率(600℃～800℃)约 60％左右,比直烷烃差一些。

④ 芳烃热稳定性很高。试验表明,芳环在一般情况下是不能断裂的。苯的一次反应是脱氢缩合为联苯,多环芳烃则脱氢缩合为稠环芳烃。

以上云云皆指烃类热裂解的一次反应。下面还以夹叙夹议的方式介绍二次反应。

⑤ 单一组分试验表明,在裂解的条件下,大的烯烃分子可分

解为烯烃和二烯烃。例如

$$C_5H_{10} \Longrightarrow C_2H_4 + C_3H_6$$

$$C_3H_6 \Longrightarrow C_2H_4 + CH_4$$

烯烃还会进行加氢反应和脱氢反应

$$C_2H_4 + H_2 \Longrightarrow C_2H_6$$

$$C_2H_4 \Longrightarrow C_2H_2 + H_2$$

⑥ 炔烃的成炭反应

$$C_2H_2 \Longrightarrow 2C + H_2$$

实践表明,该反应仅在 1 000℃ 以上才会以显著速度进行。因此,无需耽心烯烃经由乙炔的成炭反应。而真正会给生产带来麻烦的是烯烃的聚合、环化、缩合和成焦反应:

$$2C_2H_4 \longrightarrow C_4H_6 + H_2$$

$$C_2H_2 + C_4H_6 \longrightarrow C_6H_6 + 2H_2$$

$$nC_6H_6 \xrightarrow{-H_2} 高分子稠环芳烃 \longrightarrow 焦$$

因此,从总体上讲,高温对不希望的二次反应也是有利的。但相对地讲,高温对一次反应更有利。即使如此,为了提高乙烯收率,探索抑制二次反应的措施还是十分必要的。

（3）试验表明,短停留时间是抑制二次反应的有力措施。以乙烷裂解为例,不同温度下,不同停留时间乙烯的出口含量示于图 6-21。这表明,在一定温度下有一个最适宜的停留时间。这是可以理解的。一次反应产物是进行二次反应的前提。在温度一定下,进行二次反应还需要一定的时间。因此,控制停留时间具有控制一次反应产物浓度和控制二次反应进程的双重功效。两个相反因素的消长,出现了极值。

（4）试验还表明:用水蒸气稀释反应物,例如以轻柴油为原料时，水蒸气与烃的质量比维持在 $0.75 \sim 1.0$，有利于提高乙烯收率。可以推断，脱氢、断链的反应级数一定小于聚合、缩聚、环化、结焦等二次反应的反应级数。也就是说，二次反应速率对浓度更敏感些。以丙烷为原料，停留时间为 1 秒时，不同汽烃比的乙烯、焦的收率试验结果示于图 $6-22$。这样，以能耗为代价的高汽烃比，既有利于乙烯收率，也抑制了造成生产隐患的焦生成。

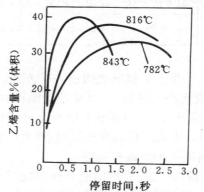

图 $6-21$　乙烷裂解停留时间对乙烯含量的影响

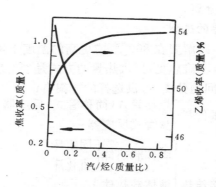

图 $6-22$　汽/烃对乙烯收率的影响

（5）从资料中可以查得裂解产物轻组分的沸点，载入表 $6-8$。

数据表明,绝大部分组分的沸点有较大差异,利用精馏的方法分离产品是可行的。

表 6-8  组分沸点

| 组分 | $H_2$ | $N_2$ | CO | $CH_4$ | $C_2H_4$ | $C_2H_6$ | $C_2H_2$ | $C_3H_6$ | $C_3H_8$ |
|---|---|---|---|---|---|---|---|---|---|
| 常沸点℃ | -252.5 | -195.8 | -191.5 | -161.5 | -103.71 | -88.63 | -83.6 | -47.7 | -42 |
| 组分 | $i-C_4H_{10}$ | $i-C_4H_8$ | $C_4H_8-1$ | $C_4H_6$ | $nC_4H_{10}$ | $tC_4H_6-2$ | $s-C_4H_8-2$ | | |
| 常沸点℃ | -11.7 | -6.9 | -6.26 | -4.4 | -0.5 | 0.88 | 3.72 | | |

概括起来说,小型工艺试验表明,800℃左右、停留时间为 0.5秒左右、汽烃质量比在 1 左右,当以柴油为原料时,裂解气中乙烯含 25%,$C_4$ 以下组分占 50%(质量),$C_5 \sim C_8$ 占 20%(质量),$C_9$ 以上占 30%(质量)。进入工程研究阶段时,开发者就要利用这些信息(当然不是全部),去构思流程框图。

按照形态分析的方法,先把问题分级,这就是原料制备、核心反应、产品分离三个主要阶段。因为热裂解反应对原料并无苛求,仅为工业级柴油、石脑油输送与升温而已,故不必细论。裂解反应的核心是反应器的选型。表 6-8 的资料表明,完全可以利用精馏的方法将产品分离。

B  反应器的选型

信息表明,裂解要在 800℃,或更高的温度下进行才能得到较高的乙烯收率。不难想见,提供热量的方式是裂解反应器最主要的特征。以此将问题分支,可供选择的方案有:

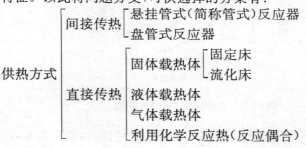

为了进行方案的筛选,简单地估算是有益的。诚然,这里仅仅是估算,是为方案初步筛选服务的,并不是设计反应器的几何尺寸。以间接传热为例,在开发之初,并不知道盘管式反应器是否可行,也并不知道管式反应器的选型如何进行,假定以乙烷为原料,其化学反应为

$$C_2H_6 \Longrightarrow C_2H_4 + H_2 \qquad \Delta H^0_{1\,000K} = 144.4 \text{ kJ/mol}$$

每小时生产 1 吨乙烯,即 35.7kmol 的乙烯,仅反应所需的热量应为

$$35.7 \times 144.4 \times 10^3 = 5.2 \times 10^6 \text{ kJ}$$

原料乙烷和水蒸气(以汽烃摩尔比为 1.5 计)自反应器入口 600℃温升到出口的 800℃,所需热量为

$$35.7 \times 1.5 \times 40 \times 200 + 35.7 \times 50 \times 200 = 0.8 \times 10^6 \text{ kJ}$$

式中　40——水蒸气的平均热容,kJ/(kmol·K);

50——乙烷的平均热容,kJ/(kmol·K);

200——反应自 600℃ 升至 800℃ 的温差。

按单程收率为 30% 计,需热

$$0.8 \times 10^6 \div 0.3 = 2.8 \times 10^6 \text{ kJ}$$

两项合计为 $8.0 \times 10^6$kJ,估计加热介质与反应介质的传热温差为 300K,传热总系数为 900 kJ/(m²·h·K),则单位面积的传热量为

$$\frac{Q}{F} = 900 \times 300 = 0.27 \times 10^6 \text{ kJ/(m}^2 \cdot \text{h)}$$

每小时生产 1 吨乙烯需传热面积 $F$ 为

$$F = \frac{8.0 \times 10^6}{0.27 \times 10^6} = 29.6 \text{ m}^2$$

记反应器的体积为 $V_R$,管径为 $d$,管长为 $l$,则

$$\frac{F}{V_R} = \frac{\pi dl}{\frac{1}{4}\pi d^2 l} = \frac{4}{d} \qquad (6-5)$$

记操作态平均条件下的气体流量为 $V_g$；假定气体平均温度为 1 000K，平均压力为 0.2MPa，则

$$V_g = (35.7 + 1.5 \times 35.7) \times 22.4 \times \frac{1\,000}{273} \times \frac{0.1}{0.2} \approx 1\mathrm{m}^3/\mathrm{s}$$

利用实验信息，停留时间为 0.6 秒，有

$$V_R = 0.6 V_g = 0.6\mathrm{m}^3$$

将 $V_R$、$F$ 值代入式(6-5)，有

$$d = \frac{4V_R}{F} = \frac{4 \times 0.6}{29.6} = 81\mathrm{mm}$$

而 $l = 116\mathrm{m}$。简单地估算表明，这是一个细长的管式反应器，在处理量与 $F$ 一定的情况下，停留时间与管径成正比，即停留时间愈短，管径愈小。

若把管内介质平均温度视为 1 000K，再计及 300K 的传热温差，加热热源的温度至少在 1 300K 以上，经验表明，高温烟气作为热源是合宜的。这样，我们就构画出完成烃类热裂解的反应器之一应是管式加热炉。其轮廓应如图 6-23 所示。

C  燃烧估算与原料前处理

利用烟气的余热，来加热进反应器的介质是方便的。为了推算其可行性，进行如下估算。假定燃料油的碳氢比为 $CH_{1.5}$，其完全燃烧的化学计量式

$$CH_{1.5} + \left(1 + \frac{1.5}{4}\right)O_2 = CO_2 + \frac{1.5}{2}H_2O \qquad (6-6)$$

需空气量为

$$5 \times \left(1 + \frac{1.5}{4}\right) = 6.9 \ \mathrm{kmol}$$

计及空气过剩15%，则每 kg 油需助燃空气

$$1.15 \times \frac{1}{13.5} \times 6.9 \times 22.4 = 13 \ m^3 S.T.P = 0.59 \ kmol$$

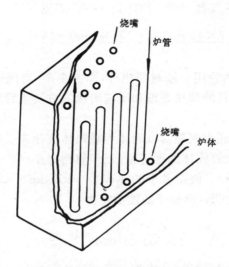

图 6-23 裂解制乙烯管式炉示意图

产生的烟气量也可近似地看成这个数字。油燃烧的低热值估计为 40 000 kJ/kg，离开炉膛的烟气假定是 1 100℃，按 1 kg 油为基准，烟气带走的热

$$0.59 \times 35 \times (1 \ 100 - 25) = 22 \ 000 \ kJ$$

用于管内化学反应和温升的热量为 40 000 − 22 000 = 18 000 kJ

式中　35——烟气平均热容，kJ/(kmol·K)。

由是，每小时生产 1 吨乙烯需燃料油

$$\frac{8.0 \times 10^6}{1.8 \times 10^4} = 444 \ kg$$

相应地，烟气量为

$$444 \times 0.59 = 262 \ kmol$$

假定 200℃ 排入大气,可回收的余热有

$$262 \times 35 \times (1\ 100 - 200) = 8.3 \times 10^6\ kJ$$

而将乙烷、水蒸气自 150℃ 预热到 600℃ 需热

$$\frac{(1.5 \times 35.7 \times 40 + 35.7 \times 50) \times (600 - 150)}{0.3} = 5.9 \times 10^6 kJ$$

可见,烟气余热除用于原料预热外,尚有多余,可用于锅炉给水加热等。这样,原料的预热处理和反应阶段的方块流程图就构画出来了,见图 6-24。

如果我们还有兴趣对以固体为载热体流化床反应器进行预测的话,可首先推算固体的循环量。已经算得每小时产 1 吨乙烯需热量为 $8.0 \times 10^6 kJ$。假定砂子的热容为 $1\ kJ/(kg \cdot K)$,其温度自 1 200K 降至 1 000K,则砂子的需要量为

$$\frac{8.0 \times 10^6}{1 \times 200 \times 1\ 000} = 40\ 吨$$

且不说砂子磨损、输送、分离等一系列的工程麻烦,仅输送这 40 吨砂所耗的电能已无法与管式反应器竞争了。

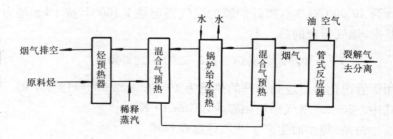

图 6-24　烃裂解制乙烯原料前处理方块流程图

### D　产品分离[5]

下文转到讨论反应产物的后处理问题。实验信息已经表明,以液态烃为原料,裂解气中含 $C_1 \sim C_4$,约 50%(质量),$C_5 \sim C_8$ 约

20%（质量），C$_9$以上约30%，出反应器的温度为800℃左右，还有大量的水蒸气。工程研究者面临两个问题。一个是回收能量，另一个是将产品、副产品从反应混合物中分离出来，且达到产品规格。

如反应器出口温度较高，回收其温降显热是工程中的惯常作法，对降低单耗指标是大有助益的。对裂解气而言，其特殊性有二。为抑制二次反应进行，降温一定要快，例如在几十毫秒中完成，此其一；因混合物中含很多高沸点化合物，为防止其相变，污染换热设备，降温下限一般在500℃左右。即使如此，读者可以推算生产每吨乙烯可从裂解气中回收相当于200kg燃料油的燃烧热，此其二。

接下来的任务就是产品分离。目的与手段应是一致的。C$_1$～C$_4$都是化工原料，纯度要求较高，而C$_5$～C$_8$和C$_9$以上产品都是混合物，可以说没有纯度上的要求。据此，可采用以燃料油冷激。在190℃时，C$_9$以上组分变成液相，C$_8$以下组分仍为气相。若以水激冷，在40℃时，C$_5$以上组分成为液相。C$_4$以下组分仍为气相。这就是说，利用组分的沸点差异，可将裂解气按大类分割。于是，重组分分离的方块流程图可用图6-25表示。

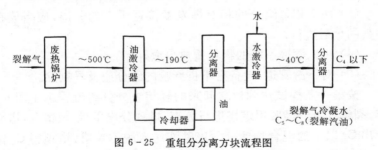

图6-25　重组分分离方块流程图

重申一下面临问题的特殊性，以便采取相应的对策。气体中除

含 $C_1 \sim C_4$ 的碳氢化合物,还含有 $H_2$、$CO_2$、$H_2S$、$H_2O$ 等。这些组分要么影响产品纯度,要么影响加工工艺,应设法除去。其经验法则:① 腐蚀管道的组分,例如 $H_2S$ 应尽早除去;② 由于净化要求较高,只允许几个 ppm,用吸收法优于其他方法;③ $H_2O$、$CO_2$ 既是杂质又会在深度冷冻时变成固相,堵塞管道,应尽早剔除;④ $C_2H_2$ 与 $C_2H_4$ 有共沸点,采用加氢的办法将 $C_2H_2$ 转化为 $C_2H_4$、$C_2H_6$;⑤ 所处理对象的沸点均较低,为得到合适的塔顶冷却介质,应采用加压精馏;⑥ 压力愈高,组分间的沸点愈接近,过高的压力是无益的。

众所周知,将 $R$ 个混合组分分离成 $R$ 个产品,所需精馏塔应为 $R-1$ 个。如何排布这 $R-1$ 个塔,随 $R$ 的增加,方案也增多,甚至多得惊人。其经验法则是:

(1) 逐个地分离蒸馏液中各个组分的顺序序列一般是可取的;

(2) 能使馏出液和塔釜产品摩尔数大体相等的分离序列应当是可取的;

(3) 两个相邻组分的相对挥发度接近于 1 的分离,应当放在序列的最后进行;

(4) 进入深冷系统的物料量愈少愈好;

(5) 对下游管道,设备有不良影响的组分应及早剔除。

按第一条探试法则建立起来的轻相组分分离流程示于图 6-26。裂解气首先经脱甲烷塔进行分离,塔顶分出甲烷-氢馏分,塔底分出 $C_2$ 以上的混合物馏分。该釜液送入脱乙烷塔,塔顶得 $C_2$ 馏分,塔底为 $C_3$ 以上馏分,$C_2$ 馏分进入乙烯精馏塔。在塔顶与塔底分别得到 $C_2H_4$ 与 $C_2H_6$。$C_3$ 以上釜液在脱丙烷塔中分开,塔顶为丙烷、丙烯馏分,在丙烯精馏塔中再分离,分别得到丙烯与丙烷。$C_4$ 以上釜液在脱丁烷塔中分离,塔顶得 $C_4$ 产品,釜液并入裂解汽油。

按第四条探试规则建立的流程示于图 6-27。裂解气先经脱乙烷塔分离。釜液为 $C_3$ 以上馏分,可不进深冷系统,在脱丙烷塔中

从塔顶得 $C_3$ 馏分，送往丙烯精馏塔，在塔顶与塔底分别得到丙烯与丙烷。脱乙烷塔的塔顶为 $CH_4$、$H_2$、$C_2$ 馏分，进入深冷系统，在脱甲烷塔中从塔顶得 $CH_4$、$H_2$，塔底的 $C_2$ 组分再进入乙烯精馏塔，在该塔的顶部得乙烯，在底部得乙烷。

按第五条探试法则建立起来的流程示于图 6-28，或叫做前脱丙烷流程。在脱丙烷塔中从塔底得到 $C_3$ 以上馏分，将易于聚合的丁二烯及早地分割出去。$C_3$ 以上釜液在脱丁烷塔中分开，塔底得裂解汽油，塔顶得 $C_4$ 产品，脱丙烷塔的顶部得 $C_3$ 以下组分，经压缩，按顺序流程分离。

在结束这一案例时还应强调指出：把握对象的特殊性是过程分析与合成的前提，流程的建立是一个由粗到细的逐步深化的过程。例如，不了解乙炔与乙烯有共沸点的特性，就不会采取加氢的对策。不知道丁二烯有自聚的特性，也就不会提出前脱丙烷流程，至于哪一个流程为好，这要靠经济评价加以判断，通过调优，达到理想的目的。

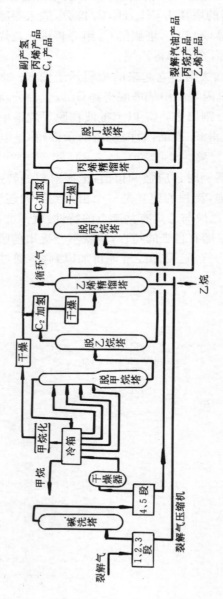

图 6 - 26 顺序流程示意图

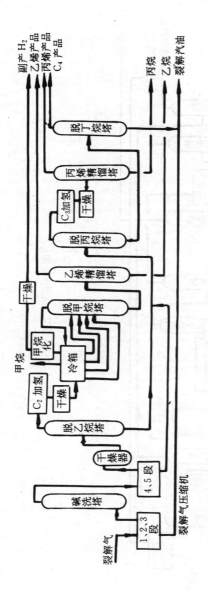

图 6 - 27　前脱乙烷流程图

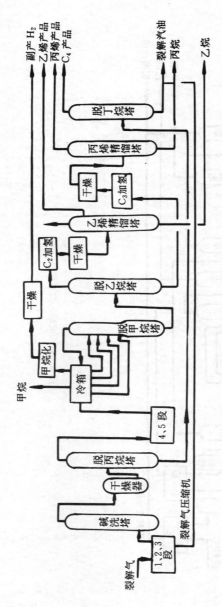

图 6 - 28  前脱丙烷流程示意图

# 参 考 文 献

[1] William Resnick. Process Analysis and Design for Chemical Engineering. Chapter 2,New York:McGraw-Hill Book Company,1981

[2] Thoma s W D,Denis Forster. J Am Chem Soc,1985,107,3565～3567

[3] 同[1],Chapter 10

[4] 吴指南主编. 基本有机化工工艺学. 第十章,北京:化学工业出版社,1981

[5] 陈滨等合编. 石油化工手册,第二分册,基本有机原料篇. 第二章,北京:化学工业出版社,1988

# 7 经济评价

## 7.1 经济评价工作框图[1,2]

技术是为经济服务的。一般情况下（除了有重要社会效益、环保效益、军事与国防需要）技术项目总是受到经济的约束，只有通过经济评价确认其经济效益，例如返本期为三年、五年、甚至十年，才会立项投入建设。

技术经济是一门学问，有其研究对象、基础理论与研究方法，也有许多流派与分支。前已述及，经济评价是化工过程开发六个主要环节之一，作为入门，本章介绍有关概念，以期对其有一般地了解。

建设一个项目，投资者（国家、集体、个人）要付出劳动力、设备、原材料、能源、水源、土地、矿产、资金（含外汇）等等代价，目的就是要得到效益。经济评价的任务就是把投入项目的资源用金钱的形式表示出来，估计项目的各种费用，预计其收入，将两者加以对比，从而找到评价该项目是继续开发还是停止开发、是投入建设还是搁置下来的定量标准。

本节主要介绍以下两点：经济评价工作框图，以期对该工作有一个概貌了解；资金来源，作为资金规划的内容之一，以期对我国目前的资金渠道有所了解。

### 7.1.1 工作框图

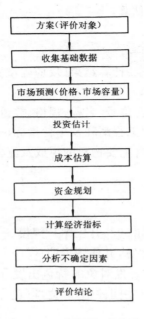

図 7-1 経済評価工作框図

工作框図示于图 7-1。参照框图内容,针对开发对象的内涵,经过概念设计,由开发者提出经济评价报告,基本包含如下内容。

（1）概述

说明评价范围、规模、主要资金来源、评价的主要意见（结论）。

（2）反应过程

说明主、副反应特征,工艺条件,收率（转化率与选择性）,反应器型式。

（3）工艺过程叙述

原料及前处理,产物及后处理,特殊性等。

（4）讨论

讨论评价中所作的假设、不确定因素、存在问题。并指出当这些不确定因素变化时,可能对评价结论带来的影响。

（5）费用估计

包括投资与成本估算。

（6）附表及附图

① 资料及专利摘要；

② 设计基础、假定、计算结果（反应器型式、几何尺寸、反应条件、转化率与选择性）；

③ 设备一览表，含位号、名称、规格、数量、材质等；

④ 原材料及公用工程消耗及单耗指标；

⑤ 物料平衡表，含主要物料的组成及流率；

⑥ 投资估计；

⑦ 成本估计；

⑧ 流程图；

⑨ 操作水平（例如50％开工率）、规模（一般要假设三种规模）对投资、成本影响的估算，并作图说明；

⑩ 经济比较。从开发对象的特色出发寻找可比参照系，论证其优越性与继续开发（中间评估）和立项（已完成开发工作）的必要性。

### 7.1.2 资金来源

主要有国内资金与国外资金两大来源。

（1）国内资金

有国家预算内的拨款、"拨改贷"（低利率贷款）、银行贷款、自筹资金、社会集资五种方式。

① 国家预算内拨款：支持国防、社会福利、特种项目（如大规模水利建设、部分研究开发等）。

② 国家预算内"拨改贷"资金，因行业不同，利率也不同。

1）石油化工、原油加工、电子、纺织、轻工利率为4.2％；

2）其他化工、钢铁、机械、汽车、电力、交通、民航、采油等利率为3.6％；

3）农业、林业、畜牧、煤炭、国防工业、粮食、节能措施等利率为 2.4%；

③ 银行贷款。

在国家统一计划指导下，由中国人民建设银行、中国工商银行、中国银行、中国农业银行、中国交通银行和中国投资银行六家执行，视项目性质，时间长短，贷款利率也有高低。

④ 自筹资金。

企业自有资金、个人自筹资金。

⑤ 社会集资

通过发行债券、股票、联营、合资等方式集资。

（2）国外资金

① 国际金融机构提供贷款

有国际货币基金组织（IMF）、世界银行、国际金融公司、亚洲开发银行可以提供贷款。

② 政府间贷款

主要是西方国家以"经济援助"名义实施的贷款，利率较低（2%～3%），甚至无息，偿还期较长，但都附有政治或商业条件。

③ 出口信贷

西方国家为了扩大本国商品出口，采取低利贷款和担保方式，支持本国出口商和他国进口商以解决买方支付款项需要。

④ 金融市场和自由外汇

例如欧洲货币市场，贷出方和借入方一般都是银行，不与具体的进出口贸易发生联系，可以自由运用，习称自由外汇。

⑤ 多种形式的经济合作

如补偿贸易、合资经营、合作经营、合作开采、国际租赁、外资企业。

⑥ 发行国际债券

自 1982 年起中国国际信托投资公司多次在日本、美国发行国际债券。

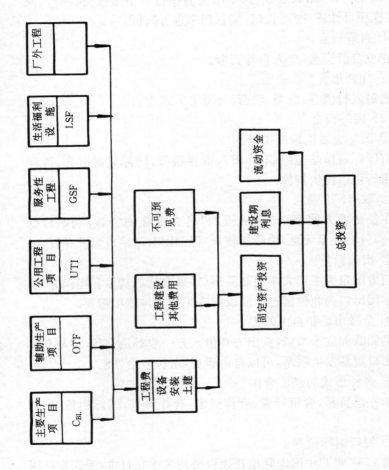

图 7 – 2 国内项目建设总投资组成

## 7.2 项目建设总投资组成[2]

国内外项目建设总投资组成分别示于表7-2与表7-3。所含内容极为广泛、具体,已经属于技术成熟阶段的可行性研究深度。

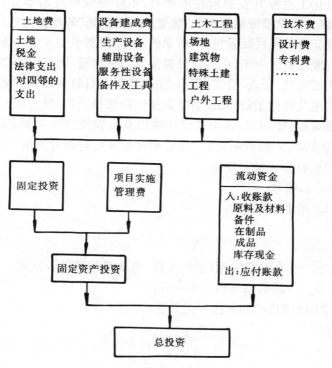

图7-3 国外项目建设总投资组成

在国内建设总投资中,固定资产投资由工程费用、工程建设其他费用、不可预见费三部分组成。工程费用所含六个子项已如图示,工程建设其他费用主要是指土地费、青苗补偿费、安置费、研究试验费、工人培训费、联合试运转费、外籍人员来华费、出国考察费等,该部分内容与国外(见图7-3)"项目实施管理费"相当;不可预见费包括可行性研究、初步设计、技术设计、施工设计、在批复建设投资范围内新增工程和内容、自然灾害等费用。

接下来介绍设备费、工程费、不可预见费、流动资金有关内容。

### 7.2.1 设备费计算

对化工过程开发的新技术而言，不能像成熟技术那样，采用"单位能力建设投资估算法"、"装置能力指数法"等简捷方法，由已有装置套算新项目装置投资。所幸的是，流程图中包含的设备投资约占装置投资的一半以上，只要算出这部分投资，则可根据经验推测有关的电气、仪表、管道、阀门、土建等设备材料费以及安装费。

常见几种化工机器、设备费是用回归法得到的，没有计入物价上涨因素，各个国家，甚至各设计院均有一套经验公式和方法，本书采用文献[2]推荐的公式，只有相对准确性与参考价值，必要时可采用询价方法加以校正。

A 压缩机

（1）基本关联式：

$$y = e^{a + b\ln x + c\ln^2 x + d\ln^3 x} \qquad (7-1)$$

式中　$y$——压缩机费用（包括主机、电动机和辅机），万元；

　　　　$x$——压缩机电机功率，kW。

（2）压缩机轴功率按下式计算：

$$N = \frac{0.006\,44 T_1 Q k}{(k-1) \cdot \eta} \left[ \left( \frac{p_2}{p_1} \right)^{\frac{k-1}{k}} - 1 \right] \qquad (7-2)$$

式中　$N$——压缩机所需轴功率，kW（从电动机系列中选取大于 $N$ 值者为压缩机电机功率）；

　　　　$Q$——标准状态下的气体流量，$m^3/min$；

　　　　$k$——气体的绝热指数；

　　　　$p_1$——吸入压力，MPa；

　　　　$p_2$——排气压力，MPa；

$T_1$——吸入口温度,K;

$\eta$——压缩机效率,一般往复式压缩机取 80%,离心式压缩机取 72%～74%(不包括大于 10MPa 的离心式压缩机)。

(3) 各种类型压缩机的回归系数及适用范围见表 7-1。

B 风机

(1) 基本关联式

$$y=a+bx+cx^2+dx^3 \qquad (7-3)$$

$$y=e^{a+b\ln x+c\ln^2 x+d\ln^3 x} \qquad (7-4)$$

$$y=e^{a+bx+cx^2+dx^3} \qquad (7-5)$$

$$y=\frac{x^2}{ax+b} \qquad (7-6)$$

式中 $y$——风机加电机费用,元;

$x$——风机轴功率,kW。

(2) 风机轴功率的计算

$$x=\frac{Q \cdot H \cdot 0.75}{4\,560 \cdot \eta} \qquad (7-7)$$

式中 $x$——风机轴功率,kW;

$Q$——吸入条件下风量,m³/min;

$H$——出口风压,mmH₂O(1mmH₂O=9.806Pa);

$\eta$——风机效率,一般取 0.6～0.7。

(3) 各种风机的回归系数及适用范围见表 7-2。

C 泵

a 各种离心泵

(1) 基本关联式:

$$y=a+bx+cx^2+dx^3 \qquad (7-8)$$

式中 $y$——泵和电动机的费用,元;

表 7 - 1  各类压缩机的回归系数及适用范围

| 序号 | 名　称 | 回归范围，kW 功率 | 回　归　系　数 | | | | 适用压力 MPa |
| | | | $a$ | $b$ | $c$ | $d$ | |
|---|---|---|---|---|---|---|---|
| 1 | 空气压缩机 | 40～2 400 | 4.019 807 | −3.348 109 | 0.852 113 | −0.053 873 | <40 |
| 2 | 氧气压缩机 | 29～1 275 | 1.637 441 | −1.752 122 | 0.545 321 | −0.034 793 | ≤16.5 |
| 3 | 透平离心压缩机 | 45～14 660 | −6.295 107 | 4.201 359 | −0.657 888 | 0.036 324 | ≤3.7 |
| 4 | 循环压缩机 | 13～588 | −8.255 076 | 5.737 061 | −1.175 305 | 0.087 526 | 升压 ≤2.4 |
| 5 | 气体压缩机 | 65～4 807 | −5.007 107 | 2.415 992 | −0.271 056 | 0.014 284 | ≤32 |

表 7-2 各种风机的回归系数及适用范围

| 序号 | 型式 | 回归方程式 | 回归系数 | | | | 风压 mmH₂O | 轴功率 kW |
|---|---|---|---|---|---|---|---|---|
| | | | $a$ | $b$ | $c$ | $d$ | | |
| 1 | 罗茨风机 | 7-3 | 1 278.229 0 | 182.251 6 | -0.243 6 | $-2.882\,0\times10^{-4}$ | <3 500 | <205 |
| 2 | 罗茨风机 | 7-3 | 1 922.745 0 | 91.766 4 | $-1.474\,6\times10^{-2}$ | $5.960\,5\times10^{-7}$ | >3 500 | <294 |
| 3 | 离心鼓风机 | 7-6 | $9.289\,6\times10^{-3}$ | -0.447 1 | — | — | <2 000 | <625 |
| 4 | 离心鼓风机 | 7-4 | -35.254 4 | 25.868 7 | -4.928 4 | 0.316 6 | >2 000 | 55~845 |
| 5 | 通风机 | 7-4 | 5.895 1 | 0.351 6 | $-3.851\,0\times10^{-3}$ | 0.015 4 | <1 000 | <82 |
| 6 | 通风机 | 7-4 | -7.350 3 | 8.498 1 | -1.605 0 | 0.112 6 | >1 000 | 28~189 |
| 7 | 引风机 | 7-5 | 7.364 9 | $5.093\,1\times10^{-2}$ | $-3.973\,4\times10^{-4}$ | $9.488\,5\times10^{-7}$ | <650 | <130 |
| 8 | 耐腐蚀风机 | 7-5 | -6.874 2 | 0.614 3 | $-5.653\,3\times10^{-2}$ | $1.820\,4\times10^{-3}$ | 130~400 | <15 |

注：1mmH₂O=9.806Pa

$x$——泵的电动机功率,kW,根据轴功率放大选取。

（2）泵的轴功率计算

$$N = \frac{Q \cdot H \cdot \gamma}{1\,020 \cdot \eta} \cdot 2.87 \qquad (7-9)$$

式中 $N$——泵的轴功率,kW；

$\quad\quad Q$——液体流量,m³/h；

$\quad\quad H$——扬程,m；

$\quad\quad \gamma$——液体相对密度；

$\quad\quad \eta$——泵的效率,一般取0.6。

（3）一般离心泵的回归系数及适用范围见表7-3。

表7-3　一般离心泵的回归系数及适用范围

| 序号 | 名　称 | 回　归　系　数 | | | | 适用范围扬程,m |
| --- | --- | --- | --- | --- | --- | --- |
| | | $a$ | $b$ | $c$ | $d$ | |
| 1 | 离心清水泵 | 208.292 5 | 31.998 3 | 0.233 5 | $-3.389\,8\times10^{-3}$ | <80 |
| 2 | 离心溶液泵 | 426.444 7 | 48.028 4 | -0.511 0 | $3.553\,0\times10^{-3}$ | <125 |
| 3 | 多级离心泵 | 1 007.09 | 85.553 3 | -0.445 1 | $7.012\,3\times10^{-4}$ | <400 |
| 4 | 离心油泵 | 1 799.014 | 66.370 8 | -0.125 1 | $9.321\,8\times10^{-5}$ | <200 |
| 5 | 多级离心油泵 | 1 347.053 | 57.467 1 | 0.692 1 | $-6.408\,4\times10^{-3}$ | <550 |
| 6 | 耐腐蚀泵 | 1 824.4 | 65.436 1 | 1.444 5 | $-1.566\,6\times10^{-2}$ | <100 |
| 7 | 多级耐腐蚀泵 | 6 885.752 | -36.831 5 | 2.480 3 | $-8.120\,5\times10^{-3}$ | <270 |

b　特殊泵

（1）基本关联式

$$y = a + bx + cx^2 + dx^3 \qquad (7-10)$$

式中 $y$——泵和电动机的费用,元；

$\quad\quad x$——泵的电动机功率,kW,根据轴功率放大选取。

（2）泵的轴功率参照式(7-9)计算。

## 表 7-4 几种特殊泵的回归系数及适用范围

| 序号 | 名 称 | 回 归 系 数 | | | | 适用范围 |
|---|---|---|---|---|---|---|
| | | $a$ | $b$ | $c$ | $d$ | |
| 1 | 液下泵 | 940.273 8 | 132.584 6 | 13.261 4 | −0.375 3 | 扬程<32m |
| 2 | 耐腐蚀液下泵 | 2 743.593 0 | 458.634 3 | −7.331 7 | $4.777\ 4 \times 10^{-2}$ | 扬程<56m |
| 3 | 杂质泵 | −150.681 0 | 181.238 5 | −2.550 3 | $1.544\ 8 \times 10^{-2}$ | 电机功率 7.5~115kW |
| 4 | 柱塞泵 | 3 515.584 0 | 308.016 3 | −0.403 9 | $1.332\ 1 \times 10^{-3}$ | 电机功率 1.5~130kW<br>出口压力<32MPa |
| 5 | 计量泵 | 3 006.5 | 1 311.537 | 92.864 6 | −3.200 4 | 电机功率 0.09~30kW<br>出口压力 0.6~50MPa |

（3）几种特殊泵的回归系数及适用范围见表 7-4。

c　真空泵

（1）基本关联式

$$y=a+bx+cx^2+dx^3 \tag{7-11}$$

$$y=e^{a+bx+cx^2+dx^3} \tag{7-12}$$

式中　$y$——泵和电动机的费用（对水环泵）或泵和段间冷凝器的
费用（对喷射泵），元；

$x$——水环真空泵的电动机功率，kW，根据轴功率放大选
取；对于蒸汽喷射泵，

$$x=\frac{\text{吸入空气量}\ W(\text{kg/h})}{\text{吸入压力}\ p(\text{mmHg})}(1\text{mmHg}=133.3\text{Pa})$$

（2）水环真空泵的轴功率按风机的轴功率方程式（7-7）计
算。

（3）两种真空泵的回归系数及适用范围见表 7-5。

表 7-5　真空泵的回归系数及适用范围

| 序号 | 名　称 | 回归方程式 | 回　归　系　数 | | | | 适用范围 |
|---|---|---|---|---|---|---|---|
| | | | $a$ | $b$ | $c$ | $d$ | |
| 1 | 水环真空泵 | 7-11 | 835.075 8 | 30.159 4 | 1.887 2 | $-1.001\ 7\times 10^{-2}$ | 电机功率 $<80$kW |
| 2 | 蒸汽喷射泵（3 级以下） | 7-11 | 2 571.53 | 721.847 7 | $-27.091\ 4$ | 0.344 4 | $W/p=$ $0.63\sim 1.25$ |
| 3 | 蒸汽喷射泵（4 级以上） | 7-12 | 9.469 4 | $8.666\ 2\times 10^{-3}$ | $6.366\ 9\times 10^{-6}$ | $-2.236\ 0\times 10^{-8}$ | $W/p=$ $15\sim 600$ |

D　容器（包括槽罐）

（1）基本关联式：

$$y=b\cdot x^a\cdot f \tag{7-13}$$

$$y=\frac{x}{ax+b}\cdot f \tag{7-14}$$

$$y=be^{ax} \cdot f \qquad (7-15)$$

$$y=\frac{x^2}{ax+b} \cdot f \qquad (7-16)$$

式中　$y$——容器费用,元;

　　　$x$——容器的容积,$m^3$;

　　　$f$——材质校正系数。

（2）回归系数及适用范围、材质校正系数分别见表 7-6 和表 7-7。

**表 7-6　容器的回归系数及适用范围**

| 序号 | 型式 | 回归方程式 | 回归系数 $a$ | 回归系数 $b$ | 适用范围 容积,$m^3$ | 对应压力,MPa |
|---|---|---|---|---|---|---|
| 1 | 常压容器 | $y=\dfrac{x}{ax+b}$ | $0.148\ 8\times10^{-3}$ | $0.800\ 7\times10^{-3}$ | 0.5~5 | <0.07 |
| 2 | 常压容器 | $y=bx^a$ | 0.677 1 | 551.865 | 6~80 | <0.07 |
| 3 | 低压容器 | $y=be^{ax}$ | 0.187 9 | 1 806.45 | 0.5~5 | ≤1.6 |
| 4 | 低压容器 | $y=\dfrac{x}{ax+b}$ | $0.089\ 7\times10^{-4}$ | $0.125\ 9\times10^{-2}$ | 6~100 | ≤1.6 |
| 5 | 中压容器 | $y=\dfrac{x^2}{ax+b}$ | $0.854\ 1\times10^{-3}$ | $-0.465\ 6\times10^{-3}$ | 0.5~5 | 2.5 |
| 6 | 中压容器 | $y=bx^a$ | 0.794 4 | 1 828.28 | 6~100 | 2.5 |
| 7 | 中压容器 | $y=be^{ax}$ | 0.251 7 | 2 742.7 | 0.5~5 | 4.0 |
| 8 | 中压容器 | $y=bx^a$ | 0.789 9 | 2 625.13 | 6~100 | 4.0 |
| 9 | 球形容器 | $y=bx^a$ | 0.876 4 | 524.393 | 200~2 000 | ≤1.5 |
| 10 | 球形容器 | $y=\dfrac{x}{ax+b}$ | $1.192\ 4\times10^{-6}$ | $1.211\ 1\times10^{-3}$ | 200~1 000 | ≤3.0 |

E　换热器

（1）固定管板式列管换热器。

① 基本关联式

$$y=(a+bx+cx^2+dx^3) \cdot f \qquad (7-17)$$

$$y=e^{a+bx+cx^2+dx^3} \cdot f \qquad (7-18)$$

$$y=e^{a+b\ln x+c\ln^2 x+d\ln^3 x} \cdot f \qquad (7-19)$$

表 7 - 7　容器的材质校正系数 $f$

| 序号 | 材　　质 | $f$ | |
|---|---|---|---|
| | | 槽罐及容器 | 球　　罐 |
| 1 | 碳　　钢 | 1 | 1 |
| 2 | 碳钢衬铅 | 2.49 | |
| 3 | 碳钢衬铝 | 3.28 | |
| 4 | 碳钢衬软塑料 | 2.47 | |
| 5 | 碳钢衬硬塑料 | 2.24 | |
| 6 | 碳钢衬不锈钢 | 4.8 | |
| 7 | 碳钢衬 $Cr_{13}$ | 2.7 | |
| 8 | 碳钢衬 $Mo_2Ti$ | 6.83 | |
| 9 | 碳钢带夹套 | 1.09 | |
| 10 | 不锈钢 | 7.63 | 9.63 |
| 11 | $Mo_2Ti$ 不锈钢 | 9.97 | |
| 12 | 铝 | 4.97 | 5.94 |
| 13 | 不锈钢复合板 | 4.49 | 4.6 |
| 14 | $Mo_2Ti$ 复合板 | 5.4 | |
| 15 | 16Mn | 1.1 | 1.14 |

式中　$y$——固定管板换热器费用,元;

$\quad\quad x$——换热面积,$m^2$;

$\quad\quad f$——换热器材质校正系数。

② 固定管板式换热器的回归系数及适用范围、材质校正系数分别见表 7 - 8 和表 7 - 9。

(2) U 型管换热器。

① 基本关联式

$$y=(a\ln x+b)\cdot f \qquad (7-20)$$

$$y=(ax^2+b)\cdot f \qquad (7-21)$$

$$y=\frac{1}{ax+b}\cdot f \qquad (7-22)$$

$$y=(\frac{a}{x}+b)\cdot f \qquad (7-23)$$

**表 7-8 固定管板式列管换热器的回归系数及适用范围**

| 序号 | 压力 MPa | 回归方程式 | 回归系数 | | | | 适用范围 面积, m² |
|------|----------|------------|---------|---|---|---|----------|
| | | | $a$ | $b$ | $c$ | $d$ | |
| 1 | ≤0.6 | 7-18 | 6.709 1 | $9.732\ 3\times10^{-2}$ | $-1.395\ 4\times10^{-3}$ | $7.460\ 1\times10^{-6}$ | 35~80 |
| 2 | ≤0.6 | 7-17 | -1 330.175 | 196.407 2 | -0.448 5 | $8.177\ 8\times10^{-4}$ | 80~400 |
| 3 | ≤1.0 | 7-19 | 17.848 7 | -9.816 0 | 3.097 5 | -0.296 8 | 8~80 |
| 4 | ≤1.0 | 7-17 | 1 025.816 | 153.905 2 | -0.154 1 | $3.170\ 8\times10^{-4}$ | 80~400 |
| 5 | ≤1.6 | 7-19 | 19.209 6 | -11.305 8 | 3.661 7 | -0.364 9 | 8~80 |
| 6 | ≤1.6 | 7-17 | -10 586.9 | 327.365 3 | -0.818 7 | $1.167\ 3\times10^{-3}$ | 80~400 |
| 7 | ≤2.5 | 7-17 | 4 464.451 | -101.487 | 6.160 7 | -4.831 6 | <80 |
| 8 | ≤2.5 | 7-18 | 6.799 5 | 0.041 6 | $-1.698\ 1\times10^{-4}$ | $2.382\ 2\times10^{-7}$ | 80~350 |

$$y = (a + bx + cx^2 + dx^3) \cdot f \qquad (7-24)$$

$$y = e^{a + bx + cx^2 + dx^3} \qquad (7-25)$$

式中　$y$——U 型管换热器的费用,元;

　　　$x$——换热面积,$m^2$;

　　　$f$——换热器材质校正系数。

② U 型管换热器的回归系数及适用范围见表 7 - 10,材质校正系数见表 7 - 9。

表 7 - 9　换热器材质校正系数

| 序号 | 材质 | | 校正系数 | 序号 | 材质 | | 校正系数 |
|---|---|---|---|---|---|---|---|
| | 管程 | 壳程 | | | 管程 | 壳程 | |
| 1 | 碳钢 | 碳钢 | 1 | 6 | 不锈钢 | 不锈钢 | 6.98 |
| 2 | 16Mn 或 15MnVR | 16Mn 或 15MnVR | 1.1 | 7 | $Mo_2Ti$ 不锈钢 | 碳钢 | 6.13 |
| 3 | 15CrMo | 碳钢 | 1.21 | 8 | $Mo_2Ti$ 不锈钢 | 不锈钢 | 7.81 |
| 4 | 15CrMo | 15CrMo | 1.35 | 9 | $Mo_2Ti$ 不锈钢 | $Mo_2Ti$ 不锈钢 | 8.36 |
| 5 | 不锈钢 | 碳钢 | 5.3 | 10 | 铝 | 铝 | 3.27 |

F　塔类(包括立式反应器)

(1) 基本关联式:

$$y = e^{a + bx + cx^2 + dx^3} \cdot f \qquad (7-26)$$

$$y = \left( \frac{a}{x} + b \right) \cdot f \qquad (7-27)$$

$$y = \frac{x}{ax + b} \cdot f \qquad (7-28)$$

$$y = \frac{x^2}{ax + b} \cdot f \qquad (7-29)$$

表 7 - 10  U 型管换热器的回归系数及适用范围

| 序号 | 压力 MPa | 回归方程式 | 回归系数 $a$ | $b$ | $c$ | $d$ | 适用范围 面积,m² |
|---|---|---|---|---|---|---|---|
| 1 | ≤1.6 | 7-23 | $-4.117\ 7\times10^{6}$ | $5.358\ 5\times10^{4}$ | — | — | 90~400 |
| 2 | ≤2.5 | 7-24 | 25 964.18 | $-1\ 744.952$ | 48.345 4 | $-0.392\ 3$ | 25~80 |
| 3 | ≤2.5 | 7-24 | $-3.921\times10^{6}$ | $5.338\ 8\times10^{4}$ | — | — | 80~400 |
| 4 | ≤4.0 | 7-25 | 8.806 5 | $-3.934\ 9\times10^{-2}$ | $1.875\ 8\times10^{-3}$ | $-1.797\ 7\times10^{-5}$ | 5~80 |
| 5 | ≤4.0 | 7-22 | $-1.685\ 4\times10^{-7}$ | $7.284\ 1\times10^{-5}$ | — | — | 80~360 |
| 6 | ≤6.4 | 7-20 | 2 728.05 | $-466.565$ | — | — | 5~80 |
| 7 | ≤6.4 | 7-21 | 0.394 6 | 18 458.5 | — | — | 80~280 |

表 7-11 塔类的回归系数及适用范围

| 序号 | 塔型 | 回归方程式 | 回归系数 a | b | c | d | 适用范围 塔径,mm | 压力 MPa |
|---|---|---|---|---|---|---|---|---|
| 1 | 填料塔① | 7-26 | 5.7887 | $1.5809 \times 10^{-3}$ | $-4.6171 \times 10^{-7}$ | $6.0244 \times 10^{-11}$ | 150~3800 | <0.3 |
| 2 | 填料塔① | 7-27 | -261266 | 1846.99 | — | — | 159~4500 | 0.4~1.6 |
| 3 | 填料塔① | 7-28 | $0.5922 \times 10^{-4}$ | 0.4244 | — | — | 273~2600 | >1.6 |
| 4 | 筛板塔 | 7-26 | 4.8730 | $3.2939 \times 10^{-3}$ | $-1.2131 \times 10^{-6}$ | $1.5956 \times 10^{-10}$ | 400~3200 | <0.3 |
| 5 | 筛板塔 | 7-28 | $0.1199 \times 10^{-4}$ | 0.7593 | — | — | 400~4000 | 0.4~1.6 |
| 6 | 浮阀塔 | 7-26 | 7.1517 | $1.5828 \times 10^{-4}$ | $1.8346 \times 10^{-7}$ | $-2.8618 \times 10^{-11}$ | 800~6800 | <0.3 |
| 7 | 浮阀塔 | 7-26 | 6.3711 | $1.3507 \times 10^{-3}$ | $-2.5062 \times 10^{-7}$ | $1.8519 \times 10^{-11}$ | 700~7000 | 0.4~1.6 |
| 8 | 浮阀塔 | 7-29 | 0.1574 | 359.964 | — | — | 700~4600 | 1.6~4.0 |

① 填料塔费用中不包括填料的费用。

式中 $y$——每米塔高的费用，元；

$x$——塔径，mm；

$f$——塔的材质调正系数。

（2）塔的回归系数见表 7－11。塔的类型和材质校正系数见表 7－12。

### 7.2.2 工程费用估算

从图 7－2 可以看出，工程费用系由主要生产项目（$C_{BL}$）、辅助生产项目（OTF）、公用工程项目（UTI）、服务性工程（GSF）、生活福利设施（LSF）及厂外工程组成。其中，主要生产项目（以设备为主）投资估算方法已于 7.2.1 粗略地作了介绍，下面介绍其余各项投资的估算。

**表 7－12 塔器类型和材质校正系数**

| 序 号 | 类型和材质 | 校正系数 |
|---|---|---|
| 1 | 碳钢填料塔 | 1 |
| 2 | 碳钢筛板塔 | 1.13 |
| 3 | 碳钢泡罩塔 | 1.17 |
| 4 | 碳钢浮阀塔 | 1.15 |
| 5 | 不锈钢塔 | 5.6 |
| 6 | 不锈钢筛板塔 | 5.97 |
| 7 | 不锈钢浮阀塔 | 6 |
| 8 | 不锈钢泡罩塔 | 6.04 |
| 9 | 碳钢、$Mo_2Ti$ 复合板塔 | 3.49 |
| 10 | 碳钢衬铝塔 | 2.49 |
| 11 | 碳钢衬钛塔 | 6.64 |

说明：表 7－11 中未包括的塔型，可根据碳钢塔费用乘以表 7－12 的校正系数来估算其费用。

A 公用工程项目的投资估算

公用工程项目的投资由锅炉（$U_B$）、冷却塔（$U_{CT}$）、新鲜水

$(U_{pw})$、化学软水$(U_{sw})$、机械制冷$(U_{RF})$、惰性气体发生$(U_{IG})$等成套装置及罐区的建设投资组成。

(1) 锅炉成套装置。包括锅炉本体、砌砖、炉内水处理、风机、粉碎、燃煤、除氧、除尘和运输起重等设备以及相应的工业管道、仪表、电气、油漆、保温、建筑及基础等材料费、安装费。其基本关联式为

$$U_B = ax^b \cdot f \qquad (7-30)$$

式中　$U_B$——锅炉成套装置的建设投资,万元;

　　　$x$——主要关联因子锅炉产汽量(峰值),t/h;

　　　$f$——校正系数。

关联式的回归系数及适用范围见表 7-13。

表 7-13　锅炉成套装置建设投资估算关联式的回归系数及适用范围

| 序号 | 蒸汽压力,MPa | 回归系数 | | 校正系数 $f$ | 适用范围 蒸汽产量,t/h |
|---|---|---|---|---|---|
| | | $a$ | $b$ | | |
| 1 | 不大于1.4 | 5.0 | 0.82 | 1.0 | 0.2～30 |
| 2 | 不大于22.0 | 4.8 | 0.93 | 压力小于4.0 $f=1$ | 20～130 |
| | | | | 压力大于4.0 $f=1.54$ | 220～1 000 |

(2) 新鲜水$(U_{PW})$。包括取水、净水(过滤净化)、输水、配水成套装置的建设投资。其关联式为

$$U_{PW} = 1.47 \cdot x^{0.76} \cdot f \qquad (7-31)$$

式中　$U_{PW}$——新鲜水成套装置建设投资,万元;

　　　$x$——供水量(峰值),t/h;

　　　$f$——校正系数。

其关联式的适用范围及与取水条件和水质有关的校正系数见表 7-14。

表 7-14　新鲜水取水装置建设投资估算关联式的适用范围及校正系数

| 序号 | 取水条件及水质 | 校正系数 $f$ | 适用范围，水量，t/h |
|---|---|---|---|
| 1 | 一般水质、地面或地下深层取水 | 1.0 | 100~12 000 |
| 2 | 水质较差，需二次净化 | 1.4 | 100~12 000 |
| 3 | 水质较好，或地下浅层取水 | 0.8~0.9 | 100~12 000 |

（3）冷却塔（$U_{CT}$）包括全部设备、土建及安装费。其关联式如下：

$$U_{CT} = 0.024\ 6 \cdot x^{0.86} \tag{7-32}$$

式中　$U_{CT}$——冷却塔成套装置建设投资，万元；

　　　$x$——冷却水量（峰值），t/h。

适用循环水量的范围 600~12 000t/h。

（4）化学软水（$U_{SW}$）包括全部设备、土建及安装费。其基本关联式为

$$U_{SW} = ax^b \tag{7-33}$$

式中　$U_{SW}$——化学软水成套装置建设投资，万元；

　　　$x$——处理水量，吨/时。

其基本关联式的回归系数及适用范围见表 7-15。

表 7-15　化学软水成套装置建设投资估算的
基本关联式的回归系数及适用范围

| 序号 | 项　目 | 处理方法 | 回归系数 $a$ | 回归系数 $b$ | 适用范围 水量，t/h |
|---|---|---|---|---|---|
| 1 | 一般水软化或低压锅炉供水 | 澄清、过滤、凝聚及一级钠离子处理 | 1.5 | 0.7 | 4~30 |
| 2 | 中压锅炉供水 | 澄清、过滤、凝聚及二级钠离子处理 | 2.96 | 0.54 | 30~400 |
| 3 | 高压锅炉供水 | 澄清、过滤、凝聚、阴阳离子交换、化学处理 | 5.5 | 0.6 | 30~400 |

(5) 机械制冷装置（$U_{RF}$）包括全部设备、土建及安装费。其基本关联式如下：

$$U_{RF} = ax^b \cdot f \cdot 10^A \qquad (7-34)$$

$$A = -124.65 + 424.9\frac{T_2}{T_0} - 476.31\left(\frac{T_2}{T_0}\right)^2 + 175.96\left(\frac{T_2}{T_0}\right)^3 \qquad (7-35)$$

式中　$U_{RF}$——机械制冷成套装置建设投资，万元；

　　　$x$——机械制冷量，$10^4$kcal/h（峰值）；

　　　$f$——蒸发器型式校正系数；

　　　$T_2$——蒸发温度，K；

　　　$T_0$——273K。

制冷装置的基本关联式的回归系数及适用范围见表7-16。

表7-16　机械制冷装置基本关联式的回归系数及适用范围

| 序号 | 回归系数 | | 蒸发器 型式 | 校正系数 $f$ | 适用范围,制冷 量 $10^4$kcal/h |
|---|---|---|---|---|---|
| | $a$ | $b$ | | | |
| 1 | 0.381 5 | 0.93 | 卧式 | 1.0 | 10～200 |
| 2 | 0.381 5 | 0.93 | 立式 | 1.04 | 10～200 |
| 3 | 0.381 5 | 0.93 | 蒸发式 | 1.35 | 10～200 |

注：式(7-34)系以 kcal 为单位，1kcal=4.184kJ。

(6) 惰性气体发生装置（$U_{IG}$）

$$U_{IG} = 0.6x^{0.7} \qquad (7-36)$$

式中　$U_{IG}$——惰性气体发生装置成套建设投资，万元；

　　　$x$——供气量，标 m³/h。

(7) 罐区建设投资（$U_T$）

$$U_T = 1.65\Sigma 贮罐费用/10\ 000 \qquad (7-37)$$

式中　$U_T$——罐区建设投资，万元；

　　　1.65——安装系数；

　　　$\Sigma$ 贮罐费用——用式(7-14)计算得出的所有贮罐费用之

和（指集中布置的贮罐，不包括布置在界
区装置内的贮罐）。

（8）整个公用工程项目建设投资（$UTI$）

$$UTI=(U_B+U_{PW}+U_{CT}+U_{SW}+U_{RF}+U_{IG}+U_T)\times1.2$$

$$(7-38)$$

式中的系数 1.20 系指估算时未包括的总图运输供电、电讯等项
目。

B　辅助生产项目（$OTF$）建设投资估算

$$OTF=(\Sigma C_{BL}+UTI)\cdot n_1 \qquad (7-39)$$

式中　$OTF$——辅助生产项目建设投资，万元；

　　　$\Sigma C_{BL}$——项目包括的所有装置界区建设投资之和；

　　　$n_1$——辅助生产项目的投资估算系数。

C　服务性工程（$GSF$）建设投资估算

$$GSF=(\Sigma C_{BL}+UTI)\cdot n_2 \qquad (7-40)$$

式中　$GSF$——服务性工程建设投资，万元；

　　　$n_2$——服务性工程建设投资估算系数。

D　生活福利设施 $LSF$ 建设投资估算

$$LSF=(\Sigma C_{BL}+UTI)\cdot n_3 \qquad (7-41)$$

式中　$LSF$——生活福利工程建设投资，万元；

　　　$n_3$——生活福利工程建设投资估算系数。也可按照国内规
　　　　　定与工厂定员关联进行计算。

E　厂外工程不定值

需按厂址具体条件而定。表 7-17 列举了常用的中小型自备
供热为主热电站的建设投资，可供估算时参考。

表 7-17　常用供热电站性能及建设投资

| 序号 | 供电机组 | 供热情况 | | 成套装置投资包括安装费,万元 |
|---|---|---|---|---|
| | | 蒸汽量,t/h | 蒸汽压力,MPa(表) | |
| 1 | 1×3 000kW | 55 | 1.0~1.3 | 500 |
| 2 | 2×3 000kW | 55 | 1.0~1.3 | 750 |
| 3 | 1×6 000kW | 90 | 1.0~1.3 | 800 |
| 4 | 2×6 000kW | 90 | 1.0~1.3 | 1 180 |
| 5 | 2×6 000kW | 90 | 1.0~1.3 | |
| | | 90 | 3.7 | 1 600 |
| 6 | 1×12 000kW | 260 | 3.7 | 1 660 |
| 7 | 2×12 000kW | 260 | 3.7 | |
| | | 50 | 1.0~1.3 | 2 750 |
| | | 50 | 0.12 | |

### 7.2.3　工程建设等其他费用的估算

第二部分费用即工程建设其他费用,可按概预算定额逐项估算。"联合试运转费"是由原材料、动力、润滑油及点火燃料、检修、触媒和化学品一次充填量及技术指导等六项费用减去回收产品的价值而得。其具体估算方法如下:

(1)原材料费:产品日产量×投料试车天数×产品消耗定额×原材料单价×0.637

(2)动力费:产品日产量×联动及投料试车天数×公用工程消耗定额×单价×0.49

(3)润滑油及点火燃料费:按流程图中各类设备估算费用之和的0.2%计算。

(4)触媒和化工原料一次充填量费用:按过程设计数据计算。

(5)检修费:按各类设备估算费用之和的1.5%计算。

(6)技术指导费(包括施工单位参加试车人员费用):试车总天数/30×[(工人人数×月工资及附加费)+(专家人数×月工资)]。

(7)产品回收价值:产品设计日产量×投料试车天数×销售价(按二级品)×0.204

（8）试车天数：总试车天数包括联动试车、投料试车和检修天数三部分。对大中型厂，联动试车可取 $10\sim20$ 天，投料试车可取 $50\sim80$ 天，检修可取 30 天。当为新工艺和有较多的新设备时，试车天数可适当增加。

如无条件详细计算试运转费时，可以只计算触媒和化学品以及填料的一次充填量费用，加上 5% 的年总生产成本作为这项费用的数额。

### 7.2.4　不可预见费

不可预见费可取第一部分费用与第二部分费用之和的一定百分数，目前可按 $10\%\sim15\%$ 计算。

### 7.2.5　流动资金

开发阶段的经济评价可只估算储备资金、生产资金和成品资金三个部分。其具体估算方法如下。

a　储备资金

（1）原料库存：原材料费（元/吨产品）×生产能力（吨/年）× $\dfrac{60}{365\times0.9}$

（2）备品备件：可取总固定资金 TFC 的 5%。

b　生产资金

（1）触媒：取整个项目所需各种触媒充填量的 50% 所需资金。

（2）在制品及半成品：连续性生产时可不考虑半成品；间断生产的库存天数需视生产过程所需周期的长短而定。

在制品的车间成本（元/吨半成品）×生产能力（吨/年）× $\dfrac{库存天数}{365\times0.9}$

c　成品资金

一般库存可取 10 天，运输及销售条件不好时可适当增加。

工厂成本（元/吨产品）×生产能力（吨/年）× $\dfrac{库存天数}{365\times0.9}$

在缺乏足够数据时,流动资金也可按年工厂成本的 20%~30%来估计。

# 7.3   成本估算[2]

### 7.3.1   成本组成

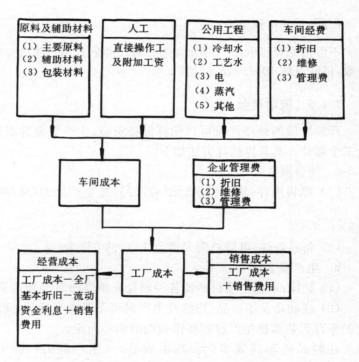

图 7-4   国内可行性研究中的成本组成

工业产品成本是指工业企业用于生产某种产品所需费用的总和,也就是企业生产产品所耗用的以货币量反映的人力、物力的总和。其组成见图 7-4。

### 7.3.2　成本估算

#### A　折旧与残值

折旧在成本估算和经济分析中占有重要地位,计算方法也很多,其中直线法算得的年折旧费为一常数,即各年折旧费相等,计算式如下。

$$D = \frac{TFC - SV}{n} \tag{7-42}$$

式中　$D$——年折旧费;

　　　$TFC$——固定资产投资;

　　　$SV$——预计服务寿命终了时的残值;

　　　$n$——预计服务寿命,年。

化工设备的服务年限(折旧年限)列于表 7-18。

表 7-18　主要化工专用设备折旧年限

| 设备名称 | 折旧年限 | 设备名称 | 折旧年限 | 设备名称 | 折旧年限 |
|---|---|---|---|---|---|
| (1)合成氨(中型) | 18 | (6)烧碱 | 10 | (12)磷酸、三氧化磷、氢氟酸及其衍生产品 | 11 |
| 其中:煤气炉 | 16 | 其中:整流器 | 15 | | |
| 氢氮压缩机 | 20 | 电解槽 | 10 | | |
| 氨合成塔 | 18 | 蒸发器 | 12 | (13)阳离子还原、活性染料、苯酚、苯酐、乙萘酚酞菁染料、氯醌、染料中间体、醋酸丁酯、增塑剂、有机玻璃、磁粉 | 12 |
| 合成氨(中小型) | 14 | 固碱锅 | 10 | | |
| 其中:煤气炉 | 12 | (7)纯碱 | 10 | | |
| 氢氮压缩机 | 16 | 其中:炭化塔 | 12 | | |
| 氨合成塔 | 14 | 煅烧炉 | 15 | | |
| (2)尿素 | 18 | (8)电石 | 17 | (14)离子交换、环氧树脂、有机硅、氯乙酸、羧甲基纤维素、硬脂酸 | 11 |
| 其中:$CO_2$压缩机 | 20 | 其中:电炉变压器 | 18 | | |
| (3)硫酸 | 8 | | | | |
| 其中:焙烧炉 | 10 | 电石炉 | 14 | (15)醇酸、合成树脂、氧化铁、溶剂生产设备 | 12 |
| 接触塔 | 10 | (9)硝酸 | 8 | | |
| 转化塔 | 10 | (10)铬酸、电解双氧水、水合肼 | 12 | (16)橡胶加工设备 | 16 |
| (4)氯磺酸设备 | 8 | | | 其中:三、四辊压延机 | 18 |
| (5)甲醇 | 16 | (11)草酸、硝酸盐、硫酸盐 | 10 | | |

B 成本估算方法

成本估算内容与方法列入表 7-19。

**表 7-19　成本估算方法**

| 序号 | 项目 | 计算方法 | 备注 |
|---|---|---|---|
| (1) | 原料及辅助材料(包括包装材料),元/年 | 每吨产品消耗×单价×年产量 | 可变成本 |
| (2) | 燃料及动力消耗,元/年 | 每吨产品消耗×单价×年产量 | 可变成本 |
| (3) | 工资 | | |
| | ①直接生产工人工资 | 生产工人数×平均工资/人·年 | 固定成本(国外是可变成本) |
| | ②提取的职工福利基金 | | |
| (4) | 车间经费 | | |
| | ①折旧费 | 车间固定资产原值×车间综合折旧率 | 固定成本 |
| | ②修理费 | 车间固定资产原值×修理费率 | |
| | ③车间管理费 | 车间固定资产原值×车间管理费率 | |
| (5) | 副产品回收 | 每吨产品的副产品量×单价×年产量 | 可变成本 |
| (6) | 车间成本 | (1)+(2)+(3)+(4)-(5) | |
| (7) | 企业管理费 | 车间成本×企业管理费率 | 可变成本 |
| (8) | 工厂成本 | (6)+(7) | |
| (9) | 销售费用 | 年销售收入×销售费率 | 固定成本 |
| (10) | 销售成本(工厂完全成本) | (8)+(9) | |

# 7.4　经济评价标准[3]

已经介绍了一个工程项目投资和产品成本的估算方法。也就是说,已经能够将项目消耗的资源和产品用金钱的形式表示出来,为衡量一个项目是否可取提供了比较基础。

这一节的任务是讨论经济评价标准。遇到的问题来自两个方面：其一，金钱的时间价值，即使在不计通货膨胀的前提下，金钱也会随时间的延伸而增值，存银行就是一例。其二，直到现在人们还没有找到一个理想的经济评价标准，它能够把对工程项目的成本和利润起作用的全部因素都结合起来，成为单一的获利能力指标，或财务吸引力指标。因此，只能用多指标的方法来进行经济评价，这些评价准则各有其优缺点。下文叙述有关概念。

### 7.4.1　金钱的时间价值

A　现金流通

假定不计资金的时间因素，即不计资金随时间变化而变化，试设想一个项目在其寿命期内的现金累计变化。在项目建设期中，要投入资金、劳动力、设备、材料等资源，项目建成后，还需再投入资金、劳动力、原料、燃料、水电汽等资源进行生产；产品销售后，得到收入，即回收投资并取得利润。上述诸因素均可用金钱的形式表示出来，形成资金随时间的流动过程。人们把建设和生产所消耗的资金称为投入；产品和副产品所得资金称为产出。

一个项目在某一个时间内支出的费用称为现金流出，记为负值；在某一时间内收入的收益称为现金流入，记为正值。现金的流出和流入统称为现金流通，或现金流量。如果把一个项目从建设到投产、再到服务寿命结束各年的现金流通累计值对时间标绘，就得到如图 7-5 所示的累计现金流通曲线 1。曲线中 AB 为前期费用，包括研究、开发、可行性研究、设计等费用；BC 为基建投资，包括土地、厂房、设备、界区外建设等；CD 表示试车前准备工作支出；DE 表示试车合格产品销售收入；EFGH 表示获利性生产；F 则为收支平衡点；QD 是累计的最大投资额，或累计的最大债务；AR 为该项目的经济活动寿命；RH 则是该项目寿命结束时所取得的总收入。

B　金钱的时间价值

借贷资金是要还本付息的，本利和必定大于本金。推而广之，借贷资金作为项目投资,投资额也会随时间的延长而增加。这就是说,在不计通货膨胀的条件下,金钱的价值也是时间的函数。鉴于工程项目的经济寿命要跨越几年至几十年,因此,计入金钱的时间因素是合理的。

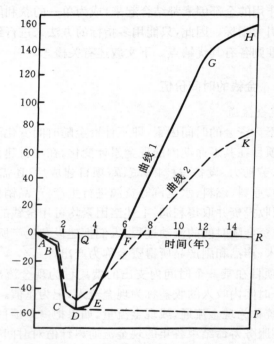

图 7-5　累计现金流量曲线和累计折现现金流量曲线

现金流通值只有在某一时刻其值才是固定的,被称为该特定时刻的现值。把将来某时刻的现金流通量折算成现在的时值,称为折现或贴现。这意味着,现金流通经过贴现,可以相加减,相比较。否则就无法评价项目盈利多少。以一年计的本利和公式

$$C = P(1+i) \tag{7-43}$$

式中　$C$——本利和;

　　　$P$——本金;

$i$——利率,一般以年计。

经过 $t$ 年后,有

$$C_t = P(1+i)^t \qquad (7-44)$$

此处,利率为复利,即在利息到期后,则将利息计入本金。如果把 $C_t$ 看成一笔将来($t$ 年后)的现金流通,$i$ 看成贴现率,$P$ 就是这笔现金流通的现值

$$P = C_t(1+i)^{-t} \qquad (7-45)$$

式中 $(1+i)^{-t}$ 称为贴现因子,或贴现系数。

当 $i=0$ 时,则现金流通不随时间而变,或者说没有贴现,图 7-5 中曲线 1 就属于这种情况;如果 $i=0.1$,将逐年的现金流通按贴现率折现,曲线 1 转为曲线 2。当 $i$ 愈大,离评价时间愈远,其绝对值愈小。

上述利息周期跨度为一年,这种间断的现金流通假定与实际相差较远。若令 $m$ 为每年的计息周期数,$i$ 为名义年利率,现金 $P$ 经过 $t$ 年后的将来值

$$C_t = P\left(+\frac{i}{m}\right)^{mt} \qquad (7-46)$$

对连续复利,当 $m$ 趋近于无穷大,有

$$C_t = P\exp(it) \qquad (7-47)$$

$$P = C_t\exp(-it) \qquad (7-48)$$

### 7.4.2 评价标准

A 税金和利润

企业经营十分关心如下指标:

(1)产值

$$产值 = 产量 \times 单价$$

（2）销售收入

$$销售收入＝销售量×销售单价$$

（3）经营成本

$$经营成本＝工厂成本＋销售费用－折旧费$$

（4）销售税金

$$销售税金＝增值税＋其他$$

（5）企业利润

$$企业利润＝销售收入－经营成本－销售税－折旧费$$

（6）企业收益（净收入、盈利）

$$企业收益＝企业利润＋折旧费－贷款利息$$

B　经济评价指标

常用经济评价指标见表 7－20，以现金、时间、回收率为尺度将评价标准分为三类；又可按是否考虑现金流通贴现，分为静态法与动态法。

**表 7－20　经济评价指标**

| 指标类别 | 计算单位 | 指　标　名　称 |
|---|---|---|
| 现金 | 元、美元、英镑 | 现金位值<br>现值 |
| 时间 | 年 | 返本期<br>等效最大投资周期（$EMIP$） |
| 回收率 | ％ | 投资回收率（$ROI$）<br>折现现金流量回收率（$DCERR$） |

a　返本期

返本期又称还本期、现金回收期、偿还期、偿还时间等。其含义是项目全部可折旧投资额靠该项目所得效益回收所需时间。其值自现金流通图上可以读出,参见图 7-5,回收相当于 BC 阶段投资所需的时间,即返本期。返本期还有另外一个定义,即净收入为零所需的时间,参见图 7-5,在 F 点时,累计投资恰与项目收入相等,AF 即为返本期。

返本期为一粗略指标,一般为 2~5 年。表 7-21 为美国化工行业规定的返本期上限,计算基准是毛利及固定投资。

表 7-21　美国化工行业返本期上限

| 行　业 | 返本年数 | | |
|---|---|---|---|
| | 风险小 | 一般 | 风险大 |
| 化学品制造 | 6.6 | 3.3 | 2.2 |
| 石油化工 | 5.1 | 3.4 | 2.5 |
| 制　药 | 4.0 | 2.3 | 1.8 |

b　等效最大投资周期

其定义为:由累计现金流通曲线到盈亏平衡点所包围的面积绝对值被最大累计投资除,因次是年。参见图 7-5,将等效最大投资周期(Equivalent Maximum Investment Period)记为 EMIP

$$EMIP = \frac{|\text{面积}(ABCDEA)|}{QD} \qquad (7-49)$$

对中等风险项目,EMIP 为 3 年的项目已有相当吸引力。

c　现金位置

它指出某一时刻工程项目的累计现金流通数值。例如,由图 7-5,曲线 1,读得当项目经济寿命结束时,最终现金位置为 RH。

现金位置是一种粗略评价方法,可用于筛选方案。

d　净现值

工程项目逐年现金流通的现值代数和,叫做该项目的净现值(Net Present Value),记为 NPV,有

$$NPV = \sum_{t=0}^{n} C_t (1+i)^{-t} \qquad (7-50)$$

式中 $n$——项目活动期(建设期和服务寿命),年。项目净现值愈大,意味着增加财富愈多。当两个方案净现值相同,则用净现值比加以评判。

$$NPVR = \frac{NPV}{PVI} \qquad (7-51)$$

式中 $NPVR$——净现值比;

$\quad\quad NPV$——净现值;

$\quad\quad PVI$——总投资现值。

当 $NPV$ 相同时,净现值比愈大,意味着总投资现值愈小,是可取方案。

　　e 投资回收率

　　是指工程项目投产后,所得年净收入与总投资之比,记为 $ROI$ (Rate of Return on Investment)

$$ROI = \frac{年净收入}{总投资} \times 100\% \qquad (7-52)$$

如果年净收入是指投产后各年的平均年度净收入,上式的计算结果是平均年度投资回收率,记为 $\overline{ROI}$,由图 7-5

$$\overline{ROI} = \frac{HP}{DP \times QD} \times 100\% \qquad (7-53)$$

式中 $HP$——累计现金流入;

$\quad\quad QD$——累计最大投资;

$\quad\quad DP$——服务寿命,年。

若将年度的净收入理解为企业收益(未计入贷款利息),则

$$ROI = \frac{企业利润 + 折旧费}{总投资} \times 100\%$$

投资回收率又称为利润率,其值愈高,愈有吸引力。

　　f 内部利润率

　　又称现金流通利润率,记为 $DCF$。其定义为使项目净现值为

零的贴现率。由是

$$NPV = \sum_{t=0}^{n} \frac{C_t}{(1+I)^t} = 0 \qquad (7-54)$$

式中 $I$ 即为内部利润率。

约定项目的净现值为零,意味着项目经营本身产生的资金增益为零。把项目最终现金位置全部当作由时值变化而得到的资金增益。因此,使项目净现值为零的假定,等于把工程项目看作一个"拟银行",其利润为贴现现金利润率 $DCF$,若一般金融市场利率为 $i$,则

$$DCF \gg i$$

该项目的经济效益显著;当

$$DCF = i$$

则项目无利可图,也就是靠借贷筹措资金所承担的利率与 $DCF$ 相等;当

$$DCF < i$$

则项目出现亏损现象,定不可取。

# 参 考 文 献

[1] 国务院技术经济研究中心编. 可行性研究及经济评价. 太原:山西人民出版社,1983

[2] 中国化工咨询服务公司编著. 工业项目可行性研究. 修订一版. 北京:化学工业出版社,1990

[3] William Resnick. Process Analysis and Design for Chemical Engineerers. New York:McGraw - Hill Book Company,1981

# 8　中　间　试　验

中间试验是化工过程开发中过程研究的环节之一，是介于小型工艺试验与工业装置之间的试验研究，是工程研究的主要基础。

中间试验的主要目的是：

（1）检验与修改在小型工艺试验与大型冷模试验结果基础上形成的化学反应与传递过程综合模型。

（2）考核反应器型式与材质，特别是安装、膨胀、腐蚀等只有一般经验而无针对开发对象的特殊经验，而在小试中又无法考察的问题。

（3）考察工业因素。例如杂质积累对过程的影响。

附带或次要目的有：

（1）考察转化率、选择性变化与单耗指标。

（2）考察调节与控制系统的功能。

（3）如果以产品为目的的话，则应提供少量产品，以鉴别其性能。

（4）考核其他诸如主要辅助机器（特种泵、机）、设备、仪表（新型，例如表面热电偶）功能等。

除了技术目标之外，中试面临的主要问题仍然是金钱与时间两个方面。它们又具体表现为尺度（规模）、完整性（全系统还是局部）、试验周期（运行时间）、考察的范围与深度（试验与测试内容）四个方面。诚然，规模愈大，系统愈大，试验时间愈长，试验内容愈广、愈深，一般地说，向工程研究提供的信息也愈可靠。勿庸讳言，花费的时间也愈长，代价也愈高。

总之，中试装置的设计与试验还是应该在科学理论与方法论指导下，做到目的与手段统一，针对开发对象的特殊性采取对策，制定试验方案与规划。换言之，没有最佳中间试验的统一模式，应按开发对象制宜。

# 8.1 中试装置尺度（规模）

可以说中试装置尺度是中间试验中最为敏感的问题。中试装置规模可以有处理能力、生产能力、反应器容积等不同称谓，但以反应器特征尺寸（例如直径）更为明确，事实上它们之间是有相互依存关系的。

### 8.1.1 决定中试装置规模的基本原则

按照 3.2.2 提出的化工过程开发框图，中试装置应在小型工艺试验、大型冷模试验的基础上设计，即已经建立了设计的数学模型。因此，决定中试装置规模的原则是有利于检验与修改数学模型；考察数学模型中没有包含的因素和顾及装置建设中的一些实际问题。

（1）如果中试对象为气固催催化体系，催化剂的使用粒度应与工业装置相同；反应器直径应为催化剂粒度 30 倍以上；反应器长度应为催化剂颗度 100 倍以上。在上述条件下颗内与床层的传递过程基本上与工业过程相同。

（2）如果中试对象是有气泡、液滴、颗粒参加的反应过程，中试装置的尺寸应保证上述三者大小与工业装置基本相同。例如分布孔、筛孔、喷射孔不能按比例缩小，以保证泡内、滴内、颗内的传递过程与工业条件大体相同；中试装置尺寸还应当满足泡外、滴外、颗外的传递过程与工业装置基本相当。

（3）如工业装置为多管并联反应器，中试装置可采用单管。

（4）如中试对象为搅拌反应器，其桨叶、壳体、进出口位置应与工业装置严格相似。

（5）中试装置建设费用不总是随规模缩小而下降，反应器尺寸小到一定程度后，仪器、仪表、阀门等将占重要份额。

（6）有些反应器内部还需加部件或构件（例如加耐火砖），尺寸过小之后将无法施工。工业炉膛内径不小于 500mm。

（7）有些反应过程的中试装置尺寸受制于取样、仪器、仪表安装、产品产量、安全、环境保护评价等因素的制约。

（8）如果反应过程中有固相或高粘稠物生成（例如结晶、析碳、粘稠物），中试装置尺寸应特别注意空隙率、壁效应、界面接触效应与工业装置基本相同。

### 8.1.2 中试实例

因为中试是在小试的基础上进行的，下文将两者一并介绍。

A 苯气相乙基化制乙苯[1]

在 4.1.1 中曾介绍苯液相乙基化制乙苯，70 年代中期 Mobil 和 Badger 两家公司开发了气相法。1984 年华东理工大学联合化学反应工程研究所开始以 AF—5 分子筛为催化剂气相法研究开发。小试研究认识到反应系统有如下特征。

（1）苯除生成乙苯外，还会生成二乙苯、正丙苯、异丙苯、甲苯、二甲苯等副产物，主要反应式为

$$\text{(A)} + C_2H_4 \xrightleftharpoons{k_1} \text{(C)} \qquad \Delta H = -104.6\text{kJ/mol}$$

（A）　（B）　　　（C）

$$(8-1)$$

$$\text{苯}-C_2H_5 + C_2H_4 \xrightleftharpoons{k_2} \text{苯}\genfrac{}{}{0pt}{}{-C_2H_5}{-C_2H_5} \qquad (8-2)$$

（D）

$$\text{苯}\genfrac{}{}{0pt}{}{-C_2H_5}{-C_2H_5} + \text{苯} \xrightleftharpoons[k_4]{k_3} 2\,\text{苯}-C_2H_5 \qquad (8-3)$$

$$
\begin{array}{c}
\text{C}_6\text{H}_5\text{C}_2\text{H}_5 \underset{k_6}{\overset{k_5}{\rightleftharpoons}} \text{C}_6\text{H}_4(\text{CH}_3)_2
\end{array}
\qquad (8-4)
$$

(E)

（2）为抑制副产物二甲苯的生成，使乙苯选择性大于98.5%，反应器出口乙苯浓度不应高于17%。采用提高进反应器乙烯含量的方法（例如苯∶乙烯＝7.6∶1（摩尔））可以达到这一目的。在该进料比下，系统的绝热温升约120℃。

（3）小试发现AF—5催化剂的工作温度范围为350℃～450℃，主反应活化能为24.2kJ/mol，而生成二甲苯的活化能为37.7kJ/mol。

（4）使用新鲜催化剂时：反应压力为1.7MPa，空速为6克乙烯/（克催化剂·小时），乙烯转化率可达99%以上，乙烯、苯、乙苯、二乙苯都会使催化剂失活，而且乙烯最甚，所以两个星期后乙烯转化率降为99%以下。

对反应式(8-1)～式(8-4)的反应动力学与失活动力学进行了研究，发现反应动力学的反应级数与化学计量式系数相同；失活动力学中组分乙烯为1.2级，芳烃为1级；有关反应动力参数列入表8-1；有关失活动力学参数见表8-2。

表 8-1　AF—5 催化剂反应动力参数（$n$ 为反应级数）

| 反　　应 | 频率因子，$k_0$，$(\text{mol/m}^3)^{1-n}\cdot\text{h}^{-1}$ | 活化能，$E$ kJ/mol |
|---|---|---|
| $\text{C}_6\text{H}_6+\text{C}_2\text{H}_4 \xrightarrow{k_1} \text{C}_6\text{H}_5\text{C}_2\text{H}_5$ | $k_1=49.71$ | $E_1=24.2$ |
| $\text{C}_6\text{H}_5\text{C}_2\text{H}_5+\text{C}_2\text{H}_4 \xrightarrow{k_2} \text{C}_6\text{H}_4(\text{C}_2\text{H}_5)_2$ | $k_2=19.17$ | $E_2=24.7$ |
| $\text{C}_6\text{H}_4(\text{C}_2\text{H}_5)_2+\text{C}_6\text{H}_6 \xrightarrow{k_3} 2\text{C}_6\text{H}_5\text{C}_2\text{H}_5$ | $k_3=1\,978$ | $E_3=92.97$ |
| $2\text{C}_6\text{H}_5\text{C}_2\text{H}_5 \xrightarrow{k_4} \text{C}_6\text{H}_4(\text{C}_2\text{H}_5)_2+\text{C}_6\text{H}_6$ | $k_4=3\,683$ | $E_4=88.28$ |
| $\text{C}_6\text{H}_5\text{C}_2\text{H}_5 \xrightarrow{k_5} \text{C}_6\text{H}_4(\text{CH}_3)_2$ | $k_5=0.596\,6$ | $E_5=36.42$ |
| $\text{C}_6\text{H}_4(\text{CH}_3)_2 \xrightarrow{k_6} \text{C}_6\text{H}_5\text{C}_2\text{H}_5$ | $k_6=15.87$ | $E_6=38.97$ |

表 8-2　AF—5 催化剂失活动力学参数

| 引起失活的组分 | 频率因子, $h^{-1}$ | 活化能, kJ/mol |
|---|---|---|
| 乙烯 | $k_{de} = 2.02 \times 10^{-4}$ | $E_{dc} = 4.183$ |
| 芳烃 | $k_{da} = 4.98 \times 10^{-7}$ | $E_{da} = 4.184$ |

在上述基础上建立了固定床绝热反应器的数学模型

$$\frac{dc_A}{dl} = -\frac{\varphi}{w}(k_1 c_A c_B + k_3 c_A c_D - k_4 c_D^2) \tag{8-5}$$

$$\frac{dc_C}{dl} = \frac{\varphi}{w}(k_1 c_A c_B + k_3 c_A c_D - k_2 c_B c_C - k_4 c_C^2 - k_5 c_C + k_6 c_E) \tag{8-6}$$

$$\frac{dc_p}{dl} = \frac{\varphi}{w}(k_2 c_B c_C + k_4 c_C^2 - k_3 c_A c_D) \tag{8-7}$$

$$\Delta c_B = \Delta c_A - \Delta c_D \tag{8-8}$$

$$\Delta c_E = \Delta c_A - \Delta c_C - \Delta c_D \tag{8-9}$$

$$\frac{d\varphi}{dt} = -\varphi^3 \left[ k_{de} \exp\left(-\frac{E_{de}}{RT}\right) c_B^{1.2} + k_{da} \exp\left(-\frac{E_{da}}{RT}\right) \right] \tag{8-10}$$

$$\frac{dT}{dl} = \frac{\varphi}{w \rho c_p} \sum_{i=1}^{6} (-r_i)(-\Delta H_i) \tag{8-11}$$

上述各式中 A、B、C、D、E——对应表示组分苯、乙烯、乙苯、二乙苯、二甲苯;

　　　　　　 $k_1$、$k_2$、$k_3$、$k_4$、$k_5$、$k_6$——表 8-1 所示对应反应的反应速率常数, $(mol/m^3)^{n-1} \cdot h^{-1}$;

　　　　　　　　　　　　　　　　 $n$ 为反应级数;

　　　　　　 $c_A$、$c_B$、$c_C$、$c_D$、$c_E$——下标所示组分浓度, $mol/m^3$;

　　　　　　 $l$——反应器轴向高度, m;

　　　　　　 $w$——操作态线速度, m/s;

$T$——温度，K；

$\varphi$——催化剂活性，无因次；

$t$——时间，h；

$\rho$——密度，kg/m³；

$c_p$——混合物热容，kJ/(kg·K)；

$r_i$——第 $i$ 反应(见表 8-1)的反应速率，mol/h；

$\Delta H_i$——第 $i$ 反应的反应热 kJ/mol；

$R$——气体常数，8.319kJ/(kmol·K)。

开发者面临着反应器的选型。按惯常方法，苯气相乙基化可采用固定床分段换热或冷激方案。但研究发现，乙烯、苯、二乙苯、乙苯都会导致催化剂失活，模拟计算表明：当乙烯的重量空速为1，反应压力为 1.7MPa，转化率为 99%，只有 10% 的催化剂参与反应，而 90% 的催化剂在对反应没有贡献的情况下逐渐丧失活性。为此，开发者提出了变床层高度固定床反应器的构思，见图 8-1，

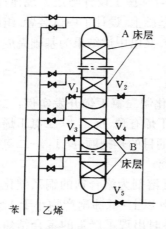

图 8-1 可变床层高度固定床反应器结构示意图

反应器由 A、B 两类床层组成，各自又可分为若干段。开车之初，A 类床层投入运行，此时不经过 B 床，待 A 床失活严重，通过阀门，将其全部或部分隔离出系统，B 床全部或部分投入工作。当两床均失活时，整个反应器催化剂再生。根据上述构思进行了中试反应器设计。

中试规模定为每年生产 300 吨乙苯，反应器内径为 100mm，反应器共 6 段床层，上 4 段(A 床)每段高 400mm；装催化剂 2.4kg。下两段(B 床)，每段高 350mm，装 1.87kg 催化剂。中试期间，开车时，上 4 段

全部投入工作;当反应器出口乙烯转化率低于99％时,第五段投入使用;当第五段乙烯转化率低于99％时,又将第6段投入使用;当第6段出口乙烯转化率低于99％时,装置停车,再生催化剂。两次开车的各段运转时间列于表8-3。中试证明变床高的构思是正确的,约计为常规反应寿命的1倍左右。

表 8-3　中试反应器运转天数

| 工作时间(天) | 第一次运转 | 第二次运转 |
|---|---|---|
| 1～4 段 | 11 | 10 |
| 5 段 | 21 | 25 |
| 6 段 | 16 | 14 |
| 总时间 | 48 | 49 |
| 设计预测(与中试条件不完全相同) | 69 | 69 |

这个实例从小试研究开始,研究了反应特征,构思了反应型式;测试了反应动力学与失活动力学,掌握了设计与放大规律;决定了工艺条件与工艺指标。在小试基础上,设计了中试装置,组织了中间试验,检验与修改了数学模型。又以中试结果为基础完成了年产6.5万吨乙苯基础设计。

B　二氯丁烯精馏——异构过程[2]

在4.1.1中曾介绍过丁二烯氯化制二氯丁烯开发实例,二氯丁烯异构化是该研究的继续。二氯丁烯有顺、反1,4-二氯丁烯和3,4-二氯丁烯。精馏——异构过程的目的是把顺、反1,4-二氯丁烯异构成3,4-二氯丁烯,并将其分离。

实验室研究之初,选择了以极性溶剂为络合剂的铜系催化剂以催化异构化反应,其选择性为98％以上,低沸副产物小于1％,高沸副产物也小于1％,但连续运转时出现了严重的聚合结焦现象。通过聚合结焦析因试验发现,聚合结焦是含铁材料、二氯丁烯、催化剂三者共存的结果,若温度控制得当,任何二者共存,都不会发生严重结焦现象。抑制结焦可能的途径有更换催化剂,更换材质,寻找阻聚剂,改革流程,改变精馏与异构反应器的结合方式,改变反应器的操作方式等方案。多次试验,在前三条途径中没有找到妥善的解决办法,只能在后三条可能途径中进行探索。

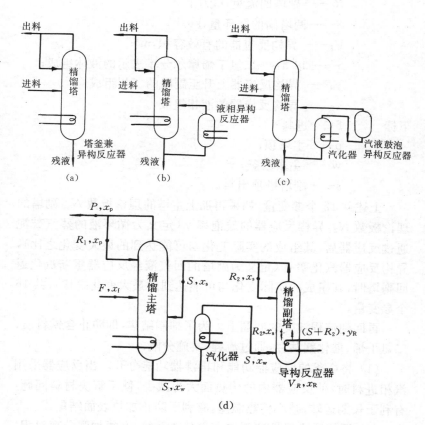

图 8-2　精馏——异构联合操作装置流程图
(a) 单塔单釜流程;(b) 单塔双釜流程(液相反应器);
(c) 单塔双釜流程(气液鼓泡反应器);(d) 双塔流程

前后共进行了四种流程研究:单塔单釜,单塔双釜(液相反应器),单塔双釜(气液相鼓泡反应器),双塔双釜,最终取得成功。流程见图 8-2。

图中　$F$——主塔进料量,kg/h;

　　　　$P$——主塔塔顶出料量,kg/h;

　　　　$R_1$——主塔回流量,kg/h;

　　　　$R_2$——副塔回流量,kg/h;

　　　　$S$——两塔间的循环量,kg/h;

　　　　$V_R$——异构反应器的有效容积,m³;

　　　　$x$——以 3,4-二氯丁烯摩尔分率表示的液体组成;

　　　　$y_R$——异构反应器上升至副塔的气相组成;

　　　　$x_R$——异构反应器的液相组成;

下标　　f——进料;

　　　　p——主塔顶;

　　　　w——主塔塔釜;

　　　　s——副塔塔顶出料。

上述共 12 个参变量,如果再加上主塔的理论板数 $N_1$,副塔的理论板数 $N_2$,异构反应器的鼓泡率 $\eta_s$(定义为循环液的蒸汽鼓泡通过反应器后,其组成的实际变化与可能达到的最大变化之比),异构反应器汽化率 $\eta_R$(定义为副塔的回流液经反应器重新汽化返回副塔时,其组成的实际变化与可能达到的最大变化之比),共 16 个参变量。

再回到流程演变的问题上。为了抑制结焦,即防止含铁材质、二氯丁烯、催化剂共存,通过流程,实施分隔。

(1)将塔釜的反应器功能和再沸器功能分开。当反应器采用汽相进料时,使反应器内的传热面大为减少,便于解决材料问题,有利于长期运转,减小传热温差,有利于防止加热表面结焦。

(2)严格防止极性溶剂进入主分离系统,必须加强分离过程,增设了精馏副塔。

按照常规,应当组织双塔全流程试验,以检验认识,寻求优化的工艺条件。但开发者认为要在 16 个参变量的系统中,通过实验优选工艺条件不仅耗资费时,而且各个设备还会相互制约。他们采取了分解研究的方案。

① 在基本工艺条件(不是最优)的框架范围内,针对筛选的催化剂进行动力学研究,建立模型,完成参数估计。

② 测试文献查不到而又必须的物性数据与热力学数据。例如,二氯丁烯的饱和蒸汽压和顺、反 1,4 - 二氯丁烯与 3,4 - 二氯丁烯的汽液平衡数据。

③ 建立双塔流程数学模型,确立目标函数,在计算机上寻找最佳工艺条件,并进行灵敏度分析。

先看异构反应动力学模型。

顺、反 1,4 - 二氯丁烯与 3,4 - 二氯丁烯之间的可逆互变异构组成的反应网络如图 8 - 3 所示,三元系统的反应动力学由六个一级反应组成,含六个反应速率常数,$k_1, k_2, \cdots, k_6$。见图 8 - 3,$A$、$B$、$C$ 为对应组分,方程组可写为

$$r_A = \frac{dc_A}{dt} = -(k_1 + k_6)c_A + k_2 c_B + k_3 c_C \qquad (8-12)$$

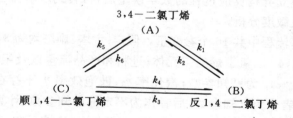

图 8 - 3　二氯丁烯异构体可逆互变反应网络

$$r_B = \frac{dc_B}{dt} = k_1 c_A - (k_2 + k_3)c_B + k_4 c_C \qquad (8-13)$$

$$r_C = \frac{dc_C}{dt} = k_6 c_A + k_3 c_B - (k_4 + k_5)c_C \qquad (8-14)$$

式中　$t$——时间;

　　　$r$——反应速率;

　　　$c$——摩尔浓度。

同时估计六个参数比较困难,在等效的前提下,对数学模型进行了合理简化。见式(8-12),对 A 而言,$r_A$ 与 $c_A$、$c_B$、$c_C$ 有关,自由度为 3。计入在异构反应过程中,总摩尔数不变,自由度降为 2;双塔联合操作时,稳定态,产品 A 较纯,异构反应器中 B、C 的消失速率之比应等于原料中 B、C 之比,自由度降为 1;又假定反应器中为全混流。于是,可导得

$$r_A = k_A(1 - \frac{c_A}{c_A^*}) \tag{8-15}$$

式中　$c_A^*$——3,4-二氯丁烯的化学反应平衡浓度。

$r_A$ 从三参数简化为单参数。类似地,可得到 B、C 动力学模型。异构反应器的容积由处理量和反应速率决定,有

$$V_R = \frac{F(x_p - x_f)}{r_A} \tag{8-16}$$

在建立异构反应过程的数学模型后,再转到双塔流程的系统模型与灵敏度分析。

双塔流程中共 16 个参变量。假定:主塔、副塔均为 3,4-二氯丁烯与 1,4-二氯丁烯的二元体;进料和产品流量以及组成一定,即 $F$、$x_f$、$p$、$x_p$ 为已知参数;汽化率 $\eta_R$、鼓泡效率 $\eta_s$ 不存在优化问题,将前者作为已知参数,后者作为不定的已知参数,计算中赋予不同值;则可列出独立的物料平衡、能量平衡、汽液平衡、动力学模型等共七个式子,可选择的设计变量(可变工艺参数、控制变量)共 3 个。开发者选取了 $x_w$、$x_R$、$x_s$ 为设计变量,以操作费和设备费最小为目标函数,经过模拟,得出最优结果:

$$x_w = 0.01$$
$$x_R = 0.08 \sim 0.09$$
$$x_s = \begin{cases} 0.2 & \text{当 } \eta_s \geqslant 0.7 \\ 0.8 & \text{当 } \eta_s < 0.7 \end{cases}$$

在灵敏度分析方面做了如下工作。气相返料(由副塔返回到

主塔)的总费用比液相返料低 1.8%,但从操作与控制方面考虑,还是采用液相返料;$x_s$、$\eta_s$ 灵敏度不大,当 $\eta_s < 0.5$,目标函数值仅增加 2.7%。为了减少异构反应器的换热面,防止结焦,将 $x_s$ 取为 0.2。$x_w$ 灵敏度很小,$x_R$ 的灵敏度远较 $x_s$、$x_w$ 为大,所以在操作中是重要的控制变量。总之,经过灵敏度分析之后,得出结论:液相返料,低 $x_s$ 操作,即经过异构反应器,B、C 变成 A 的转化率不大,或理解为高循环量,返回主塔的 3,4-二氯丁烯的摩尔分率仅为 0.20。归纳起来,经过软科学研究,得到 3 个可变工艺参数,其数值各为:

$$x_s = 0.2, \ x_w = 0.01, \ x_R = 0.08$$

经过分解的小型工艺试验,异构化反应动力学建模与参数估计,物性和热力学数据测试,双塔流程建模、模拟与优化、灵敏度分析等环节,在此基础上设计了中试装置,生产能力为年产 25 吨 3,4-二氯丁烯,按最优化结果进行试验验证,考察数学模型,确认设计与放大依据,考核杂质等微量组分影响,检验材质性能与长期运转的稳定性。

中间试验结果表明,连续运转 500 小时,装置效率达到 90%~95%,无结焦现象,达到了中试预期目的。

## 8.2 中试装置的完整性

中试装置的完整性是个相对的概念。如果中试流程与将来的工业装置工艺流程完全相同,则最为完整。因为代价太大,所以一般不作为首选方案。一般流程结构主要包括原料前处理、核心反应、产品后处理、循环(返回)四个主要部分,如果开发者对原料前处理或产品的后处理确有把握(通常是指常规技术,或已有类似的工业实例),可将其中之一或全部省略。

### 8.2.1 工业侧线试验

所谓工业侧线试验是指:在工业已有装置的原料(通常为流

体)管线上设置支路为中试装置提供原料的中间试验。其优点是省去了中试装置的原料制备与加工工序，至少反应物的组分与中试要求相同或基本相同，其温度、压力、相态有时与中试要求相同，有时需再行调节，侧线流率则由中试装置控制。

A  省略反应后处理的中试

与已有的化工装置相比，如果开发对象使用的原料基本相同，而反应产物中并没有新组分（特别是难以处理甚至是有害的组分）生成，中试装置的反应产物后处理工序可以省略，这样，中试装置仅为核心反应部分。

以采用新型催化剂而进行的化工过程开发，往往（尤其是无机反应）属于这种情况，新型催化剂因具有转化率高、选择性高、反应条件温和或更有利于技术经济指标（节能）等优点而成为开发对象。国内外通常都采用工业侧线中试，而且不设置分离工序。例如相对较低温度、较低压力的合成氨催化剂、甲醇催化剂，低温、耐硫、低蒸气比的变换催化剂，非铂氨氧化催化剂、耐硫甲烷化催化剂、选择性氧化（CO）催化剂等等都是采用工业侧线进行中试的。

为了考察烃类蒸汽转化新型催化剂（例如低蒸气比、耐温、抗析碳、低温活性等）则在具有数百根炉管的工业装置中，指定一根炉管装填考察催化剂进行对比试验，从炉管外壁温度分布、催化剂使用前后状态变化就可作出评价。

像烃类裂解生产乙烯、合成原料气制备等化工过程的中间试验，一般都不设分离工序，进行成分分析、计量后，进行必要处理，或并入已有工业系统，或通过火炬燃烧，放空。

B  设置反应产物后处理的中试

在原料基本相同的情况下，但开发对象实现了新的化学反应，形成新产品或某些副产物，它们又以混合物形式存在。中间试验时，仍可采用工业侧线，但一般应设置分离系统。

产品在反应器出口以混合物形式最为常见，例如以甲醇与一氧化碳为原料羰基化法生产醋酸，环氧乙烷水解制乙二醇，丙烯氧化生成环氧丙烷，甲酸甲酯水解制甲酸等等，当产物的分离特性还不为开发者掌握,存在介质循环(返回)而又疑虑是否会加害反应过程时,都应设置分离系统,通过中试加以考核。

C 逐步添加策略

所谓逐步添加策略是指中试装置分阶段建设。即首先建设核心反应工序,待对其充分研究,并取得成功后,再建设产品分离与循环返回工序。

采用逐步添加策略有如下两个原因。其一,将小试研究成果过渡到中试,存在一定风险,有可能成功,也有可能失败,据统计成功率为50%左右。造成失败的原因可能是化工过程因反应器尺寸变化而背离了开发者的期望,也可能是杂质积累、材质、结构、输送设备(特别是含固体)、阀门(特别是耐高温、对含固流体的密封)、设备与管道堵塞等原因,一时并无解决良策,使工业化的前景蒙上一层阴影而终止开发。其二,开发对象毕竟是一项全新技术,中试之初不一定就理解得十分深刻、透彻,与实验室研究阶段的预实验相似,采用逐步添加有其认识论的根据。例如,循环系统可从直流系统着手研究,从简到繁,待相关问题已经考核完成,再回到循环系统。如有把握准确预测,还可以省略返回试验。

逐步添加策略也有缺点,会造成新的矛盾,例如配料、分离,延长开发时间。


### 8.2.2 柔性装置

随着技术进步,人们普遍认识到中间试验在研究(R)与开发(D)之间的重要地位,也意识到中试费用通常要数倍于实验室研究。于是,有人提出柔性装置的构想,以服务于中间试验,推进小试成果向生产力转化。

在各种型式的反应器当中,以搅拌釜式反应器用得最为广泛,人们设想建设一套"通用"的釜式中试反应器,所谓"柔性",就是指该反应器可适用于多种反应系统,例如部分液液反应与气液鼓泡反应。该装置没有固定的原料前处理与产品分离工序,因中试对象而异,临时建设或修改。

作为一个例子,介绍水煤浆气化及煤化工国家工程研究中心拟建设柔性装置的设想。该装置第一个试验对象为合成甲酸甲酯,规模为年产千吨级。国内目前采用甲酸与甲醇直接酯化方法,即

$$HCOOH + CH_3OH \Longrightarrow HCOOCH_3 + H_2O \qquad (8-17)$$

使用甲酸为原料,产品成本高,设备腐蚀严重,产品收率低,质量差。因为甲酸甲酯在国内有广泛的用途,例如生产甲酰胺与二甲基甲酰胺,用于农药、医药、皮革、溶剂等领域。美国 Leonard 和 Halcon SD 公司开发了一氧化碳与甲醇羰基合成方法,

$$CO + CH_3OH \Longrightarrow HCOOCH_3 \qquad (8-18)$$

并于 1982 年在芬兰 Kemira 公司建成工业装置,水解后,年产 2 万吨甲酸。

国内针对式(8-18)反应路线进行了实验室研究并取得成功,业已通过模试,中试柔性装置拟对其做进一步的考核,以获得设计与放大依据。原料前处理工序包括:合成气经变压吸附工艺制高浓度 $CO(CO \geqslant 98\%$,$H_2 \leqslant 1\%$,$CO_2 \leqslant 10 \times 10^{-6}$(体积比),$H_2O \leqslant 10 \times 10^{-6}$(体积比),总 $S \leqslant 1 \times 10^{-6}$(体积比))并升压至 $\sim 4.0$ MPa;工业产精甲醇通过分子筛干燥器脱水。式(8-18)为一传质控制的过程,柔性装置为鼓泡型反应器,着力于增加传质面积,期望 CO 的转化率 $\geqslant 85\%$。柔性装置还配有甲酸甲酯与甲醇的精馏工序,以得到高质量的甲酸甲酯($HCOOCH_3 \geqslant 98\%$(质量),$CH_3OH < 2\%$,以及微量的其他杂质)。

### 8.2.3　模拟火焰加热

如果开发对象为高温反应过程,将来的工业装置大都采用燃烧产生高温烟气(例如 1 300℃ 左右)作为加热介质(含火焰直接辐射)。如果中试装置也加仿效,实施燃烧加热,将会遇到麻烦。例如,要有足够大的中试规模,辅助设施增加,反应器外壁温度分布难以控制,所得数据不一定准确。其中,比热损失是一个重要因素。

中试阶段完全可以采用多段电炉,模拟火焰与高温烟气加热,通过改变电炉参数,调节反应器外壁温度分布及其绝对值,并进行灵敏度分析,可以收到良好效果。

# 8.3 运行周期与测试深度

### 8.3.1 运行周期

没有也不可能有一个统一标准来决定中试装置的运行周期,完全要根据开发对象的特殊性,有针对性地决定操作时间长短,以取得可靠依据为目标。但也有下述一些不成文的规定:

(1)如果开发对象是新型催化剂,中试运行时间最少为 1 000 小时,2 000~4 000 小时可以得到比较有把握的结论;

(2)如果中试装置是考核整体系统功能,最少要稳定操作 72 小时,一般为 720 小时。

(3)如果中试装置还有考虑设备(特别是动设备)、材质、仪表、阀门等方面的任务,运行时间要在 4 000 小时以上。

当采用挂片考核材质时,一般用称重法推测腐蚀率;有些材质,例如耐火砖,没有长时间的工业环境(气氛、融渣、温度、冲刷)考核很难得出准确结论。类似地,诸如气化炉热电偶、破渣阀、管道与设备材质都需要一定时间的工业环境考核。

### 8.3.2 测试深度

测试深度是指中试期间测试数据的范围,测试项目(内容)的多少,并非从微观结构研究问题,与"设计深度"的含义是相似的。

众所周知,工业装置的测试内容是很少的,除了提供控制所必需的数据,显示产量与消耗的数据外,其他测试内容很少,而且这些数据一般比较粗糙,只有相对的概念,准确性较差。因此,企图通过工业数据研究分析问题,往往是困难重重的。显然,测试数据愈多,设置的仪器仪表也愈多,则维修内容也会增多,随之,设备、管道开孔增多,如果采用孔板流量计,压降(能耗)增大。工厂以生产(盈利)为目的,因此可以不必测试的内容(项目),一般都不测试。这是可以理解的。

中间试验则不同,是过程开发的一个阶段,是一个认识过程,主要目的是获取设计与放大依据。因此必须比工业装置测试更多的内容,所以仪器仪表要多一些,而且要精密一些。例如主要设备进出口的流量、温度、压力、成分都应测试,开发对象(核心反应器)的轴向、径向温度、浓度的测试;原料、产品、副产品、杂质的计量与成分分析等。总之,应尽力测试检验与修改数学模型(设计依据)、进行灵敏度分析(工业装置操作依据)所必须的数据。

近年来,有的中试装置采用 DCS 系统,代表了发展方向,有利于过程动态研究。

## 参 考 文 献

[1] 朱开宏,仉进方,袁渭康. 石油化工,1994,23,306
[2] 李雯慧,毛之侯,陈敏恒. 石油化工,1994,23,301

# 9 概念设计与基础设计

概念设计与基础设计是化工过程开发中工程研究的两个环节,虽然它们的设计对象就是开发对象,但在设计自身的知识、概念与规律方面则隶属于化工设计。下文先对化工设计作一概况介绍。

## 9.1 化工设计概述[1,2]

化工设计是工艺、设备、机械、材料、仪表、控制、总图、运输、土建、照明、通风、公用工程、三废治理等多种学科相互渗透与交叉的综合结果。并非一人所能为,需各种专业人才通力合作。然而,化工工程师在这里应起主导作用,应具备良好的理论素养、宽广的专业知识和丰富的实践经验,才能在这一没有固定解的工艺活动中创造出崭新而优异的设计成果。

由于设计的大量和普遍性,以及寓含着深刻的经济因素,以致使设计的步骤程式化了,旨在施加组织影响,体现领导与投资者的意图。一些成熟的技术经验、约定和表达方式,以至于定型机械、设备、公用工程参数等都规范化了,旨在集中精力解决设计中的特殊问题。因此,对初次接触设计工作的人们,就必须首先熟悉设计内容、沿用程式、驾驭规范。

按目的不同,化工设计可分为两类。一类是过程开发中的概念设计、中试设计、基础设计。基础设计是过程开发的成果形式,是一项技术专利。另一类是以建厂为目标的工程设计,含初步设计、技术设计、施工设计三个阶段。在深度上,基础设计与初步设计相当。在内容上后者比前者广泛。或者说初步设计包含若干项专利技术。

### 9.1.1 设计程式

现行的设计程式示于图 9-1。

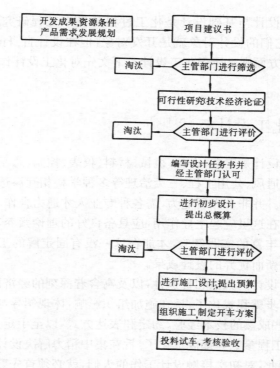

图 9-1 设计程式

从总体上说,项目建议书要粗线条地构画出拟建项目的轮廓。其基础是:熟悉新技术开发成果;当时当地的社会需求与资源、交通、地质、气候条件以及技术基础。其核心是论证:拟建项目的必要性、获利的可能性以及条件的可行性。 为要论证清楚,建议书必须在原材料品种与数量、产品分布与数量、原材料与产品的供需与市场态势、生产的技术路线可靠性、投资估算与资金筹措等五个方面加以展开。行文中必然要涉及到若干数据以为佐证，但在这一阶段中，高度精确性是不必苛求的。

### 9.1.2 可行性研究与设计任务书内容

A 可行性研究内容

项目建议书一旦为主管部门认可，接下来就是技术经济论证，即可行性研究。这一工作应由主管部门委托某一单位完成。其内容与深度在化工部 1987 年 10 月颁发的"化工建设项目可行性研究报告内容和深度的规定"文件中已有明确的阐述，下面是该规定的正文。

（1）总论

① 项目提出的背景（改建、扩建项目要说明企业现有概况）、投资的必要性和经济意义；

② 可行性研究的工作范围及主要过程；

③ 研究的简要结论；

④ 存在的主要问题和建议。

（2）需求预测

① 国内外需求情况预测；

② 产品价格的分析。

（3）产品方案及生产规模

① 产品方案及生产规模的选择；

② 产品和副产品的品种、规格及质量指标。

（4）工艺技术方案

① 工艺技术方案的选择；

② 物料平衡和消耗定额；

③ 主要设备选择；

④ 标准化。包括工艺、设备拟采用标准化的情况及对技术引进和设备进口拟采用标准化的说明。

（5）原材料、燃料及动力的供应。

（6）建厂条件和厂址方案

① 建厂条件；

② 厂址方案。

（7）公用工程和辅助设施方案

① 总图运输；

② 给排水；

③ 供电及电讯；

④ 热电车间或锅炉房；

⑤ 贮运设施；

⑥ 维修设施；

⑦ 土建和人防；

⑧ 生活福利设施。

（8）环境保护及安全、工业卫生

① 环境保护；

② 安全和工业卫生。

（9）工厂组织、劳动定员和人员培训

① 工厂体制及组织机构；

② 生产班制及定员；

③ 人源的来源和培训。

（10）项目实施规划

（11）投资估算和资金筹措

① 总投资估算；

② 资金筹措。

（12）财务、经济评价及社会效益评价

① 产品成本估算；

② 财务评价；

③ 国民经济评价；

④ 社会效益评价。

（13）结论

① 综合评价；

② 研究报告的结论。

B 设计任务书内容

一旦项目的可行性研究被主管部门认可,下一步的任务就是编写设计任务书,作为设计项目的依据。该文件主要包括如下内容:

(1) 目的与依据;

(2) 生产规模、产品方案、生产方法或工艺原则;

(3) 矿产资源、水文地质、原材料、燃料、动力、供水、运输等协作条件;

(4) 环境保护、工业卫生、防空、防震要求;

(5) 厂址与占地面积,与城市规划的关系;

(6) 项目工期与进度;

(7) 劳动定员及组织管理制度;

(8) 经济效益、投资控制数、资金来源、投资回收年限。

设计任务书报批时,还应含如下附件:

(1) 可行性研究报告;

(2) 征地和外部协作条件意向书;

(3) 厂区总平面布置图;

(4) 资金来源及筹措情况。

### 9.1.3 设计内容

前已述及,设计是一项技术经济活动,其效果总是以经济效益与社会效益体现出来的,作为建厂组织施工依据的施工设计工作量是浩繁的。鉴于以上两个原因,人们对设计持严肃、认真态度。在设计任务书为领导部门确认后,还设置了若干设计阶段。设计内容由一般到具体,由轮廓到详细。即设计深度逐渐增加,从回答采用技术在总体上是否可行到回答实施该技术的全部细节。在完成初步设计之后,还可进行一次评价,决定弃取。如果不设置这一阶段,在施工设计或施工设计完成后再发现技术问题、效益问题、投资问题等等,必然导致费时、费力以至前功尽弃的局面。

从设计内容的深度上分类,有以下四种。

a　总体设计

如果设计项目是一个大型联合企业或新建的化工基地。例如金山、燕山、齐鲁、大庆等石化公司。在初步设计之前,由主管部门指定增加总体设计或总体规划阶段,其任务是解决总体方案。诸如总工艺流程、产品分布、生产方式、规模、总平面规划、总定员、总投资估算、总进度等等。

b　初步设计

初步设计包括如下内容。其成果表现为:设计文件(说明书、图纸、总概算)。具体内容有以下五点。

(1)总论　含设计目的、设计依据(设计任务书、其他批文、中试报告、调查报告)、设计原则(贮罐贮存时间、转动设备的备用比例、有无发展规划、最低生产负荷、设计裕量、年工作日等等)、设计条件、生产规模、发展规划、厂址选择、生产方法、车间组成、原材料来源、技术经济指标、协作关系等等。

(2)总图运输　含总平面布置图原则说明、厂内外运输情况等。

(3)工艺　生产方法(工艺路线、原料路线)、基本原理、主要操作条件(温度、压力、原料配比、流量等)、物料平衡表、物料流程图、带控制点的工艺流程图、热量衡算表、设备热负荷。

主要设备计算、选型、设备名称表与台数、非标设备结构简图、材质、操作条件。

(4)建筑物与构筑物　含生产车间、辅助车间、构筑物、生活福利设施的设备原则与草图。

(5)公用工程　含以下三个部分。

电:回路数(单回路进线、双回路进线)、电压(6 000V、300V)、照明(正常照明、事故照明)。

水:冷却水供水温度、压力、流量;回水温度(一般比进水高10℃～12℃)、回水一般加接力泵,通常压力为 0.2～0.25MPa。

蒸汽:超高压(11.5、10MPa)、高压(4MPa)、中压(1.3、1.6MPa)、低压(0.45、0.6MPa)。

（6）环境保护及安全、工业卫生　含三废情况及处理方案、投资、效果；工艺流程图与主要设备图。

c　技术设计

如果拟建项目技术上复杂而又缺乏经验，在初步设计的基础上还须再加一个环节，这就是技术设计。其内容与初步设计相同，但在深度上则有发展，意在尽早暴露矛盾。例如非标设备总图、各主要设备的选型与计算依据，车间的平面、立体布置图等。

在一般情况下则省略技术设计阶段，将其与初步设计合并为扩大的初步设计，简称扩初。

d　施工设计

经主管部门审核，对初步设计表示确认后，就可着手施工设计。它是组织施工的依据。其深度应满足：

（1）订购项目所需的设备、材料文件；

（2）非标设备加工的零部件图、装配总图；

（3）项目施工安装图纸及文件；

（4）施工预算。

施工图设计文件包含下述内容：

（1）工艺修改说明：说明修改扩初设计的内容与原因；

（2）设备安装说明：大型设备吊装、建筑预留孔、安装前设备存放位置与保护；

（3）设备防腐、防污、涂色、试压、试漏、清洗要求；

（4）管理安装说明；

（5）管路的防腐、防污、涂色、试压、试漏、清洗要求；

（6）施工时的安全问题和采取的安全措施；

（7）带控制点的流程图应表达出所有设备与全部管道的连接关系，绘出测量、控制、调节的全部手段；

（8）设备布置图（平面图、剖面图）应能表达出全部工艺设备、建筑物、构筑物、操作平台的位置与高度；

（9）设备一览表应包含定型设备表、非定型设备表、电机表三类，便于定货；

（10）管路布置图（配管图）含平面与剖面两种，以表达全部管道、管件、阀件的空间位置为目的；

（11）综合材料表含管路安装材料、管架材料、设备支架材料、保温、防腐等项内容；

（12）管口方位图应表示出设备的管口、吊钩、支腿、地脚螺栓、设备附件（液位计、爬梯等）的方位以及管口编号、尺寸等。

# 9.2 概念设计与基础设计内容[1,2]

## 9.2.1 概念设计

在化工过程开发中概念设计的基础是小型工艺试验成果或中间试验成果，要进行多次，目的是评价过程研究成果，从工程研究角度向过程研究提出要求，例如补充设计与放大所必须的数据与判据，肯定与否定过程研究内容，此其一。为经济评价提供素材与依据，展示开发对象的经济前景，此其二。有时，概念设计的基础是理论思维的成果，或概念、观念（idea,concept）。

不论基础如何，概念设计主要包括如下内容。

a 过程合成、分析与优化

小试或中试成果都没有提供工业装置流程，过程合成、分析与优化就成为过程研究与工程研究枢纽的概念设计的主要内容。在第 6 章中推论分析、功能分析、形态分析与调优过程合成是流程开发的基本方法。

b 过程模拟

在形成流程或与形成流程同时进行过程模拟，给出优选的工艺条件、单耗指标，各设备的物料、温度、压力参数。

c 物料流程图

以过程模拟为基础，给出设计对象的物料流程图（PFD），为经济评价提供依据。

d 主要设备模拟

对开发对象的关键反应器进行数学模拟，评价小试、中试研究成果；对主要设备（含开发对象）进行模拟，确定其型式与尺寸，为经济评价提供依据。

　　e　提出经济评价报告

概念设计不是为了施工，其成果形式之一是经济评价报告，为有足够的准确性，概念设计还应进行内容广泛（除上述 4 点外）的工作，例如操作费等。

### 9.2.2　基础设计

有关基础设计的内容化工部已有规定。

（1）装置说明：设计依据、技术来源、生产规模、原材料规格、辅助材料要求、产品规格及环境条件。

（2）生产工艺流程说明：详细说明工艺生产流程的过程，主要工艺特点、反应原理、操作工艺参数和操作条件等。

（3）物料流程图及物料衡算表。

（4）热量衡算结果及设备热负荷。

（5）水电气的技术规格。

（6）带控制点流程图：包括带控制点流程图及控制方案，并对特殊管线的等级和公称直径提出要求。

（7）设备名称表和设备结构简图：含设备名称表和台数；非标设备简图、控制性数据、设备的操作温度及压力。建设性意见及材料选择要求；对关键及特殊设备提出详细的结构说明、结构图、设备条件及防腐要求等。

（8）对工程设计的要求：含对土建的要求；对主物料管道、特殊管道及阀门的材质、设备安装提出要求；以及对工程设计的一些特殊要求。

（9）设备布置建议图（主要设备相对位置图）。

（10）装置的操作说明：含开停车过程说明；操作原理及故障排除方法；分析方法及说明。

（11）装置的三废排放点、排放量、主要成分及处理方法（必要时可对三废处理单独提出基础设计）。对工业卫生、生产安全的要求。

（12）仪表（包括过程控制计算机）的说明：介绍流程中主要控制方案的原则、控制要求、控制点数据一览表、主要仪表选型及特殊仪表技术条件说明。

（13）消耗定额。

（14）有关技术资料、物性数据等。

## 9.3 流程图规范要点[1,2]

化工设计的规范是浩繁的，限于本书的主题，只能摘要介绍，内容局限于过程设计。

### 9.3.1 工艺流程图

工艺流程图又称为工艺物料流程图（PFD）。是过程分析与合成的最终决策，将系统的功能与实现该功能的条件用图纸文件表现出来。物料流程图由下列元素组成。

A 设备

在图面上应表示出轮廓、位号与名称。在编号时，通常采用如下格式：

单元编号——区分设备类别的英文字母及沿物流方向递增位号。

表示常用设备的英文字母如下：

R——反应器；　　　　　T——塔设备；

E——换热器；　　　　　F——工业炉；

V——容器；　　　　　　H——蒸发器；

P——泵；　　　　　　　C——压缩机；

B——鼓风机；　　　　　Z——锅炉。

例如 4114—R1。"4114"为某厂变换工序编号；"R"表示变换反应器；"1"表示该工序按流向排列的第一个反应器。又例如 4117—

V2。"4117"为某厂氨合成工序编号；"V"表示氨蒸发罐；"2"表示该工序按流向排列的第二个容器。

　　B　物流

　　凡出现在工艺流程图中的物流线，均应表示出流向、性质并加以编号。

　　设备与设备之间的流向用"→"表示；图纸与图纸之间（往往一个工序的工艺流程图用一张图纸表示）的流向用"—◇"表示。它们出现在图纸的四角。例如 从4118—V1 ◇ 表示该物流从4118（该厂的冷冻及氨贮存编号）第一个容器（1#氨闪蒸罐）来。又例如 从4117—K1 ◇ 表示该物流去氨合成工序的透平压缩机。如为最终产品，则以——→◎符号表示。

　　在 PFD 上，对每一物流均予编号，为醒目，习惯上在菱形内注明位号。在图纸的下方，以表格的形式表示出对应位号的组成、温度、压力、流量等。

　　为读图方便，有时除在图纸下方用表格表示各物流的性质外，在图面上还表示其压力、温度、流量、相态、并用图例说明其因次。例如

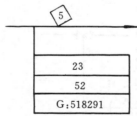

从图例

| P：MPaG |
| --- |
| T：℃ |
| G：m³(s·т·p)/h |
| Q：　L：kg/h |

可以识别:第五股物流的压力为 23MPa 表压;52℃;气态、流量为
51 8291m³(s·т·р)/h。

C　主要控制方案

在 PFD 上应表示出控制参数。如控制的参数为温度、压力、流量、组成、液位,则依次简记为 $T$、$P$、$F$、$A$、$L$,此其一;表示出代表功能,即指示、控制、记录、累计、报警(高位报警、低位报警)、联锁,在图面表示时,依次简记为 $I$、$C$、$R$、$Q$、$A(H、L)$、$Z$,此其二。另外,在图面上还需表示出测量重点、仪表、调节阀的位置。如仪表的表头在控制室,圆圈中加横线,否则表示该表头就地接装。例如(见图 9-2)。表示控制参数为液位;具有指示、控制与报警三个功能;高、低液位都报警;该表头集中在控制室;该种功能的仪表仪编号为 18。又例如(见图 9-3)表示控制参数为流量;具有记录功能,集中安装,编号为 9。

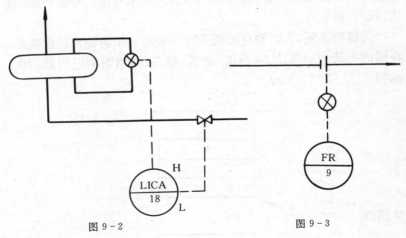

图 9-2　　　　　　　　　　　　图 9-3

## 9.3.2　带控制点管道流程图

带控制点管道流程图(PID)是施工的依据之一,图纸表示内容与拟建厂完全相符。

a　设备

图面应画出所有设备,包括备用设备、并联设备,并加以编号;表示出设备的相对大小和位置的高低;表示出仪表接管、液位计、取样口、防爆膜等。

b  管路

除正常操作管线外,还包括开停车管线、事故处理管线、公用工程管线、仪表空气管线等。图面上应表明管道的公称直径、物料种类、管道编号、保温情况,有时还表明管道等级。例如(见图9-4)

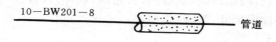

图 9 - 4

表示该管道的公称直径为 10,管内物料为锅炉给水,该管线的编号为 201,保温等级为 8。常用的物料代号见表 9-1。

表 9-1  常用物料代号

| 物　　料 | 流体代号 | 物　　料 | 流体代号 |
|---|---|---|---|
| 工艺物料 | P | 排污 | BD |
| 超高压蒸气 | SS | 燃料气 | FG |
| 高压蒸气 | HS | 燃料油 | FO |
| 中压蒸气 | MS | 密封油 | SO |
| 低压蒸气 | LS | 调节器用油 | GO |
| 工艺用蒸气 | PS | 润滑油 | LO |
| 高压冷凝水 | HC | 氮气 | NG |
| 中压冷凝水 | MC | 仪表空气 | IA |
| 低压冷凝水 | LC | 工厂空气 | PA |
| 锅炉给水 | BW | 冷冻盐水(供) | BS |
| 原水 | RW | 冷冻盐水(回) | BR |
| 冷却上水 | CWS | 冷冻剂 | R |
| 冷却下水 | CWR | 载热体 | HM |
| 饮用水 | DW | 熔盐 | FS |
| 消防用水 | FW | | |

阀间应标明尺寸、压力、并予编号。例如

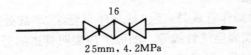

16

25mm，4.2MPa

表示该阀门口径为 25mm，耐压 4.2MPa，编号为 16。除调节阀外，还应标明所有的切断阀、根部阀、旁路阀、取样口、盲板、导淋口、大小头等，并注明尺寸、等级、类型等。

　　c　仪表

　　仪表的表示方法与 PFD 相同，但应画出 PFD 中尚未画出的仪表。

# 参 考 文 献

[1] 丁浩，王育琪，王维聪. 化工工艺设计. 第一章，上海：上海科技出版社，1989

[2] 倪进方, 化工设计. 第一章，上海：华东理工大学出版社，1994

# 附 录

## 一、正交表
### （1）水平数＝2 的情形

$$L_4(2^3)$$

| 试验号 列号 | 1 | 2 | 3 |
|---|---|---|---|
| 1 | 1 | 1 | 1 |
| 2 | 1 | 2 | 2 |
| 3 | 2 | 1 | 2 |
| 4 | 2 | 2 | 1 |

注：任意二列间的交互作用出现于另一列。

$$L_8(2^7)$$

| 试验号 列号 | 1 | 2 | 3 | 4 | 5 | 6 | 7 |
|---|---|---|---|---|---|---|---|
| 1 | 1 | 1 | 1 | 1 | 1 | 1 | 1 |
| 2 | 1 | 1 | 1 | 2 | 2 | 2 | 2 |
| 3 | 1 | 2 | 2 | 1 | 1 | 2 | 2 |
| 4 | 1 | 2 | 2 | 2 | 2 | 1 | 1 |
| 5 | 2 | 1 | 2 | 1 | 2 | 1 | 2 |
| 6 | 2 | 1 | 2 | 2 | 1 | 2 | 1 |
| 7 | 2 | 2 | 1 | 1 | 2 | 2 | 1 |
| 8 | 2 | 2 | 1 | 2 | 1 | 1 | 2 |

$$L_8(2^7)：二列间的交互作用表$$

| 列号 列号 | 1 | 2 | 3 | 4 | 5 | 6 | 7 |
|---|---|---|---|---|---|---|---|
|  | (1) | 3 | 2 | 5 | 4 | 7 | 6 |
|  |  | (2) | 1 | 6 | 7 | 4 | 5 |
|  |  |  | (3) | 7 | 6 | 5 | 4 |
|  |  |  |  | (4) | 1 | 2 | 3 |
|  |  |  |  |  | (5) | 3 | 2 |
|  |  |  |  |  |  | (6) | 1 |
|  |  |  |  |  |  |  | (7) |

$L_{12}(2^{11})$

| 试验号 \ 列号 | 1 | 2 | 3 | 4 | 5 | 6 | 7 | 8 | 9 | 10 | 11 |
|---|---|---|---|---|---|---|---|---|---|---|---|
| 1 | 1 | 1 | 1 | 1 | 1 | 1 | 1 | 1 | 1 | 1 | 1 |
| 2 | 1 | 1 | 1 | 1 | 1 | 2 | 2 | 2 | 2 | 2 | 2 |
| 3 | 1 | 1 | 2 | 2 | 2 | 1 | 1 | 1 | 2 | 2 | 2 |
| 4 | 1 | 2 | 1 | 2 | 2 | 1 | 2 | 2 | 1 | 1 | 2 |
| 5 | 1 | 2 | 2 | 1 | 2 | 2 | 1 | 2 | 1 | 2 | 1 |
| 6 | 1 | 2 | 2 | 2 | 1 | 2 | 2 | 1 | 2 | 1 | 1 |
| 7 | 2 | 1 | 2 | 2 | 1 | 1 | 2 | 2 | 1 | 2 | 1 |
| 8 | 2 | 1 | 2 | 1 | 2 | 2 | 2 | 1 | 1 | 1 | 2 |
| 9 | 2 | 1 | 1 | 2 | 2 | 2 | 1 | 2 | 2 | 1 | 1 |
| 10 | 2 | 2 | 2 | 1 | 1 | 1 | 1 | 2 | 2 | 1 | 2 |
| 11 | 2 | 2 | 1 | 2 | 1 | 2 | 1 | 1 | 1 | 2 | 2 |
| 12 | 2 | 2 | 1 | 1 | 2 | 1 | 2 | 1 | 2 | 2 | 1 |

$L_{16}(2^{15})$

| 试验号 \ 列号 | 1 | 2 | 3 | 4 | 5 | 6 | 7 | 8 | 9 | 10 | 11 | 12 | 13 | 14 | 15 |
|---|---|---|---|---|---|---|---|---|---|---|---|---|---|---|---|
| 1 | 1 | 1 | 1 | 1 | 1 | 1 | 1 | 1 | 1 | 1 | 1 | 1 | 1 | 1 | 1 |
| 2 | 1 | 1 | 1 | 1 | 1 | 1 | 1 | 2 | 2 | 2 | 2 | 2 | 2 | 2 | 2 |
| 3 | 1 | 1 | 1 | 2 | 2 | 2 | 2 | 1 | 1 | 1 | 1 | 2 | 2 | 2 | 2 |
| 4 | 1 | 1 | 1 | 2 | 2 | 2 | 2 | 2 | 2 | 2 | 2 | 1 | 1 | 1 | 1 |
| 5 | 1 | 2 | 2 | 1 | 1 | 2 | 2 | 1 | 1 | 2 | 2 | 1 | 1 | 2 | 2 |
| 6 | 1 | 2 | 2 | 1 | 1 | 2 | 2 | 2 | 2 | 1 | 1 | 2 | 2 | 1 | 1 |
| 7 | 1 | 2 | 2 | 2 | 2 | 1 | 1 | 1 | 1 | 2 | 2 | 2 | 2 | 1 | 1 |
| 8 | 1 | 2 | 2 | 2 | 2 | 1 | 1 | 2 | 2 | 1 | 1 | 1 | 1 | 2 | 2 |
| 9 | 2 | 1 | 2 | 1 | 2 | 1 | 2 | 1 | 2 | 1 | 2 | 1 | 2 | 1 | 2 |
| 10 | 2 | 1 | 2 | 1 | 2 | 1 | 2 | 2 | 1 | 2 | 1 | 2 | 1 | 2 | 1 |
| 11 | 2 | 1 | 2 | 2 | 1 | 2 | 1 | 1 | 2 | 1 | 2 | 2 | 1 | 2 | 1 |
| 12 | 2 | 1 | 2 | 2 | 1 | 2 | 1 | 2 | 1 | 2 | 1 | 1 | 2 | 1 | 2 |
| 13 | 2 | 2 | 1 | 1 | 2 | 2 | 1 | 1 | 2 | 2 | 1 | 1 | 2 | 2 | 1 |
| 14 | 2 | 2 | 1 | 1 | 2 | 2 | 1 | 2 | 1 | 1 | 2 | 2 | 1 | 1 | 2 |
| 15 | 2 | 2 | 1 | 2 | 1 | 1 | 2 | 1 | 2 | 2 | 1 | 2 | 1 | 1 | 2 |
| 16 | 2 | 2 | 1 | 2 | 1 | 1 | 2 | 2 | 1 | 1 | 2 | 1 | 2 | 2 | 1 |

## L₁₆(2¹⁵)：二列间的交互作用表

| 列号＼列号 | 1 | 2 | 3 | 4 | 5 | 6 | 7 | 8 | 9 | 10 | 11 | 12 | 13 | 14 | 15 |
|---|---|---|---|---|---|---|---|---|---|---|---|---|---|---|---|
| (1) | | 3 | 2 | 5 | 4 | 7 | 6 | 9 | 8 | 11 | 10 | 13 | 12 | 15 | 14 |
| (2) | | | 1 | 6 | 7 | 4 | 5 | 10 | 11 | 8 | 9 | 14 | 15 | 12 | 13 |
| (3) | | | | 7 | 6 | 5 | 4 | 11 | 10 | 9 | 8 | 15 | 14 | 13 | 12 |
| (4) | | | | | 1 | 2 | 3 | 12 | 13 | 14 | 15 | 8 | 9 | 10 | 11 |
| (5) | | | | | | 3 | 2 | 13 | 12 | 15 | 14 | 9 | 8 | 11 | 10 |
| (6) | | | | | | | 1 | 14 | 15 | 12 | 13 | 10 | 11 | 8 | 9 |
| (7) | | | | | | | | 15 | 14 | 13 | 12 | 11 | 10 | 9 | 8 |
| (8) | | | | | | | | | 1 | 2 | 3 | 4 | 5 | 6 | 7 |
| (9) | | | | | | | | | | 3 | 2 | 5 | 4 | 7 | 6 |
| (10) | | | | | | | | | | | 1 | 6 | 7 | 4 | 5 |
| (11) | | | | | | | | | | | | 7 | 6 | 5 | 4 |
| (12) | | | | | | | | | | | | | 1 | 2 | 3 |
| (13) | | | | | | | | | | | | | | 3 | 2 |
| (14) | | | | | | | | | | | | | | | 1 |

## $L_{32}(2^{31})$

| 试验号 \ 列号 | 1 | 2 | 3 | 4 | 5 | 6 | 7 | 8 | 9 | 10 | 11 | 12 | 13 | 14 | 15 | 16 | 17 | 18 | 19 | 20 | 21 | 22 | 23 | 24 | 25 | 26 | 27 | 28 | 29 | 30 | 31 |
|---|---|---|---|---|---|---|---|---|---|---|---|---|---|---|---|---|---|---|---|---|---|---|---|---|---|---|---|---|---|---|---|
| 1 | 1 | 1 | 1 | 1 | 1 | 1 | 1 | 1 | 1 | 1 | 1 | 1 | 1 | 1 | 1 | 1 | 1 | 1 | 1 | 1 | 1 | 1 | 1 | 1 | 1 | 1 | 1 | 1 | 1 | 1 | 1 |
| 2 | 1 | 1 | 1 | 1 | 1 | 1 | 1 | 1 | 1 | 1 | 1 | 1 | 1 | 1 | 1 | 2 | 2 | 2 | 2 | 2 | 2 | 2 | 2 | 2 | 2 | 2 | 2 | 2 | 2 | 2 | 2 |
| 3 | 1 | 1 | 1 | 1 | 1 | 1 | 1 | 2 | 2 | 2 | 2 | 2 | 2 | 2 | 2 | 1 | 1 | 1 | 1 | 1 | 1 | 1 | 1 | 2 | 2 | 2 | 2 | 2 | 2 | 2 | 2 |
| 4 | 1 | 1 | 1 | 1 | 1 | 1 | 1 | 2 | 2 | 2 | 2 | 2 | 2 | 2 | 2 | 2 | 2 | 2 | 2 | 2 | 2 | 2 | 2 | 1 | 1 | 1 | 1 | 1 | 1 | 1 | 1 |
| 5 | 1 | 1 | 1 | 2 | 2 | 2 | 2 | 1 | 1 | 1 | 1 | 2 | 2 | 2 | 2 | 1 | 1 | 1 | 1 | 2 | 2 | 2 | 2 | 1 | 1 | 1 | 1 | 2 | 2 | 2 | 2 |
| 6 | 1 | 1 | 1 | 2 | 2 | 2 | 2 | 1 | 1 | 1 | 1 | 2 | 2 | 2 | 2 | 2 | 2 | 2 | 2 | 1 | 1 | 1 | 1 | 2 | 2 | 2 | 2 | 1 | 1 | 1 | 1 |
| 7 | 1 | 1 | 1 | 2 | 2 | 2 | 2 | 2 | 2 | 2 | 2 | 1 | 1 | 1 | 1 | 1 | 1 | 1 | 1 | 2 | 2 | 2 | 2 | 2 | 2 | 2 | 2 | 1 | 1 | 1 | 1 |
| 8 | 1 | 1 | 1 | 2 | 2 | 2 | 2 | 2 | 2 | 2 | 2 | 1 | 1 | 1 | 1 | 2 | 2 | 2 | 2 | 1 | 1 | 1 | 1 | 1 | 1 | 1 | 1 | 2 | 2 | 2 | 2 |
| 9 | 1 | 2 | 2 | 1 | 1 | 2 | 2 | 1 | 1 | 2 | 2 | 1 | 1 | 2 | 2 | 1 | 1 | 2 | 2 | 1 | 1 | 2 | 2 | 1 | 1 | 2 | 2 | 1 | 1 | 2 | 2 |
| 10 | 1 | 2 | 2 | 1 | 1 | 2 | 2 | 1 | 1 | 2 | 2 | 1 | 1 | 2 | 2 | 2 | 2 | 1 | 1 | 2 | 2 | 1 | 1 | 2 | 2 | 1 | 1 | 2 | 2 | 1 | 1 |
| 11 | 1 | 2 | 2 | 1 | 1 | 2 | 2 | 2 | 2 | 1 | 1 | 2 | 2 | 1 | 1 | 1 | 1 | 2 | 2 | 1 | 1 | 2 | 2 | 2 | 2 | 1 | 1 | 2 | 2 | 1 | 1 |
| 12 | 1 | 2 | 2 | 1 | 1 | 2 | 2 | 2 | 2 | 1 | 1 | 2 | 2 | 1 | 1 | 2 | 2 | 1 | 1 | 2 | 2 | 1 | 1 | 1 | 1 | 2 | 2 | 1 | 1 | 2 | 2 |
| 13 | 1 | 2 | 2 | 2 | 2 | 1 | 1 | 1 | 1 | 2 | 2 | 2 | 2 | 1 | 1 | 1 | 1 | 2 | 2 | 2 | 2 | 1 | 1 | 1 | 1 | 2 | 2 | 2 | 2 | 1 | 1 |
| 14 | 1 | 2 | 2 | 2 | 2 | 1 | 1 | 1 | 1 | 2 | 2 | 2 | 2 | 1 | 1 | 2 | 2 | 1 | 1 | 1 | 1 | 2 | 2 | 2 | 2 | 1 | 1 | 1 | 1 | 2 | 2 |
| 15 | 1 | 2 | 2 | 2 | 2 | 1 | 1 | 2 | 2 | 1 | 1 | 1 | 1 | 2 | 2 | 1 | 1 | 2 | 2 | 2 | 2 | 1 | 1 | 2 | 2 | 1 | 1 | 1 | 1 | 2 | 2 |
| 16 | 1 | 2 | 2 | 2 | 2 | 1 | 1 | 2 | 2 | 1 | 1 | 1 | 1 | 2 | 2 | 2 | 2 | 1 | 1 | 1 | 1 | 2 | 2 | 1 | 1 | 2 | 2 | 2 | 2 | 1 | 1 |
| 17 | 2 | 1 | 2 | 1 | 2 | 1 | 2 | 1 | 2 | 1 | 2 | 1 | 2 | 1 | 2 | 1 | 2 | 1 | 2 | 1 | 2 | 1 | 2 | 1 | 2 | 1 | 2 | 1 | 2 | 1 | 2 |
| 18 | 2 | 1 | 2 | 1 | 2 | 1 | 2 | 1 | 2 | 1 | 2 | 1 | 2 | 1 | 2 | 2 | 1 | 2 | 1 | 2 | 1 | 2 | 1 | 2 | 1 | 2 | 1 | 2 | 1 | 2 | 1 |
| 19 | 2 | 1 | 2 | 1 | 2 | 1 | 2 | 2 | 1 | 2 | 1 | 2 | 1 | 2 | 1 | 1 | 2 | 1 | 2 | 1 | 2 | 1 | 2 | 2 | 1 | 2 | 1 | 2 | 1 | 2 | 1 |
| 20 | 2 | 1 | 2 | 1 | 2 | 1 | 2 | 2 | 1 | 2 | 1 | 2 | 1 | 2 | 1 | 2 | 1 | 2 | 1 | 2 | 1 | 2 | 1 | 1 | 2 | 1 | 2 | 1 | 2 | 1 | 2 |
| 21 | 2 | 1 | 2 | 2 | 1 | 2 | 1 | 1 | 2 | 1 | 2 | 2 | 1 | 2 | 1 | 1 | 2 | 1 | 2 | 2 | 1 | 2 | 1 | 1 | 2 | 1 | 2 | 2 | 1 | 2 | 1 |
| 22 | 2 | 1 | 2 | 2 | 1 | 2 | 1 | 1 | 2 | 1 | 2 | 2 | 1 | 2 | 1 | 2 | 1 | 2 | 1 | 1 | 2 | 1 | 2 | 2 | 1 | 2 | 1 | 1 | 2 | 1 | 2 |

| 试验号\列号 | 1 | 2 | 3 | 4 | 5 | 6 | 7 | 8 | 9 | 10 | 11 | 12 | 13 | 14 | 15 | 16 | 17 | 18 | 19 | 20 | 21 | 22 | 23 | 24 | 25 | 26 | 27 | 28 | 29 | 30 | 31 |
|---|---|---|---|---|---|---|---|---|---|---|---|---|---|---|---|---|---|---|---|---|---|---|---|---|---|---|---|---|---|---|---|
| 23 | 2 | 1 | 2 | 2 | 1 | 2 | 1 | 2 | 1 | 2 | 1 | 1 | 2 | 1 | 2 | 1 | 2 | 1 | 2 | 2 | 1 | 2 | 1 | 2 | 2 | 2 | 2 | 1 | 2 | 1 | 2 |
| 24 | 2 | 2 | 2 | 2 | 1 | 2 | 1 | 2 | 1 | 2 | 1 | 1 | 2 | 1 | 2 | 2 | 1 | 2 | 1 | 1 | 2 | 1 | 2 | 1 | 1 | 1 | 1 | 1 | 1 | 2 | 1 |
| 25 | 2 | 2 | 1 | 1 | 2 | 2 | 1 | 1 | 2 | 2 | 1 | 1 | 2 | 2 | 1 | 1 | 2 | 2 | 1 | 1 | 2 | 2 | 1 | 1 | 2 | 2 | 1 | 1 | 2 | 2 | 1 |
| 26 | 2 | 2 | 1 | 1 | 2 | 2 | 1 | 1 | 2 | 2 | 1 | 1 | 2 | 2 | 1 | 2 | 1 | 1 | 2 | 2 | 1 | 1 | 2 | 2 | 1 | 1 | 2 | 2 | 1 | 1 | 2 |
| 27 | 2 | 2 | 1 | 1 | 2 | 2 | 1 | 2 | 1 | 1 | 2 | 2 | 1 | 1 | 2 | 1 | 2 | 2 | 1 | 1 | 2 | 2 | 1 | 2 | 1 | 1 | 2 | 2 | 1 | 1 | 1 |
| 28 | 2 | 2 | 1 | 1 | 2 | 2 | 1 | 2 | 1 | 1 | 2 | 2 | 1 | 1 | 2 | 2 | 1 | 1 | 2 | 2 | 1 | 1 | 2 | 1 | 2 | 2 | 1 | 1 | 2 | 2 | 2 |
| 29 | 2 | 2 | 1 | 2 | 1 | 1 | 2 | 1 | 2 | 2 | 1 | 1 | 1 | 1 | 2 | 1 | 2 | 2 | 1 | 2 | 1 | 1 | 2 | 1 | 2 | 2 | 1 | 2 | 1 | 1 | 2 |
| 30 | 2 | 2 | 1 | 1 | 1 | 1 | 2 | 1 | 2 | 2 | 1 | 1 | 1 | 1 | 2 | 2 | 1 | 1 | 2 | 1 | 2 | 2 | 1 | 2 | 1 | 1 | 2 | 1 | 2 | 2 | 1 |
| 31 | 2 | 2 | 1 | 2 | 1 | 1 | 2 | 2 | 1 | 1 | 2 | 1 | 2 | 2 | 1 | 1 | 2 | 2 | 1 | 2 | 1 | 1 | 2 | 2 | 1 | 1 | 2 | 1 | 2 | 2 | 1 |
| 32 | 2 | 2 | 1 | 2 | 1 | 1 | 2 | 2 | 1 | 1 | 2 | 1 | 2 | 2 | 1 | 2 | 1 | 1 | 2 | 1 | 2 | 2 | 1 | 1 | 2 | 2 | 1 | 2 | 1 | 1 | 2 |

## L₃₂(2³¹) 二列间的交互作用表

| 列号 | 1 | 2 | 3 | 4 | 5 | 6 | 7 | 8 | 9 | 10 | 11 | 12 | 13 | 14 | 15 | 16 | 17 | 18 | 19 | 20 | 21 | 22 | 23 | 24 | 25 | 26 | 27 | 28 | 29 | 30 | 31 |
|---|---|---|---|---|---|---|---|---|---|---|---|---|---|---|---|---|---|---|---|---|---|---|---|---|---|---|---|---|---|---|---|
| (1) | | 3 | 2 | 5 | 4 | 7 | 6 | 9 | 8 | 11 | 10 | 13 | 12 | 15 | 14 | 17 | 16 | 19 | 18 | 21 | 20 | 23 | 22 | 25 | 24 | 27 | 26 | 29 | 28 | 31 | 30 |
| (2) | | | 1 | 6 | 7 | 4 | 5 | 10 | 11 | 8 | 9 | 14 | 15 | 12 | 13 | 18 | 19 | 16 | 17 | 22 | 23 | 20 | 21 | 26 | 27 | 24 | 25 | 30 | 31 | 28 | 29 |
| (3) | | | | 7 | 6 | 5 | 4 | 11 | 10 | 9 | 8 | 15 | 14 | 13 | 12 | 19 | 18 | 17 | 16 | 23 | 22 | 21 | 20 | 27 | 26 | 25 | 24 | 31 | 30 | 29 | 28 |
| (4) | | | | | 1 | 2 | 3 | 12 | 13 | 14 | 15 | 8 | 9 | 10 | 11 | 20 | 21 | 22 | 23 | 16 | 17 | 18 | 19 | 28 | 29 | 30 | 31 | 24 | 25 | 26 | 27 |
| (5) | | | | | | 3 | 2 | 13 | 12 | 15 | 14 | 9 | 8 | 11 | 10 | 21 | 20 | 23 | 22 | 17 | 16 | 19 | 18 | 29 | 28 | 31 | 30 | 25 | 24 | 27 | 26 |
| (6) | | | | | | | 1 | 14 | 15 | 12 | 13 | 10 | 11 | 8 | 9 | 22 | 23 | 20 | 21 | 18 | 19 | 16 | 17 | 30 | 31 | 28 | 29 | 26 | 27 | 24 | 25 |
| (7) | | | | | | | | 15 | 14 | 13 | 12 | 11 | 10 | 9 | 8 | 23 | 22 | 21 | 20 | 19 | 18 | 17 | 16 | 31 | 30 | 29 | 28 | 27 | 26 | 25 | 24 |
| (8) | | | | | | | | | 1 | 2 | 3 | 4 | 5 | 6 | 7 | 24 | 25 | 26 | 27 | 28 | 29 | 30 | 31 | 16 | 17 | 18 | 19 | 20 | 21 | 22 | 23 |
| (9) | | | | | | | | | | 3 | 2 | 5 | 4 | 7 | 6 | 25 | 24 | 27 | 26 | 29 | 28 | 31 | 30 | 17 | 16 | 19 | 18 | 21 | 20 | 23 | 22 |
| (10) | | | | | | | | | | | 1 | 6 | 7 | 4 | 5 | 26 | 27 | 24 | 25 | 30 | 31 | 28 | 29 | 18 | 19 | 16 | 17 | 22 | 23 | 20 | 21 |
| (11) | | | | | | | | | | | | 7 | 6 | 5 | 4 | 27 | 26 | 25 | 24 | 31 | 30 | 29 | 28 | 19 | 18 | 17 | 16 | 23 | 22 | 21 | 20 |
| (12) | | | | | | | | | | | | | 1 | 2 | 3 | 28 | 29 | 30 | 31 | 24 | 25 | 26 | 27 | 20 | 21 | 22 | 23 | 16 | 17 | 18 | 19 |
| (13) | | | | | | | | | | | | | | 3 | 2 | 29 | 28 | 31 | 30 | 25 | 24 | 27 | 26 | 21 | 20 | 23 | 22 | 17 | 16 | 19 | 18 |
| (14) | | | | | | | | | | | | | | | 1 | 30 | 31 | 28 | 29 | 26 | 27 | 24 | 25 | 22 | 23 | 20 | 21 | 18 | 19 | 16 | 17 |
| (15) | | | | | | | | | | | | | | | | 31 | 30 | 29 | 28 | 27 | 26 | 25 | 24 | 23 | 22 | 21 | 20 | 19 | 18 | 17 | 16 |
| (16) | | | | | | | | | | | | | | | | | 1 | 2 | 3 | 4 | 5 | 6 | 7 | 8 | 9 | 10 | 11 | 12 | 13 | 14 | 15 |
| (17) | | | | | | | | | | | | | | | | | | 3 | 2 | 5 | 4 | 7 | 6 | 9 | 8 | 11 | 10 | 13 | 12 | 15 | 14 |
| (18) | | | | | | | | | | | | | | | | | | | 1 | 6 | 7 | 4 | 5 | 10 | 11 | 8 | 9 | 14 | 15 | 12 | 13 |
| (19) | | | | | | | | | | | | | | | | | | | | 7 | 6 | 5 | 4 | 11 | 10 | 9 | 8 | 15 | 14 | 13 | 12 |
| (20) | | | | | | | | | | | | | | | | | | | | | 1 | 2 | 3 | 12 | 13 | 14 | 15 | 8 | 9 | 10 | 11 |
| (21) | | | | | | | | | | | | | | | | | | | | | | 3 | 2 | 13 | 12 | 15 | 14 | 9 | 8 | 11 | 10 |
| (22) | | | | | | | | | | | | | | | | | | | | | | | 1 | 14 | 15 | 12 | 13 | 10 | 11 | 8 | 9 |
| (23) | | | | | | | | | | | | | | | | | | | | | | | | 15 | 14 | 13 | 12 | 11 | 10 | 9 | 8 |
| (24) | | | | | | | | | | | | | | | | | | | | | | | | | 1 | 2 | 3 | 4 | 5 | 6 | 7 |
| (25) | | | | | | | | | | | | | | | | | | | | | | | | | | 3 | 2 | 5 | 4 | 7 | 6 |
| (26) | | | | | | | | | | | | | | | | | | | | | | | | | | | 1 | 6 | 7 | 4 | 5 |
| (27) | | | | | | | | | | | | | | | | | | | | | | | | | | | | 7 | 6 | 5 | 4 |
| (28) | | | | | | | | | | | | | | | | | | | | | | | | | | | | | 1 | 2 | 3 |
| (29) | | | | | | | | | | | | | | | | | | | | | | | | | | | | | | 3 | 2 |
| (30) | | | | | | | | | | | | | | | | | | | | | | | | | | | | | | | 1 |

### （2）水平数＝3 的情形

$$L_9(3^4)$$

| 试验号 \ 列号 | 1 | 2 | 3 | 4 |
|---|---|---|---|---|
| 1 | 1 | 1 | 1 | 1 |
| 2 | 1 | 2 | 2 | 2 |
| 3 | 1 | 3 | 3 | 3 |
| 4 | 2 | 1 | 2 | 3 |
| 5 | 2 | 2 | 3 | 1 |
| 6 | 2 | 3 | 1 | 2 |
| 7 | 3 | 1 | 3 | 2 |
| 8 | 3 | 2 | 1 | 3 |
| 9 | 3 | 3 | 2 | 1 |

注：任意二列间的交互作用出现于另外二列。

| $L_{18}(3^7)$ | | | | | | | ［注］ |
|---|---|---|---|---|---|---|---|
| 试验号 \ 列号 | 1 | 2 | 3 | 4 | 5 | 6 | 7 | 1′ |

| 试验号 \ 列号 | 1 | 2 | 3 | 4 | 5 | 6 | 7 | 1′ |
|---|---|---|---|---|---|---|---|---|
| 1 | 1 | 1 | 1 | 1 | 1 | 1 | 1 | 1 |
| 2 | 1 | 2 | 2 | 2 | 2 | 2 | 2 | 1 |
| 3 | 1 | 3 | 3 | 3 | 3 | 3 | 3 | 1 |
| 4 | 2 | 1 | 1 | 2 | 2 | 3 | 3 | 1 |
| 5 | 2 | 2 | 2 | 3 | 3 | 1 | 1 | 1 |
| 6 | 2 | 3 | 3 | 1 | 1 | 2 | 2 | 1、 |
| 7 | 3 | 1 | 2 | 1 | 3 | 2 | 3 | 1 |
| 8 | 3 | 2 | 3 | 2 | 1 | 3 | 1 | 1 |
| 9 | 3 | 3 | 1 | 3 | 2 | 1 | 2 | 1 |
| 10 | 1 | 1 | 3 | 3 | 2 | 2 | 1 | 2 |
| 11 | 1 | 2 | 1 | 1 | 3 | 3 | 2 | 2 |
| 12 | 1 | 3 | 2 | 2 | 1 | 1 | 3 | 2 |
| 13 | 2 | 1 | 2 | 3 | 1 | 3 | 2 | 2 |
| 14 | 2 | 2 | 3 | 1 | 2 | 1 | 3 | 2 |
| 15 | 2 | 3 | 1 | 2 | 3 | 2 | 1 | 2 |
| 16 | 3 | 1 | 3 | 2 | 3 | 1 | 2 | 2 |
| 17 | 3 | 2 | 1 | 3 | 1 | 2 | 3 | 2 |
| 18 | 3 | 3 | 2 | 1 | 2 | 3 | 1 | 2 |

注：把两水平的列 1′ 排进 $L_{18}(3^7)$，便 得混合型 $L_{18}(2^1 \times 3^7)$，交互作用 1′×1 可从两列的二元表求出，在 $L_{18}(2^1 \times 3^7)$ 中把列 1′ 和列 1 的水平组合 11，12，13，21，22，23 分别换成 1，2，3，4，5，6 便得混合型 $L_{18}(6^1 \times 3^6)$。

— 413 —

$$L_{27}(3^{13})$$

| 列号\列号 | 1 | 2 | 3 | 4 | 5 | 6 | 7 | 8 | 9 | 10 | 11 | 12 | 13 |
|---|---|---|---|---|---|---|---|---|---|---|---|---|---|
| 1 | 1 | 1 | 1 | 1 | 1 | 1 | 1 | 1 | 1 | 1 | 1 | 1 | 1 |
| 2 | 1 | 1 | 1 | 1 | 2 | 2 | 2 | 2 | 2 | 2 | 2 | 2 | 2 |
| 3 | 1 | 1 | 1 | 1 | 3 | 3 | 3 | 3 | 3 | 3 | 3 | 3 | 3 |
| 4 | 1 | 2 | 2 | 2 | 1 | 1 | 1 | 2 | 2 | 2 | 3 | 3 | 3 |
| 5 | 1 | 2 | 2 | 2 | 2 | 2 | 2 | 3 | 3 | 3 | 1 | 1 | 1 |
| 6 | 1 | 2 | 2 | 2 | 3 | 3 | 3 | 1 | 1 | 1 | 2 | 2 | 2 |
| 7 | 1 | 3 | 3 | 3 | 1 | 1 | 1 | 3 | 3 | 3 | 2 | 2 | 2 |
| 8 | 1 | 3 | 3 | 3 | 2 | 2 | 2 | 1 | 1 | 1 | 3 | 3 | 3 |
| 9 | 1 | 3 | 3 | 3 | 3 | 3 | 3 | 2 | 2 | 2 | 1 | 1 | 1 |
| 10 | 2 | 1 | 2 | 3 | 1 | 2 | 3 | 1 | 2 | 3 | 1 | 2 | 3 |
| 11 | 2 | 1 | 2 | 3 | 2 | 3 | 1 | 2 | 3 | 1 | 2 | 3 | 1 |
| 12 | 2 | 1 | 2 | 3 | 3 | 1 | 2 | 3 | 1 | 2 | 3 | 1 | 2 |
| 13 | 2 | 2 | 3 | 1 | 1 | 2 | 3 | 2 | 3 | 1 | 3 | 1 | 2 |
| 14 | 2 | 2 | 3 | 1 | 2 | 3 | 1 | 3 | 1 | 2 | 1 | 2 | 3 |
| 15 | 2 | 2 | 3 | 1 | 3 | 1 | 2 | 1 | 2 | 3 | 2 | 3 | 1 |
| 16 | 2 | 3 | 1 | 2 | 1 | 2 | 3 | 3 | 1 | 2 | 2 | 3 | 1 |
| 17 | 2 | 3 | 1 | 2 | 2 | 3 | 1 | 1 | 2 | 3 | 3 | 1 | 2 |
| 18 | 2 | 3 | 1 | 2 | 3 | 1 | 2 | 2 | 3 | 1 | 1 | 2 | 3 |
| 19 | 3 | 1 | 3 | 2 | 1 | 3 | 2 | 1 | 3 | 2 | 1 | 3 | 2 |
| 20 | 3 | 1 | 3 | 2 | 2 | 1 | 3 | 2 | 1 | 3 | 2 | 1 | 3 |
| 21 | 3 | 1 | 3 | 2 | 3 | 2 | 1 | 3 | 2 | 1 | 3 | 2 | 1 |
| 22 | 3 | 2 | 1 | 3 | 1 | 3 | 2 | 2 | 1 | 3 | 3 | 2 | 1 |
| 23 | 3 | 2 | 1 | 3 | 2 | 1 | 3 | 3 | 2 | 1 | 1 | 3 | 2 |
| 24 | 3 | 2 | 1 | 3 | 3 | 2 | 1 | 1 | 3 | 2 | 2 | 1 | 3 |
| 25 | 3 | 3 | 2 | 1 | 1 | 3 | 2 | 3 | 2 | 1 | 2 | 1 | 3 |
| 26 | 3 | 3 | 2 | 1 | 2 | 1 | 3 | 1 | 3 | 2 | 3 | 2 | 1 |
| 27 | 3 | 3 | 2 | 1 | 3 | 2 | 1 | 2 | 1 | 3 | 1 | 3 | 2 |

$L_{27}(3^{13})$：二列间的交互作用表

| 试验号 \ 列号 | 1 | 2 | 3 | 4 | 5 | 6 | 7 | 8 | 9 | 10 | 11 | 12 | 13 |
|---|---|---|---|---|---|---|---|---|---|---|---|---|---|
| (1) | | 3/4 | 2/4 | 2/3 | 6/7 | 5/7 | 5/6 | 9/10 | 8/10 | 8/9 | 12/13 | 11/13 | 11/12 |
| (2) | | | 1/4 | 1/3 | 8/11 | 9/12 | 10/13 | 5/11 | 6/12 | 7/13 | 5/8 | 6/9 | 7/10 |
| (3) | | | | 1/2 | 9/13 | 10/11 | 8/12 | 7/12 | 5/13 | 6/11 | 6/10 | 7/8 | 5/9 |
| (4) | | | | | 10/12 | 8/18 | 9/11 | 6/13 | 7/11 | 5/12 | 7/9 | 5/10 | 6/8 |
| (5) | | | | | | 1/7 | 1/6 | 2/11 | 3/13 | 4/12 | 2/8 | 4/10 | 3/9 |
| (6) | | | | | | | 1/5 | 4/13 | 2/12 | 3/11 | 3/10 | 2/9 | 4/8 |
| (7) | | | | | | | | 3/12 | 4/11 | 2/13 | 4/9 | 3/8 | 2/10 |
| (8) | | | | | | | | | 1/10 | 1/9 | 2/5 | 3/7 | 4/6 |
| (9) | | | | | | | | | | 1/8 | 4/7 | 2/6 | 3/5 |
| (10) | | | | | | | | | | | 3/6 | 4/5 | 2/7 |
| (11) | | | | | | | | | | | | 1/13 | 1/12 |
| (12) | | | | | | | | | | | | | 1/11 |

$$L_{36}(3^{13})$$

| 试验号 \ 列号 | 1 | 2 | 3 | 4 | 5 | 6 | 7 | 8 | 9 | 10 | 11 | 12 | 13 | 1′ | 2′ | 3′ |
|---|---|---|---|---|---|---|---|---|---|---|---|---|---|---|---|---|
| 1 | 1 | 1 | 1 | 1 | 1 | 1 | 1 | 1 | 1 | 1 | 1 | 1 | 1 | 1 | 1 | 1 |
| 2 | 1 | 2 | 2 | 2 | 2 | 2 | 2 | 2 | 2 | 2 | 2 | 2 | 2 | 1 | 1 | 1 |
| 3 | 1 | 3 | 3 | 3 | 3 | 3 | 3 | 3 | 3 | 3 | 3 | 3 | 3 | 1 | 1 | 1 |
| 4 | 1 | 1 | 1 | 1 | 1 | 2 | 2 | 2 | 2 | 3 | 3 | 3 | 3 | 1 | 2 | 2 |
| 5 | 1 | 2 | 2 | 2 | 2 | 3 | 3 | 3 | 3 | 1 | 1 | 1 | 1 | 1 | 2 | 2 |
| 6 | 1 | 3 | 3 | 3 | 3 | 1 | 1 | 1 | 1 | 2 | 2 | 2 | 2 | 1 | 2 | 2 |
| 7 | 1 | 1 | 1 | 2 | 3 | 1 | 2 | 3 | 3 | 1 | 2 | 2 | 3 | 2 | 1 | 2 |
| 8 | 1 | 2 | 2 | 3 | 1 | 2 | 3 | 1 | 1 | 2 | 3 | 3 | 1 | 2 | 1 | 2 |
| 9 | 1 | 3 | 3 | 1 | 2 | 3 | 1 | 2 | 2 | 3 | 1 | 1 | 2 | 2 | 1 | 2 |
| 10 | 1 | 1 | 1 | 3 | 2 | 1 | 3 | 2 | 3 | 2 | 1 | 3 | 2 | 2 | 2 | 1 |
| 11 | 1 | 2 | 2 | 1 | 3 | 2 | 1 | 3 | 1 | 3 | 2 | 1 | 3 | 2 | 2 | 1 |
| 12 | 1 | 3 | 3 | 2 | 1 | 3 | 2 | 1 | 2 | 1 | 3 | 2 | 1 | 2 | 2 | 1 |
| 13 | 2 | 1 | 2 | 3 | 1 | 3 | 2 | 1 | 3 | 3 | 1 | 1 | 2 | 1 | 1 | 1 |
| 14 | 2 | 2 | 3 | 1 | 2 | 1 | 3 | 2 | 1 | 1 | 3 | 2 | 3 | 1 | 1 | 1 |
| 15 | 2 | 3 | 1 | 2 | 3 | 2 | 1 | 3 | 2 | 2 | 1 | 3 | 1 | 1 | 1 | 1 |
| 16 | 2 | 1 | 2 | 3 | 2 | 1 | 3 | 2 | 3 | 3 | 2 | 1 | 1 | 1 | 2 | 2 |
| 17 | 2 | 2 | 3 | 1 | 3 | 2 | 1 | 3 | 1 | 1 | 1 | 3 | 2 | 1 | 2 | 2 |
| 18 | 2 | 3 | 1 | 2 | 1 | 3 | 2 | 1 | 2 | 2 | 2 | 1 | 3 | 1 | 2 | 2 |
| 19 | 2 | 1 | 2 | 1 | 3 | 3 | 3 | 1 | 2 | 2 | 1 | 2 | 3 | 2 | 1 | 2 |
| 20 | 2 | 2 | 3 | 2 | 1 | 1 | 1 | 2 | 3 | 3 | 2 | 3 | 1 | 2 | 1 | 2 |
| 21 | 2 | 3 | 1 | 3 | 2 | 2 | 2 | 3 | 1 | 1 | 3 | 1 | 2 | 2 | 1 | 2 |
| 22 | 2 | 1 | 2 | 2 | 3 | 3 | 1 | 2 | 1 | 1 | 3 | 3 | 2 | 2 | 2 | 1 |
| 23 | 2 | 2 | 3 | 3 | 1 | 1 | 2 | 3 | 2 | 2 | 1 | 1 | 3 | 2 | 2 | 1 |
| 24 | 2 | 3 | 1 | 1 | 2 | 2 | 3 | 1 | 3 | 3 | 2 | 2 | 1 | 2 | 2 | 1 |
| 25 | 3 | 1 | 3 | 2 | 1 | 2 | 3 | 3 | 1 | 3 | 1 | 2 | 2 | 1 | 1 | 1 |
| 26 | 3 | 2 | 1 | 3 | 2 | 3 | 1 | 1 | 2 | 1 | 2 | 3 | 3 | 1 | 1 | 1 |
| 27 | 3 | 3 | 2 | 1 | 3 | 1 | 2 | 2 | 3 | 2 | 3 | 1 | 1 | 1 | 1 | 1 |
| 28 | 3 | 1 | 3 | 2 | 2 | 2 | 1 | 1 | 3 | 2 | 3 | 1 | 3 | 1 | 2 | 2 |
| 29 | 3 | 2 | 1 | 3 | 3 | 3 | 2 | 2 | 1 | 3 | 1 | 2 | 1 | 1 | 2 | 2 |
| 30 | 3 | 3 | 2 | 1 | 1 | 1 | 3 | 3 | 2 | 1 | 2 | 3 | 2 | 1 | 2 | 2 |
| 31 | 3 | 1 | 3 | 3 | 3 | 2 | 3 | 2 | 2 | 1 | 2 | 1 | 1 | 2 | 1 | 2 |
| 32 | 3 | 2 | 1 | 1 | 1 | 3 | 1 | 3 | 3 | 2 | 3 | 2 | 2 | 2 | 1 | 2 |
| 33 | 3 | 3 | 2 | 2 | 2 | 1 | 2 | 1 | 1 | 3 | 1 | 3 | 3 | 2 | 1 | 2 |
| 34 | 3 | 1 | 3 | 1 | 2 | 3 | 2 | 3 | 1 | 2 | 2 | 3 | 1 | 2 | 2 | 1 |
| 35 | 3 | 2 | 1 | 2 | 3 | 1 | 3 | 1 | 2 | 3 | 3 | 1 | 2 | 2 | 2 | 1 |
| 36 | 3 | 3 | 2 | 3 | 1 | 2 | 1 | 2 | 3 | 1 | 1 | 2 | 3 | 2 | 2 | 1 |

注:把两水平的列 1′,2′ 和 3′ 排进 $L_{36}(3^{13})$,便得混合型 $L_{36}(2^3 \times 3^{13})$,这时交互作用 1′×2′ 出现于 3′,并且交互作用 1′×1,2′×1 和 3′×1 可分别从各自的二元表求出。

### （3）水平数＝4 的情形

$$L_{32}(4^9)$$

| 试验号＼列号 | 1 | 2 | 3 | 4 | 5 | 6 | 7 | 8 | 9 | |
|---|---|---|---|---|---|---|---|---|---|---|
| 1 | 1 | 1 | 1 | 1 | 1 | 1 | 1 | 1 | 1 | 1 |
| 2 | 1 | 2 | 2 | 2 | 2 | 2 | 2 | 2 | 2 | 1 |
| 3 | 1 | 3 | 3 | 3 | 3 | 3 | 3 | 3 | 3 | 1 |
| 4 | 1 | 4 | 4 | 4 | 4 | 4 | 4 | 4 | 4 | 1 |
| 5 | 2 | 1 | 1 | 2 | 2 | 3 | 3 | 4 | 4 | 1 |
| 6 | 2 | 2 | 2 | 1 | 1 | 4 | 4 | 3 | 3 | 1 |
| 7 | 2 | 3 | 3 | 4 | 4 | 1 | 1 | 2 | 2 | 1 |
| 8 | 2 | 4 | 4 | 3 | 3 | 2 | 2 | 1 | 1 | 1 |
| 9 | 3 | 1 | 2 | 3 | 4 | 1 | 2 | 3 | 4 | 1 |
| 10 | 3 | 2 | 1 | 4 | 3 | 2 | 1 | 4 | 3 | 1 |
| 11 | 3 | 3 | 4 | 1 | 2 | 3 | 4 | 1 | 2 | 1 |
| 12 | 3 | 4 | 3 | 2 | 1 | 4 | 3 | 2 | 1 | 1 |
| 13 | 4 | 1 | 2 | 4 | 3 | 3 | 4 | 2 | 1 | 1 |
| 14 | 4 | 2 | 1 | 3 | 4 | 4 | 3 | 1 | 2 | 1 |
| 15 | 4 | 3 | 4 | 2 | 1 | 1 | 2 | 4 | 3 | 1 |
| 16 | 4 | 4 | 3 | 1 | 2 | 2 | 1 | 3 | 4 | 1 |
| 17 | 1 | 1 | 4 | 1 | 4 | 2 | 3 | 2 | 3 | 2 |
| 18 | 1 | 2 | 3 | 2 | 3 | 1 | 4 | 1 | 4 | 2 |
| 19 | 1 | 3 | 2 | 3 | 2 | 4 | 1 | 4 | 1 | 2 |
| 20 | 1 | 4 | 1 | 4 | 1 | 3 | 2 | 3 | 2 | 2 |
| 21 | 2 | 1 | 4 | 2 | 3 | 4 | 1 | 3 | 2 | 2 |
| 22 | 2 | 2 | 3 | 1 | 4 | 3 | 2 | 4 | 1 | 2 |
| 23 | 2 | 3 | 2 | 4 | 1 | 2 | 3 | 1 | 4 | 2 |
| 34 | 2 | 4 | 1 | 3 | 2 | 1 | 4 | 2 | 3 | 2 |
| 25 | 3 | 1 | 3 | 3 | 1 | 2 | 4 | 4 | 2 | 2 |
| 26 | 3 | 2 | 4 | 4 | 2 | 1 | 3 | 3 | 1 | 2 |
| 27 | 3 | 3 | 1 | 1 | 3 | 4 | 2 | 2 | 4 | 2 |
| 28 | 3 | 4 | 2 | 2 | 4 | 3 | 1 | 1 | 3 | 2 |
| 29 | 4 | 1 | 3 | 4 | 2 | 4 | 2 | 1 | 3 | 2 |
| 30 | 4 | 2 | 4 | 3 | 1 | 3 | 1 | 2 | 4 | 2 |
| 31 | 4 | 3 | 1 | 2 | 4 | 2 | 4 | 3 | 1 | 2 |
| 32 | 4 | 4 | 2 | 1 | 3 | 1 | 3 | 4 | 2 | 2 |

注：把两水平的列 $1'$ 排进 $L_{32}(4^9)$，便得混合型 $L_{32}(2^1×4^9)$，这时交互作用 $1'×1$ 可从二元表求出，把列 $1'$ 和列 1 的水平组合 11，12，13，14，21，22，23，24 分别换成 1，2，3，4，5，6，7，8 便得混合型 $L_{32}(8^1×4^8)$。

$$L_{16}(4^5)$$

| 试验号 \ 列号 | 1 | 2 | 3 | 4 | 5 |
|---|---|---|---|---|---|
| 1 | 1 | 1 | 1 | 1 | 1 |
| 2 | 1 | 2 | 2 | 2 | 2 |
| 3 | 1 | 3 | 3 | 3 | 3 |
| 4 | 1 | 4 | 4 | 4 | 4 |
| 5 | 2 | 1 | 2 | 3 | 4 |
| 6 | 2 | 2 | 1 | 4 | 3 |
| 7 | 2 | 3 | 4 | 1 | 2 |
| 8 | 2 | 4 | 3 | 2 | 1 |
| 9 | 3 | 1 | 3 | 4 | 2 |
| 10 | 3 | 2 | 4 | 3 | 1 |
| 11 | 3 | 3 | 1 | 2 | 4 |
| 12 | 3 | 4 | 2 | 1 | 3 |
| 13 | 4 | 1 | 4 | 2 | 3 |
| 14 | 4 | 2 | 3 | 1 | 4 |
| 15 | 4 | 3 | 2 | 4 | 1 |
| 16 | 4 | 4 | 1 | 3 | 2 |

注:任意二列间的交互作用出现于其他三列。

## （4）水平数＝5 的情形

$$L_{25}(5^6)$$

| 试验号 \ 列号 | 1 | 2 | 3 | 4 | 5 | 6 |
|---|---|---|---|---|---|---|
| 1 | 1 | 1 | 1 | 1 | 1 | 1 |
| 2 | 1 | 2 | 2 | 2 | 2 | 2 |
| 3 | 1 | 3 | 3 | 3 | 3 | 3 |
| 4 | 1 | 4 | 4 | 4 | 4 | 4 |
| 5 | 1 | 5 | 5 | 5 | 5 | 5 |
| 6 | 2 | 1 | 2 | 3 | 4 | 5 |
| 7 | 2 | 2 | 3 | 4 | 5 | 1 |
| 8 | 2 | 3 | 4 | 5 | 1 | 2 |
| 9 | 2 | 4 | 5 | 1 | 2 | 3 |
| 10 | 2 | 5 | 1 | 2 | 3 | 4 |
| 11 | 3 | 1 | 3 | 5 | 2 | 4 |
| 12 | 3 | 2 | 4 | 1 | 3 | 5 |
| 13 | 3 | 3 | 5 | 2 | 4 | 1 |
| 14 | 3 | 4 | 1 | 3 | 5 | 2 |
| 15 | 3 | 5 | 2 | 4 | 1 | 3 |
| 16 | 4 | 1 | 4 | 2 | 5 | 3 |
| 17 | 4 | 2 | 5 | 3 | 1 | 4 |
| 18 | 4 | 3 | 1 | 4 | 2 | 5 |
| 19 | 4 | 4 | 2 | 5 | 3 | 1 |
| 20 | 4 | 5 | 3 | 1 | 4 | 2 |
| 21 | 5 | 1 | 5 | 4 | 3 | 2 |
| 22 | 5 | 2 | 1 | 5 | 4 | 3 |
| 23 | 5 | 3 | 2 | 1 | 5 | 4 |
| 24 | 5 | 4 | 3 | 2 | 1 | 5 |
| 25 | 5 | 5 | 4 | 3 | 2 | 1 |

注:任意二列间的交互作用出现于其他四列。

## 二、F 检验的临界值($F_\alpha$)表

$$P(F > F_\alpha) = \alpha$$

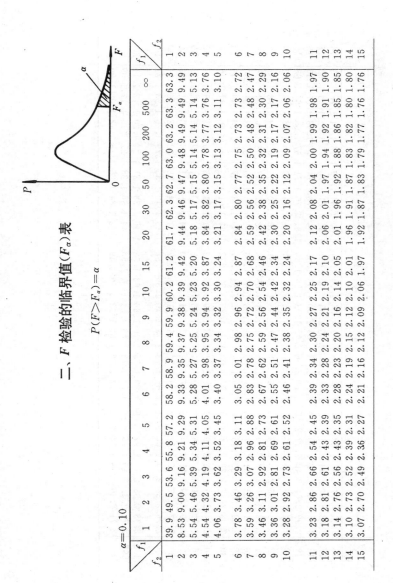

$\alpha = 0.10$

| $f_2$ \ $f_1$ | 1 | 2 | 3 | 4 | 5 | 6 | 7 | 8 | 9 | 10 | 15 | 20 | 30 | 50 | 100 | 200 | 500 | ∞ |
|---|---|---|---|---|---|---|---|---|---|---|---|---|---|---|---|---|---|---|
| 1 | 39.9 | 49.5 | 53.6 | 55.8 | 57.2 | 58.2 | 58.9 | 59.4 | 59.9 | 60.2 | 61.2 | 61.7 | 62.3 | 62.7 | 63.0 | 63.2 | 63.3 | 63.3 |
| 2 | 8.53 | 9.00 | 9.16 | 9.21 | 9.29 | 9.33 | 9.35 | 9.37 | 9.38 | 9.39 | 9.42 | 9.44 | 9.46 | 9.47 | 9.48 | 9.49 | 9.49 | 9.49 |
| 3 | 5.54 | 5.46 | 5.39 | 5.34 | 5.31 | 5.28 | 5.27 | 5.25 | 5.24 | 5.23 | 5.20 | 5.18 | 5.17 | 5.15 | 5.14 | 5.14 | 5.14 | 5.13 |
| 4 | 4.54 | 4.32 | 4.19 | 4.11 | 4.05 | 4.01 | 3.98 | 3.95 | 3.94 | 3.92 | 3.87 | 3.84 | 3.82 | 3.80 | 3.78 | 3.77 | 3.76 | 3.76 |
| 5 | 4.06 | 3.73 | 3.62 | 3.52 | 3.45 | 3.40 | 3.37 | 3.34 | 3.32 | 3.30 | 3.24 | 3.21 | 3.17 | 3.15 | 3.13 | 3.12 | 3.11 | 3.10 |
| 6 | 3.78 | 3.46 | 3.29 | 3.18 | 3.11 | 3.05 | 3.01 | 2.98 | 2.96 | 2.94 | 2.87 | 2.84 | 2.80 | 2.77 | 2.75 | 2.73 | 2.73 | 2.72 |
| 7 | 3.59 | 3.26 | 3.07 | 2.96 | 2.88 | 2.83 | 2.78 | 2.75 | 2.72 | 2.70 | 2.68 | 2.59 | 2.56 | 2.52 | 2.50 | 2.48 | 2.48 | 2.47 |
| 8 | 3.46 | 3.11 | 2.92 | 2.81 | 2.73 | 2.67 | 2.62 | 2.59 | 2.56 | 2.54 | 2.46 | 2.42 | 2.38 | 2.35 | 2.32 | 2.31 | 2.30 | 2.29 |
| 9 | 3.36 | 3.01 | 2.81 | 2.69 | 2.61 | 2.55 | 2.51 | 2.47 | 2.44 | 2.42 | 2.34 | 2.30 | 2.25 | 2.22 | 2.19 | 2.17 | 2.17 | 2.16 |
| 10 | 3.28 | 2.92 | 2.73 | 2.61 | 2.52 | 2.46 | 2.41 | 2.38 | 2.35 | 2.32 | 2.24 | 2.20 | 2.16 | 2.12 | 2.09 | 2.07 | 2.06 | 2.06 |
| 11 | 3.23 | 2.86 | 2.66 | 2.54 | 2.45 | 2.39 | 2.34 | 2.30 | 2.27 | 2.25 | 2.17 | 2.12 | 2.08 | 2.04 | 2.00 | 1.99 | 1.98 | 1.97 |
| 12 | 3.18 | 2.81 | 2.61 | 2.48 | 2.39 | 2.33 | 2.28 | 2.24 | 2.21 | 2.19 | 2.10 | 2.06 | 2.01 | 1.97 | 1.94 | 1.92 | 1.91 | 1.90 |
| 13 | 3.14 | 2.76 | 2.56 | 2.43 | 2.35 | 2.28 | 2.23 | 2.20 | 2.16 | 2.14 | 2.05 | 2.01 | 1.96 | 1.92 | 1.88 | 1.86 | 1.85 | 1.85 |
| 14 | 3.10 | 2.73 | 2.52 | 2.39 | 2.31 | 2.24 | 2.19 | 2.15 | 2.12 | 2.10 | 2.01 | 1.96 | 1.91 | 1.87 | 1.83 | 1.82 | 1.80 | 1.80 |
| 15 | 3.07 | 2.70 | 2.49 | 2.36 | 2.27 | 2.21 | 2.16 | 2.12 | 2.09 | 2.06 | 1.97 | 1.92 | 1.87 | 1.83 | 1.79 | 1.77 | 1.76 | 1.76 |

| $f_2$ \ $f_1$ | 1 | 2 | 3 | 4 | 5 | 6 | 7 | 8 | 9 | 10 | 15 | 20 | 30 | 50 | 100 | 200 | 500 | ∞ |
|---|---|---|---|---|---|---|---|---|---|---|---|---|---|---|---|---|---|---|
| 16 | 3.05 | 2.67 | 2.46 | 2.33 | 2.24 | 2.18 | 2.13 | 2.09 | 2.06 | 2.03 | 1.94 | 1.89 | 1.84 | 1.79 | 1.76 | 1.74 | 1.73 | 1.73 |
| 17 | 3.03 | 2.64 | 2.44 | 2.31 | 2.22 | 2.15 | 2.10 | 2.06 | 2.03 | 2.00 | 1.91 | 1.86 | 1.81 | 1.76 | 1.73 | 1.71 | 1.69 | 1.69 |
| 18 | 3.01 | 2.62 | 2.42 | 2.29 | 2.20 | 2.13 | 2.08 | 2.04 | 2.00 | 1.98 | 1.89 | 1.84 | 1.78 | 1.74 | 1.70 | 1.68 | 1.67 | 1.66 |
| 19 | 2.99 | 2.61 | 2.40 | 2.27 | 2.18 | 2.11 | 2.06 | 2.02 | 1.98 | 1.96 | 1.86 | 1.81 | 1.76 | 1.71 | 1.67 | 1.65 | 1.64 | 1.63 |
| 20 | 2.97 | 2.59 | 2.38 | 2.25 | 2.16 | 2.09 | 2.04 | 2.00 | 1.96 | 1.94 | 1.84 | 1.79 | 1.74 | 1.69 | 1.65 | 1.63 | 1.62 | 1.62 |
| 22 | 2.95 | 2.56 | 2.35 | 2.22 | 2.13 | 2.06 | 2.01 | 1.97 | 1.93 | 1.90 | 1.81 | 1.76 | 1.70 | 1.65 | 1.61 | 1.59 | 1.58 | 1.57 |
| 24 | 2.93 | 2.54 | 2.33 | 2.19 | 2.10 | 2.04 | 1.98 | 1.94 | 1.91 | 1.88 | 1.78 | 1.73 | 1.67 | 1.62 | 1.58 | 1.56 | 1.54 | 1.53 |
| 26 | 2.91 | 2.52 | 2.31 | 2.17 | 2.08 | 2.01 | 1.96 | 1.92 | 1.88 | 1.86 | 1.76 | 1.71 | 1.65 | 1.59 | 1.55 | 1.53 | 1.51 | 1.50 |
| 28 | 2.89 | 2.50 | 2.29 | 2.16 | 2.06 | 2.00 | 1.94 | 1.90 | 1.87 | 1.84 | 1.74 | 1.69 | 1.63 | 1.57 | 1.53 | 1.50 | 1.49 | 1.48 |
| 30 | 2.88 | 2.49 | 2.28 | 2.14 | 2.05 | 1.98 | 1.93 | 1.88 | 1.85 | 1.82 | 1.72 | 1.67 | 1.61 | 1.55 | 1.51 | 1.48 | 1.47 | 1.46 |
| 40 | 2.84 | 2.44 | 2.23 | 2.09 | 2.00 | 1.93 | 1.87 | 1.83 | 1.79 | 1.76 | 1.66 | 1.61 | 1.54 | 1.48 | 1.43 | 1.41 | 1.39 | 1.38 |
| 50 | 2.81 | 2.41 | 2.20 | 2.06 | 1.97 | 1.90 | 1.84 | 1.80 | 1.76 | 1.73 | 1.63 | 1.57 | 1.50 | 1.44 | 1.39 | 1.36 | 1.34 | 1.33 |
| 60 | 2.79 | 2.39 | 2.18 | 2.04 | 1.95 | 1.87 | 1.82 | 1.77 | 1.74 | 1.71 | 1.60 | 1.54 | 1.48 | 1.41 | 1.36 | 1.33 | 1.31 | 1.29 |
| 80 | 2.77 | 2.37 | 2.15 | 2.02 | 1.92 | 1.85 | 1.79 | 1.75 | 1.71 | 1.68 | 1.57 | 1.51 | 1.44 | 1.38 | 1.32 | 1.28 | 1.26 | 1.24 |
| 100 | 2.76 | 2.36 | 2.14 | 2.00 | 1.91 | 1.83 | 1.78 | 1.73 | 1.70 | 1.66 | 1.56 | 1.49 | 1.42 | 1.35 | 1.29 | 1.26 | 1.23 | 1.21 |
| 200 | 2.73 | 2.33 | 2.11 | 1.97 | 1.88 | 1.80 | 1.75 | 1.70 | 1.66 | 1.63 | 1.52 | 1.46 | 1.38 | 1.31 | 1.24 | 1.20 | 1.17 | 1.14 |
| 500 | 2.72 | 2.31 | 2.10 | 1.96 | 1.86 | 1.79 | 1.73 | 1.68 | 1.64 | 1.61 | 1.50 | 1.44 | 1.36 | 1.28 | 1.21 | 1.16 | 1.12 | 1.09 |
| ∞ | 2.71 | 2.30 | 2.08 | 1.94 | 1.85 | 1.77 | 1.72 | 1.67 | 1.63 | 1.60 | 1.49 | 1.42 | 1.34 | 1.26 | 1.18 | 1.13 | 1.08 | 1.00 |

α=0.05

| $f_1$ \ $f_2$ | 1 | 2 | 3 | 4 | 5 | 6 | 7 | 8 | 9 | 10 | 12 | 14 | 16 | 18 | 20 |
|---|---|---|---|---|---|---|---|---|---|---|---|---|---|---|---|
| 1 | 161 | 200 | 216 | 225 | 230 | 234 | 237 | 239 | 241 | 242 | 244 | 245 | 246 | 247 | 248 |
| 2 | 18.5 | 19.0 | 19.2 | 19.2 | 19.3 | 19.3 | 19.4 | 19.4 | 19.4 | 19.4 | 19.4 | 19.4 | 19.4 | 19.4 | 19.4 |
| 3 | 10.1 | 9.55 | 9.28 | 9.12 | 9.01 | 8.94 | 8.89 | 8.85 | 8.81 | 8.79 | 8.74 | 8.71 | 8.69 | 8.67 | 8.66 |
| 4 | 7.71 | 6.94 | 6.59 | 6.39 | 6.26 | 6.16 | 6.09 | 6.04 | 6.00 | 5.96 | 5.91 | 5.87 | 5.84 | 5.82 | 5.80 |
| 5 | 6.61 | 5.79 | 5.41 | 5.19 | 5.05 | 4.95 | 4.88 | 4.82 | 4.77 | 4.74 | 4.68 | 4.64 | 4.60 | 4.58 | 4.56 |
| 6 | 5.99 | 5.14 | 4.76 | 4.53 | 4.39 | 4.28 | 4.21 | 4.15 | 4.10 | 4.06 | 4.00 | 3.96 | 3.92 | 3.90 | 3.87 |
| 7 | 5.59 | 4.74 | 4.35 | 4.12 | 3.97 | 3.87 | 3.79 | 3.73 | 3.68 | 3.64 | 3.57 | 3.53 | 3.49 | 3.47 | 3.44 |
| 8 | 5.32 | 4.46 | 4.07 | 3.84 | 3.69 | 3.58 | 3.50 | 3.44 | 3.39 | 3.35 | 3.28 | 3.24 | 3.20 | 3.17 | 3.15 |
| 9 | 5.12 | 4.26 | 3.86 | 3.63 | 3.48 | 3.37 | 3.29 | 3.23 | 3.18 | 3.14 | 3.07 | 3.03 | 2.99 | 2.96 | 2.94 |
| 10 | 4.96 | 4.10 | 3.71 | 3.48 | 3.33 | 3.22 | 3.14 | 3.07 | 3.02 | 2.98 | 2.91 | 2.86 | 2.83 | 2.80 | 2.77 |
| 11 | 4.84 | 3.98 | 3.59 | 3.36 | 3.20 | 3.09 | 3.01 | 2.95 | 2.90 | 2.85 | 2.79 | 2.74 | 2.70 | 2.67 | 2.65 |
| 12 | 4.75 | 3.89 | 3.49 | 3.26 | 3.11 | 3.00 | 2.91 | 2.85 | 2.80 | 2.75 | 2.69 | 2.64 | 2.60 | 2.57 | 2.54 |
| 13 | 4.67 | 3.81 | 3.41 | 3.18 | 3.03 | 2.92 | 2.83 | 2.77 | 2.71 | 2.67 | 2.60 | 2.55 | 2.51 | 2.48 | 2.46 |
| 14 | 4.60 | 3.74 | 3.34 | 3.11 | 2.96 | 2.85 | 2.76 | 2.70 | 2.65 | 2.60 | 2.53 | 2.48 | 2.44 | 2.41 | 2.39 |
| 15 | 4.54 | 3.68 | 3.29 | 3.06 | 2.90 | 2.79 | 2.71 | 2.64 | 2.59 | 2.54 | 2.48 | 2.42 | 2.38 | 2.35 | 2.33 |
| 16 | 4.49 | 3.63 | 3.24 | 3.01 | 2.85 | 2.74 | 2.66 | 2.59 | 2.54 | 2.49 | 2.42 | 2.37 | 2.33 | 2.30 | 2.23 |
| 17 | 4.45 | 3.59 | 3.20 | 2.96 | 2.81 | 2.70 | 2.61 | 2.55 | 2.49 | 2.45 | 2.38 | 2.33 | 2.29 | 2.26 | 2.23 |
| 18 | 4.41 | 3.55 | 3.16 | 2.93 | 2.77 | 2.66 | 2.58 | 2.51 | 2.46 | 2.41 | 2.34 | 2.29 | 2.25 | 2.22 | 2.19 |
| 19 | 4.38 | 3.52 | 3.13 | 2.90 | 2.74 | 2.63 | 2.54 | 2.48 | 2.42 | 2.38 | 2.31 | 2.26 | 2.21 | 2.18 | 2.16 |
| 20 | 4.35 | 3.49 | 3.10 | 2.87 | 2.71 | 2.60 | 2.51 | 2.45 | 2.39 | 2.35 | 2.28 | 2.22 | 2.18 | 2.15 | 2.12 |
| 21 | 4.32 | 3.47 | 3.07 | 2.84 | 2.68 | 2.57 | 2.49 | 2.42 | 2.37 | 2.32 | 2.25 | 2.20 | 2.16 | 2.12 | 2.10 |
| 22 | 4.30 | 3.44 | 3.05 | 2.82 | 2.66 | 2.55 | 2.46 | 2.40 | 2.34 | 2.30 | 2.23 | 2.17 | 2.13 | 2.10 | 2.07 |
| 23 | 4.28 | 3.42 | 3.03 | 2.80 | 2.64 | 2.53 | 2.44 | 2.37 | 2.32 | 2.27 | 2.20 | 2.15 | 2.11 | 2.07 | 2.05 |
| 24 | 4.26 | 3.40 | 3.01 | 2.78 | 2.62 | 2.51 | 2.42 | 2.36 | 2.30 | 2.25 | 2.18 | 2.13 | 2.09 | 2.05 | 2.03 |
| 25 | 4.24 | 3.39 | 2.99 | 2.76 | 2.60 | 2.49 | 2.40 | 2.34 | 2.28 | 2.24 | 2.16 | 2.11 | 2.07 | 2.04 | 2.01 |

| $f_2$＼$f_1$ | 1 | 2 | 3 | 4 | 5 | 6 | 7 | 8 | 9 | 10 | 12 | 14 | 16 | 18 | 20 |
|---|---|---|---|---|---|---|---|---|---|---|---|---|---|---|---|
| 26 | 4.23 | 3.37 | 2.98 | 2.74 | 2.59 | 2.47 | 2.39 | 2.32 | 2.27 | 2.22 | 2.15 | 2.09 | 2.05 | 2.02 | 1.99 |
| 27 | 4.21 | 3.35 | 2.96 | 2.73 | 2.57 | 2.46 | 2.37 | 2.31 | 2.25 | 2.20 | 2.13 | 2.08 | 2.04 | 2.00 | 1.97 |
| 28 | 4.20 | 3.34 | 2.95 | 2.71 | 2.56 | 2.45 | 2.36 | 2.29 | 2.24 | 2.19 | 2.12 | 2.06 | 2.02 | 1.99 | 1.96 |
| 29 | 4.18 | 3.33 | 2.93 | 2.70 | 2.55 | 2.43 | 2.35 | 2.28 | 2.22 | 2.18 | 2.10 | 2.05 | 2.01 | 1.97 | 1.94 |
| 30 | 4.17 | 3.32 | 2.92 | 2.69 | 2.53 | 2.42 | 2.33 | 2.27 | 2.21 | 2.16 | 2.09 | 2.04 | 1.99 | 1.96 | 1.93 |
| 32 | 4.15 | 3.29 | 2.90 | 2.67 | 2.51 | 2.40 | 2.31 | 2.24 | 2.19 | 2.14 | 2.07 | 2.01 | 1.97 | 1.94 | 1.91 |
| 34 | 4.13 | 3.28 | 2.88 | 2.65 | 2.49 | 2.38 | 2.29 | 2.23 | 2.17 | 2.12 | 2.05 | 1.99 | 1.95 | 1.92 | 1.89 |
| 36 | 4.11 | 3.26 | 2.87 | 2.63 | 2.48 | 2.36 | 2.28 | 2.21 | 2.15 | 2.11 | 2.03 | 1.98 | 1.93 | 1.90 | 1.87 |
| 38 | 4.10 | 3.24 | 2.85 | 2.62 | 2.46 | 2.35 | 2.26 | 2.19 | 2.14 | 2.09 | 2.02 | 1.96 | 1.92 | 1.88 | 1.85 |
| 40 | 4.08 | 3.23 | 2.84 | 2.61 | 2.45 | 2.34 | 2.25 | 2.18 | 2.12 | 2.08 | 2.00 | 1.95 | 1.90 | 1.87 | 1.84 |
| 42 | 4.07 | 3.22 | 2.83 | 2.59 | 2.44 | 2.32 | 2.24 | 2.17 | 2.11 | 2.06 | 1.99 | 1.93 | 1.89 | 1.86 | 1.83 |
| 44 | 4.06 | 3.21 | 2.82 | 2.58 | 2.43 | 2.31 | 2.23 | 2.16 | 2.10 | 2.05 | 1.98 | 1.92 | 1.88 | 1.84 | 1.81 |
| 46 | 4.05 | 3.20 | 2.81 | 2.57 | 2.42 | 2.30 | 2.22 | 2.15 | 2.09 | 2.04 | 1.97 | 1.91 | 1.87 | 1.83 | 1.80 |
| 48 | 4.04 | 3.19 | 2.80 | 2.57 | 2.41 | 2.29 | 2.21 | 2.14 | 2.08 | 2.03 | 1.96 | 1.90 | 1.86 | 1.82 | 1.79 |
| 50 | 4.03 | 3.18 | 2.79 | 2.56 | 2.40 | 2.29 | 2.20 | 2.13 | 2.07 | 2.02 | 1.95 | 1.89 | 1.85 | 1.81 | 1.78 |
| 60 | 4.00 | 3.15 | 2.76 | 2.53 | 2.37 | 2.25 | 2.17 | 2.10 | 2.04 | 1.99 | 1.92 | 1.86 | 1.82 | 1.78 | 1.75 |
| 80 | 3.96 | 3.11 | 2.72 | 2.49 | 2.33 | 2.21 | 2.13 | 2.06 | 2.00 | 1.95 | 1.88 | 1.82 | 1.77 | 1.73 | 1.70 |
| 100 | 3.94 | 3.09 | 2.70 | 2.46 | 2.31 | 2.19 | 2.10 | 2.03 | 1.97 | 1.93 | 1.85 | 1.79 | 1.75 | 1.71 | 1.68 |
| 125 | 3.92 | 3.07 | 2.68 | 2.44 | 2.29 | 2.17 | 2.08 | 2.01 | 1.96 | 1.91 | 1.83 | 1.77 | 1.72 | 1.69 | 1.65 |
| 150 | 3.90 | 3.06 | 2.66 | 2.43 | 2.27 | 2.16 | 2.07 | 2.00 | 1.94 | 1.89 | 1.82 | 1.76 | 1.71 | 1.67 | 1.64 |
| 200 | 3.89 | 3.04 | 2.65 | 2.42 | 2.26 | 2.14 | 2.06 | 1.98 | 1.93 | 1.88 | 1.80 | 1.74 | 1.69 | 1.66 | 1.62 |
| 300 | 3.87 | 3.03 | 2.63 | 2.40 | 2.24 | 2.13 | 2.04 | 1.97 | 1.91 | 1.86 | 1.78 | 1.72 | 1.68 | 1.64 | 1.61 |
| 500 | 3.86 | 3.01 | 2.62 | 2.39 | 2.23 | 2.12 | 2.03 | 1.96 | 1.90 | 1.85 | 1.77 | 1.71 | 1.66 | 1.62 | 1.59 |
| 1000 | 3.85 | 3.00 | 2.61 | 2.38 | 2.22 | 2.11 | 2.02 | 1.95 | 1.89 | 1.84 | 1.76 | 1.70 | 1.65 | 1.61 | 1.58 |
| ∞ | 3.84 | 3.00 | 2.60 | 2.37 | 2.21 | 2.10 | 2.01 | 1.94 | 1.88 | 1.83 | 1.75 | 1.69 | 1.64 | 1.60 | 1.57 |

$\alpha = 0.05$

| $f_2$ \ $f_1$ | 22 | 24 | 26 | 28 | 30 | 35 | 40 | 45 | 50 | 60 | 80 | 100 | 200 | 500 | $\infty$ |
|---|---|---|---|---|---|---|---|---|---|---|---|---|---|---|---|
| 1 | 249 | 249 | 249 | 250 | 250 | 251 | 251 | 251 | 252 | 252 | 252 | 253 | 254 | 254 | 254 |
| 2 | 19.5 | 19.5 | 19.5 | 19.5 | 19.5 | 19.5 | 19.5 | 19.5 | 19.5 | 19.5 | 19.5 | 19.5 | 19.5 | 19.5 | 19.5 |
| 3 | 8.65 | 8.64 | 8.63 | 8.62 | 8.62 | 8.60 | 8.59 | 8.59 | 8.58 | 8.57 | 8.56 | 8.55 | 8.54 | 8.53 | 8.53 |
| 4 | 5.79 | 5.77 | 5.76 | 5.75 | 5.75 | 5.73 | 5.72 | 5.71 | 5.70 | 5.69 | 5.67 | 5.66 | 5.65 | 5.64 | 5.63 |
| 5 | 4.54 | 4.53 | 4.52 | 4.50 | 4.50 | 4.48 | 4.46 | 4.45 | 4.44 | 4.43 | 4.41 | 4.41 | 4.39 | 4.37 | 4.37 |
| 6 | 3.86 | 3.84 | 3.83 | 3.82 | 3.81 | 3.79 | 3.77 | 3.76 | 3.75 | 3.74 | 3.72 | 3.71 | 3.69 | 3.68 | 3.67 |
| 7 | 3.43 | 3.41 | 3.40 | 3.39 | 3.38 | 3.36 | 3.34 | 3.33 | 3.32 | 3.30 | 3.29 | 3.27 | 3.25 | 3.24 | 3.23 |
| 8 | 3.13 | 3.12 | 3.10 | 3.09 | 3.08 | 3.06 | 3.04 | 3.03 | 3.02 | 3.01 | 2.99 | 2.97 | 2.95 | 2.94 | 2.93 |
| 9 | 2.92 | 2.90 | 2.89 | 2.87 | 2.86 | 2.84 | 2.83 | 2.81 | 2.80 | 2.79 | 2.77 | 2.76 | 2.73 | 2.72 | 2.71 |
| 10 | 2.75 | 2.74 | 2.72 | 2.71 | 2.70 | 2.68 | 2.66 | 2.65 | 2.64 | 2.62 | 2.60 | 2.59 | 2.56 | 2.55 | 2.54 |
| 11 | 2.63 | 2.61 | 2.59 | 2.58 | 2.57 | 2.55 | 2.53 | 2.52 | 2.51 | 2.49 | 2.47 | 2.46 | 2.43 | 2.42 | 2.40 |
| 12 | 2.52 | 2.51 | 2.49 | 2.48 | 2.47 | 2.44 | 2.43 | 2.41 | 2.40 | 2.38 | 2.36 | 2.35 | 2.32 | 2.31 | 2.30 |
| 13 | 2.44 | 2.42 | 2.41 | 2.39 | 2.38 | 2.36 | 2.34 | 2.33 | 2.31 | 2.30 | 2.27 | 2.26 | 2.23 | 2.22 | 2.21 |
| 14 | 2.37 | 2.35 | 2.33 | 2.32 | 2.31 | 2.28 | 2.27 | 2.25 | 2.24 | 2.22 | 2.20 | 2.19 | 2.16 | 2.14 | 2.13 |
| 15 | 2.31 | 2.29 | 2.27 | 2.26 | 2.25 | 2.22 | 2.20 | 2.19 | 2.18 | 2.16 | 2.14 | 2.12 | 2.10 | 2.08 | 2.07 |
| 16 | 2.25 | 2.24 | 2.22 | 2.21 | 2.19 | 2.17 | 2.15 | 2.14 | 2.12 | 2.11 | 2.08 | 2.07 | 2.04 | 2.02 | 2.01 |
| 17 | 2.21 | 2.19 | 2.17 | 2.16 | 2.15 | 2.12 | 2.10 | 2.09 | 2.08 | 2.06 | 2.03 | 2.02 | 1.99 | 1.97 | 1.96 |
| 18 | 2.17 | 2.15 | 2.13 | 2.12 | 2.11 | 2.08 | 2.06 | 2.05 | 2.04 | 2.02 | 1.99 | 1.98 | 1.95 | 1.93 | 1.92 |
| 19 | 2.13 | 2.11 | 2.10 | 2.08 | 2.07 | 2.05 | 2.03 | 2.01 | 2.00 | 1.98 | 1.96 | 1.94 | 1.91 | 1.89 | 1.88 |
| 20 | 2.10 | 2.08 | 2.07 | 2.05 | 2.04 | 2.01 | 1.99 | 1.98 | 1.97 | 1.95 | 1.92 | 1.91 | 1.88 | 1.86 | 1.84 |
| 21 | 2.07 | 2.05 | 2.04 | 2.02 | 2.01 | 1.98 | 1.96 | 1.95 | 1.94 | 1.92 | 1.89 | 1.88 | 1.84 | 1.82 | 1.81 |
| 22 | 2.05 | 2.03 | 2.01 | 2.00 | 1.98 | 1.96 | 1.94 | 1.92 | 1.91 | 1.89 | 1.86 | 1.85 | 1.82 | 1.80 | 1.78 |
| 23 | 2.02 | 2.00 | 1.99 | 1.97 | 1.96 | 1.93 | 1.91 | 1.90 | 1.88 | 1.86 | 1.84 | 1.82 | 1.79 | 1.77 | 1.76 |
| 24 | 2.00 | 1.98 | 1.97 | 1.95 | 1.94 | 1.91 | 1.89 | 1.88 | 1.86 | 1.84 | 1.82 | 1.80 | 1.77 | 1.75 | 1.73 |
| 25 | 1.98 | 1.96 | 1.95 | 1.93 | 1.92 | 1.89 | 1.87 | 1.86 | 1.84 | 1.82 | 1.80 | 1.78 | 1.75 | 1.73 | 1.71 |

| $f_2 \backslash f_1$ | 22 | 24 | 26 | 28 | 30 | 35 | 40 | 45 | 50 | 60 | 80 | 100 | 200 | 500 | ∞ |
|---|---|---|---|---|---|---|---|---|---|---|---|---|---|---|---|
| 26 | 1.97 | 1.95 | 1.93 | 1.91 | 1.90 | 1.87 | 1.85 | 1.84 | 1.82 | 1.80 | 1.78 | 1.76 | 1.73 | 1.71 | 1.69 |
| 27 | 1.95 | 1.93 | 1.91 | 1.90 | 1.88 | 1.86 | 1.84 | 1.82 | 1.81 | 1.79 | 1.76 | 1.74 | 1.71 | 1.69 | 1.67 |
| 28 | 1.93 | 1.91 | 1.90 | 1.88 | 1.87 | 1.84 | 1.82 | 1.80 | 1.79 | 1.77 | 1.74 | 1.73 | 1.69 | 1.67 | 1.65 |
| 29 | 1.92 | 1.90 | 1.88 | 1.87 | 1.85 | 1.83 | 1.81 | 1.79 | 1.77 | 1.75 | 1.73 | 1.71 | 1.67 | 1.65 | 1.64 |
| 30 | 1.91 | 1.89 | 1.87 | 1.85 | 1.84 | 1.81 | 1.79 | 1.77 | 1.76 | 1.74 | 1.71 | 1.70 | 1.66 | 1.64 | 1.62 |
| 32 | 1.88 | 1.86 | 1.85 | 1.83 | 1.82 | 1.79 | 1.77 | 1.75 | 1.74 | 1.71 | 1.69 | 1.67 | 1.63 | 1.61 | 1.59 |
| 34 | 1.86 | 1.84 | 1.82 | 1.80 | 1.80 | 1.77 | 1.75 | 1.73 | 1.71 | 1.69 | 1.66 | 1.65 | 1.61 | 1.59 | 1.57 |
| 36 | 1.85 | 1.82 | 1.81 | 1.79 | 1.78 | 1.75 | 1.73 | 1.71 | 1.69 | 1.67 | 1.64 | 1.62 | 1.59 | 1.56 | 1.55 |
| 38 | 1.83 | 1.81 | 1.79 | 1.77 | 1.76 | 1.73 | 1.71 | 1.69 | 1.68 | 1.65 | 1.62 | 1.61 | 1.57 | 1.54 | 1.53 |
| 40 | 1.81 | 1.79 | 1.77 | 1.76 | 1.74 | 1.72 | 1.69 | 1.67 | 1.66 | 1.64 | 1.61 | 1.59 | 1.55 | 1.53 | 1.51 |
| 42 | 1.80 | 1.78 | 1.76 | 1.74 | 1.73 | 1.70 | 1.68 | 1.66 | 1.65 | 1.62 | 1.59 | 1.57 | 1.53 | 1.51 | 1.49 |
| 44 | 1.79 | 1.77 | 1.75 | 1.73 | 1.72 | 1.69 | 1.67 | 1.65 | 1.63 | 1.61 | 1.58 | 1.56 | 1.52 | 1.49 | 1.48 |
| 46 | 1.78 | 1.76 | 1.74 | 1.72 | 1.71 | 1.68 | 1.65 | 1.64 | 1.62 | 1.60 | 1.57 | 1.55 | 1.51 | 1.48 | 1.46 |
| 48 | 1.77 | 1.75 | 1.73 | 1.71 | 1.70 | 1.67 | 1.64 | 1.62 | 1.61 | 1.59 | 1.56 | 1.54 | 1.49 | 1.47 | 1.45 |
| 50 | 1.76 | 1.74 | 1.72 | 1.70 | 1.69 | 1.66 | 1.63 | 1.61 | 1.60 | 1.58 | 1.54 | 1.52 | 1.48 | 1.46 | 1.44 |
| 60 | 1.72 | 1.70 | 1.68 | 1.66 | 1.65 | 1.62 | 1.59 | 1.57 | 1.56 | 1.53 | 1.50 | 1.48 | 1.44 | 1.41 | 1.39 |
| 80 | 1.68 | 1.65 | 1.63 | 1.62 | 1.60 | 1.57 | 1.54 | 1.52 | 1.51 | 1.48 | 1.45 | 1.43 | 1.38 | 1.35 | 1.32 |
| 100 | 1.65 | 1.63 | 1.61 | 1.59 | 1.57 | 1.54 | 1.52 | 1.49 | 1.48 | 1.45 | 1.41 | 1.39 | 1.34 | 1.31 | 1.28 |
| 125 | 1.63 | 1.60 | 1.58 | 1.57 | 1.55 | 1.52 | 1.49 | 1.47 | 1.45 | 1.42 | 1.39 | 1.36 | 1.31 | 1.27 | 1.25 |
| 150 | 1.61 | 1.59 | 1.57 | 1.55 | 1.53 | 1.50 | 1.48 | 1.45 | 1.44 | 1.41 | 1.37 | 1.34 | 1.29 | 1.25 | 1.22 |
| 200 | 1.60 | 1.57 | 1.55 | 1.53 | 1.52 | 1.48 | 1.46 | 1.43 | 1.41 | 1.39 | 1.35 | 1.32 | 1.26 | 1.22 | 1.19 |
| 300 | 1.58 | 1.55 | 1.53 | 1.51 | 1.50 | 1.46 | 1.43 | 1.41 | 1.39 | 1.36 | 1.32 | 1.30 | 1.23 | 1.19 | 1.15 |
| 500 | 1.56 | 1.54 | 1.52 | 1.50 | 1.48 | 1.45 | 1.42 | 1.40 | 1.38 | 1.34 | 1.30 | 1.28 | 1.21 | 1.16 | 1.11 |
| 1000 | 1.55 | 1.53 | 1.51 | 1.49 | 1.47 | 1.44 | 1.41 | 1.38 | 1.36 | 1.33 | 1.29 | 1.26 | 1.19 | 1.13 | 1.08 |
| ∞ | 1.51 | 1.52 | 1.50 | 1.43 | 1.46 | 1.42 | 1.39 | 1.37 | 1.35 | 1.32 | 1.27 | 1.24 | 1.17 | 1.11 | 1.00 |

$\alpha = 0.01$

| $f_2 \backslash f_1$ | 1 | 2 | 3 | 4 | 5 | 6 | 7 | 8 | 9 | 10 | 12 | 14 | 16 | 18 | 20 |
|---|---|---|---|---|---|---|---|---|---|---|---|---|---|---|---|
| 1 | 405 | 500 | 540 | 563 | 576 | 586 | 593 | 598 | 602 | 606 | 611 | 614 | 617 | 619 | 621 |
| 2 | 98.5 | 99.0 | 99.2 | 99.2 | 99.3 | 99.3 | 99.4 | 99.4 | 99.4 | 99.4 | 99.4 | 99.4 | 99.4 | 99.4 | 99.4 |
| 3 | 34.1 | 30.8 | 29.5 | 28.7 | 28.2 | 27.9 | 27.7 | 27.5 | 27.3 | 27.2 | 27.1 | 26.9 | 26.8 | 26.8 | 26.7 |
| 4 | 21.2 | 18.0 | 16.7 | 16.0 | 15.5 | 15.2 | 15.0 | 14.8 | 14.7 | 14.5 | 14.4 | 14.2 | 14.2 | 14.1 | 14.0 |
| 5 | 16.3 | 13.3 | 12.1 | 11.4 | 11.0 | 10.7 | 10.5 | 10.3 | 10.2 | 10.1 | 9.89 | 9.77 | 9.68 | 9.61 | 9.55 |
| 6 | 13.7 | 10.9 | 9.78 | 9.15 | 8.75 | 8.47 | 8.26 | 8.10 | 7.98 | 7.87 | 7.72 | 7.60 | 7.52 | 7.45 | 7.40 |
| 7 | 12.2 | 9.55 | 8.45 | 7.85 | 7.46 | 7.19 | 6.99 | 6.84 | 6.72 | 6.62 | 6.47 | 6.36 | 6.27 | 6.21 | 6.16 |
| 8 | 11.3 | 8.65 | 7.59 | 7.01 | 6.63 | 6.37 | 6.18 | 6.03 | 5.91 | 5.81 | 5.67 | 5.56 | 5.48 | 5.41 | 5.36 |
| 9 | 10.6 | 8.02 | 6.99 | 6.42 | 6.06 | 5.80 | 5.61 | 5.47 | 5.35 | 5.26 | 5.11 | 5.00 | 4.92 | 4.86 | 4.81 |
| 10 | 10.0 | 7.56 | 6.55 | 5.99 | 5.64 | 5.39 | 5.20 | 5.06 | 4.94 | 4.85 | 4.71 | 4.60 | 4.52 | 4.46 | 4.41 |
| 11 | 9.65 | 7.21 | 6.22 | 5.67 | 5.32 | 5.07 | 4.89 | 4.74 | 4.63 | 4.54 | 4.40 | 4.29 | 4.21 | 4.15 | 4.10 |
| 12 | 9.33 | 6.93 | 5.95 | 5.41 | 5.06 | 4.82 | 4.64 | 4.50 | 4.39 | 4.30 | 4.16 | 4.05 | 3.97 | 3.91 | 3.86 |
| 13 | 9.07 | 6.70 | 5.74 | 5.21 | 4.86 | 4.62 | 4.44 | 4.30 | 4.19 | 4.10 | 3.96 | 3.86 | 3.78 | 3.71 | 3.66 |
| 14 | 8.86 | 6.51 | 5.56 | 5.04 | 4.70 | 4.46 | 4.28 | 4.14 | 4.03 | 3.94 | 3.80 | 3.70 | 3.62 | 3.56 | 3.51 |
| 15 | 8.68 | 6.36 | 5.42 | 4.89 | 4.56 | 4.32 | 4.14 | 4.00 | 3.89 | 3.80 | 3.67 | 3.56 | 3.49 | 3.42 | 3.37 |
| 16 | 8.53 | 6.23 | 5.29 | 4.77 | 4.44 | 4.20 | 4.03 | 3.89 | 3.78 | 3.69 | 3.55 | 3.45 | 3.37 | 3.31 | 3.26 |
| 17 | 8.40 | 6.11 | 5.18 | 4.67 | 4.34 | 4.10 | 3.93 | 3.79 | 3.68 | 3.59 | 3.46 | 3.35 | 3.27 | 3.21 | 3.16 |
| 18 | 8.29 | 6.01 | 5.09 | 4.58 | 4.25 | 4.01 | 3.84 | 3.71 | 3.60 | 3.51 | 3.37 | 3.27 | 3.19 | 3.13 | 3.08 |
| 19 | 8.18 | 5.93 | 5.01 | 4.50 | 4.17 | 3.94 | 3.77 | 3.63 | 3.52 | 3.43 | 3.30 | 3.19 | 3.12 | 3.05 | 3.00 |
| 20 | 8.10 | 5.85 | 4.94 | 4.43 | 4.10 | 3.87 | 3.70 | 3.56 | 3.46 | 3.37 | 3.23 | 3.13 | 3.05 | 2.99 | 2.94 |
| 21 | 8.02 | 5.78 | 4.87 | 4.37 | 4.04 | 3.81 | 3.64 | 3.51 | 3.40 | 3.31 | 3.17 | 3.07 | 2.99 | 2.93 | 2.88 |
| 22 | 7.95 | 5.72 | 4.82 | 4.31 | 3.99 | 3.76 | 3.59 | 3.45 | 3.35 | 3.26 | 3.12 | 3.02 | 2.94 | 2.88 | 2.83 |
| 23 | 7.88 | 5.66 | 4.76 | 4.26 | 3.94 | 3.71 | 3.54 | 3.41 | 3.30 | 3.21 | 3.07 | 2.97 | 2.89 | 2.83 | 2.78 |
| 24 | 7.82 | 5.61 | 4.72 | 4.22 | 3.90 | 3.67 | 3.50 | 3.36 | 3.26 | 3.17 | 3.03 | 2.93 | 2.85 | 2.79 | 2.74 |
| 25 | 7.77 | 5.57 | 4.68 | 4.18 | 3.86 | 3.63 | 3.46 | 3.32 | 3.22 | 3.13 | 2.99 | 2.89 | 2.81 | 2.75 | 2.70 |

| $f_2$ \ $f_1$ | 1 | 2 | 3 | 4 | 5 | 6 | 7 | 8 | 9 | 10 | 12 | 14 | 16 | 18 | 20 |
|---|---|---|---|---|---|---|---|---|---|---|---|---|---|---|---|
| 26 | 7.72 | 5.53 | 4.64 | 4.14 | 3.82 | 3.59 | 3.42 | 3.29 | 3.18 | 3.09 | 2.96 | 2.86 | 2.78 | 2.72 | 2.66 |
| 27 | 7.68 | 5.49 | 4.60 | 4.11 | 3.78 | 3.56 | 3.39 | 3.26 | 3.15 | 3.06 | 2.93 | 2.82 | 2.75 | 2.68 | 2.63 |
| 28 | 7.64 | 5.45 | 4.57 | 4.07 | 3.75 | 3.53 | 3.36 | 3.23 | 3.12 | 3.03 | 2.90 | 2.79 | 2.72 | 2.65 | 2.60 |
| 29 | 7.60 | 5.42 | 4.54 | 4.04 | 3.73 | 3.50 | 3.33 | 3.20 | 3.09 | 3.00 | 2.87 | 2.77 | 2.69 | 2.62 | 2.57 |
| 30 | 7.56 | 5.39 | 4.51 | 4.02 | 3.70 | 3.47 | 3.30 | 3.17 | 3.07 | 2.98 | 2.84 | 2.74 | 2.66 | 2.60 | 2.55 |
| 32 | 7.50 | 5.34 | 4.46 | 3.97 | 3.65 | 3.43 | 3.26 | 3.13 | 3.02 | 2.93 | 2.80 | 2.70 | 2.62 | 2.55 | 2.50 |
| 34 | 7.44 | 5.29 | 4.42 | 3.93 | 3.61 | 3.39 | 3.22 | 3.09 | 2.98 | 2.80 | 2.76 | 2.66 | 2.58 | 2.51 | 2.46 |
| 36 | 7.40 | 5.25 | 4.38 | 3.89 | 3.57 | 3.35 | 3.18 | 3.05 | 2.95 | 2.86 | 2.72 | 2.62 | 2.54 | 2.48 | 2.43 |
| 38 | 7.35 | 5.21 | 4.34 | 3.86 | 3.54 | 3.32 | 3.15 | 3.02 | 2.92 | 2.83 | 2.69 | 2.59 | 2.51 | 2.45 | 2.40 |
| 40 | 7.31 | 5.18 | 4.31 | 3.83 | 3.51 | 3.29 | 3.12 | 2.99 | 2.89 | 2.80 | 2.66 | 2.56 | 2.48 | 2.42 | 2.37 |
| 42 | 7.28 | 5.15 | 4.29 | 3.80 | 3.49 | 3.27 | 3.10 | 2.97 | 2.86 | 2.78 | 2.64 | 2.54 | 2.46 | 2.40 | 2.34 |
| 44 | 7.25 | 5.12 | 4.26 | 3.78 | 3.47 | 3.24 | 3.08 | 2.95 | 2.84 | 2.75 | 2.62 | 2.52 | 2.44 | 2.37 | 2.32 |
| 46 | 7.22 | 5.10 | 4.24 | 3.76 | 3.44 | 3.22 | 3.06 | 2.93 | 2.82 | 2.73 | 2.60 | 2.50 | 2.42 | 2.35 | 2.30 |
| 48 | 7.20 | 5.08 | 4.22 | 3.74 | 3.43 | 4.20 | 3.04 | 2.91 | 2.80 | 2.72 | 2.58 | 2.48 | 2.40 | 2.33 | 2.28 |
| 50 | 2.17 | 5.06 | 4.20 | 3.72 | 3.41 | 3.19 | 3.02 | 2.89 | 2.79 | 2.70 | 2.56 | 2.46 | 2.38 | 2.32 | 2.27 |
| 60 | 7.08 | 4.98 | 4.13 | 3.65 | 3.34 | 3.12 | 2.95 | 2.82 | 2.72 | 2.63 | 2.50 | 2.39 | 2.31 | 2.25 | 2.20 |
| 80 | 6.96 | 4.88 | 4.04 | 3.56 | 3.26 | 3.04 | 2.87 | 2.74 | 2.64 | 2.55 | 2.42 | 2.31 | 2.23 | 2.17 | 2.12 |
| 100 | 6.90 | 4.82 | 3.98 | 3.51 | 3.21 | 2.99 | 2.82 | 2.69 | 2.59 | 2.50 | 2.37 | 2.26 | 2.19 | 2.12 | 2.07 |
| 125 | 6.84 | 4.78 | 3.94 | 3.47 | 3.17 | 2.95 | 2.79 | 2.66 | 2.55 | 2.47 | 2.33 | 2.23 | 2.15 | 2.08 | 2.03 |
| 150 | 6.81 | 4.75 | 3.92 | 3.45 | 3.14 | 2.92 | 2.76 | 2.63 | 2.53 | 2.44 | 2.31 | 2.20 | 2.12 | 2.06 | 2.00 |
| 200 | 6.76 | 4.71 | 3.88 | 3.41 | 3.11 | 2.89 | 2.73 | 2.60 | 2.50 | 2.41 | 2.27 | 2.17 | 2.09 | 2.02 | 1.97 |
| 300 | 6.72 | 4.68 | 3.85 | 3.38 | 3.08 | 2.86 | 2.70 | 2.57 | 2.47 | 2.38 | 2.24 | 2.14 | 2.06 | 1.99 | 1.94 |
| 500 | 6.69 | 4.65 | 3.82 | 3.36 | 3.05 | 2.84 | 2.68 | 2.55 | 2.44 | 2.36 | 2.22 | 2.12 | 2.04 | 1.97 | 1.92 |
| 1000 | 6.66 | 4.63 | 3.80 | 3.34 | 3.04 | 2.82 | 2.66 | 2.53 | 2.43 | 2.34 | 2.20 | 2.10 | 2.02 | 1.95 | 1.90 |
| ∞ | 6.63 | 4.61 | 3.78 | 3.32 | 3.02 | 2.80 | 2.64 | 2.51 | 2.41 | 2.32 | 2.18 | 2.08 | 2.00 | 1.93 | 1.88 |

α＝0.01

| $f_2$ \ $f_1$ | 22 | 24 | 26 | 28 | 30 | 35 | 40 | 45 | 50 | 60 | 80 | 100 | 200 | 500 | ∞ |
|---|---|---|---|---|---|---|---|---|---|---|---|---|---|---|---|
| 1 | 622 | 623 | 624 | 625 | 626 | 628 | 629 | 630 | 630 | 631 | 633 | 633 | 635 | 636 | 637 |
| 2 | 99.5 | 99.5 | 99.5 | 99.5 | 99.5 | 99.5 | 99.5 | 99.5 | 99.5 | 99.5 | 99.5 | 99.5 | 99.5 | 99.5 | 99.5 |
| 3 | 26.6 | 26.6 | 26.6 | 26.5 | 26.5 | 26.5 | 26.4 | 26.4 | 26.4 | 26.3 | 26.3 | 26.2 | 26.2 | 26.1 | 26.1 |
| 4 | 14.0 | 13.9 | 13.9 | 13.9 | 13.8 | 13.8 | 13.7 | 13.7 | 13.7 | 13.7 | 13.6 | 13.6 | 13.5 | 13.5 | 13.5 |
| 5 | 9.51 | 9.47 | 9.43 | 9.40 | 9.38 | 9.33 | 9.29 | 9.26 | 9.24 | 9.20 | 9.16 | 9.13 | 9.08 | 9.04 | 9.02 |
| 6 | 7.35 | 7.31 | 7.28 | 7.25 | 7.23 | 7.18 | 7.14 | 7.11 | 7.09 | 7.06 | 7.01 | 6.99 | 6.93 | 6.90 | 6.88 |
| 7 | 6.11 | 6.07 | 6.04 | 6.02 | 5.99 | 5.94 | 5.91 | 5.88 | 5.86 | 5.82 | 5.78 | 5.75 | 5.70 | 5.67 | 5.65 |
| 8 | 5.32 | 5.28 | 5.25 | 5.22 | 5.20 | 5.15 | 5.12 | 5.00 | 5.07 | 5.03 | 4.99 | 4.96 | 4.91 | 4.88 | 4.86 |
| 9 | 4.77 | 4.73 | 4.70 | 4.67 | 4.65 | 4.60 | 4.57 | 4.54 | 4.52 | 4.48 | 4.44 | 4.42 | 4.36 | 4.33 | 4.31 |
| 10 | 4.36 | 4.33 | 4.30 | 4.27 | 4.25 | 4.20 | 4.17 | 4.14 | 4.12 | 4.08 | 4.04 | 4.01 | 3.96 | 3.93 | 3.91 |
| 11 | 4.06 | 4.02 | 3.99 | 3.96 | 3.94 | 3.89 | 3.86 | 3.83 | 3.81 | 3.78 | 3.73 | 3.71 | 3.66 | 3.62 | 3.60 |
| 12 | 3.82 | 3.78 | 3.75 | 3.72 | 3.70 | 3.65 | 3.62 | 3.59 | 3.57 | 3.54 | 3.49 | 3.47 | 3.41 | 3.38 | 3.36 |
| 13 | 3.62 | 3.59 | 3.56 | 3.53 | 3.51 | 3.46 | 3.43 | 3.40 | 3.38 | 3.34 | 3.30 | 3.27 | 3.22 | 3.19 | 3.17 |
| 14 | 3.46 | 3.43 | 3.40 | 3.37 | 3.35 | 3.30 | 3.27 | 3.24 | 3.22 | 3.18 | 3.14 | 3.11 | 3.06 | 3.03 | 3.00 |
| 15 | 3.33 | 3.29 | 3.26 | 3.24 | 3.21 | 3.17 | 3.13 | 3.10 | 3.08 | 3.05 | 3.00 | 2.98 | 2.92 | 2.89 | 2.87 |
| 16 | 3.22 | 3.18 | 3.15 | 3.12 | 3.10 | 3.05 | 3.02 | 2.99 | 2.97 | 2.93 | 2.89 | 2.86 | 2.81 | 2.78 | 2.75 |
| 17 | 3.12 | 3.08 | 3.05 | 3.03 | 3.00 | 2.96 | 2.92 | 2.89 | 2.87 | 2.83 | 2.79 | 2.76 | 2.71 | 2.68 | 2.65 |
| 18 | 3.03 | 3.00 | 2.97 | 2.94 | 2.92 | 2.87 | 2.84 | 2.81 | 2.78 | 2.75 | 2.70 | 2.68 | 2.62 | 2.59 | 2.57 |
| 19 | 2.96 | 2.92 | 2.89 | 2.87 | 2.84 | 2.80 | 2.76 | 2.73 | 2.71 | 2.67 | 2.63 | 2.60 | 2.55 | 2.51 | 2.49 |
| 20 | 2.90 | 2.86 | 2.83 | 2.80 | 2.78 | 2.73 | 2.69 | 2.67 | 2.64 | 2.61 | 2.56 | 2.54 | 2.48 | 2.44 | 2.42 |
| 21 | 2.84 | 2.80 | 2.77 | 2.74 | 2.72 | 2.67 | 2.64 | 2.61 | 2.58 | 2.55 | 2.50 | 2.48 | 2.42 | 2.38 | 2.36 |
| 22 | 2.78 | 2.75 | 2.72 | 2.69 | 2.67 | 2.62 | 2.58 | 2.55 | 2.53 | 2.50 | 2.45 | 2.42 | 2.36 | 2.33 | 2.31 |
| 23 | 2.74 | 2.70 | 2.67 | 2.64 | 2.62 | 2.57 | 2.54 | 2.51 | 2.48 | 2.45 | 2.40 | 2.37 | 2.32 | 2.28 | 2.26 |
| 24 | 2.70 | 2.66 | 2.63 | 2.60 | 2.58 | 2.53 | 2.49 | 2.46 | 2.44 | 2.40 | 2.36 | 2.33 | 2.27 | 2.24 | 2.21 |
| 25 | 2.66 | 2.62 | 2.59 | 2.56 | 2.54 | 2.49 | 2.45 | 2.42 | 2.40 | 2.36 | 2.32 | 2.29 | 2.23 | 2.19 | 2.17 |

続表

| $f_2$ \ $f_1$ | ∞ | 500 | 200 | 100 | 80 | 60 | 50 | 45 | 40 | 35 | 30 | 28 | 26 | 24 | 22 |
|---|---|---|---|---|---|---|---|---|---|---|---|---|---|---|---|
| 26 | 2.13 | 2.16 | 2.19 | 2.25 | 2.28 | 2.33 | 2.36 | 2.39 | 2.42 | 2.45 | 2.50 | 2.53 | 2.55 | 2.58 | 2.62 |
| 27 | 2.10 | 2.12 | 2.16 | 2.22 | 2.25 | 2.29 | 2.33 | 2.35 | 2.38 | 2.42 | 2.47 | 2.49 | 2.52 | 2.55 | 2.59 |
| 28 | 2.06 | 2.09 | 2.13 | 2.19 | 2.22 | 2.26 | 2.30 | 2.32 | 2.35 | 2.39 | 2.44 | 2.46 | 2.49 | 2.52 | 2.56 |
| 29 | 2.03 | 2.06 | 2.10 | 2.16 | 2.19 | 2.23 | 2.27 | 2.30 | 2.33 | 2.36 | 2.41 | 2.44 | 2.46 | 2.49 | 2.53 |
| 30 | 2.01 | 2.03 | 2.07 | 2.13 | 2.16 | 2.21 | 2.25 | 2.27 | 2.30 | 2.34 | 2.39 | 2.41 | 2.44 | 2.47 | 2.51 |
| 32 | 1.96 | 1.98 | 2.02 | 2.08 | 2.11 | 2.16 | 2.20 | 2.22 | 2.25 | 2.29 | 2.34 | 2.36 | 2.39 | 2.42 | 2.46 |
| 34 | 1.91 | 1.94 | 1.98 | 2.04 | 2.07 | 2.12 | 2.16 | 2.18 | 2.21 | 2.25 | 2.30 | 2.32 | 2.35 | 2.38 | 2.42 |
| 36 | 1.87 | 1.90 | 1.94 | 2.00 | 2.03 | 2.08 | 2.12 | 2.14 | 2.17 | 2.21 | 2.26 | 2.29 | 2.32 | 2.35 | 2.38 |
| 38 | 1.84 | 1.86 | 1.90 | 1.97 | 2.00 | 2.05 | 2.09 | 2.11 | 2.14 | 2.18 | 2.23 | 2.26 | 2.28 | 2.32 | 2.35 |
| 40 | 1.80 | 1.83 | 1.87 | 1.94 | 1.97 | 2.02 | 2.06 | 2.08 | 2.11 | 2.15 | 2.20 | 2.23 | 2.26 | 2.29 | 2.33 |
| 42 | 1.78 | 1.80 | 1.85 | 1.91 | 1.94 | 1.99 | 2.03 | 2.06 | 2.09 | 2.13 | 2.18 | 2.20 | 2.23 | 2.26 | 2.30 |
| 44 | 1.75 | 1.78 | 1.82 | 1.89 | 1.92 | 1.97 | 2.01 | 2.03 | 2.06 | 2.10 | 2.15 | 2.18 | 2.21 | 2.24 | 2.28 |
| 46 | 1.73 | 1.75 | 1.80 | 1.86 | 1.90 | 1.95 | 1.99 | 2.01 | 2.04 | 2.08 | 2.13 | 2.16 | 2.19 | 2.22 | 2.26 |
| 48 | 1.70 | 1.73 | 1.78 | 1.84 | 1.88 | 1.93 | 1.97 | 1.99 | 2.02 | 2.06 | 2.12 | 2.14 | 2.17 | 2.20 | 2.24 |
| 50 | 1.68 | 1.71 | 1.76 | 1.82 | 1.86 | 1.91 | 1.95 | 1.97 | 2.01 | 2.05 | 2.10 | 2.12 | 2.15 | 2.18 | 2.22 |
| 60 | 1.60 | 1.63 | 1.68 | 1.75 | 1.78 | 1.84 | 1.88 | 1.90 | 1.94 | 1.98 | 2.03 | 2.05 | 2.08 | 2.12 | 2.15 |
| 80 | 1.49 | 1.53 | 1.58 | 1.66 | 1.69 | 1.75 | 1.79 | 1.81 | 1.85 | 1.89 | 1.94 | 1.97 | 2.00 | 2.03 | 2.07 |
| 100 | 1.43 | 1.47 | 1.52 | 1.60 | 1.63 | 1.69 | 1.73 | 1.76 | 1.80 | 1.84 | 1.89 | 1.92 | 1.94 | 1.98 | 2.02 |
| 125 | 1.37 | 1.41 | 1.47 | 1.55 | 1.59 | 1.65 | 1.69 | 1.72 | 1.76 | 1.80 | 1.85 | 1.88 | 1.91 | 1.94 | 1.98 |
| 150 | 1.33 | 1.38 | 1.43 | 1.52 | 1.56 | 1.62 | 1.66 | 1.69 | 1.73 | 1.77 | 1.83 | 1.85 | 1.88 | 1.92 | 1.96 |
| 200 | 1.28 | 1.33 | 1.39 | 1.48 | 1.52 | 1.58 | 1.63 | 1.66 | 1.69 | 1.74 | 1.79 | 1.82 | 1.85 | 1.89 | 1.93 |
| 300 | 1.22 | 1.28 | 1.35 | 1.44 | 1.48 | 1.55 | 1.59 | 1.62 | 1.66 | 1.71 | 1.76 | 1.79 | 1.82 | 1.85 | 1.89 |
| 500 | 1.16 | 1.23 | 1.31 | 1.41 | 1.45 | 1.52 | 1.56 | 1.60 | 1.63 | 1.68 | 1.74 | 1.76 | 1.79 | 1.83 | 1.87 |
| 1000 | 1.11 | 1.19 | 1.28 | 1.38 | 1.43 | 1.50 | 1.54 | 1.57 | 1.61 | 1.66 | 1.72 | 1.74 | 1.77 | 1.81 | 1.85 |
| ∞ | 1.00 | 1.15 | 1.25 | 1.36 | 1.40 | 1.47 | 1.52 | 1.55 | 1.59 | 1.64 | 1.70 | 1.72 | 1.76 | 1.79 | 1.83 |

### 三、相关系数临界值表

| 自由度 | 显著水平 | | 自由度 | 显著水平 | |
|---|---|---|---|---|---|
| | 5% | 1% | | 5% | 1% |
| 1 | 0.997 | 1.000 | 19 | 0.433 | 0.549 |
| 2 | 0.950 | 0.990 | 20 | 0.423 | 0.537 |
| 3 | 0.878 | 0.959 | 21 | 0.413 | 0.526 |
| 4 | 0.811 | 0.917 | 22 | 0.404 | 0.515 |
| 5 | 0.754 | 0.874 | 23 | 0.396 | 0.505 |
| 6 | 0.707 | 0.834 | 24 | 0.388 | 0.496 |
| 7 | 0.616 | 0.798 | 25 | 0.381 | 0.487 |
| 8 | 0.632 | 0.765 | 26 | 0.374 | 0.478 |
| 9 | 0.602 | 0.735 | 27 | 0.367 | 0.470 |
| 10 | 0.576 | 0.708 | 28 | 0.361 | 0.463 |
| 11 | 0.553 | 0.684 | 29 | 0.355 | 0.456 |
| 12 | 0.532 | 0.661 | 30 | 0.349 | 0.449 |
| 13 | 0.514 | 0.641 | 35 | 0.325 | 0.418 |
| 14 | 0.497 | 0.623 | 40 | 0.304 | 0.393 |
| 15 | 0.482 | 0.606 | 50 | 0.273 | 0.354 |
| 16 | 0.468 | 0.590 | 60 | 0.250 | 0.325 |
| 17 | 0.456 | 0.575 | 80 | 0.217 | 0.283 |
| 18 | 0.444 | 0.561 | 100 | 0.195 | 0.254 |